中国大型交通枢纽建设与运营实践丛书

北京大兴国际机场"四个工程"建设

刘春晨　主编

U0345850

同济大学 出版社
TONGJI UNIVERSITY PRESS
·上海·

本书编委会

主　　编：刘春晨

副 主 编：宋　鹋

执行主编：罗　辑　马　力　李　晖

编写人员

首都机场集团有限公司：

孙保东　姚晏斌　张春丽　李美华　郭洪源　魏　杰
王　晖　宣　颖　覃霄志　李荣荣　孙　毅　武　龙
杨承恩　王　帅　马家骏　韩向洋

首都机场集团有限公司北京建设项目管理总指挥部：

吴志晖　周海亮　张　培　孙　嘉　张　俊　彭耀武
高爱平　王欣博

首都机场集团有限公司北京大兴国际机场：

潘　建　杜晓鸣　王毓晓　王子东　丁艳雯

北京金航诚规划设计有限公司：

张海东　范莉莉　孙丽萍　宁培楠　袁　冬　霍瑞惠
段常智　王春雷　韩黎明　聂　垚　黄　丹　肖　伟

序言 | *Foreword*

在北京大兴国际机场（以下简称"大兴机场"）投运 5 周年之际，《北京大兴国际机场"四个工程"建设》一书出版了。在阅读本书的样本时，又使我回想起参与大兴机场建设的过程往事，更感慨大兴机场全体建设者认真落实习近平总书记"必须全力打造精品工程、样板工程、平安工程、廉洁工程"的指示要求，自觉把"忠诚担当的政治品格、严谨科学的专业精神、团结协作的工作作风、敬业奉献的职业操守"这一当代民航精神融入大兴机场建设运营全过程，在打造"四个工程"中创新探索、担当作为，展现大国工匠的风范。大兴机场"四个工程"的建设，彰显了习近平总书记新时代中国特色社会主义思想的实践伟力，为中国民航机场建设运营推进的高质量发展展示了成功实践，提供了有益启示。

主编约我为本书写序，经考虑再三，就以我在 2019 年 9 月 25 日"在北京大兴国际机场投运仪式上的发言"代序为好：

今天，是新中国民航史上一个值得永远铭记的日子。在喜迎中华人民共和国 70 华诞之际，我们怀着无比激动的心情，在习近平总书记的带领下，共同见证大兴机场投运启用这一历史时刻。

大兴机场是习近平总书记亲自决策、亲自推动的世纪工程。2017 年 2 月 23 日，习近平总书记在视察大兴机场建设工地时，强调"北京新机场是国家发展一个新的动力源"，并铿锵有力地指出"社会主义是干出来的"，明确了"四个工程"的建设目标。4 年来，全体建设者牢记习近平总书记嘱托，团结拼搏，埋头苦干，干出了一项"精品工程、样板工程、平安工程、廉洁工程"，干出了一个现代化、高品质的大型国际航空枢纽，干出了一座展示大国崛起、民族复兴的新国门。

大兴机场承载着民航人建设民航强国的初心，承载着国家京津冀协同发展战略的新动力源使命，承载着人民对更加安全、便捷、绿色出行的追求。我们有能力把它建设好，更有能力把它管理好、运营好。

一、高水准完成开航投运。我们将始终坚守安全底线，精心组织、精密筹划、精准实施，确保机场投运安全平稳、有序顺畅。

二、高质量推进管理创新。我们将始终贯彻新发展理念，聚焦"平安、绿色、智慧、人文"四型机场目标，努力将高质量的工程建设转化为高水平的运营品质。

三、高标准建设国际枢纽。我们将始终瞄准世界一流水平，充分发挥技术优势、资源优势和市场优势，优化航线结构，扩展航线网络，努力建设全球最受欢迎的国际航空枢纽。

四、高效力助推京津冀协同发展。我们将始终服务国家战略，着力建设京津冀世界级机场群，服务北京"四个中心"和河北雄安新区建设，助力发展航空港临空经济区，为京津冀协同发展提供强劲动力。

新时代，新使命，新征程。广大民航干部职工将紧密团结在以习近平同志为核心的党中央周围，不忘初心、牢记使命，以大兴机场投运为新起点，全力建设民航强国，为实现中华民族伟大复兴再立新功。

政协第十四届全国委员会常委、经济委员会副主任

中国民用航空局原局长

2024 年 7 月

前 言 | *Preface*

党的十八大以来，习近平总书记高度重视民航工作，先后作出一系列重要指示批示，在党的二十大报告中提出要"加快建设民航强国"。作为现代综合交通运输体系的重要组成部分，中国民航行业深入贯彻新发展理念，心怀"国之大者"，践行"发展为了人民"理念，推进高质量发展。

北京大兴国际机场是国家"十二五""十三五"规划重点建设项目，是习近平总书记特别关怀、亲自推动的首都重大标志性工程，是践行"创新、协调、绿色、开放、共享"新发展理念的示范性工程，是民航基础设施建设的代表性工程，是国家发展的一个新动力源。机场从规划、设计、建设到运营管理的全过程贯彻落实"精品、样板、平安、廉洁"四个工程和"平安、绿色、智慧、人文"四型机场的理念，聚焦打造"四个工程"，助推建设"四型机场"，把"四个工程"建设融入机场基本建设的全过程，全面提高机场基本建设的人本化、一体化、协同化、专业化、标准化、精细化、规范化和智慧化品质，为实现高质量发展战略目标提供支撑。

本书以北京大兴国际机场"四个工程"建设为案例，回顾北京大兴国际机场工程建设和运营筹备过程中，以组织为基础，以制度为保障，通过超越组织边界、超越项目边界的管理，坚持理念创新、模式创新、机制创新和方法创新，以"四个创新"系统诠释"四个工程"的深刻内涵，全面落实"四个工程"的关键性指标。从工程建设管理的视角，对深入贯彻落实习近平总书记关于民航工作的重要指示精神，全力打造"四个工程"，建设"四型机场"，提升我国机场工程建设领域治理体系和治理能力现代化水平，促进民用机场事业高质量发展，具有深远的历史价值和重大的现实意义。本书为相关读者开展"四个工程"建设提供参考与经验，为相关决策者、管理者提供有用和可靠的信息。

时任民航局局长冯正霖迎接北京大兴国际机场试飞机组（来源：中国民航报社）

"廉洁工程"建设座谈会

北京大兴国际机场建设现场

北京大兴国际机场跑道全面贯通

北京大兴国际机场航站楼内景

北京大兴国际机场部分获奖

目 录 *Contents*

第1章
建设概况

2012年12月22日,国务院、中央军委批复同意建设北京新机场。2018年9月14日,经党中央、国务院审批同意,北京新机场被正式命名为"北京大兴国际机场"。北京大兴国际机场(以下简称"大兴机场")[1]建设项目举世瞩目、影响重大。大兴机场是国家重大标志性工程,是国家"十二五"和"十三五"重点建设项目,是北京市重大基础设施发展规划一号工程,是民航基础设施建设的"牛鼻子"工程,是京津冀协同发展交通先行的重点工程,是国家发展的一个新动力源。大兴机场的建设,将为北京国际化大都市建设提供新引擎,为完善机场网、航线网和综合交通体系提供新支撑,为打造世界级城市群提供新增长点。大兴机场建设承载着中国由民航大国向民航强国跃进的决心和信心。

1.1 项目概况

大兴机场场址位于北京市大兴区榆垡镇与河北廊坊广阳区交界处。整个场地以榆垡镇南各庄村为中心,距离北京市中心约46 km。场址西侧距京九铁路约4 km,南侧距永定河北岸大堤约1 km,北侧紧邻天堂河。距离北京首都国际机场67 km,距离南二环43 km,距离南三环42 km,距离南四环39 km,距离南五环33 km。机场场址周边主要村镇居民点包括榆垡、庞各庄、礼贤、安定、固安、广阳等。

根据国务院、中央军委的批复,大兴机场按照2025年机场年旅客吞吐量7 200万人次、年货邮吞吐量200万 t、年飞机起降量62万架次的建设目标进行规划设计,飞行区等级指标为4F。近期主要建设内容包括:新建4条跑道(三纵一横布局),145个机位的客机坪、21个机位的货机坪、38个机位的维修机坪、16个机位的除冰坪;按年旅客吞吐量4 500万人次的使用要求,新建航站楼建筑面积70万 m²,货运站11.2万 m²,以及市政配

---

[1] 2018年9月14日,大兴机场名称确定为"北京大兴国际机场",为方便读者阅读,本书均将其统称为北京大兴国际机场,简称"大兴机场"。

套设施、工作区房建等;配套建设通信、导航、监视、气象等空管设施,总建筑面积5.9万 m²;以及供油、航空公司基地和场外配套设施等。近期规划占地规模为2 830 hm²。

大兴机场远期规划6条跑道,可满足年旅客吞吐量1亿人次以上,年货邮吞吐量400万 t,年飞机起降量88万架次的使用需求(图1.1)。

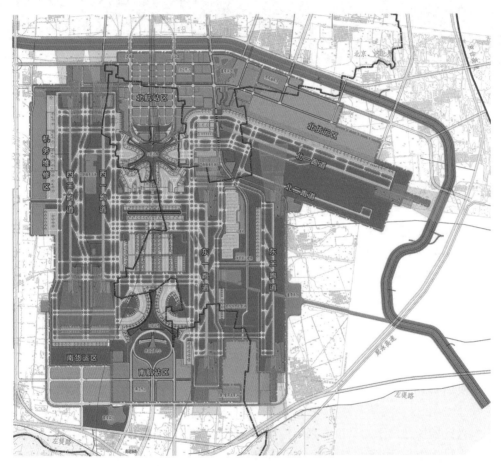

图1.1　大兴机场远期规划

大兴机场航站区、部分飞行区、货运区以及工作区的南半部分位于河北省廊坊市域范围,工作区北半部分、部分飞行区以及机务维修区位于北京市域范围。

按照"统筹规划、分阶段实施、滚动建设"原则,大兴机场本期飞行区跑滑系统、航站楼主楼、陆侧交通等按照满足2025年目标需求一次建成,飞行区站坪、航站楼指廊、部分市政配套设施、工作区房建等按4 500万人次需求分阶段建设。

1.2　国家发展新的动力源

2017年2月23日,习近平总书记考察正在建设中的大兴机场时强调指出,大兴机场是首都的重大标志性工程,是国家发展一个新的动力源,必须全力打造精品工程、样板工程、平安工程、廉洁工程。每个项目、每个工程都要实行最严格的施工管理,确保高标准、高质量。要努力集成世界上最先进的管理技术和经验。[1] 这是新中国成立以来,党和国家最高领导人第一次视察在建机场建设工程,并首次把大兴机场的作用上升到国家发展的动力源高度,充分体现了国家对这一举世瞩目的重大标志性工程的高度重视。

动力源,即是能够推动事物发展的初动力或能量。经济发展动力源则是影响经济发展、推动经济发展模式发生质变的初动力或能量。

一个行业在国家经济社会发展中的地位和作用,主要取决于行业的经济属性和特点、发展规模、速度以及与国家经济社会发展方向、发展战略、发展路径的契合度。契合度越高,行业贡献越大,其战略地位和作用就越强。以大兴机场建设为标志,我国民航业已进入与国家社会经济发展方向和要求高度契合的新阶段。

国际机场协会(ACI)将机场喻为"国家和地区经济增长的引擎"。英国希思罗机场的发展愿景是:"创造世界最佳机场,通过希思罗机场促进增长、就业、出口与交通连接,从而使英国保持强盛",希思罗机场的使命就是使英国保持强盛。英国政府将曼彻斯特机场及空港城作为英国"北方经济引擎"国家战略的实施平台,作为英国发展的一个新的动力源。

大兴机场是国家发展的新动力源,就是要将大兴机场打造成为世界重要的交通枢纽,以大兴机场带动京津冀的开放,实现国际、国内"两个市场、两种资源"的统筹,开通更多航线航班,助力国家"一带一路"战略实施,让中国成为引领世界发展的主要力量。

建设大兴机场是国家着眼于新时期发展战略需要做出的重大决策,是中华民族伟大复兴的战略布局,将极大地振奋民族精神,彰显大国工匠风范;大兴机场是北京建设国际大都市的重要支撑,有利于完善首都核心功能,促进北京城北城南的协调发展;大兴机场是民航供给侧结构性改革的重要推动力,有利于满足人民群众不断增长的航空需求,促进民航业的产业结构调整和要素的有效配置;大兴机场是京津冀协同发展的一个重要支点,有利于要素流动转型和国际产业转移,促进京津冀世界级机场群的形成。

1.2.1 民族振兴的重要基石

大型基础设施是国家发展的重要象征,大型枢纽机场是国家发展水平的重要体现和综合实力的重要标志,在不同历史时期承载着不同的历史使命。1958 年建成的北京首都国际机场,成为新中国成立 10 周年的标志性工程;1991 年建成的深圳宝安国际机场,成为国家改革开放前沿阵地——深圳经济特区开放的标志性工程;1999 年建成的上海浦东国际机场,成为国家全面经济改革、对外开放重要抓手和浦东新区开发的标志性工程;2008 年建成的北京首都国际机场 T3 航站楼,是保障第 29 届国际奥林匹克运动会顺利举办的重要标志性工程。

---

[1] 摘自《习近平在北京考察工作时强调 立足提高治理能力 抓好城市规划建设 着眼精彩非凡卓越筹办好北京冬奥会》(人民网-人民日报,2017 年 2 月 25 日)。"

航空运输是国民经济的重要基础产业之一,它不仅可以促进经济的快速发展,推动产业结构优化升级,拉动旅游、贸易、现代服务业等相关产业的发展,还可以加强国际交流,促进社会融合,构建完备的社会公共服务和应急救援体系。随着经济发展、社会进步以及人民生活水平的提高,航空运输在我国经济建设和人民生活中的作用越来越突出,已成为国民经济结构中各产业高效率、高效益发展的基本前提和必要条件。

作为国际航空枢纽建设运营的新标杆、京津冀协同发展新引擎的"头号工程",2012年规划部署的大兴机场是中国从民航大国向民航强国迈进的重要标志,是国家富强的集中体现,彰显了国家的综合实力。大兴机场以独特的设计、精湛的施工工艺、便捷的交通组织、先进技术的应用,展现我国民航基础设施建设的最高水平,展现中国建设的雄厚实力,展现中国精神和力量。

大兴机场是大型公共基础设施,是重要的民生工程,是广大人民群众追求美好生活的基础载体。围绕大兴机场打造的"五纵两横"综合交通主干网络,将公路、城市轨道交通、城际铁路等多种交通方式整合,将以大容量公共交通为主导,构建以机场为中心的"公路辐射圈"和"铁路辐射圈",形成具有强大区域辐射能力的地面综合交通体系。大兴机场的直接辐射范围约 4.67 万 km²,覆盖北京核心区、天津大部及河北北部,直接辐射人口约8 500 万人、间接辐射人口超过 6 000 万人,总计 1.45 亿人,满足广大人民群众享受现代化航空出行的需求,并在以机场为核心的临空经济发展中分享成果。

1.2.2　北京国际大都市建设的重要助推器

2011 年 6 月 8 日,国务院正式发布《全国主体功能区规划》,提出要提升北京的国际化程度和国际影响力,把北京建设为世界城市,即国际化大都市。

国际化大都市概念最初是由苏格兰城市规划师 P.格迪斯[1]于 1915 年提出来的。目前关于国际化大都市还没有形成一个公认的定义,国际上有代表性的概念和解释主要有两种。

(1) 英国地理学家、规划师 P.霍尔[2]将国际化大都市概念解释为,对全世界或大多数国家产生全球性经济、政治、文化影响的国际第一流大都市。他认为世界城市应具备的特征主要包括:①主要的政治权力中心,②国家贸易中心,③主要银行所在地和国家金融中心,④各类人才聚集中心,⑤信息汇集和传播之地,⑥不仅是大的人口中心,而且集中了相当比例的富裕阶层人口,⑦随着制造业、贸易向更广阔的市场扩展,娱乐业成为世界城市的另一种主要产业。

---

[1] P.格迪斯(Patrick Geddes, 1854—1932),英国生物学家和社会学家,现代城市研究和区域规划的理论先驱之一,是区域规划思想的倡导者,曾在伦敦大学师从 T.H.赫胥黎攻读生物学,后在丹迪大学、伦敦大学、孟买大学执教,著有《进化中的城市》等书。

[2] P.霍尔(Peter Hall, 1932—2014),英国剑桥大学博士,当代国际最具影响力的城市与区域规划大师之一,被誉为"世界级城市规划大师",定义"世界城市"的全球权威,"世界工业区"概念之父。曾任伦敦大学学院(UCL)巴特莱特建筑学院教授,英国社会研究所所长,英国皇家科学院院士和欧洲科学院院士。

(2) 美国学者 M. 弗里德曼[1]提出了七项衡量世界城市的标准：①主要金融中心，②跨国公司总部所在地，③国际性机构的集中地，④第三产业高度增长，⑤主要制造业中心（具有国际意义的加工工业等），⑥世界交通的重要枢纽（尤指港口与国际航空港），⑦城市人口达到一定标准。

国内代表性的观点有两种：一种观点认为，所谓国际化大都市，是指那些具有较强经济实力、优越的地理位置、良好服务功能、一定数量的跨国公司和金融总部，并对世界和地区经济起控制作用的城市；另一种观点认为，国际化大都市指的是大都市的性质、功能、地位和作用。

总体而言，国际化大都市有三个主要特征：一是拥有雄厚的经济实力，位列世界经济、贸易、金融中心之一，对世界经济有相当竞争力和影响力；二是经济运行完全按国际惯例，并有很高的办事效率；三是第三产业高度发达，综合服务功能强。

对照国际化大都市标准，北京航空运输和城北城南发展不平衡的状况是北京成为国际化大都市的两个"痛点"。

大量研究表明，城市发展主要取决于交通运输方式，航空运输是速度最快、覆盖最广、单位能耗最低的交通方式，是产业升级的重要依托。航空运输的发展改变了城市的发展进程和模式，强大的航空运输体系是城市参与世界贸易竞争不可或缺的重要手段。在由规模经济向速度经济转变、全球化的今天，所有竞争都体现在供应链、网络和系统的竞争，需要由集散中心和航空器组成的可用于交易货物、运输货物和人员流动的快速、高效、便捷网络。

研究表明，近期北京地区航空客运需求接近 1.8 亿人次，首都机场的扩建已无法满足这一需求，必须建设大兴机场来分担航空运输量。由于航班时刻不足，全国还有部分支线机场、地方航空公司未能开通进京航班，不少外国航空公司增加航线、航班的申请难以安排，基地航空公司强化枢纽航班的愿望无法落实，市场对低成本航空和公务机业务的强劲需求也难以满足。长此以往，会对民航业和区域社会经济的发展产生不利影响，对北京建设国际化大都市产生不利影响。

由于历史和自然的原因，北京自古以来南北发展不均衡。中华人民共和国成立以来，城北是北京建设和发展的重点，如 1999 年至 2004 年，中央政府和北京市将高达 98% 的大型公共设施投资于城北，城南只占 2%。长期以来，城北城南形成了完全不同的发展模式，教育、科研、金融、电子、文体等高端要素云集城北，而城南发展一直缺少高端生产要素和资源的支撑。城南五区土地总面积是海淀区的 7.8 倍，但 GDP 总值却只有海淀区的 70%。近年来，随着政府的重视与投入，城南的经济发展渐有起色。2010 年，北京市实施了"城南发展行动计划"，第一期政府投资 370 亿元，带动全社会投资 4 500 亿元；第二期计划总投资约 3 960 亿元。随着城南数百个重大建设项目的落地，基础设施明显改善，但

---

[1]　M. 弗里德曼（Milton Friedmann，1912—2006），美国著名经济学家，芝加哥大学教授、芝加哥经济学派领军人物、货币学派的代表人物，1976 年诺贝尔经济学奖得主、1951 年约翰·贝茨·克拉克奖得主。

产业结构不合理、发展相对滞后的局面仍旧没有改变。北京城南能否实现快速崛起,直接关系到北京国际化大都市建设目标的实现;北京城南要实现快速崛起,必须尽快完成新旧动能的转换,形成一个具有强大聚集效应和倍增效应的发展引擎,而能够承担起新引擎功能的就是大兴机场建设。

大兴机场建设必将极大地提升我国的航空运输能力,促进中国与国际的接轨,促进北京成为世界政治、金融、科技、人才枢纽,为国家赢得竞争力。随着城市及城际交通系统的建成,时空距离的大幅缩短,将形成全面擎引城南发展的交通命脉。大兴机场将成为世界最大航空港,将聚集一系列的高附加值产业和总部经济,促使北京不断完善和优化功能布局、空间布局和产业布局,南中轴湿地公园、南海子公园等超大公园沿中轴线聚集,生态资源使未来居住价值不可估量。大兴机场建设,将极大地推进北京驶上建设国际化大都市的快车道。

1.2.3　京津冀协同发展的重要支点

京津冀协同发展,核心是京津冀三地作为一个整体协同发展,以疏解非首都核心功能、解决北京"大城市病"为基本出发点,调整优化城市布局和空间结构,构建现代化交通网络系统,扩大环境容量生态空间,推进产业升级转移,推动公共服务共建共享,加快市场一体化进程,打造现代化的新型首都圈,努力形成京津冀目标同向、措施一体、优势互补、互利共赢的协同发展新格局。

图1.2　京津冀协同发展空间布局
(图源:中央政府门户网站 https://www.gov.cn/xinwen/2015-08/24/content_2918539.htm)

京津冀协同发展是国家五个重大区域发展协调战略之一[1],在我国区域发展总体战略中的地位和作用举足轻重(图1.2)。京津冀协同发展是北京、天津和河北的共同需要,北京迫切需要有序疏解非首都功能,克服"大城市病";天津、河北则迫切需要破解产业转型升级的瓶颈。京津冀协同发展是顺应我国要素流动转型和国际产业转移的需要,将充分发挥京津冀地区的区位优势、经济实力和科研潜力,打造我国继珠三角、长三角之后的"第三增长极",决定着我国在全球产业分工和竞争格局中的地位和作用。

由于京津冀三地经济发展水平差异大,京津冀协同发展面临许多挑战。一是三地经济联系较为松散,需要提高产业协同发展水平;二是北京市具有很强的"虹吸效应",需要增强其对

---

[1]　即长三角一体化发展、京津冀协同发展、长江经济带发展、粤港澳大湾区建设、黄河流域生态保护和高质量发展。

周边地区的辐射带动作用;三是需要推动京津冀地区经济发展转型升级,占据全球产业链的制高点。

2015年4月,中共中央政治局审议通过《京津冀协同发展规划纲要》,要求加快大兴机场建设。2017年4月,中共中央、国务院决定设立河北雄安新区,是中央深入推进京津冀协调发展的一项重大决策部署,是继深圳经济特区、浦东新区之后的又一具有全国意义的新区。基础设施建设是实现区域协调发展的基础和前提,大兴机场正是京津冀协调发展的关键基础设施。

机场作为民航重要的基础设施之一,是区域经济社会发展的重要平台,其建设和运营不仅满足了当地客货运输的需求,同时对带动相关产业发展、增加地区就业、促进地区经济繁荣具有十分重要的作用。

大兴机场建设以及围绕机场规划的临空经济区,为破解京津冀协同发展难题提供了一个有力的支点。结合大兴机场建设,国家在机场周边规划了约 1 000 km² 的临空经济区,其中核心区 150 km²,航空物流、跨境电子商务、商务会展、特色金融、航空科技研发制造、科技创新服务等高端产业将落户京冀两地,以大兴机场为核心、轨道交通为骨干的综合交通系统,将极大增强京津冀地区的经济联系,提升三地的产业融合度,有效提升京津冀区域在全球产业链、供应链和价值链中的地位和作用,为高质量一体化发展注入强劲的内生动力。同时,大兴机场临空经济区的运营和发展,势必促进在规划、政策、管理、资源等方面的整合和统一;数十万随高端产业而引进的高端人才,将使区域内人力资源素质大为提升,可以有效地冲抵甚至消除北京对周边地区的"虹吸效应",极大增强北京对周边地区的辐射作用。根据《京津冀协同发展规划纲要》,环保、交通和产业升级转移是京津冀协同发展的三个重点领域,而航空运输是产业升级的重要依托,大兴机场正处于三个重点领域的叠加区,产生的带动效应也将倍增,由此决定了大兴机场在京津冀协同发展中具有十分独特的优势。民航局提出"京津冀协同发展,交通先行,民航率先突破",其突破点正是大兴机场。

从全球城市与民航发展经验看,世界级机场群总是与世界级城市群相伴相生,城市群对航空运输和航空活动需求旺盛,不同功能、不同规模的机场有机地分布于城市群中的各个区域,支撑着城市群不同需求的各类活动。世界级城市群是衡量一个国家和地区综合发展水平的重要标志,交通是城市间各种功能连接的基本条件,影响着各种要素的流动和聚集。城市群和机场群崛起是经济全球化时代的显著特征。航空运输相较其他交通运输方式具有快捷、高效、便捷的优势,拉近了城市间的距离,使人、物的快速集聚和疏散成为可能。建设与世界级城市群相适应的机场群,对提高区域对外开放程度、促进产业结构调整与优化具有非常重要的作用。机场群是支撑城市群参与更高水平的国际竞争与合作,决定城市群在全球发展中的地位、作用的战略性基础设施。在我国,京津冀、长三角和珠三角三大城市群,以 3.6% 的国土面积集聚了全国 18% 的人口、创造了全国 35% 的国内生产总值。与之相适应,京津冀、长三角和珠三角地区形成了三大机场群(图1.3)。

大兴机场位于京冀交界处,为京津冀腹地,处于首都机场、天津机场、石家庄机场三者

图1.3　中国三大机场群和城市群协同发展态势
（图源：经济日报·中国经济网记者 冯其予，2017.6.15）

的中心位置，有利于京津冀机场群的合理定位、差异化发展，解决"吃不了""吃不着"和"吃不饱"等问题，增强内生协调关系，形成更加完备的机场群发展态势，优化以机场为核心节点的综合交通体系，实现世界机场群与世界城市群发展的良性互动。因此，打造世界级的机场群必然成为京津冀协同发展的重要战略目标。

随着大兴机场的建成和投运，将形成以"双枢纽"为核心的京津冀机场群，以促进生产要素的高效运行，不断优化供应链、延长产业链、提升价值链，构建资源要素密集的核心高地。未来将形成以机场为核心、以航空服务为基础，以创新驱动、绿色低碳的高端产业为引领的国家对外交往中心功能承载区、国家航空科技创新引领区、京津冀协同发展示范区。特别重要的是，大兴机场将在服务雄安新区这个"国家大事、千年大计"中扮演一个非常重要的角色，为雄安新区"发展高端高新产业"和"扩大开放新高地"提供强有力的支撑（图1.4）。

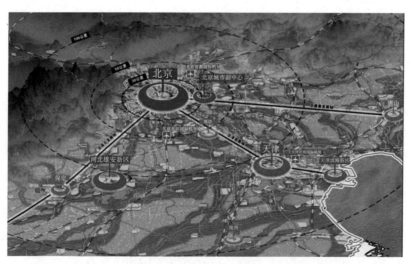

图1.4　大兴机场与北京新的"两翼"——雄安新区与北京城市副中心
（图源：北京市规划和自然资源委员会）

1.2.4 民航供给侧结构性改革的重要范例

供给侧主要有劳动力、土地、资本、制度、创新等要素。供给侧结构性改革,就是要从经济系统的供给端发力,通过体制改革和结构调整,提高生产要素配置效率,消除无效供给,扩大有效供给,激发经济增长新的内生动力,最终目的是满足需求。

民航业具有经济系统供给侧的属性。一方面,民航业是快速增长的生活性服务业,作为消费性服务业,民航业在满足人民群众不断增长的个性化、多样化、高端化出行、网购和其他消费需求方面扮演着十分重要的角色;另一方面,民航业也是重要的生产性服务业,民航业是现代产业分工和现代贸易不可或缺的环节,与经济内在活力、要素配置效率、产业结构调整息息相关。推动民航业供给侧结构性改革,实现民航业的提质增效,是国家供给侧结构性改革的重要内容。

国家改革开放以来,民航业持续保持高速发展,为我国经济社会发展作出了重要贡献。但是,按照供给侧结构性改革的要求看,民航发展仍然存在诸多结构性矛盾,供给不足或者无效供给的现象仍然存在。进一步深化民航改革,打造基于功能定位的机场网和航线网,加快以民用运输机场为核心的综合交通体系建设,扩大民航业的有效供给,提高民航供给质量,为经济社会发展结构调整提供内生动力,是我国民航业供给侧结构性改革的应有之义。

大兴机场建设正是推进民航供给侧结构性改革,优化航空运输供给结构的关键之举。大兴机场是世纪工程,是我国加快民航基础设施建设的“牛鼻子”工程。大兴机场建成之后,将解决首都机场供给不足的问题,可以释放大量国际航班时刻,为我国国际航权谈判赢得更大的战略空间,使首都机场和大兴机场大幅提升国际航班比例成为可能。大兴机场按照大型国际枢纽机场理念设计,各项指标均居世界前列;大兴机场是世界上首家根据航空联盟划分进驻航空公司的机场,将给航空旅客出行带来很大的便利;围绕大兴机场,将打造集高铁、地铁、城铁等多种交通于一体的综合交通换乘中心,大容量公共交通与航站楼无缝衔接,换乘效率世界一流。北京地区是一个占到全国 1/10 客货运输量的航空运输市场,大兴机场犹如“阿基米德的支点”,足以撬动全国乃至全球航空运输市场,对优化国内、国际航线网具有极大的促进作用。

大兴机场建成投运后,将为我国打造世界级机场群奠定坚实的基础,彰显民航战略先导产业的发展优势,为民航业供给侧结构性改革提供范例。

1.3 发展定位与建设目标

1.3.1 发展定位

大兴机场承载着国家千年发展契机、“民航强国”建设的决心,是京津冀协同发展战略的标志性工程和重要抓手,首先,是服务范围广、规模大、带动作用强,在京津冀乃至国家民航行业体系中发挥着关键作用;其次,是引领产业发展,在区域经济社会中扮演着重要角色,是国家形象的窗口,增强与世界的关联度;最后,是基于未来发展进行具有前瞻性和包容性的规划,为长远发展预留空间。

由此,可以明确大兴机场的发展定位是:大型国际枢纽机场、国家发展的一个新动力源、支撑雄安新区建设的京津冀区域综合交通枢纽,与首都机场共同承担京津冀地区国内国际航空运输业务,形成适度竞争、优势互补的格局,逐步发展成为具有国际竞争力的"双枢纽"。

大型国际枢纽机场,是指在全球机场体系中处于关键地位的机场,核心评价指标是总吞吐量以及国际吞吐量都在全球机场体系中排名前 50 位。"双枢纽"是指在一个城市出现两个大型国际枢纽机场,即两个总吞吐量以及国际吞吐量都在全球机场体系中排名前50 位的机场。

大兴机场的发展定位与作用主要体现在以下几个方面。

1) 把发挥"新动力源"作用作为核心目标

打造引领综合交通发展的新枢纽,完善国家综合机场体系,实现"交通先行,民航率先突破";优化国内国际航线网、提高我国枢纽机场的国际竞争力,成为拉动京津冀经济增长、推动京津冀协同发展的巨大动能。

2) 为中华民族伟大复兴的战略抉择做明证

作为国际航空枢纽建设运营新标杆、世界一流便捷高效新国门、京津冀协同发展新引擎的"头号工程",大兴机场要成为从民航大国迈向民航强国的重要标志,要通过机场建设实践充分证明,中国人民一定能,中国一定行。

3) 服务于京津冀协同发展

大兴机场地理位置正处于京津冀腹地,是京津冀协同发展的关键基础设施布局,将为京津冀协同发展和雄安新区规划建设插上腾飞的翅膀;是构建资源要素密集的核心高地,彰显民航战略先导产业的发展优势;是国际交往中心功能承载区、国家航空科技创新引领区、京津冀协同发展示范区,服务于京津冀世界级城市群,为京津冀协同发展和雄安新区建设贡献民航力量。

4) 成为首都"四个中心"建设的重要支撑

北京市新一轮城市总体规划中明确提出建设"全国政治中心、文化中心、国际交往中心、科技创新中心"。大兴机场是新时代首都新国门,将有利于服务北京"四个中心"建设。除了具备航空运输基本功能,还具有突出的正外部性,最为典型的就是流量经济,即以航空枢纽为平台,汇聚人流、物流、商流、资金流、信息流,通过各种资源要素的整合重组,带动临空产业发展,促进区域经济结构优化、转型升级,优化城市的功能、空间和产业布局,使北京城市发展提升到一个新的高度。

5) 有助于新时代民航强国建设

中国民航正处在从民航大国向民航强国转型升级时期,最主要的任务是提高国际竞争力。民航强国以高质量发展为目标方向、以八个基本特征[1]为判断依据、以"一加快、两实现"为战略进程,将着力推进民航发展质量、效率和动力变革。建设大兴机场将为民航高质量发展提供生动范例,建成保障有力、人民满意、竞争力强的民航强国,更好地服务国家发展战略、更好地满足人民群众对美好生活的需要,为全面建成社会主义现代化强国、实现中华民族伟大复兴提供重要支撑。

6)有利于北京国际航空双枢纽的重大布局

首都机场是我国最重要的国际航空枢纽,有"中国第一国门"之称,自1958年投运起,一直是国家对外交往的重要基础设施。而建设大兴机场符合世界民航发展规律,将有利于北京国际航空"双枢纽"的重大布局、有利于构建现代化国家机场体系,打造高质量的机场网、航线网。

1.3.2 建设目标

大兴机场的建设目标是:以"引领世界机场建设、打造全球空港标杆"为使命,全面实践可持续性的建设与运行理念,全面贯彻落实"四个工程"[2]建设要求,用世界的眼光、世界的水准、世界的规则、世界的语言,集成全球机场业领先经验,规划和建设国际一流、世界领先、代表新世纪和新水平的标志性工程。

引领世界机场建设,就是在机场建设中积极践行"创新、协调、绿色、开放、共享"的新发展理念,按照国际一流标准,创造世界先进水平;集成世界上最先进的管理技术和经验,落实"节能、环保、高效、人性化、可持续发展"和"建设运营一体化"理念,着眼于机场未来高效运行,体现人文关怀;精心组织,精益求精,实行严格的施工管理,确保高标准、高质量建设,实现安全生产、文明施工、绿色施工;展示国际水准,为我国的基础建设创造一个样板。

打造全球空港标杆,就是要在国际资源配置中占据主导地位、具有一流的创新能力、在全球行业发展中发挥引领作用和具有国际话语权,世界一流的安全管理水平,世界一流的服务质量,世界一流的社会效益和经营效益。"四型机场"[3]是空港标杆的核心目标,创新能力和国际竞争力是基本要求。提高创新能力,是以科技创新为核心目标,通过管理创新出思路与办法,通过技术创新提效率、出效益,切实提高创新投入、协同创新、知识产权和创新驱动四个能力;提升国际竞争力,是以打造机场主业竞争力为核心,以做强做优做大为实施路径,实现更好社会价值、企业财富以及国际影响力。

---

[1] 八个基本特征即①具有国际化、大众化的航空市场空间;②国际竞争力较强的大型网络型航空公司;③布局功能合理的国际航空枢纽及国内机场网络;④安全高效的空中交通管理体系;⑤先进可靠、经济的安全安保和技术保障服务体系;⑥功能完善的通用航空体系;⑦制定国际民航规则标准的主导权和话语权;⑧引领国际民航业发展的创新能力。

[2] 即精品工程、样板工程、平安工程、廉洁工程。

[3] 即平安机场、绿色机场、智慧机场、人文机场。

1.4　机场建设面临的困难与挑战

大兴机场定位为"大型国际枢纽机场",其建设是一项复杂的系统工程,建设面临的困难和挑战集中体现在规模大、领域广、跨地域建设、工程地质条件差,建设要求高、速度快和多项目同步推进等方面。

1.4.1　建设规模大

大兴机场近期建设投资近 800 亿元,带动配套投资超过 4 000 亿元,数百项工程分批开工、同步完成,飞行区一次建成"三纵一横"4 条跑道、超过 140 万 m^2 的航站楼综合体、约 250 万 m^2 的各类型配套设施和场外生活保障设施,这在中国民航乃至世界民航建设史上前所未有。如何在各种指标平衡中找到最优方案,如何让各功能模块协同运转并发挥出最大效率,如何让旅客便捷舒适,如何实现资源效率最大化,这是大兴机场建设中面临的最大挑战。

1.4.2　涉及领域广

大兴机场建设涉及领域广,包括空域资源分配、地面空间布局、区域社会协调发展、跨地域建设与运营管理、各种市政配套等方面;涉及主体多,包括国家、军队、地方、联检单位、投资方以及其他项目相关方等不同层级的利益主体;在空域规划、净空保护、口岸通行、应急保障、市政设施、综合交通、工程验收、属地服务等方面存在军民融合、政企协同等方面的诸多重大问题亟须协调解决。此等跨行业、跨组织的协作规模,在民航史上甚至在我国重大工程建设项目史上都是空前的。

1.4.3　跨地域建设

大兴机场地跨京冀两地,特别是航站楼等主体工程地跨北京市大兴区和河北省廊坊市界,建设条件及管理界面复杂,存在跨地域项目审批与管理、主管部门职责和权限受不同法律法规的规制,以及跨地域运营等方面的诸多重大问题亟须协调解决,这在国内工程建设领域尚属首例。

1.4.4　建设要求高

大兴机场建设就以服务国家战略为目标,瞄准世界一流,是中国乃至世界范围一次性建设规模最大的超大型一体化综合交通枢纽。大兴机场不仅是中国基建能力的一次展示,更折射了中国基础建设迈向更高境界的轨迹,是"四型机场"的引领性工程,技术标准高,建设要求高,如建设世界一流水准、在全生命周期贯彻绿色理念的绿色新国门,运行效率达到世界先进水平的全向型跑道布局,建设以旅客为中心、代表新时代新水平的航站楼,集高铁、地铁、城铁等多种交通方式于一体、换乘效率世界一流的机场综合交通体系,构建面向未来航空发展趋势的"Airport 3.0"智慧机场等。

1.4.5 管理难度大

大兴机场批复建设工期 5 年,建设规模宏大、多项工程交叉、设计和施工条件复杂,工期紧、任务重,客观条件制约多,需要多项目同步推进。机场建设高峰时期,全场近百个项目同步实施,施工人员近 8 万人,数千台大型运输与施工设备同步运行。此外,还有"点多、线长、面广"的配套工程建设,以及永兴河改道、500 kV 高压线迁改等极具挑战性的难题。所有这些带来的难点是工程协调和安全管理难度大,监督责任重。

第2章

"四个工程"的内涵与意义

将大兴机场打造成"四个工程",是习近平总书记的严格要求和殷切期望,为全体民航人注入了强大的精神动力,为大兴机场建设提出了更高目标,更为民航机场建设和发展指明了方向。

2.1 "四个工程"的概念及内涵

2.1.1 精品工程

第六版《现代汉语词典》将"精品"定义为精良的物品,上乘的作品。

"精",与"粗"相对,有精密、精细、精确、精制、精选、精美的含义。"精品"指的是完美的、没有瑕疵的、精心创作的艺术作品。所谓"精品",最早出自宋朝著名书画家米芾的《画史·唐画》:"所收皆精品",用来形容书中收集的书画藏品。清王士禛《池北偶谈·谈艺四·外国墨》:"陆子履奉使契丹,得墨,铭曰'阳岩镇造'者,其国精品"。

"工程"一般泛指某项需要投入巨大人力和物力的工作,"以某组设想的目标为依据,应用有关的科学知识和技术手段,通过有组织的一群人将某个(或某些)现有实体(自然的或人造的)转化为具有预期使用价值的人造产品过程"。

对于精品工程的理解,可以分别从广义和狭义的角度理解。广义的精品工程,是通过精心设计、精心组织、精心施工,创造完美的产品的过程。狭义的精品工程,是以现行有效的规范、标准和工艺设计为依据,通过全员参与的管理方式,周密组织和严格控制,对所有工序工程精心操作,最终达到优良的内在品质和精致细腻的外观效果的优良工程。

精品工程是"精品"与"工程"的概念集合,主要包含以下几个方面的含义。

(1)精品工程是优中选优的工程,必须是高水平设计、高水平施工的,将先进的建设技术和精益求精的工匠精神相结合。

(2)精品工程是内坚外美的工程,必须质量坚固、外观美好、满足使用功能,内部品质和外部效果和谐统一。

（3）精品工程是经得起严格检查的工程，不仅经得起远眺，更要经得起微观检查，在细部构造上处理精细。

（4）精品工程是经得起时间考验的工程，其检验的标准主要是能否在当前条件下经受住时间以及自然灾害的考验。

（5）精品工程是社会认可的工程，不是自封的，应是用户满意的，对社会、经济、环境都产生一定的效益。

因此，机场建设的精品工程可以定义为：将先进的建设技术和精益求精的工匠精神相结合，通过精细化设计、严格采购、精心施工、规范验收、科学管理，践行"建设运营一体化"理念，最终创造出的具有内部品质和外部效果和谐统一的优良工程。

基于精品工程的概念和内涵，精品工程的核心要素是：精益求精、科学管理、品质卓越、社会认可。

1）精益求精

精益求精，形容追求好上加好，永无止境，用来表示要求极高。"精益求精"出自《论语·学而》："诗云'如切如磋，如琢如磨。'其斯之谓与？"宋朝朱熹注："言治骨角者，既切之而复磋之；治玉石者，既琢之而复磨之，治之已精，而益求其精也。"

《人民日报》强调"追求匠心需要精益求精"。近些年来，"工匠精神"成为社会热词，并登堂入室，从写进政府工作报告，到列入高质量发展纲要行动计划。工匠精神不仅是一个行业术语，也是一种政策导向，更逐渐发展成为一种社会共识。从长远来看，制造强国并不是高不可攀，中国企业正在发挥后发优势，中国工匠不断精益求精，甚至在一些领域实现赶超。"把简单的事情重复做，把重复的事情精致做"。创造精品工程，弘扬工匠精神、厚植工匠文化，推动经济高质量发展。

2）科学管理

科学管理即科学地进行工程项目管理。工程项目管理是运用科学的理念、程序和方法，采用先进的管理技术和现代化管理手段，对工程项目投资建设进行策划、组织、协调和控制的系列活动。

科学合理高效系统的管理原则，是新时代建筑工程管理中质量管理工作的指导原则。在合理控制投资成本与施工进度的前提下，重点加强对建筑工程质量的监督和检查。通过有效合理的建筑工程管理，能最大程度上消除建筑工程中存在的安全隐患，从而降低建筑工程的安全事故；能够保证建筑工程的施工进度和施工质量，提升企业的社会效应；能够吸纳国内外先进的施工理念和施工技术，对于传统模式下的施工技术予以改良；能够在新形势下提升工作效率，节省工作时间。

党的十九大报告提出，在全面建成小康社会的基础上，分两步走，在本世纪中叶建成富强民主文明和谐美丽的社会主义现代化强国。实现这一宏伟奋斗目标，需要推动新型工业化、信息化、城镇化和农业现代化同步发展。信息技术发展已经成为现代化推动的主要动力，作为国民经济支柱产业对国计民生影响巨大的民航业，也亟须加快信息化建设的步伐。推进和完善民航企业工程管理的信息化建设,建立一套系统、科学的项目管理信息系统。

3) 品质卓越

卓越意为高超出众,品质卓越是指工程质量非常优秀,超出一般水平。建筑工程品质事关人民的生命安全,事关城市的未来和传承,党中央、国务院高度重视建筑工程质量。

2017 年 9 月,《中共中央国务院关于开展质量提升行动的指导意见》中明确指出,以提高发展质量和效益为中心,将质量强国战略放在更加突出的位置,开展质量提升行动,全面提升质量水平;开展高端品质认证,推动质量评价由追求"合格率"向追求"满意度"跃升。党的十九大报告明确指出,坚持质量第一、效益优先,突出关键共性技术、现代工程技术创新,在质量变革、效率变革、动力变革中推动高质量发展,为建设质量强国、民航强国提供有力支撑。

改革开放以来,我国建筑工程质量管理体系不断完善,确立了施工图审查、质量监督、竣工验收备案等 20 余项制度。建筑工程质量水平不断提升,以北京大兴国际机场为代表的重点工程高质量建成并投入使用,"高、深、大、难"工程质量技术水平已位居世界前列,为国民经济持续健康发展、提升城乡建设水平、人民安居乐业、社会和谐稳定作出了重要贡献。

4) 社会认可

社会认可是指获得社会的肯定和支持,团体的赞许和表彰,他人的夸奖和仿效及各种表示支持和赞许的表情、姿态、语气等。获得第三方认可或社会广泛赞誉,是机场建设的根本评价标准,要最大限度地满足人民群众的需求,获得人民群众的认可和支持,同时应取得良好的经济效益、社会效益、环境效益等。

2.1.2 样板工程

《现代汉语规范词典》将"样板"定义为有示范作用的事物。

"样"有式样、模样的含义。《北史·宇文恺传》有"恺博考群籍,为明堂图样奏之"的说法,张祜《送走马使》诗中也提到"新样花文配蜀罗"。"板"原意为片状的木头,《玉篇》有"板,木片也",《诗·秦风·小戎》有"在其板屋,乱我心曲"。所谓"样板",可指"板状的样品""工业或工程上供比照或检验尺寸、形状、光洁度等用的板状工具",抑或"学习的榜样"。《〈艾青诗选〉自序》就写道,"'不倒翁'只能当玩具,却不宜作为做人的样板"。

样板工程是"样板"与"工程"的概念集合,主要包含以下几个方面的含义。

(1) 样板工程是率先垂范新理论的工程,要顺应时代发展要求和趋势,引入行业新思想、新理念,进行前瞻性规划,以理论创新指导实践创新。

(2) 样板工程是勇于技术创新的工程,不拘泥于既往工程经验,通过技术攻关、试验开发等手段,克服工程困难、提升工程价值。

(3) 样板工程是新技术、新工艺、新材料和新设备的试验田,要积极集成现有技术或引入新技术,推进科技创新成果的应用落地。

（4）样板工程是多专业配合、产学研联动的系统工程,针对复杂问题打破专业界限,强化科研院校的成果转化,搭建全产业链创新体系。

（5）样板工程是引领行业发展的标杆工程。以样板工程作为建设标准和实施目标,可以在行业内形成不断超越、创优争先的积极氛围,助力生产力水平和人民生活水平的提升。

综上所述,样板工程可以定义为:通过应用新技术、新工艺、新材料、新设备,创新组织管理模式,工程整体、某一单项工程或专业工程建设成果达到行业领先水平,并在一定时期内成为行业同类建设工程可借鉴、效仿的标杆工程。

根据样板工程的概念和内涵,样板工程的核心要素是:技术创新、管理创新、智慧应用、标杆引领。

1）技术创新

技术指"专业的技能",可见于《史记·货殖传》"医方诸食技术之人,焦神极能,为重糈也"。世界知识产权组织在 1977 年版的《供发展中国家使用的许可证贸易手册》中,给技术下的定义为:"技术是制造一种产品的系统知识,所采用的一种工艺或提供的一项服务,不论这种知识是否反映在一项发明、一项外形设计、一项实用新型或者一种植物新品种,或者反映在技术情报或技能中,或者反映在专家为设计、安装、开办或维修一个工厂或为管理一个工商业企业或其活动而提供的服务或协助等方面。"创新指"抛开旧的,创造新的",可见于《南史·宋世祖殷淑仪传》"今贵妃盖天秩之崇班,理应创新"。

创新作为经济学的概念,是美籍奥地利经济学家熊彼特(J. A. Schumpeter)在他的《经济发展理论》一书中提出的。熊彼特认为,创新就是把生产要素和生产条件的新组合引入生产体系,即建立一种新的生产函数。他把创新活动归结为五种形式:

（1）生产新产品或提供一种产品的新质量;

（2）采用一种新的生产方法、新技术或新工艺;

（3）开拓新市场;

（4）获得一种原材料或半成品的新的供给来源;

（5）实行新的企业组织方式或管理方法。

而工程建设特别是机场工程建设中的技术创新,更多指率先应用新产品、新技术、新工艺等,通过新技术应用推动行业建设及运营理念、技术、模式革新。

2021 年 3 月,《中华人民共和国国民经济和社会发展第十四个五年规划和 2035 年远景目标纲要》指出,要"坚定不移贯彻创新、协调、绿色、开放、共享的新发展理念""以改革创新为根本动力""坚持创新在我国现代化建设全局中的核心地位,把科技自立自强作为国家发展的战略支撑""打好关键核心技术攻坚战,提高创新链整体效能""完善技术创新市场导向机制,强化企业创新主体地位,促进各类创新要素向企业集聚,形成以企业为主体、市场为导向、产学研用深度融合的技术创新体系"。

2）管理创新

人类文明程度及其社会性发展到一定阶段便出现了管理。管理最初是掌管事务,传说黄帝时代设百官,"百官以治,万民以察",百官就是负责主管各方面事务的官员。管理一词出现很早,原来既可以是动词,也可以作名词,如"万历中,兵部言,武库司专设主事一员管理武学",其中管理为动词;如"东南有平海守御千户所,洪武二十七年九月置。又有内外管理、又有碧甲二巡检司",其中的内外管理,为名词,表示官职。管和理都有表示管理、经营的意思,如《水浒》中"如今叫我管天王堂,未知久后如何",《柳敬亭传》中"贫困如故时,始复上街头理其故业"。

随着西方经济学、管理学的发展,管理的概念不断丰富。"科学管理之父"弗雷德里克·泰罗(Frederick Winslow Taylor)在《科学管理原理》提出:"管理就是确切地知道你要别人干什么,并使他用最好的方法去干。"在泰罗看来,管理就是指挥他人能用最好的办法去工作。诺贝尔奖获得者赫伯特·西蒙(Herbert A. Simon)在《管理决策新科学》对管理的定义是:"管理就是制定决策。"彼得·德鲁克(Peter F. Drucker)在《管理——任务、责任、实践》提出:"管理是一种工作,它有自己的技巧、工具和方法;管理是一种器官,是赋予组织以生命的、能动的、动态的器官;管理是一门科学,一种系统化的并到处适用的知识;同时管理也是一种文化。"

管理创新,指创新项目管理模式和管理方法,建立以规范化标准、管理模式为主要内容的综合项目管理体系。第一要优化建设管理人才培养结构,采用多种形式持续强化人才供给。第二在设计阶段,整合多方资源,搭建协同设计平台。在项目建设初期,要尽早确定以工作流程和管理职能为主线,以管理标准、技术标准、工作标准为主要内容,涵盖质量体系、环境体系、职业健康安全管理体系、风险预控体系、规章制度体系、标准化体系在内的综合管理体系。

2016年5月20日,中共中央、国务院发布《国家创新驱动发展战略纲要》指出,实施创新驱动发展战略要以科技创新为核心推动全面创新,坚持把科技创新摆在国家发展全局的核心位置,以科技创新带动和促进管理创新、组织创新和商业模式创新等全面创新,打造创新驱动发展新引擎,大幅度提高科技对经济社会发展的支撑引领能力,使创新成为引领发展的第一动力。

3)智慧应用

智慧指"分析、判断、创造、思考的能力",可见于《孟子·公孙丑上》"虽有智慧,不如乘势"。随着物联网、云计算、大数据时代的到来,更加广域且深度的互联互通和更加实时的海量数据获取能够得以实现,使得系统中的计算单元和物理对象可以通过网络实现高度耦合。在此环境下,建筑工程项目建造过程信息互联互通和实时感知成为可能,各参与方可以有效协同,促进建造过程的综合协调与控制,工程建造过程可以以一种更加智慧化的方式运行。智慧应用,就是指规划建设过程深度应用信息化、网络化、智能化技术,搭建智慧平台,通过智能建造实现智慧运营。

2020年7月3日,住房和城乡建设部联合国家发展和改革委员会、科学技术部、工业和信息化部、人力资源和社会保障部、交通运输部、水利部等十三个部门联合印发的《关于推动智能建造与建筑工业化协同发展的指导意见》(以下简称"《指导意见》")提出,要围绕建筑业高质量发展总体目标,以大力发展建筑工业化为载体,以数字化、智能化升级为动力,形成涵盖科研、设计、生产加工、施工装配、运营等全产业链融合一体的智能建造产业体系。到2025年,我国智能建造与建筑工业化协同发展的政策体系和产业体系基本建立,建筑产业互联网平台初步建立,推动形成一批智能建造龙头企业,打造"中国建造"升级版。到2035年,我国智能建造与建筑工业化协同发展取得显著进展,建筑工业化全面实现,迈入智能建造世界强国行列。同时,《指导意见》从加快建筑工业化升级、加强技术创新、提升信息化水平、培育产业体系、积极推行绿色建造、开放拓展应用场景、创新行业监管与服务模式七个方面,提出了推动智能建造与建筑工业化协同发展的工作任务。

4)标杆引领

标杆原指"用作标记的杆子",继而引申出"目标,努力的方向"的含义。标杆就是榜样,这些榜样在业务流程、制造流程、设备、产品和服务方面所取得的成就,就是后进者瞄准和赶超的标杆。中国有句古话,"以铜为鉴,可以正衣冠;以史为鉴,可以知兴替;以人为鉴,可以明得失"。做工程也是这样,树立一面镜子,明得失,找差距,而后才能进步。

标杆引领,是指工程规划建设成果在某一领域成为先行者和典范,可作为其他机场建设工程借鉴、效仿的标杆工程。要以行业领先的理念、优秀的技术和先进的管理为引领,深入推进机场规划、设计、建设与运营全过程纵向深入发展,实现专业领域的领先,打造行业标杆机场。

2.1.3 平安工程

"平安",这是一个古老而朴素的话题,承载着中国人最简单的心愿与祝福。

通常中文中,"平"就是平淡,寓意淡泊朴质而平和安定;"安"指不受威胁,没有危险、太平、安闲、稳定等。"平安"就是没有事故,没有危险,平稳安全,太平无事。"马上相逢无纸笔,凭君传语报平安。"[1]即表达古代诗人岑参在口信报平安的简净之中的一片深情,寄至味于淡泊。

平安分狭义平安和广义平安。狭义平安,是指某一领域或系统中的平安,具有技术平安的含义,即技术平安(如生产平安、机械平安、矿业平安、交通平安等)及其保障条件。换言之,人的身心存在的平安状态及其事物保障的平安条件构成平安整体,这是把人的存在状况和事物的保障条件的有机结合。广义平安,即大平安,是以某一系统或领域为主的技术平安扩展到生活平安与生存平安领域,形成了生产、生活、生存领域的大平安,是全民、全社会的平安。换言之,人的身心存在的平安状态及其事物保障的平安条件构成平安整体,这是人的存在状况和事物的保障条件的有机结合。

因此,对于平安可以从三个方面理解:一是范围包括人和财产的不受损失;二是平安与安全互为包含,平安的前提和核心是安全,平安是一种结果、是一种状态;三是定义广,包括生产安全(含职业健康)、人身安全(保卫)、财产安全、消防安全、地震安全、交通安全、

---

[1] 出自唐朝岑参《逢入京使》。

社会安全、公共卫生安全、环境安全等。

平安工程是"平安"与"工程"的概念集合，主要包含以下几个方面的含义。

（1）平安工程是一种过程，即通过持续的危险识别和风险[1]管理，将人员伤害或财产损失的风险降低并保持在可接受的水平或其以下。

（2）平安工程是一种状态和属性，即消除了不可接受的损害风险，主体没有危险、不受威胁和不出事故的客观状态。

（3）平安工程是一种条件，即消除了可能导致人员伤亡、发生疾病、死亡，或者设备、财产破坏、损失，以及危害环境的条件。

（4）平安工程是一种结果，即人和财产不受损失。

（5）平安工程依附一定的实体，即承载平安的实体或主体，当平安依附于人时便是"人的平安"，当平安依附于国家时便是"国家平安"，当平安依附于世界时便是"世界平安"。

因此，机场建设的平安工程可以定义为：以落实安全生产主体责任为核心，以风险防控无死角、事故隐患零容忍、安全防护全方位为目标，实现工程建设安全文明、作业规范有序、环境和谐的有机统一，是机场基本建设不断深化平安民航发展的重要载体。

基于平安工程的概念和内涵，平安工程的核心要素是：以人为本、安全第一、预防为主、综合治理、文明和谐。

1）以人为本

以人为本，即把人的生存作为根本，或把人当作社会活动的成功资本。"以人为本"中的"人"，是描述"人"这一物种，或是描述群体中的"人"的个体。以人为本的科学内涵包括两个方面的含义。其一是"人"的概念，"人"在哲学上，常常和两个东西相对，即神或物。以人为本，要么是相对于以神为本，要么是相对于以物为本。西方早期的人本思想，主要是相对于神本思想，主张用人性反对神性，用人权反对神权，强调把人的价值放到首位。中国历史上的人本思想，主要是强调人贵于物，如"天地万物，唯人为贵"[2]。在现代社会，人本思想主要是相对于物本思想而提出来的。其二是"本"的概念，"本"在哲学上可以有两种理解，一种是世界的"本源"，一种是事物的"根本"。以人为本的"本"，是"根本"的本，它与"末"相对。以人为本，是哲学价值论概念。以人为本，是要回答在我们生活的这个世界上，什么最重要、什么最根本、什么最值得我们关注。以人为本，就是说与神、与物相比，人更重要、更根本，不能本末倒置，不能舍本求末。在当今中国社会，以人为本，就是坚持以人民为中心，改善劳动环境和工作条件，提高安全生产技术水平，增强安全管理实效，确保安全生产的有序、可控和稳定。

2）安全第一

"安全第一"这个概念最早是由美国钢铁公司的前董事长 B. H. 凯里提出的。在19世纪，美国工业虽然在工业革命浪潮的推动下得到了迅速的发展，但是钢铁行业不仅表现

---

[1] 风险，是指在某一特定环境下，在某一特定时间内，某种损失发生的可能性。
[2] 出自列子于战国时期创作的兵书《列子·天瑞》。

平平,而且事故多发。凯里经过调研后发现造成表现平平的众多因素中,有一个最重要的因素是对安全的重要性认识不足。1906 年,凯里把公司原来"质量第一,产量第二"的经营管理方针改为"安全第一,质量第二,产量第三"。致力于防止事故的发生,不但事故减少了,同时产量和质量都有所提高,这项方针的变动,钢铁行业焕发了新生。凯里的口号和成就引起了各国的高度重视,许多国家成立了安全协会:1917 年,英国伦敦成立"英国安全第一协会";1912 年,美国芝加哥创立了"全美安全协会"等;二战后,日本提出了煤矿"零灾害"目标,1949 年实施的《矿山安全法》中在全球第一个提出煤矿"安全第一,生产第二"的理念。从凯里第一次提出"安全第一"后,100 多年来,这一理念已为世界各国的政府、企业和组织所接受,今天的"安全第一"已成为全球共同的口号、生命的保证。

1957 年 10 月 5 日,周恩来总理在中国民航局的一份报告上作出了"保证安全第一,改善服务工作,争取飞行正常"的重要批示。这是我国领导人在国内最早提出"安全第一",中国民航人始终铭记不忘。

安全第一的内涵主要包括:劳动者的生命安全是第一位的;生产和安全相互依存,不可分割,必须将安全生产放在第一位,必须把保护劳动者在生产劳动中的生命安全和健康放在首要位置;抓生产首先抓安全;坚持"生产服从安全"的原则;安全具有"一票否决权";坚持安全教育为先。

3)预防为主

这是对"安全第一"思想的深化,是将安全生产工作的关口前移,以隐患排查治理和建设本质安全为目标,超前防范,建立预教、预测、预想、预报、预警、预防的递进式、立体化事故隐患预防体系,改善安全状况,预防安全事故。预防为主就是通过建设安全文化、健全安全法制、提高安全科技水平、落实安全责任、加大安全投入,构筑坚固的安全防线。

4)综合治理

这是指适应我国安全生产形势的要求,自觉遵循安全生产规律,正视安全生产工作的长期性、艰巨性和复杂性,抓住安全生产工作中的主要矛盾和关键环节,综合运用经济、法律、行政等手段,人管、法治、技防多管齐下,并充分发挥社会、职工、舆论的监督作用,从责任、制度、培训等多方面着力,形成标本兼治、齐抓共管的格局,有效解决安全生产领域的问题。综合治理,标志着对安全生产的认识上升到一个新的高度。

5)文明和谐

文明(Civilization)一词源于拉丁文"Civilis",有"城市化"和"公民化"的含义,引申为"分工""合作",即人们和睦地生活于"社会集团"中的状态,也就是一种先进的社会和文化发展状态,以及到达这一状态的过程,涉及的领域广泛,包括民族意识、技术水准、礼仪规范、宗教思想、风俗习惯以及科学知识的发展等。文明是人类历史积累下来的有利于认识和适应客观世界、符合人类精神追求、能被绝大多数人认可和接受的人文精神、发明创造的总和;文明是使人类脱离野蛮状态的所有社会行为和自然行为构成的集合,这些集合至少包括家族观念、工具、语言、文字、信仰、宗教观念、法律、城邦和国家等。文明是社会进步的重要标志,也是社会主义现代化国家的重要特征。它是社会主义现代化国家文化建

设的应有状态,是对面向现代化、面向世界、面向未来的,民族的科学的大众的社会主义文化的概括,是实现中华民族伟大复兴的重要支撑。

和谐,即和而不同、具有差异性的不同事物的结合、统一共存,是一种安定状态。和谐理念是一种谋求发展,以人为本,尊重差异,重视合作,崇尚自由,倡导宽容和追求公正的理念。

文明产生力量,和谐带来兴旺,文明与和谐密不可分,社会和谐是社会文明的标志,社会文明是社会和谐的基础。文明的本质就是人与自然、人与人、人与社会之间的和谐,和谐是文明的集中体现,更是人类孜孜以求的永恒价值观。文明与和谐是相辅相成的,既相得益彰,又互相推动。

在工程建设中实现文明和谐,就是要坚持社会责任担当,坚持以人为本、统筹兼顾、协调发展,为工程建设创造良好的内部和外部环境,推进文明和谐工程建设,尊重劳动者的权益,文明施工,确保工程质量、安全始终处于可控、在控状态,打造精品工程、样板工程。

2.1.4　廉洁工程

据《辞海》释义,"廉洁"即清廉、清白。

廉洁,最早出现在战国时期伟大诗人屈原的《楚辞·招魂》中:"朕幼清以廉洁兮,身服义而未沫。"东汉著名学者王逸在《楚辞·章句》中注释说:"不受曰廉,不污曰洁",即不接受他人的馈赠的钱财礼物,不让自己清白的人品受到玷污,就是廉洁。廉洁就是社会个体保持自身清白正直的性状,以守真与守正来拒斥各种诱惑,防止为外在环境所驱使、玷污,并引起变质。廉洁与腐败相对,属于道德规范范畴,也是一种价值理念。

廉洁工程是"廉洁"与"工程"的概念集合,主要有以下方面的含义。

(1)廉洁工程的本质和核心是"廉正"。廉洁正直首先是一种政治规则,是一种从政的道德规范。开展廉洁工程建设,必须在法治的基础上,重视道德教育和道德规范。

(2)廉洁工程的关键和重点是自上而下。法之不行,自上犯之[1]。廉洁工程建设的成功与否主要取决于上层的决心和意志。廉洁工程建设必须从上层抓起,率先垂范,以身作则。

(3)廉洁工程建设是一个系统工程。廉洁工程建设涉及面广、跨越空间范围大,是一个复杂的系统工程。廉洁工程建设需要注重系统化、实用性、前瞻性的有机结合,与时俱进、不断创新,才能取得切实的成效,清除腐败滋生的土壤,确保每个工程建设项目都成为优质、高效、安全、廉洁工程。

(4)廉洁工程的基础是社会风气。贪污腐败既与制度有关,也与社会风气相连。完善的制度能够起到扭转不良社会风气的作用,广泛腐败则会导致社会风气的恶化;同样,健康的社会风气会抑制腐败行为的发生,不良的社会氛围则会增加贪污腐败的机会。因此,实行廉洁工程建设既要严格制度,也要加强廉洁文化建设,培育廉洁的社会风气,移风

---

[1]　出自《史记·商君列传》。

易俗,从根本上铲除腐败的土壤。

(5) 廉洁工程是一种具有特定内容的活动和行为。廉洁规范关系到国家治理的权威和秩序,关系到人心向背。要以廉洁为本,廉以自律,廉以自省,且要做到一念不失。廉与勤不仅是中国公职人员的从政道德规范,也是世界各国公职人员的行为准则。

综上所述,廉洁工程可以定义为:严格执行国家法律法规,将廉洁建设与工程建设管理相结合,以廉洁建设目标为基础,明确责任主体,建立健全制度体系,营造崇尚廉洁、自觉抵制腐败的文化氛围,杜绝腐败,实现廉洁自检、监督和持续改进。

根据廉洁工程的概念和内涵,廉洁工程的核心要素是:清正廉洁、公平正直、公开透明、遵纪守法。

1) 清正廉洁

廉洁工程的本质和核心是"廉正"。清正廉洁首先是一种政治规则,是一种从政的道德规范。"政者,正也"[1],意指政治的本性就是公正、清正。"君为正,则百姓从政矣。"[2]意指若要老百姓服从政治,就需要统治者公正、清正。根据弗洛伊德[3]的"本我""自我""超我"概念,"本我"是本能欲望之我,是以生理需要、感官快乐的满足为行为标准,追求个人利益的最大化;"自我"是自我意识之我,是以社会需要、规则为评价标准,人的社会化、教育的现代化能使人性在环境中获得塑造;"超我"则是超越本能之我,是自我实现之我,是根据理智要求实现自我抑制和排除"本我"的非理性冲动。因此,开展廉洁工程建设,必须在法治的基础上,重视道德教育和道德规范,抑制"本我"的人性之恶,优化塑造"自我"的社会环境,提升"超我"的境界。反腐败要以法律严厉打击贪官,但道德的作用亦不可或缺。"徒法不足以自行"[4]"法能刑人,而不能使人廉;法能杀人,而不能使人仁。"[5]清正廉洁,就是要求行为主体应重视道德教育和道德规范,消除私欲,正确行使手中的权力,维护公共利益,一心为公克己奉公,不以权谋私假公济私,尽心尽职。

2) 公平正直

"公"为公正、合理,能获得广泛的支持;"平"指平等、平均。公平指不偏不倚,公正、公道、平正、平允、公允,"天公平而无私,故美恶莫不覆;地公平而无私,故小大莫不载"[6]。自古以来,公平一直是思想家们思考的对象。公平有两种内涵:一是作为实质范畴,是一种分配规则,决定着一定的主体应当享有什么样的权利和利益;二是作为一种关系范畴,

[1] 孔子《论语》。
[2] 《礼记》又名《小戴礼记》《小戴记》,为西汉礼学家戴圣所编。
[3] 西格蒙德·弗洛伊德(Sigmund Freud, 1856—1939),奥地利精神病医师、心理学家、精神分析学派创始人。1895年正式提出精神分析的概念。1899年出版《梦的解析》,被认为是精神分析心理学的正式形成。1919年成立国际精神分析学会,标志着精神分析学派最终形成。1930年被授予歌德奖。1936年成为英国皇家学会会员。他开创了潜意识研究的新领域,促进了动力心理学、人格心理学和变态心理学的发展,奠定了现代医学模式的新基础,为20世纪西方人文学科提供了重要理论支柱。
[4] 出自《孟子·离娄上》。
[5] 出自西汉桓宽所著《盐铁论》。
[6] 《管子·形势解》,春秋时期军事家管仲创作的一篇散文。

是一种评价和裁判规则,用于处理具有外显的或潜在的矛盾以及冲突双方的权利和利益关系。因此,无论是作为实质范畴,还是作为关系范畴,公平都是道德哲学、政治哲学的核心,更是一切法律的基础。它是用来调整个人、群体、社会、国家之间各种复杂社会关系的规范和准则,是社会不同的利益主体在社会交往活动中按双方都能接受的规则和标准采取行动和处理它们之间的关系。

正直,即公正刚直。公平正直,意即公道平等,不偏袒,不营私。"理国要道,在于公平正直。"[1]公平正直,要求行为主体应合乎公正原则,公道平等,去偏抑私,诚信守诺,前后一致,不受利益左右区别对待。

3)公开透明

公开意为不加隐蔽,面对大家。透明意为(物体)能透过光线,比喻公开,不隐藏。公开透明,就是将信息公开,包含信息公开的极致状态——透明的要求。西方有句谚语:"路灯是最好的警察,阳光是最好的防腐剂。"其意思是说权力公开透明对于预防权力腐败所起到的作用是巨大的。公开透明可以有效地预防权力腐败。从预防腐败的实质来看,权力阳光运行或政务公开透明就是一个约束性制度或监督制度,主要体现在:一是公开透明极大地克服了监督上的信息不对称性;二是外部监督者很容易被引入;三是在公开透明的情况下,外部监督者人数众多,容易形成强大的监督舆论压力,同时使包庇、袒护被监督者变得困难。因此,公开透明,就是要以制度化建设为抓手,建立健全权力运行机制,建立配套制度;以规范化管理为核心,界定权力范围和运行程序,坚持集体决策、办事公开、程序透明;以透明化运行为重点,加强权力公开载体建设;以阳光化操作为目标,强化对权力的监督,杜绝暗箱操作。

4)遵纪守法

遵纪守法,即遵守纪律和法律。在社会主义制度下,遵守纪律是每个公民的义务,提高遵守纪律的自觉性,养成遵守纪律的习惯,加强纪律观念,敢于同一切违反纪律的现象进行斗争,是组织纪律修养的重要内容。法律是国家和社会的活动准则,在国家生活和社会现代化建设中担负着重大的任务,起着广泛的作用。守法具体表现为知法、守法、护法三个方面。知法,是遵守法律的前提和基础。知法是了解宪法和其他一些基本法律的内容和本质,了解法制在国家建设中的地位和作用,增强守法的自觉性。护法,就是在提倡守法的同时,敢于同违法乱纪的行为作斗争,这样才能维护法律的尊严,发挥法律的威力,保证社会的正常秩序。遵纪守法是每个公民应尽的义务,也是道德的起码要求,具有重要意义。在工程建设中,遵纪守法,就是要健全刚性制度约束,自觉维护法律权威,严格按照国家法律和组织规章规范个人行为,遵守职业纪律和与职业活动相关的法律法规,增强法治观念,提高遵纪守法的自觉性。

---

[1] 唐·吴兢《贞观政要》。

2.2 "四个工程"间的相互关系

"四个工程"是从"精品、样板、平安、廉洁"四个维度对机场工程建设提出的高标准、严要求,是一个逻辑严密的体系,是机场基本建设的"根"和"魂"。

精品工程是基本要求,突出品质。精品工程的核心内涵是,将世界一流的先进建设技术和传统工匠精神相结合,坚持高标准和工匠精神,通过科学组织、精心设计、严格选材、精细施工、群策群力,最终达到优良的内在品质和完美的使用功能相得益彰的高品质工程。

样板工程是榜样引领,突出创新。样板工程的核心内涵是,紧跟前沿技术,在某一领域取得领先,或率先使用新产品、新技术、新工艺,取得突出经济效益、社会效益或环境效益,推动创新和示范引领作用,高标准打造标杆工程。

平安工程是重要根基,突出安全第一。平安工程的核心内涵是,牢固树立安全发展理念,坚持"安全隐患零容忍",强化管理责任制,夯实平安工程建设基础,实现安全生产、文明施工、绿色施工,全面提升机场基本建设安全管理能力和水平。

廉洁工程是根本保障,突出风险防控。廉洁工程的核心内涵是,把廉洁工程建设融入机场基本建设的全过程,在工程建设的所有环节严格执行国家法律法规、基本建设程序,强化廉洁风险防控机制、责任与监督,杜绝工程腐败,为全面促进机场基本建设持续高质量发展保驾护航。

"四个工程"相互之间具有高度的内在联系,既相互支撑又互为条件,是一个有机整体。"精品工程、样板工程、平安工程"是"廉洁工程"建设追求的目标和最终成果的反映,"廉洁工程"是"精品工程、样板工程、平安工程"的"压舱石"[1]。

2.3 机场发展与"四个工程"建设

2.3.1 航空运输与机场发展

20 世纪 50 年代末,随着大型喷气运输飞机投入使用,飞机逐渐成为大众交通运输工具,航空运输成为国家和地方经济的重要且不可缺少的组成部分。2019 年,全球航空运输业客运量为 45.4 亿人次,较 2018 年的 43.77 亿人次增长 3.72%,全球航空客运量呈现稳健增长的态势(图 2.1),旅游发展及商务需求是航空客运量走高的两大动力。

机场既是航空运输业的重要组成部分,对国家、区域经济发展也具有重要的促进作用,世界各国高度重视机场发展。机场对所在地区经济和全球经济发展具有重要的促进作用,对所在区域及其辐射范围内的工业、商业和企业的竞争力具有战略意义,对国民经

---

[1] 中国民用航空局时任局长冯正霖于 2018 年 7 月 6 日在大兴机场"廉洁工程"建设座谈会上的讲话。

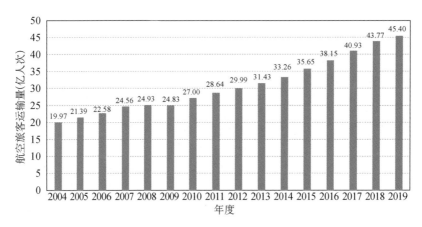

图 2.1　全球航空旅客运输量发展态势图

济发挥着重要作用。

现代机场的主要特点是,机场是所在城市的标志、综合国力的象征、高科技发展的体现、地区经济发展的助推器、多种交通运输方式的集聚地,机场是多维度、多功能、多类别、多层次的小城市。

截至 2019 年,全球共有运输机场 3 800 多座,其中吞吐量排名世界第一的仍然是美国的亚特兰大机场,第二是中国北京首都机场。从发展趋势看,民航在所有行业中仍然是朝阳行业。

1）机场带动周边区域经济发展

随着航空业的快速发展,机场发展越来越显现出其对周边和城市发展的拉动和聚集效应。在机场建设中统筹兼顾所在区域和城市的发展,充分考虑机场发展对当地经济发展的潜力,已成为机场发展规划的核心要素之一。在微观层面,机场开发更加重视未来发展的灵活性,寻求近期、中期和远期的平衡解决方案,以应对机场未来发展和功能的需要。

2）机场规划设计更具理性和效能

机场规划更具理性、效能、合理、实用。由于我国现在所有的大型机场都不同程度出现了空域紧张、时刻紧张,机场规划设计需要更具理性和更注重效能,充分发挥机场在区位辐射、用地集约等方面的优势。据国际民航组织统计,在高速公路、铁路、机场三种交通运输方式中,占地面积比例分别是 29∶9∶1。

3）技术进步推进智慧机场发展

近几年来,随着物联网、大数据、云计算、移动互联网、AI 等技术的发展,"智慧机场"发展理念渐入机场领域,国际民航组织与其他国家民航主管部门已分别提出并推动实施了行业智能化转型方案。在数字信息化技术进步带来的社会发展和变革中,民航业实施信息化、智慧化转型,是产业与时代对接,适应时代要求,实现高质量发展的重大战略决策,意义重大而深远。

在此背景下,民航局提出了实施新时期民航高质量发展战略,加快推进以"平安机场、绿色机场、智慧机场、人文机场"为核心的"四型机场"建设,着力打造运营集内在品质和外在品位于一体的现代化民用机场。其中,智慧机场是推进"四型机场"建设的关键支撑和实施路径。

4)绿色机场建设

进入 21 世纪以来,世界各国更加重视绿色低碳和可持续发展。机场作为大型公共基础设施,具有建设面积大、建筑规模大、功能设施复杂、影响范围广等区域性特点,绿色规划设计是机场建设中必须遵循的一个重要原则。机场绿色设计内容主要包括:飞行程序优化设计,以减少飞机起降中的能耗和碳排放,降低噪声;创新航行技术应用,以提高运行效率;优化飞机地面滑行路径和速度;基于绿色性能的旅客航站楼设计;推行"油改电"、登机桥地面电源空调替代飞机 APU 等。

2.3.2 我国机场发展与"四个工程"建设

2019 年,中国境内共有运输机场 238 座(不含香港、澳门和台湾地区),其中定期航班通航机场 238 个,定期航班通航城市(或地区)234 个。2019 年完成旅客吞吐量 13.52 亿人次,其中东部地区完成旅客吞吐量 7.10 亿人次,中部地区完成旅客吞吐量 1.56 亿人次,西部地区完成旅客吞吐量 4.03 亿人次,东北地区完成旅客吞吐量 0.84 亿人次。

2019 年,我国吞吐量超过 1 000 万人次的机场有 39 个(其中旅客吞吐量 1.0 亿人次以上的机场 1 个,5 000 万人次以上的 5 个,4 000 万人次以上的 10 个,3 000 万人次以上的 11 个),完成旅客吞吐量占全部境内机场旅客吞吐量的 83.3%。北京、上海和广州三大城市机场旅客吞吐量占全部境内机场旅客吞吐量的 22.4%。年旅客吞吐量 200 万~1 000 万人次机场有 35 个(含北京南苑机场),完成旅客吞吐量占全部境内机场旅客吞吐量的 9.8%(含北京南苑机场)。年旅客吞吐量 200 万人次以下的机场有 165 个,完成旅客吞吐量占全部境内机场旅客吞吐量的 6.8%。

统计数据与发展趋势分析表明,我国航空运输处于持续发展态势(图 2.2)。随着我国经济的发展,以及民航安全高效、通畅便捷、绿色和谐的现代化航空服务体系的逐渐形成,越来越多的人更多地享受到基本航空服务提供的航空运输服务,民航与寻常百姓家越来越密切,民航正在全方位地满足我国日益增长的航空服务需求。图 2.3 为我国 2006—2019 年间人均航空出行次数曲线图,预计到 2035 年人均航空出行次数超过 1 次。所以,航空运输的快速增长正在成为机场发展的重要驱动力。

航空运输的发展必然带来机场容量需求的持续增长和机场建设规模的扩大。根据民航局发布的民航发展规划,我国预计到 2035 年的航空需求量将占全球的 1/4,机场数量将达到 450 个左右,届时将成为全球最大的航空运输市场。因此,我国机场建设在未来数十年仍将保持较高速度的发展。随着我国机场建设数量和规模的持续增长,亟须推进"精品工程、样板工程、平安工程、廉洁工程"建设,打造"四型机场",实现质量、效率、效益的优势发展。

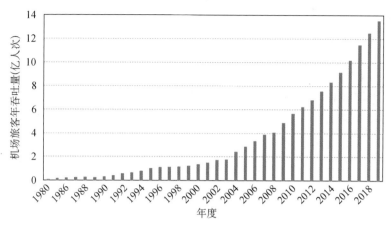

图 2.2　中国机场旅客吞吐量增长态势图

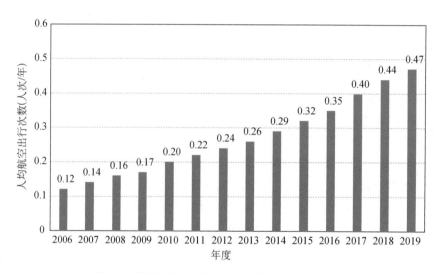

图 2.3　我国人均航空出行次数曲线(2006—2019 年)

2.4　推进机场"四个工程"建设的现实意义

打造"四个工程",是习近平总书记对大兴机场建设发展的殷殷期望和谆谆嘱托,更是中国民航做好机场建设、运营各项工作的根本遵循和行动指南。因此,在机场工程建设中推进"四个工程"具有重要的现实意义。

2.4.1　有助于中国民航成为引领国际民航发展先进理念的领跑者

机场是为民用航空器起飞、降落、滑行、停放以及旅客、货运提供服务的公共基础设施,是国家运输系统中的重要节点,是机场所在地经济、社会发展的重要基础条件。机场建设是集新技术、新产品、新工艺和高安全性为一体的系统工程,需要融入现代先进规划设计、建设新理念。中国机场建设方兴未艾,推进"四个工程"建设将提升我国机场建设的能力和水平,引领机场建设和发展。

2.4.2 为机场建设树立高标准,营造创建精品、样板工程的环境氛围

机场建设一般属于大型工程项目,规模大、投资大、周期长、涉及面广、技术要求高,项目管理复杂,风险因素众多且繁杂。因此,在机场建设中坚持高标准,对于营造创建精品工程、样板工程的环境氛围,在民航行业树立标杆并推动机场工程质量的整体水平的提升,具有重要意义。

2.4.3 贯彻"百年大计,质量第一"方针,提高机场工程建设质量水平

"百年大计,质量第一"是我国工程建设的基本方针之一。随着我国经济的快速与高质量发展,机场建设得到了持续发展。机场是为社会公众服务的交通设施,工程质量是机场建设的核心任务和目标,精品工程、样板工程是对机场建设质量的高要求。为了建设具有高质量标准的精品工程、样板工程,工程的科学性、材料的先进与适宜性、施工工艺的精良性是关键。随着科学技术的进步,越来越多的先进理论、新技术、新材料和新工艺应用到机场工程建设中,将带动民航行业技术水平的提高。

2.4.4 贯彻以人为本,推动民航行业安全发展

机场的本质是公共服务,安全是民航生产运行的底线,也是机场基本建设的底线。在机场建设中始终将安全摆在首要位置,把安全贯穿于机场工程建设的全过程,是机场安全、高效服务和持续发展的重要前提。在机场建设过程中,尤其是大型机场建设项目,工程复杂,劳动力投入密集,危险性大的施工项目众多,在建设过程中保证每一个建设参与者的安全和健康,才能体现工程建设应有的价值。这正是机场建设者对生命至高无上的敬畏,也是推动民航行业安全发展的前提条件。

2.4.5 弘扬廉洁文化,促进机场建设的健康发展

在机场建设中推进廉洁文化建设,是推动重大工程建设反腐倡廉工作不断深入并取得明显成效的基础性工作,是加强廉洁工程建设的创新之举,是促进机场建设持续健康发展的重要保障。机场建设的廉洁程度是机场健康发展的决定性因素。在机场建设中开展廉洁文化建设,将增强参建单位和人员的廉洁意识,坚守法纪底线,为"精品工程、样板工程、平安工程"建设提供保障。

2.4.6 创建"四个工程",提高机场工程建设管理水平

精品工程、样板工程以质量为导向,平安工程以安全第一为准绳,廉洁工程以廉政风险防控为核心。为了达到"四个工程"建设目标,需要一批具有高素养、高水平、作风扎实的管理人员对整个机场建设的实施过程进行高效的管理。因此,创建"四个工程"可以培

养管理人员的管理能力,提高整个机场建设的管理水平。

2.4.7　创建"四个工程",提高机场工程建设的综合效益

在大兴机场建设中创建"四个工程",工程建设的质量、技术、管理水平和思想素养都将得到极大的提升,工程成本得到有效控制,工程廉政风险得到根本遏制,形成良好的工作作风,成为全行业的典范。高标准、高质量的精品工程、样板工程在设计、建造过程中,将采取严格技术措施减少对周边环境的影响,促进绿色机场建设。因此,创建"四个工程"带来的经济、社会效益是显著的。

第3章

统筹协调推进"四个工程"建设

将大兴机场打造成"精品工程、样板工程、平安工程、廉洁工程",是习近平总书记的严格要求和殷切期望,为全体民航人注入了强大的精神动力,为大兴机场建设提出了更高目标,中国民用航空局(以下简称"民航局")、首都机场集团有限公司(以下简称集团公司)[1]始终把全面贯彻落实习近平总书记重要指示精神作为重要任务,贯穿于大兴机场工程建设的全过程和各个方面。

3.1 思想凝聚

3.1.1 思想动员

2017年2月28日,民航局党组召开中心组学习(扩大)会议,传达贯彻习近平总书记考察大兴机场的重要指示精神,强调把习近平总书记对民航工作的考察化为促进民航发展的强大动力,紧紧围绕党和国家工作大局,扎实推进民航各项任务落地,努力开创行业发展新局面。会议提出,习近平总书记高度肯定大兴机场建设取得的成绩,对大兴机场的功能、发展需求、地位作用作出深刻阐述,对大兴机场建设的目标和标准提出了更加明确的要求,不仅对大兴机场建设和运营具有重要指导意义,也为我国民航业发展指明方向。会议号召民航广大干部职工要认真学习领会习近平总书记重要指示精神,牢记习近平总书记全力打造"精品工程、样板工程、平安工程、廉洁工程"的嘱托,努力创造世界先进水平,展示国际水准,为我国基础设施建设创造样本;要深刻理解习近平总书记关于"国家发展一个新的动力源"的阐述,进一步深化对大兴机场建设在完善北京首都功能、推动京津冀协同发展中作用的认识,进一步深化民航业在我国经济社会发展中战略作用的认识,勇于担当,不辱使命,努力实现民航强国战略目标。

集团公司先后组织召开了党组会、党委中心组及扩大学习研讨会、党建工作会、全面从严治党工作会、大兴机场工作委员会、战略解码、京津冀机场群协同发展等专题会,全

---

[1] 首都机场集团公司名称于2021年7月27日变更为首都机场集团有限公司。

面传达习近平总书记重要指示精神,研讨部署落实"四个工程"的思路和措施。集团公司党组下发了《关于深入学习宣传贯彻习近平总书记视察北京新机场重要指示精神的通知》,进一步号召全集团深入领会习近平总书记重要指示精神。集团公司大兴机场工作委员会第 15 次会议审议并明确了大兴机场"四个工程"的核心内涵和指标,并正式向民航局上报《关于将大兴机场建设成为"精品工程、样板工程、平安工程、廉洁工程"的报告》,明确了建设"四个工程"的总体思路、基本原则、核心内涵、关键性指标、工作重点;2018 年 3 月,集团公司全面实施《首都机场集团公司关于进一步深化打造北京新机场"廉洁工程"的实施意见》,不断夯实政治基础和保障机制。

在集团公司党委的统一部署下,大兴机场建设指挥部(以下简称"指挥部")全面深入贯彻落实习近平总书记重要指示精神。2017 年 2 月 27 日上午,指挥部组织党委中心组(扩大)学习,会议要求全体干部职工牢记习近平总书记全力打造"精品工程、样板工程、平安工程、廉洁工程"的嘱托,振奋精神,锐意进取,在各项工程建设中努力创造世界先进水平,展示国际水准,为我国基础设施建设创造样板。指挥部通过多种方式,反复传达学习回顾习近平总书记视察大兴机场重要指示精神,带领广大干部职工始终牢记习近平总书记嘱托,激发干事创业热情,武装头脑,指导实践,确保全员深入领会;对标习近平总书记指示精神,以精品工程、样板工程建设目标为指引,定位领先、赶超先进,在工程规划、设计、建设等环节全面落实精品工程、样板工程的建设目标和要求;全面部署党建工作,发布《对接集团进一步深化打造"廉洁工程"实施意见的工作方案》和《全力打造大兴机场廉洁工程》,为打造"四个工程"提供政治保证。

3.1.2 凝聚共识

为贯彻落实习近平总书记视察大兴机场作出的重要指示精神和"三大关切"[1],集团公司全面掀起了大学习、大讨论、大落实的热潮。通过多轮次学习、专题研讨和集团主要领导授课,通过多种媒体发表文章 200 余篇,在明确大兴机场的地位和作用、坚定大兴机场建设目标、实施"三大战略"等方面达成高度共识。

1)明确大兴机场的地位和作用

大兴机场是国家重大标志性工程和一个新的动力源,是北京实现国际化大都市定位,改变"北重南轻"城市发展格局,促进北京自身协调发展的重要支撑;大兴机场连接着北京中心城区与雄安新区,以及依托大兴机场建设的临空经济区,将对京津冀协同发展、建设世界级城市群发挥重要的桥梁、纽带作用。大兴机场将与首都机场形成双翼的"一市双场"格局,满足大都市群和世界级机场群的发展需求。

2)坚定大兴机场建设目标

打造"精品工程、样板工程、平安工程、廉洁工程"是大兴机场的建设目标。大兴机场建设要按照国际一流标准,精心组织,精益求精,全过程抓好工程质量,打造经得起历史和

---

[1] "三大关切"是 2017 年 2 月 23 日,习近平总书记考察大兴机场关切地询问:京津冀三地机场如何更好地形成世界级机场群? 北京两个机场如何协调? 如何管理运营好大兴机场?

实践检验的精品工程;全面落实"节能、环保、高效、人性化、可持续发展"和"建设运营一体化"理念,着眼于机场未来高效运行,体现人文关怀,打造高效便捷、融合发展的基础设施样板;突出安全第一、质量为本,以工匠精神,落实业主单位主体责任;强化工程安全制度、施工现场管理、深化安全预案和措施,实现安全生产、文明施工、绿色施工;完善廉洁风险防控机制,加强关键环节管理,落实执纪监督问责,严格招投标管理、严格财经纪律,确保不出现"项目建起来,干部倒下去"的现象。

3)实施"三大战略"

2017年2月23日,习近平总书记在考察大兴机场时关切地询问:京津冀三地机场如何更好地形成世界级机场群?北京两个机场如何协调?如何管理运营好大兴机场?集团公司党委通过多轮次学习和研讨,研究并提出了"新机场战略""双枢纽战略"和"机场群战略"。

(1)"新机场战略",即集团公司的突破性战略。主要任务是确保大兴机场优质、高效、按期建成通航,"引领世界机场建设"。发挥"国家发展一个新的动力源"功能定位和作用,"打造全球空港标杆"。一是要确保机场工程建设全面顺利推进,高标准、高质量地完成既定建设目标,实现多点突破的样板工程,实现建设"零事故"的平安工程,打造措施有力、不发生违纪违法问题的廉洁工程。二是实现大兴机场运营筹备的良好开局,创新构建运营筹备架构体系,统筹决策、高效联动,建立运营筹备工作信息共享机制,有力推进运营筹备工作及重点、难点事项的解决。

(2)"双枢纽战略",是集团公司的龙头性战略。主要任务是形成"并驾齐驱、独立运营、适度竞争、优势互补"的"双枢纽"机场格局,以集群优势打造国际一流的北京航空枢纽,成为民航强国基本特征的典型标杆。一是清晰战略定位与任务,明确大兴机场是"大型国际枢纽、国家发展新动力源、综合交通枢纽",首都机场的主要任务是积极疏解非国际枢纽功能,侧重于"大型国际枢纽、中国第一国门、门户复合枢纽";二是有序推进首都机场枢纽战略,完善首都机场功能规划,完成"一市两场"航权资源配置、国际枢纽对标、枢纽发展及驱动模式等政策性、前瞻性研究,明确2030年枢纽建设的战略目标和实施路径,系统开展航站区整体规划研究。

(3)"机场群战略",是集团公司的全局性战略。主要任务是打造京津冀世界级机场群,同时以京津冀机场群为核心,带动成员机场群和各产业共同发展。一是推进京津冀机场群协同发展;二是稳步推进成员机场群发展,充分发挥京津冀世界级机场群的示范引领和辐射带动作用;三是推动集团各产业实现良好发展。

3.2 组织保障

3.2.1 领导机构

大兴机场建设伊始,国家、民航局和集团公司调动一切积极因素,集中全部优势资源,全面加强大兴机场建设的组织保障。

2010 年 12 月 1 日,民航局党组下发《关于成立北京新机场建设指挥部的批复》,标志着北京新机场筹建工作正式启动。

2011 年 3 月 8 日,民航局成立北京新机场民航工作领导小组。

2013 年 2 月 26 日,根据国务院、中央军委要求,由国家发展和改革委员会牵头的北京新机场建设领导小组正式成立,并在京召开第一次会议。

2013 年 12 月 19 日,民航局成立民航北京新机场建设领导小组及办公室。

2015 年 1 月 21 日,集团公司成立北京新机场工作委员会。

2016 年 10 月 20 日,集团公司成立北京新机场运营筹备办公室。

2018 年 7 月 10 日,集团公司北京新机场管理中心成立。

2018 年 3 月 13 日,民航北京新机场建设及运营筹备领导小组成立。

2018 年 4 月 17 日,集团公司成立民航北京新机场建设及运营筹备领导小组集团对接工作组。

2018 年 8 月 27 日,经民航局研究决定成立北京新机场投运总指挥部和投运协调督导组。

自此,国家、民航局和集团公司建立形成了保障大兴机场建设、投运的领导机构(图3.1)和领导体制,充分发挥我国集中力量办大事的制度优势,为大兴机场建设提供坚强的组织领导保障。

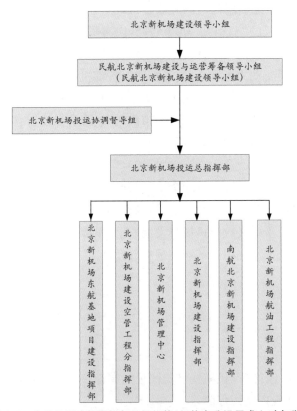

图 3.1　大兴机场建设领导与组织机构(机构名称沿用成立时名称)

　　北京新机场建设领导小组，由国家发展和改革委员会副主任任组长，成员包括军委、国务院相关部委、民航局、北京市、河北省等，领导小组下设办公室，将大兴机场规划、投资、建设、运营等重大决策纳入统一平台，整体推进。主要职责是：管大事、抓协调、解难题，科学把握大兴机场建设的基本原则，努力做到科学规划、绿色建设、依法办事、严细工作、密切配合，保障大兴机场工程顺利实施。在大兴机场建设期间，领导小组先后召开 11 次工作会议（图 3.2），研究决策了机场建设工作总体方案、南苑机场迁建、大兴机场临空经济区规划等重大事项 70 项，强化各个层面的统筹力度，全面贯彻落实习近平总书记重要指示精神，加快推进工程建设与运营筹备工作。

图 3.2　大兴机场建设领导小组第 9 次会议
（图源：发展改革委网站，2017.12）

　　民航北京大兴国际机场建设及运营筹备领导小组，前身为民航北京新机场建设领导小组、民航北京新机场建设与运营筹备领导小组，民航局局长任领导小组组长，副局长任领导小组副组长，民航局三总师以及局机关相关司局、民航局空管局、民航华北地区管理局和华北空管局、集团公司负责人为领导小组成员，下设安全安防、空管运输、综合协调 3 个工作组。主要职责是：全面负责组织、协调地方政府、相关部委以及民航局机关各部门、局属相关单位，统筹做好大兴机场建设、运营筹备等各项工作。

　　北京大兴国际机场投运协调督导组，前身为北京新机场投运协调督导组，由民航华北管理局局长任组长，下设投运协调督导组、执行委员会、资源配置委员会等。主要职责是：贯彻民航北京新机场建设及运营筹备领导小组工作精神，加强对投运工作的指导、督促、协调和审核把关。

　　北京大兴国际机场投运总指挥部，前身为北京新机场投运总指挥部，由集团公司、指挥部（管理中心）、东航（中联航）、南航、华北空管局、中航油、北京海关、北京边防检查总站等单位组成。集团公司主要负责人任总指挥，负责牵头统筹协调，承担主体责任和总协调作用。其工作职责是：发挥集团公司、各建设及运营筹备单位在大兴机场建设及运营筹备过程中的主体责任和作用，突出综合管控计划的指导和监督作用，确保大兴机场顺利按期投运。

　　北京大兴国际机场工作委员会，前身为北京新机场工作委员会，由集团公司主要负责人担任主任，成员包括集团公司、相关直属单位和成员企业等，该工作委员会办公室设立在集团公司机场建设部。该工作委员会是在集团公司党委统一领导下，审议、研究大兴机场建设和运营筹备重大事项的重要决策机构，坚持落实建设运营一体化原则，在集团公司层面专题研究和集体决策大兴机场建设及运营筹备工作的重点、难点问题，确保重大事项高效、民主决策。截至 2019 年 9 月初，该委员会召开了 47 次会议，有效推进举全集团之力开展大兴机场建设及运营筹备的各项工作。

民航领导小组集团对接工作组,由集团公司主要负责人牵头,集团公司相关领导担任各对接工作组组长。下设空防安全、飞行(运行)安全、空管运输、综合协调4个工作组,全面对接落实民航局各项工作部署。

3.2.2 协调机制

大兴机场建设重要而任务艰巨,涉及领域广,涉及主体多,项目界面划分复杂。作为世纪工程,建设大兴机场需要国家、军方—民航、地方—民航、民航行业以及项目法人单位等各相关方增强大局意识,牢固树立一盘棋的观念,齐心协力、密切配合、依法办事、严细工作,形成工作合力,共同抓好大兴机场建设。

1)国家层面

在机场建设期间,大兴机场建设领导小组先后召开11次工作会议,研究决策了大兴机场建设工作总体方案、南苑机场迁建、大兴机场临空经济区规划等重大事项70余项,强化各个层面的统筹力度,加快推进工程建设与运营筹备工作。

2)军方—民航层面

建立四级协调机制,民航、军方、北京签订"三方协议",实现"同步建设、同步投运"的建设模式:首创国内军民航"一址两场、天合地分"的多跑道枢纽机场运行模式,完成了中国民航史范围最广、影响最大的空域调整。

3)地方—民航层面

在京、冀和民航层面,成立各方的大兴机场建设领导小组及办事机构,民航局、北京市、河北省联合建立三方协调联席会议机制,形成与指挥部"3+1"工作机制,研究、协调和解决涉及三方的重大问题。形成区域发展协同制度,签订京冀两地跨地域建设与运营管理协议,打破行政区划壁垒,加强区域合作。指挥部与北京市、河北省召开"一对一"会议,协调解决了征地拆迁、项目报建、工程验收、场外能源设施保障、进出场道路运输保障等紧迫问题。建立噪声影响治理制度,由民航、地方实施综合治理,加强环境保护。

4)集团公司层面

自启动机场运营筹备工作以来,集团公司统筹谋划,创新建立"统筹决策—组织协调—板块执行—全员支持"的运营筹备架构体系,为"举集团全力"深化落实"四个工程"搭建良好平台。

积极推动与大兴机场相关业务的运营筹备,先后成立社会化招商办公室、货运发展办公室、非主基地航分指挥部、大兴机场配餐公司筹备办公室等机构,形成了集团公司大兴机场建设、运营筹备管理协调体系(图3.3)。

集团公司各职能部门全部参与,各层级同步行动。大兴机场工作委员会为统筹决策平台,各职能部门、大兴机场管理中心及工作办负责组织协调;管理中心业务板块、专业公司业务板块、集团直管业务板块负责业务执行;各部门各单位给予全力支持,互为补充、相互支持。

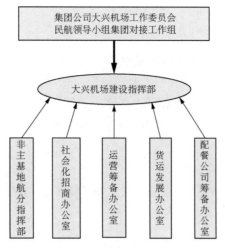

图 3.3　集团公司大兴机场建设管理协调体系

3.3　督导机制

为了推动大兴机场落实"四个工程"建设相关工作,集团公司依托大兴机场工作委员会及民航大兴机场集团对接工作组平台,采用集中决策督导和专项对接督导相结合,建立了由集团党委统一领导、工作委员会决策监督、职能业务部门归口管理、大兴机场指挥部项目管理为特色的工作机制(图 3.4)。

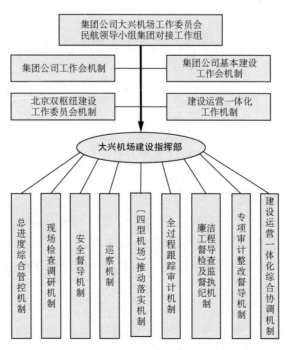

图 3.4　集团公司大兴机场建设督导工作机制

3.3.1　集中决策督导机制

集中决策督导机制,是充分发挥决策团队的集体智慧和力量进行科学决策、检查督导的工作方法。集中决策督导机制有利于全面分析问题,贯彻决策科学化、民主化原则。集中决策督导机制的发挥,取决于高素质的集体决策团队和完善的决策体制。集团公司通过发挥党委领导作用,统领大兴机场"四个工程"建设的落实工作,建立了一系列集中决策督导工作机制。

1)大兴机场工作委员会机制

在集团公司党委统一领导下,通过大兴机场工作委员会审议、研究大兴机场建设和运营筹备重大事项,进行集中决策和督导。

2)工作会机制

通过年度或半年工作会议,传达上级重要指示及会议精神,总结上一年度(或半年)工作,通报本年度工作思路,部署本年度工作,统筹部署年度重点工作任务,其中推进大兴机场建设是集团公司工作的重中之重。

3)基本建设工作会机制

通过定期召开的集团公司基本建设工作会议,聚焦总结集团公司基本建设板块管理情况,提出集团公司建设领域落实"四个工程"的工作思路、具体要求及工作任务。

4)双枢纽建设工作委员会机制

清晰"双枢纽"战略定位与任务,研究"并驾齐驱、独立运营、适度竞争、优势互补"的"双枢纽"机场格局,对首都机场和大兴机场"四个工程"建设等相关事项进行集中决策。

5)建设运行一体化工作机制

研究大兴机场建设运行一体化建设模式、管理模式、人才双跨机制,促进建设与运行的衔接、技术创新的融合,实现机场建设、运行综合效能最优化。

3.3.2　专项对接督导机制

专项对接督导机制,是指通过定期或不定期的专项审计、检查、纪检监察及落实督导等工作,促进工作的良性开展。专项对接督导有利于工作达到更专业、更深入和更精准的程度,要求突出重点、实事求是、务求实效。

1)全过程跟踪审计机制

对大兴机场建设和管理进行动态、全过程监督与评价,规范工程管理、控制和节约工程造价、提高项目投资效益,监督和促进项目建设管理严格执行各项法律法规及制度,查错防弊、防范风险,及时发现和纠正工程建设和管理中存在的问题,预防腐败行为的发生。

2)巡察机制

将大兴机场"四个工程"建设纳入巡察范围,聚焦问题、突出重点、注重实效,做好跟踪及整改督促工作。

3）总进度综合管控机制

以大兴机场工程项目总进度为管理对象，将涉及工程投资、建设管理单位及相关部门组合在一起，构建跨组织综合协调平台，通过总进度综合管控计划、进度跟踪控制等工作，确保工程项目总进度目标实现。

4）现场检查调研机制

建立现场检查调研机制，集团公司领导靠前指挥，现场督导工程进展，协调解决重点、难点事项。

5）安全督导机制

在大兴机场建设中引入安全督导机制，检查工程建设参建单位的安全行为和工程建设的安全状况，促进工程安全水平的提高，实现"平安工程"建设要求。

6）"四型机场"推动落实机制

研究出台"四型机场"建设指导纲要，推动夯实"四个工程"建设成效。

7）专项审计整改督导机制

通过审计署专项审计，全面督导、整改存在的问题。

8）廉洁工程督导检查及监督执纪机制

切实加强集团公司对所属监察审计机构的联系、指导、服务和监督，督促各级党组织、纪委压实责任，全力打造"廉洁工程"。

3.4　制度体系

集团公司紧密结合大兴机场工程建设实际，全面强化制度管理的持续建立和制度体系完善，为推进大兴机场"四个工程"建设奠定制度保障基础。

3.4.1　建立和完善制度

为进一步加强集团公司制度建设，规范制度管理体系，保证各项制度的规范性和有效性，推进集团公司治理体系和治理能力现代化，为大兴机场"四个工程"建设奠定基础，集团公司出台、完善了系列管理制度，包括规范性制度类、财务管理类、固定资产投资管理类、安全管理类、基本建设管理类、专项制度和其他共七类（图3.5）。

规范性制度类管理规定，是为了促进集团公司各项管理制度工作的规范化、程序化、标准化而进行的规定，如《首都机场集团公司规范性制度管理规定》。

财务管理类制度，是集团公司依据国家现行有关

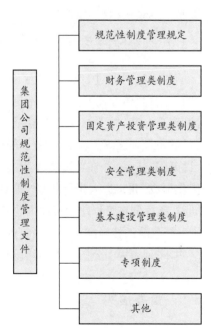

图3.5　集团公司管理制度体系

法律法规及财会制度,并结合集团公司实际建立的财务管理制度体系,包括《首都机场集团公司基本建设项目财务管理制度》《首都机场集团公司基本建设项目资金集中管理实施细则》《首都机场集团公司民航专项资金管理暂行办法》等。

固定资产投资管理类制度,是集团公司对固定资产投资项目的规划、计划、立项、实施竣工验收和后评估等工作的规范管理制度,包括《首都机场集团公司年度经营计划管理规定》《首都机场集团公司固定资产投资项目管理规定》等。

安全管理类制度,是集团公司为保障安全生产而制定的一系列文件,包括《首都机场集团公司机场安全管理规定》《首都机场集团公司全面落实安全生产责任督导问责办法》等。

基本建设管理类制度,是集团公司为加强基本建设管理、理顺各方关系、提高投资效益而制定的各项规定,包括《首都机场集团公司机场规划管理规定》《首都机场集团公司基本建设管理规定》《首都机场集团公司重点建设项目过程监督检查管理办法》《首都机场集团公司建设运营一体化指导纲要》等。

专项制度,是集团公司为加强大兴机场建设与运营管理、枢纽机场建设而建立的各项制度和管理规定,包括《关于加强对北京新机场建设管理的若干规定》《首都机场集团公司新机场工作委员会议事规则》《首都机场集团公司北京新机场建设项目财务管理办法》《首都机场集团公司加强专业公司新机场运营筹备工作机制》《首都机场集团公司北京新机场管理中心运营管理授权体系方案》《首都机场集团公司北京双枢纽建设工作委员会议事规则》等。

集团公司按相关程序及时出台、修订和完善各项制度,并结合实际情况持续优化,实现制度常态化滚动管理,以指导大兴机场开展"四个工程"建设。

3.4.2 完善"四个工程"建设制度体系

集团公司通过召开工作会、基本建设工作会,全面贯彻落实"四个工程"指示精神,将"四个工程"核心内涵及关键指标,纳入《首都机场集团公司基本建设管理手册》"顶层设计"章第一节,并下发全集团遵照落实,不断强化"四个工程"的指导与引领作用;将"四型机场"建设要求融入大兴机场工程建设、运营筹备、投运工作中,纳入大兴机场"四个工程"目标任务体系,并在此基础上对智慧、绿色、平安、人文等专项任务指标进行了系统梳理,优化形成《北京大兴国际机场"四型机场"建设工作方案》,用于支持和指导大兴机场建设。同时,指挥部在工程建设实践中总结凝练形成了《民用机场绿色施工指南》《绿色机场规划导则》《绿色航站楼标准》等一系列行业标准和规范性文件,有力支撑了"四个工程"任务目标的落实,同时为集团公司的机场建设和行业发展提供了有益借鉴。

3.5 督办落实

集团公司依托集中决策督导和专项对接督导工作机制,互为补充、相互支持,有力推动大兴机场落实"四个工程"建设相关工作。

3.5.1 通过集中决策督导推进"四个工程"建设

在集团公司党委统一领导下,集团公司通过建立工作会、基本建设工作会、大兴机场工作委员会、大兴机场投运总指挥部、北京双枢组建设工作委员会等机制,对大兴机场建设相关事项进行集中决策,督导推进"四个工程"建设。

1)发挥党委领导作用

集团公司充分发挥党委领导核心和政治核心作用,把方向、管大局、保落实,推进大兴机场"四个工程"建设稳步实施,确保工程竣工验收和顺利投运。

做好整体部署。集团公司党委通过召开年度工作会、全面从严治党工作会(党建工作会)、安全工作会、纪检工作会等重要会议,对全年重点工作进行部署落实。2017年党建工作报告对学习宣贯习近平总书记视察大兴机场重要指示精神作出专题部署,要求各单位认真抓好学习宣传和贯彻落实。在2018年党建工作会上,对一年来落实习近平总书记"四个工程"工作进行了归纳总结。在2019年党建工作报告中明确要求,各级党员干部要切实提高政治站位,继续学习习近平总书记"四个工程"指示精神,举集团全力确保大兴机场竣工验收和顺利投运;大兴机场指挥部要切实担负起主体责任,严格落实总进度综合管控计划,严把工程建设质量,严守安全廉洁底线,建设好"四个工程"。2020年集团公司全面从严治党工作会要求坚决贯彻打造"四个工程""四型机场"重要指示批示精神,建设"四型机场"全球标杆。

研究重大事项并督导落实。集团公司党委组织召开党委会研究打造"四个工程"相关"三重一大"事项,充分研究并形成决议,并由督办机构责成相关单位推动落实。通过收集有关支持"四个工程"建设的相关事项和建议,明确责任部门、落实措施和完成时限。

2)工作会督导落实

集团公司通过召开工作会,在全集团范围内确立了全面深化落实习近平总书记"四个工程"重要指示的要求,确保"同一目标、同一声音、同一步伐"。

2017年集团公司年中工作会。会议重点明确了"四个工程"的落实路径,并将"新机场战略"作为集团公司三大战略之一,要求务实攻坚克难,推进大兴机场建设工作。指挥部深入学习贯彻、积极对接落实,并通过年中工作会进一步明确任务、提出要求。

2018年集团公司工作会及年中工作会。会议将"新机场战略"确定为集团公司的突破性战略,再次强调要落实"四个工程"和"四型机场"要求,再接再厉、精益求精、善始善终,在大兴机场建设中展现国际水准,为我国基础设施建设打造一个样板;在年中工作会又进一步指出,要牢记习近平总书记视察大兴机场的重要指示,强化历史担当,精益求精打造"四个工程",必须以雷厉风行的作风,抱着使命必达的决心,坚决落实2019年6月30日完工,9月30日投产的总目标。

集团公司将工作会议确定的重点工作任务清单纳入行政督办系统,相关职能部门、大兴机场指挥部制定工作计划,年底开展督导审核,根据完成情况申请销号或结转,并对各单位完成情况进行公示和考核。同时,依托集团公司月度讲评会机制和行政督办系统,对大兴机场"四个工程"建设提出要求和建议。

2018年4月,集团公司月度讲评会明确提出要全面落实"四个工程"建设目标,各成员单位要将"四个工程"的目标要求体现在基本建设的全过程,确保集团公司基本建设目标的实现。通过狠抓关键环节,确保工程建设质量,落实"精品工程"要求;通过坚持创新驱动,加大管理创新和技术创新力度,落实"样板工程"要求;通过强化过程管控,坚决杜绝重大安全生产事故,落实"平安工程"要求;通过突出风险防范,坚持依法依规建设,落实"廉洁工程"要求。

2019年集团公司工作会及年中工作会。工作会议明确指出:"确保大兴机场顺利投产是全集团当前压倒一切的重要任务,也是建设'世界一流机场管理集团'的战略契机。"要进一步"坚持机制保障,全面强化协同作战;坚持问题导向,全力推进急重事项;坚持目标导向,全力确保'两个节点';坚持标杆引领,全力打造'四型机场';坚持管理创新,全力提升发展质量"。年中工作会上,集团公司部署了年内决胜大兴机场投运、打造"四型机场"标杆、迈步世界一流机场管理集团的三大任务。坚持牢记使命,打赢大兴机场投运总决战,以"9月15日"为收口时间,确保投运进度、工作质量和绝对安全。落实民航强国战略,抓实"四型机场"建设,坚持问题导向、瞄准标杆、注重方法,重在出实效。

2020年集团公司工作会及年中工作会。工作会议明确指出,要深刻领会习近平总书记关于打造"四个工程""四型机场"的重要指示,集团公司要致力于建设"四型机场"的全球标杆;要落实习近平总书记重要指示,加快建设北京"双枢纽",率先建设"四型机场",努力实现"世界一流"。集团公司将继续以"四个工程"和"四型机场"为目标,推动集团公司高质量发展。年中工作会上,集团公司对统筹推进双枢纽建设和确保"四型机场"建设任务落实进行部署,明确提出要加大双枢纽重点任务推动力度,年内出台集团公司"四型机场"建设实施意见,完成指导纲要修编,推进"四型机场"重点任务落地实施,年内形成一批各层级标杆。

3)基本建设工作会及建设领域相关会议督导落实

集团公司基本建设工作会由机场建设部组织,相关职能部门、直属单位、各成员机场、重点建设指挥部的基本建设分管领导及相关部门人员参会。会议发布《基本建设工作报告》,进一步统一思想、理清思路,强调"四个工程"建设要求,专题部署重点建设任务,是集团基本建设领域年度工作推进的重要纲领性文件,也是集团公司基本建设管理的年度工作计划和行动方案,对各单位基本建设管理具有重要指导和督导意义。

2017年集团公司基本建设工作会。会议认真学习贯彻习近平总书记视察大兴机场的重要指示精神,落实"三大战略"要求,把握核心要点,明确举集团全力推进大兴机场建设,系统提出"要有打造'四个工程'的使命担当,坚决落实习近平总书记重要指示精神,牢记嘱托,不辱使命;要有打造'四个工程'的信心决心,坚决落实'三大战略',努力建成世界领先水平的大兴机场;要有打造'四个工程'的志气勇气,坚决落实'四个工程'内涵与关键指标,真抓实干,确保实现大兴机场建设目标"的要求。针对"精品工程、样板工程、平安工程、廉洁工程"分项提出"提升关键环节系统把控能力打造精品工程、坚持基本建设创新驱动发展打造样板工程、加强建设项目全过程管理打造平安工程、规范从业风险管控机制打造廉洁工程"等系列管理要求,明确了大兴机场建设年度目标要求。

集团公司各职能部门依据基本建设工作会部署,持续跟进督导重点建设项目推进情况及"四个工程"要求落实情况。通过信息收集、月度讲评、重点任务督办等形式对基本建设情况实施跟踪;通过专题议事等途径协调解决重点、难点问题,加速推动项目进度;以工程月报、月度会报告等多种形式记录重点建设任务计划落实情况,有效实施风险管控。

2018年集团公司基本建设工作会。会议深入贯彻落实习近平总书记接见"中国民航英雄机组"的重要指示精神、中央领导视察大兴机场的各项工作要求,明确提出"面对新形势,集团公司基本建设工作要以习近平新时代中国特色社会主义思想为指导,全面贯彻落实习近平总书记重要指示,高标准建设'四个工程',高质量建设'四型机场',开启新时代集团公司基本建设工作新征程的总体工作思路。"部署了大兴机场建设年度目标要求,结合民航局提出的"'四型机场'理念是'四个工程'效果的最终反映,要将这一理念体现在机场设计、建设和运营全过程"的要求,确定了"全力建设平安机场、全力建设绿色机场、全力建设智慧机场、全力建设人文机场、强化基本建设管控能力"等工作要求,对"四个工程"体系要求进行了系统完善。会议发布宣贯《首都机场集团公司绿色机场建设指导纲要》《首都机场集团公司基本建设管理手册》等系列支持性文件,组织赴大兴机场建设现场观摩学习"四个工程"落实情况,安排大兴机场指挥部等单位就"四个工程"落实情况进行总结汇报。

2019年集团公司基本建设工作会。会议明确提出了各成员单位要全面贯彻落实习近平总书记重要指示精神,深入贯彻落实全国民航机场工作会议精神和集团公司总体工作思路,全面发挥集团公司整体优势,充分发挥大兴机场建设辐射带动作用,以"四型机场"建设为引领,以"四个工程"为目标,着力推动基本建设高质量发展,助力打造世界一流机场管理集团。会议确定了"切实增强规划能力,为'四型机场'建设做好顶层设计;切实增强创新能力,为'四型机场'建设注入强劲动力;切实增强管理能力,为'四型机场'建设奠定坚实基础;切实增强专业能力,为'四型机场'建设提供有力保障"。

4)发挥集团公司大兴机场工作委员会平台作用

集团公司大兴机场工作委员会自成立以来,在大兴机场建设过程中发挥了重要决策和督导作用,逐步积累了丰富的经验。截至2019年9月,工作委员会召开了47次会议,有效推进了举全集团之力开展大兴机场建设及运营筹备的各项工作。

5)大兴机场投运总指挥部统筹投运工作

大兴机场投运总指挥部成立后,先后研究并完善了组织机构、工作机制和工作方案,协调解决全场交叉施工、保障校飞试飞、竣工验收、协同综合演练等各项建设和运营筹备难题,累计发布12期月报,督导各单位落实主体责任,推进投运工作进展。累计召开十次投运总联席会议,审议投运工作进展等具体事项52项;召开例行联席会,协同各成员单位共同推进工程安全、绿色机场建设、工程进度、工程验收等具体事项;以大兴机场总进度综

合管控计划为牵引,联合各成员单位组建管控专班,加强建设项目和投运工作的科学管控;开展联合巡查和现场督导,协调解决工程建设和投运的相关问题。

6）发挥双枢纽建设工作委员会的作用

为进一步完善平台机制,规范议事程序,科学、高效、民主、统筹推进北京双枢纽建设各项工作,提高决策效率和管理水平,集团公司双枢纽办公室制定了《首都机场集团公司北京双枢纽建设工作委员会议事规则》。工作委员会积极推动相关单位落实相关工作,将重点任务纳入专项督办。

3.5.2 通过专项对接督导落实"四个工程"建设

集团公司在集中决策督导机制基础上,还通过专项对接督导落实"四个工程"建设,包括全过程跟踪审计、巡察落实、"四型机场"建设、廉洁检查及监督执纪、安全督导、专项审计整改、现场检查督导等方式。

1）全过程跟踪审计

全过程跟踪审计工作模式。集团公司历来关注工程建设领域廉洁风险,自2008年起就在成员机场工程建设中探索开展全过程跟踪审计工作,通过总结试点经验,借鉴其他项目先进做法,发布了《首都机场集团公司工程建设项目全过程跟踪审计实施手册》,将独立的第三方全过程审计监督模式纳入集团公司工程建设领域管理中,作为对工程建设和管理进行动态的、全过程的监督与评价。

大兴机场建设全过程跟踪审计。2015年8月,集团公司委托两家审计中介机构与集团公司审计监察部共同组成审计组,采取全驻场工作模式开展大兴机场建设全过程跟踪审计工作。在认真总结前期工作的基础上,制定了《进一步加强北京新机场全过程跟踪审计项目管理的方案》,全面加强跟踪审计项目组织管理。

在大兴机场建设的全过程跟踪审计中,从细化审计方案、优化组织管理、完善工作机制、强化质量管理、做好跟踪督办和规范资料归档等方面多措并举,动态调整审计重点,持续发挥驻场审计优势,强化对跟踪审计组的督导和管理,充分发挥跟踪审计"动态审计"和"事前、事中审计"优势,履行控制投资规模、发挥投资效益职能,助力打造"四个工程"。

2）巡察落实

巡察工作模式。集团公司认真领会中央关于巡视巡察工作的精神,深入贯彻落实中央、民航局关于巡视巡察工作的要求部署,不断深化拓展"巡审结合"模式。在制度层面,修订了巡察工作实施办法,制定了巡察五年工作规划,完善了巡察工作手册,强化制度保障。在实施层面,采取巡察工作和各类审计项目相结合,常规巡察与机动式巡察"回头看"相结合等方式,"巡审"深度融合,实现巡察的力度、广度、深度和效果持续提升。巡察反馈后,在60天内要求被巡察单位上报巡察整改方案,并逐一审定方案内容,召开专题民主生活会,压实整改责任。在效果层面,注重成果运用,做好巡察整改"后半篇文章";把巡察整改作为日常监督的重点内容,及时跟踪整改情况;将巡察发现的典型问题形成巡察建议书,督促从顶层设计层面完善制度,推进标本兼治。

巡察落实情况。集团公司深入贯彻落实习近平总书记视察大兴机场时提出的"三大关切""四个工程"等指示精神,将贯彻落实情况作为巡察工作重点,发挥政治巡察实效。2018 年巡察通过巡审结合联合发力,加强巡察和审计整改工作指导,逐一审定整改方案,督促用好巡察和审计成果。2019 年巡察和制度执行审计集中对"四个工程"开展专项巡察,并始终坚持发现问题和整改落实并重,扎实推进巡察"后半篇文章",压紧压实整改主体责任,加强日常监督检查,从严查处违规违纪问题,深化成果应用,进一步强化了对权力的管控和制约。2020 年巡察和制度执行审计在巡察内容、巡察对象、组织领导和工作统筹上严格落实巡视巡察工作的要求,提前谋划,确保巡察工作更精准、更务实、更严格,保证目标不变、任务不减、标准不降,工作取得实效。

3)通过"四型机场"建设落实"四个工程"要求

集团公司在落实"四个工程"建设的过程中,按照民航局要求,高度重视"四型机场"建设,并将其作为落实"四个工程"建设的重要举措。2018 年,集团公司先后发布了《首都机场集团公司智慧机场建设指导纲要》《首都机场集团公司绿色机场建设指导纲要》《首都机场集团公司平安机场建设指导纲要》《首都机场集团公司人文机场建设指导纲要》。在集团公司的统筹指导下,大兴机场迅速推进落实"四型机场"建设工作,提出以"打造全球标杆"为目标,按照全球"四型机场"标杆要求推动大兴机场建设;同时,第一时间编制完成了《北京大兴国际机场"四型机场"建设工作方案》,并持续完善修订,进一步夯实"四个工程"建设成效。

4)廉洁检查及监督执纪

廉洁专项督导检查模式。集团公司纪委认真履行主业主责,切实加强对下级单位的审计监察机构的联系、指导、服务和监督,重点对"廉洁工程"推进和落实情况进行动态跟踪,结合工作重点定期开展督导检查,督促下级党委、纪委压实责任。集团公司发布了《关于进一步深化打造北京新机场"廉洁工程"的实施意见》,要求各级领导干部要加强大兴机场调查研究,定期深入现场了解情况,做好"廉洁工程"检查督导工作。集团公司纪委结合年度考评工作,对各相关成员单位"廉洁工程"责任落实、具体措施执行情况开展管理评议,督促各项任务落到实处。

集团公司审计监察部(纪检办公室)重点对大兴机场指挥部"廉洁工程"建设工作开展情况进行了重点督导检查,制定了"廉洁工程"建设督导检查方案。一是打造"廉洁工程"中的重点任务完成情况,包括"两个责任"落实情况、决策机制建设、管理制度的有效执行以及内外部沟通平台的搭建等;二是"廉洁工程"建设中的跟踪审计,包括跟踪审计所需资料提供、日常审计工作中与跟踪审计组的沟通协作等;三是对督导检查发现的问题以及相关意见建议,督促各单位及时进行整改落实并对相关情况进行检查复核,不断将"廉洁工程"建设的各项要求落到实处。

加大监督执纪力度。集团公司纪委强化日常监督执纪问责力度,督促各级党委、纪委切实落实管党治党政治责任。一是加大谈话函询力度,针对大兴机场建设和运营筹备工作实际,坚持建设运营筹备和廉政建设"两手抓",采取集体谈、重点谈、逐一谈、分级谈等方式,逐一提醒,同时督促对中层管理人员谈话提醒全覆盖。二是加大对问题线索的处置力度,设置问题线索优先处置权,定期专题研判。

5)安全督导

为进一步完善集团公司隐患排查治理机制和安全风险防控体系,提高机场安全保障能力,牢牢守住机场安全"四个底线",集团公司结合实际情况,对成员机场开展专项安全督导检查,打造"平安机场"。

集团公司主要领导赴大兴机场安全主题公园进行"平安工程"督导,察看安全培训设施,了解员工安全培训情况,督促开航转场的前期准备、演练整改等;组织集团公司优秀安全监察员、行业内专家等人员,对大兴机场进行开航前的专项安全督导,全面排查安全隐患,识别运营安全风险,对发现的问题指导大兴机场管理机构建立隐患库,并纳入集团安全隐患库统一管理;科学分析、制订针对性的安全风险管控措施,实现机场安全管理的全区域、全流程立体覆盖;多次协调局方、空管等单位,指导大兴机场试飞,验证飞行程序、机场设施符合性和有效性等,为机场开航奠定基础;多次组织相关专业人员前往大兴机场督导落实总验终审、行政检查等工作中发现的相关隐患情况,保证机场平安运行;落实集团公司"抓作风、强三基、守底线"安全整顿活动要求,集团公司领导赴大兴机场现场督查复工复产、安全管理及建设进度等情况,并进行安全生产案例剖析和现场座谈。

6)专项审计整改督导落实

2019年3月5日至4月30日,审计署特派办进驻集团公司和指挥部,对大兴机场进行专项审计调查,对集团公司高质量推进工程建设、确保大兴机场顺利投运、提升管理水平等发挥了重要促进作用。集团公司党委认真贯彻落实中央审计委员会关于加强审计整改工作的重要部署和审计署相关工作要求,以高度负责任的态度积极推进审计整改,全面落实整改要求,确保审计整改到位。

强化组织领导。集团公司高度重视专项审计调查整改工作,成立了由两位主要领导任组长的审计整改领导小组,坚持统一领导、全面统筹、上下联动。指挥部成立了以指挥长为组长的专项整改小组。集团总部各职能部门强化政策研究和指导,积极与相关单位协调联动,确保高质量推进审计整改工作。集团领导要求相关部门、单位要切实提高政治站位,充分认识审计整改的重要性和严肃性,切实将审计整改工作与"不忘初心、牢记使命"主题教育紧密结合,作为主题教育检视问题、整改落实的重要内容,作为顺利实现大兴机场投运、确保"四个工程"落地的重要举措,全面落实整改要求,确保审计整改到位。

强化工作落实。集团公司坚持统筹推进,提前部署,做到底数清、情况明、问题准。对照排查出的问题,建立整改工作台账进行销项管理,实行"挂图作战""照单整改",坚决做到审计问题事事有回音,件件有落实。针对各单位审计整改进度及存在的问题进行专题研究,要求强化担当、狠抓落实,对重点、难点等长期整改事项要主动对接、明确方案、力争取得关键性进展,在整改方案落实和狠抓成效上下功夫,并以此为契机提升管理。

强化督促检查。在集团公司党委的统一领导下,集团公司审计监察部负责统筹协调、督促落实,加强审计整改工作的督促检查力度,切实掌握整改方案制订、整改措施执行和整改成效等情况,坚决防止审计整改工作中的形式主义、官僚主义现象。同时,强化责任追究倒逼责任落实,要求各职能部门、单位认真落实整改工作方案要求,切实将整改方案做细、整改措施做准、整改效果做实。对于未按要求推进审计整改工作或整改落实不力、敷衍应付的,集团纪委纳入日常监督重点内容,强化追责问责导向。

强化审计成果运用。集团公司高度重视审计发现的问题和提出的意见建议,加大审计成果运用力度。针对问题的不同性质、解决的难易程度、相关的政策规定,坚持分类施策,坚决抓好问题整改。能够马上整改的,坚持即知即改、立行立改。对于制度、管理层面存在的弊端和薄弱环节,强化政策研究,完善体制机制。集团公司通过研究优化机场建设领域投融资模式、结合大兴机场转场统筹推进京津冀机场群建设等手段不断推进机场管理转型,确保上级决策部署落地见效。集团公司进一步细化完善招标采购管理规定、统一招标操作规范文本等方式规范招投标管理。大兴机场通过进一步严格工程变更程序、完善造价咨询、设计、监理与施工管理内控手段等举措健全工程管理长效机制,不断深化审计成果运用,取得了成效。

后续工作安排。集团公司从政治和全局的高度深刻认识审计整改工作的重大意义,高质量完成审计署各项决策部署。一是持续推进审计整改落实,确保大兴机场平稳有序运行;二是持续推进长效机制建设,推动机场建设运营管理水平提升;三是持续推进落实上级决策部署,服务改革发展大局。

7)现场检查督导落实

为深入贯彻习近平总书记视察大兴机场的重要指示精神,集团公司领导靠前指挥,深入一线,通过综合协调、检查指导、现场授课、工程调研等多种形式,多措并举,全力打造"四个工程"。

综合协调类。集团公司充分借助各级领导调研、检查大兴机场的有利时机,由集团公司领导带队,多次向各级领导汇报,争取各级政府为"四个工程"顺利开展提供政策支持及重点、难点问题的解决措施。

检查指导类。在大兴机场建设及投运决胜阶段,集团公司领导多次深入一线,督导检查施工现场。在大兴机场投运以后,集团公司继续检查指导未完工项目施工现场及机场换季转场等事项。

现场授课类。集团公司相关领导通过到大兴机场施工现场授课方式,贯彻落实习近平总书记的重要指示精神,强化一线员工打造"四个工程"的责任意识和工作意识。

现场调研类。集团公司领导多次赴大兴机场进行现场调研,认真听取大兴机场指挥部关于"四个工程"建设的基本情况,及时掌握"四个工程"建设中的重点、难点及问题,并部署后续落实工作。

第4章
"四个工程"建设顶层设计

打造"精品工程、样板工程、平安工程、廉洁工程"是大兴机场的建设目标,更是一项重要任务,需要广泛发挥参建各方的动力和创造力。为此,指挥部经过深入细致的研究分析,开展了大兴机场"四个工程"建设的顶层设计,为打造"四个工程"奠定基础。

4.1 概述

4.1.1 顶层设计基本概念

顶层设计(Top-Down Design)是运用系统论的方法,从全局的角度,对某项任务或者某个项目的各方面、各层次、各要素统筹规划,以集中有效资源,高效快捷地实现目标。顶层设计原本是系统工程学的概念。从工程学角度来讲,顶层设计是一项基于工程"整体理念"的具体化,本义是统筹考虑项目各层次和各要素,追根溯源,统揽全局,在最高层次上寻求问题的解决之道。这一概念被西方国家广泛应用于军事与社会管理领域,是政府统筹内外政策和制定国家发展战略的重要思维方法。

顶层设计是自上而下的系统谋划,是一个谋划全局、带动长远的过程,即基于全局意识、站在高处俯瞰,对全局工作进行整体设计、整体关照。顶层设计不是设计顶层,而是从顶层开始,一层一层往下设计所有层。没有顶层设计,任何一层都不成立。顶层设计,并不是一个高于所有层的设计,而是让所有层都包含了顶层设计。所以,顶层设计需要眼界和高度,才能抓住对于全局工作中具有根本性影响力的本质性问题。顶层设计是整体一盘棋的布局,是整体战的部署。"不谋万世者,不足谋一时;不谋全局者,不足谋一域。"[1]顶层设计的核心理念与目标都源自顶层,因此顶层决定底层,上层决定基层。国家发展需要顶层设计才能成功,企业需要顶层设计才能发展,建设一项工程需要顶层设计才能开始实施。

---

[1] 出自清代陈澹然《寤言》·卷二《迁都建藩议》,意为不能为国家进行长远的谋划,一时的聪明也是短视的、微不足道的;不能从全部大局的角度去谋划的,即使治理好的小片的区域也是片面的,微不足道。

顶层设计可以说是从管理哲学到管理科学,再到管理哲学的过程,即"理论—实践—理论"。无论是制定愿景目标、专项规划还是设计管理制度,都是基于管理哲学,即基于假定、理念,以及希望达到的目的。

4.1.2　顶层设计的特点

顶层设计的主要特点体现在两个方面,即严密的逻辑性和明确的可操作性。

严密的逻辑性。顶层设计是一个系统工程,需要系统性思维,讲究严密的逻辑性。所以,顶层设计不仅要从管理科学角度清晰描述设计的"终极目标"是什么,更要从管理哲学上明确回答"获得成功是因为什么";不仅要有合理的理念与愿景,还需要可操作的方法论。

明确的可操作性。进行顶层设计必须从实际出发,再回到实际中去。所有设计方案及每个方案的所有措施,都可以归结到可执行的要素"5W2H"上,即明确所要执行的是什么任务(What)、为什么要做(Why)、何时开始(When)、从哪里入手(Where)、由何人负责(Who)、如何去做(How)及要花多少时间和资源(How Much),以此确保执行者能够充分把握落地的要领,保证执行不出偏差。同时,还要充分估计各种执行风险,做好相应的预案准备。

4.1.3　顶层设计的特征

顶层设计代表的是一种系统论思想和全局观念,其主要特征有三个:一是顶层决定性,顶层设计是自高端向低端展开的设计方法,核心理念与目标都源自顶层,因此顶层决定底层,高端决定低端;二是整体关联性,顶层设计强调设计对象内部要素之间围绕核心理念和顶层目标所形成的关联、匹配与有机衔接;三是实际可操作性,设计的基本要求是表述简洁明确,设计成果具备实践可行性。因此,顶层设计成果应是可实施、可操作的。

4.2　"四个工程"建设与顶层设计

在现代社会,机场是为社会公众提供安全、快捷和舒适的重要公共交通方式之一,是一个复杂的系统。机场建设更是集新技术、新产品、新工艺和高安全性为一体的复杂系统工程。

机场建设规模大、涉及面广、管理复杂,安全风险因素众多且繁杂。机场"四个工程"建设是民航强国的重要基础,是机场基本建设的"根"。在机场"四个工程"建设开展顶层设计,实现了二者的优势互补。

4.2.1　机场"四个工程"建设需要顶层设计

机场建设不是单纯意义上的一般工程建设,而是涉及国家、地方和行业的发展,涉及不同投资者、多方用户、众多参建单位等多方利益的系统工程。机场建设不仅要保证工程建设过程的平安、品质优良，而且必须保证建设产品使用的长期安全和可靠，可以说前者涉及面很宽，后者跨越的时空很长，不能在任何方面出现短板效应。因此，机场"四个工程"建设必须通过顶层设计，以全局的眼光、系统的思维、科学的方法将"四个工程"建设理念和要求植入工程建设的每一个环节中，为提升机场建设的战略价值奠定基础。

4.2.2 顶层设计是大兴机场打造"四个工程"的意志体现

大兴机场"四个工程"建设顶层设计是一个自上而下、上下结合的过程，是一个明确目标、建立架构、统一理念、协调功能和建立规则制度的过程，是一项确保机场建设与运营长治久安、快捷、舒适的重要基础性工作，体现了最高建设管理者的意志和决心，更符合国家和人民的利益。

4.2.3 打造机场"四个工程"建设需要"总设计师"

顶层设计是一项科学工作，唯有程序科学、工具恰当、方法到位、逻辑正确，才能取得正确的结果。注重方法论、注重过程控制，只有保证过程正确，才能有正确的结果，这是顶层设计的方法论的基本逻辑。顶层设计可以让机场"四个工程"建设有理可依、有章可循，开展机场"四个工程"建设顶层设计就是机场最高建设管理者在发挥导向和"总设计师"的作用，对于挖掘和凝聚各方动力，释放人的潜能和活力，具有重要意义。

4.3 大兴机场"四个工程"建设顶层设计思考

大兴机场建设是一项复杂的系统工程，其建设规模大、领域广、设计和施工条件复杂，同时存在跨地域建设、建设要求高、多项目同步推进等，在打造"四个工程"建设中面临着一系列困难，亟须通过顶层设计实现统揽全局、凝聚理念和有效管控。

大兴机场在"四个工程"建设顶层设计中面临的一系列问题是：

(1) 在既定目标下，需要什么样的顶层设计？

(2) 各部门、单位及资源如何协同？

(3) 如何通过工程项目实施过程中的综合管控，实现既定目标？

(4) 如何有效落实各单位的管理职责？

(5) 怎样提升"四个工程"建设管理系统，支撑运行？

这是大兴机场"四个工程"建设中需要思考的问题。顶层设计是大兴机场打造"四个工程"的核心逻辑和基本原则，通过顶层设计缕清"四个工程"建设的目标、关键环节和共同责任，统一思想和共识，用科学方法和管理体系指导"四个工程"建设，这是大兴机场"四个工程"建设顶层设计的方向所在。

指挥部是建设"四个工程"的最直接的组织者、协调者和执行者。指挥部建设"四个工程"的总体思路是，按照践行"创新、协调、绿色、开放、共享"五大发展理念的要求，深入挖掘"四个工程"的内涵；围绕核心内涵，在充分吸收借鉴国内外优秀大型工程建设项目经验的基础上，定位领先，赶超先进，确定精准的建设目标和要求，明晰"四个工程"建设应达到的关键性指标；以实现关键性指标为指引，建立完善的技术、质量、安全、廉政等保障措施，确保在机场建设的全过程中全面贯彻落实"四个工程"建设要求，实现"四个工程"建设目标。

4.4 大兴机场"四个工程"建设顶层设计架构

4.4.1 设计原则

（1）以问题为导向，目标明确。大兴机场"四个工程"建设的核心是，追求高标准和卓越品质，以解决机场工程建设中的关键、重大和根本问题为指引，集中力量和有效资源，全力化解机场工程建设中的突出矛盾和问题。

（2）抓住重大问题，纲举目张。大兴机场工程建设涉及的因素广泛，顶层设计要抓牵动全局的关键问题、核心问题和重大问题，通过跨部门、跨地域、跨单位的共担责任、共同协作，共同促进机场"四个工程"建设整体能力的提高和建设目标的实现。

（3）秉持全局视野，统筹兼顾。打造"四个工程"是保障大兴机场建设的重要根基，"四个工程"建设顶层设计要以全局视野、全方位管理，自上而下与自下而上相结合，思想与行动相结合，通过统一思想共识，推动规范制度落地，指导机场工程建设实践。

4.4.2 架构思路

1) 将"四个工程"建设理念融入大兴机场建设

贯彻落实习近平总书记对大兴机场建设的要求，体现新发展时期"四个工程"建设的内涵，发挥"四个工程"建设理念对大兴机场工程建设的支撑作用，促进"四个工程"建设理念与机场工程建设的深度融合，构建适应大兴机场"四个工程"建设的顶层设计，引领机场建设和发展。

2) 挖掘参建各方的动力和潜力

构建以业主单位为主导、参建单位共同参与的"四个工程"建设管理体系，充分挖掘各方、各层级的深层潜力，坚持新发展理念，夯实基础，促进责任落实，增强工程建设的管控能力，将中央、民航对大兴机场工程建设的期望和要求转化为促进"四个工程"建设的实力和动力。

3) 增强制度规范的约束力

将大兴机场"四个工程"建设顶层设计自上而下的系统谋划、责任要求转化为各方共识的管理原则和思想工具，以人为本，以法为本，建立严格的规则制度，促进用管理制度规范各方、个人的行为，用制度治理工程建设中存在的问题，强化制度执行的规范化和约束力，提高机场工程建设的管理能力和水平，实现"四个工程"建设目标。

基于上述设计原则和思路，构建了如图4.1所示的大兴机场"四个工程"建设的顶层设计架构体系。在顶层设计的过程中,将梳理"四个工程"建设的愿景目标与使命,并将其融入顶层设计之中。在明确"四个工程"建设使命的共识下,建立以动力机制与管控体系为核心的顶层设计,有效地整合"四个工程"建设指标体系、政治保障、组织保障、制度体系、督导机制、多层协调机制以及基础支撑为一体,以提升"四个工程"建设管理能力,推动各项制度的有效执行,实现"四个工程"建设的愿景目标和使命。

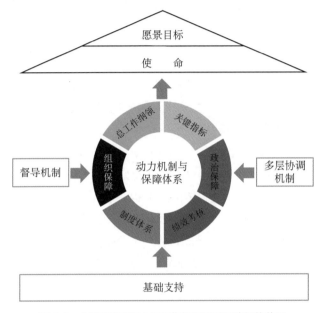

图 4.1　大兴机场"四个工程"建设顶层设计架构体系

4.4.3　架构内容

大兴机场"四个工程"建设的顶层设计架构体系主要由愿景目标与使命、动力机制、保障体系、督导机制、多层协调机制和基础支持所构成。

1）愿景目标与使命

大兴机场"四个工程"建设的愿景目标是创造世界先进水平、展示国际水平,"四个工程"建设的使命是将大兴机场打造成为我国基础设施建设的样板、"国家发展一个新的动力源"。

2）动力机制

动力机制是系统(事物)状态变化的一系列相互传递的动力,即动力的根源。大兴机场"四个工程"建设的动力机制,是指参建各方在"四个工程"建设的过程中形成的促动机制。指挥部是大兴机场工程建设创新和实施的主体,其作用主要体现在组织领导、统一谋划和协调推进"四个工程"建设。指挥部制定了大兴机场"四个工程"建设工作纲领,提出了"四个工程"核心内涵和包含 4 大类 40 项关键性指标的指标体系,并结合"四个工程"建设编制了《大兴机场"四型机场"建设工作方案》,彰显了指挥部打造"四个工程"、建设"四型机场"的坚强决心和意志。

3）保障体系

"四个工程"建设保障体系包含政治保障、组织保障、制度体系和绩效考核等。在政治保障方面,指挥部以集团公司党建工作总体思路为指导,推动党建与工程建设的深度融合,为打造"四个工程"、建设"四型机场"提供坚强政治保证。在组织保障方面,指挥部形成了以集团公司党委统一领导、工作委员会决策监督、职能业务部门归口管理、指挥部项目管理为特色的工作机制。在组织保障方面,指挥部作为打造"四个工程"最直接的主体责任单位,积极发挥主体作用,通过理念创新、管理创新、技术创新,着力推进建设管理规范化、科学化,制订了130余项建设管理制度,为落地"四个工程"提供了系统的、相互配合的制度保证。在绩效考核方面,指挥部将各部门主责的各项重点任务关键指标纳入绩效考核体系,制订并发布了《安全生产绩效考核管理办法》及《安全生产绩效考核实施细则》,确保大兴机场"四个工程"建设工作按计划持续推进。

4）督导机制

指挥部成立了以总指挥为组长的领导小组,以分管领导为主责的四个专项工作组,统一领导、协调各工作组工作安排,对"四个工程""四型机场"工作落实情况进行督导和考核,持续完善、滚动修订、推动落实。

5）多层协调机制

指挥部落实民航领导小组工作部署,建立多个层面的沟通协调机制、联席会议制度、工作月报制度、关键问题库制度等,推动两场"地分天合"、飞行程序、空管指挥规则协同等,推动建立包括航空公司、油料、空管、口岸、轨道等其他各业主单位的指挥长联席会议等协调机制,并依托投运总指挥部月度会议机制,加强沟通协调,及时解决建设中的重点、难点问题。

6）基础支持

指挥部推进"四个工程"建设的标准化、规范化与信息化。设立工程建设信息化监控中心,对现场安全生产、安全保卫、交通安全、消防、环境保护等进行动态管理。在国内大型机场建设过程中首次采用工程建设项目管理信息系统,利用信息系统实现对建设全过程的统一管理控制。通过科技攻关,研发飞行区数字化施工与质量监控系统,实现了对重点施工工艺的数字化自动监控,显著提升飞行区施工效率、质量和安全监管水平。在设计、施工中推广建筑信息模型化（Building Information Modeling，BIM）技术,在航站楼大规模采用BIM技术进行设计、施工的全过程数字化管理,市政交通等工程中应用BIM技术进行施工管理。

第 5 章
精品工程建设

精品工程的核心是突出品质。大兴机场在建设过程中,坚持以高标准、严要求推进工程建设;不断加强先进理论和前沿技术的应用;全面落实各参建单位的工程质量责任,强化业主单位的首要责任、施工单位的主体责任;推进工程进度综合管控计划,严格控制时间节点和工作节奏;健全机场建设管理体系,加强工程建设的信息化技术应用;打造功能完善、安全高效、优质耐久、绿色环保和人民满意的机场工程。

5.1 概述

精品工程是优中选优的工程,是一个城市的代表作,也是一个国家和民族的历史标志。指挥部认真落实民航局和集团公司工作部署,在机场建设过程中全力打造精品工程。

创建精品工程,不仅仅要保证工程质量,更要满足机场的功能需求,将先进的建设技术和精益求精的工匠精神相结合,通过精细化设计、严格采购、精心施工、规范验收、科学管理等手段,践行规划、投资、融资、建设、运营一体化理念,创造具有内部品质和外部效果和谐统一的优良工程,其建设成果体现着国家的建设水平,具有重大的意义。

5.1.1 建设工程质量的基本要求

1)基本概念

建设工程质量是反映建设工程满足相关标准规定或合同约定的要求,包括其在安全、使用功能及其在耐久性能、环境保护等方面所有明显和隐含的特性总和。

建设工程项目质量管理是指建设行政主管部门、业主单位、施工单位与监理单位等项目参与主体为实现项目质量目标而进行的计划、组织、协调与控制等一系列活动。

2)基本要求

(1)适用性。适用性即功能,是指工程满足使用目的的各种性能。包括理化性能、结构性能、使用性能、外观性能等。

(2)耐久性。耐久性即寿命,是指工程在规定的条件下,满足规定功能要求使用的年限,也就是工程竣工后的合理使用寿命周期。

（3）安全性。安全性是指工程建成后在使用过程中保证结构安全、保证人身和环境免受危害的程度。

（4）可靠性。可靠性是指工程在规定的时间和规定的条件下完成规定功能的能力。

（5）经济性。经济性是指工程从规划、勘察、设计、施工到整个产品使用寿命周期内的成本和消耗的费用。

（6）与环境的协调性。与环境的协调性是指工程与其周围生态环境协调,与所在地区经济环境协调以及与周围已建工程相协调,以适应可持续发展的要求。

上述六个方面是必须达到的基本要求,缺一不可。对于不同门类不同专业的工程可根据其所处的特定环境条件、技术经济条件的差异,有不同的侧重面。

5.1.2 建设工程质量的影响因素

影响建设工程质量控制的因素主要有"人、材、机、法、环"五大方面。对这五方面因素严格控制,是保证工程质量的关键。

（1）人员。人员因素主要指领导者的素质,操作人员的理论、技术水平等。施工时首先要考虑到对人员因素的控制,工程质量的形成受到所有参加工程项目施工的工程技术干部、操作人员、服务人员共同作用,他们是施工过程的主体,是影响工程质量的主要因素。

（2）工程材料。材料（包括原材料、成品、半成品、构配件）是工程施工的物质条件,材料质量是工程质量的基础,材料质量不符合要求,工程质量也就不可能符合标准。加强材料的质量控制,是提高工程质量的重要保证。

（3）机械设备。施工阶段必须综合考虑施工现场条件、建筑结构形式、施工工艺和方法、建筑技术经济等合理选择机械的类型和性能参数,合理使用机械设备,正确地操作机械。

（4）工艺方法。施工过程中的方法包含整个建设周期内所采取的技术方案、工艺流程、组织措施、检测手段、施工组织设计等。施工方案正确与否,直接影响工程的质量、进度和投资。为此,制订和审核施工方案时,必须结合工程实际,从技术、管理、工艺、组织、操作、经济等方面进行全面分析、综合考虑,力求方案技术可行、经济合理、工艺先进、措施得力、操作方便。

（5）环境条件。环境条件对工程质量的影响具有复杂而多变的特点,如气象条件就变化万千,温度、湿度、大风、暴雨、酷暑、严寒都直接影响工程质量,往往前一道工序就是后一道工序的环境,前一分项、分部工程也就是后一分项、分部工程的环境。因此,根据工程特点和具体条件,应对影响质量的环境因素采取有效的措施严加控制。

5.1.3 我国建设工程质量管理体系

1）法律法规系统
建立和完善了以《建设工程质量管理条例》《建设工程质量检测管理办法》《中华人民共和国建筑法》及住建部、各地地方性法规的管理法律法规体系,加强对建筑活动的监督管理,规范建筑市场秩序。

2)组织系统

实行了业主单位全面管理、政府监督、社会监理、企业自控、用户评价的以工程建设参与各方的质量责任制为核心的管理体制。

3)管理系统

运用了全面质量管理方法,在强调各工程质量责任主体依法履行自身质量职责的同时,还通过政府建立项目许可制度,建筑企业及人员的市场准入制度,生产过程监督检测制度,竣工验收备案制度等加强对建设工程项目的形成过程及项目结果进行管理。

5.2 精品工程建设关键指标

5.2.1 精品工程建设目标

精品工程的建设目标是打造"内部品质和外部效果和谐统一"的优良工程。以精细化设计、严格采购、精心施工、规范验收和科学管理为载体,构建工程建设全过程质量管控体系,建设安全底线牢固、使用功能完善、经济效益最佳的新型基础设施,推动大兴机场建设成为全国精品工程的先行者和典范。

5.2.2 精品工程建设意义

(1)质量是工程建设的核心任务与目标,创建精品工程可以在行业中树立标杆形象,推动一个地区的工程质量整体水平的提升。

(2)建设具有高质量水准的精品工程需加强先进理论、前沿技术的运用,最终带动整个行业技术水平的提高。

(3)建设精品工程需以高标准严格要求施工团队,促使施工团队坚持自查与改进相结合的检查制度,形成优良的施工作风。

(4)建设精品工程需对整个工程的实施过程进行有效管理,可以培养有关人员的管理能力,提高整个工程的管理水平。

(5)精品工程应经受得住时间和自然灾害的考验,可减少工程后期的修理、维护成本,从而带来良好的经济效益和社会效益。

5.2.3 关键指标体系构建

1)基本特征

(1)品质一流:采用现行有效的规范、标准和工艺设计中更严的要求进行全过程工程建设,核心指标优于同类型建筑。

(2)社会认可:争创国家优质工程奖、国家科技进步奖、中国建筑工程鲁班奖、中国土木工程詹天佑奖等综合或单项奖项,获得第三方认可或社会广泛赞誉。

2）关键指标

为贯彻落实"精品工程"建设要求,指挥部多次组织专题学习,在民航局、集团公司的指导下,通过明确目标内涵、细化责任分解、完善制度机制、强化科技创新、聚焦安全质量等科学规范、务实适用、系统配套的行动举措,全力推进"精品工程"落实。

精品工程的关键性指标共 13 项,涉及规划、设计、施工、运营等各个阶段:

（1）具有世界一流水准的机场规划设计方案;

（2）工程质量达到国际先进水平,一次验收合格率达到 100%;

（3）场区 100%推行绿色文明施工;

（4）取得 6 项以上具有较高推广应用价值的施工新技术;

（5）取得 5 项以上省(部)级以上新工法或发明专利、实用新型技术专利;

（6）打造国家级科技示范工程;

（7）获得中国建设工程鲁班奖;

（8）获得中国土木工程詹天佑奖;

（9）获得国家优质工程奖;

（10）获得绿色建筑创新奖;

（11）航站楼获得绿色建筑三星级认证;

（12）航站楼获得节能建筑 AAA 级认证;

（13）获得省部级科技进步奖,争创国家科技进步奖。

5.2.4 关键指标释义

1）规划设计方案

机场规划设计方案是以机场的功能定位出发,满足机场近远期航空业务量的使用需求,并与机场周边已建、规划设施、净空、空域条件及其他形式的交通方式协调,使得建成后的机场运行高效、节能、环保。

机场功能分区包括飞行区、航站区、货运区、机务维修区、油库区、生产生活辅助区以及工作区等。机场规划设计以飞行区为基础,结合场地条件、地面运行(飞机、旅客、车辆)效率等因素提出合适的航站区发展模式及构型,并在此基础上结合机场需求合理规划货运区、机务维修区、油库区、生产生活辅助区以及工作区等。总体来看,机场规划设计以飞行区为框架,以航站区为运行核心,统筹考虑航站区和飞行区的关系是机场规划设计的重要环节。

2）一次验收合格率

一次检查合格率(或称一次交验合格率)顾名思义是在生产线上进行全部或特定的某个项目的检查时,按检查作业要求正常操作时,第一遍检查结果就能合格,即未经处理或修理即能一次检查合格的,就称一次检查合格,一次检查合格总数占检查总数的比率,就是一次检查合格率。

3）绿色文明施工

绿色施工作为建筑全生命周期中的一个重要阶段,是实现建筑领域资源节约和节能减排的关键环节。绿色施工是指工程建设中,在保证质量、安全等基本要求的前提下,通过科学管理和技术进步,最大限度地节约资源并减少对环境负面影响的施工活动,实现节能、节地、节水、节材和环境保护。

实施绿色施工,应依据因地制宜的原则,贯彻执行国家、行业和地方相关的技术经济政策。绿色施工应是可持续发展理念在工程施工中全面应用的体现,绿色施工并不仅仅是指在工程施工中实施封闭施工,没有尘土飞扬,没有噪声扰民,在工地四周栽花、种草,实施定时洒水等这些内容,它涉及可持续发展的各个方面,如生态与环境保护、资源与能源利用、社会与经济的发展等内容。

4) 施工新技术

随着科技水平的不断提高,建筑施工技术的水平也得到了相当成熟的发展。施工工程中不断出现的新技术和新工艺给传统的施工技术带来了较大的冲击,这一系列新技术的出现,不但解决了过去传统施工技术无法实现的技术瓶颈,也推广和引导了新的施工设备和施工工艺的出现,而且新的施工技术使得施工效率得到了空前的提高。一方面降低了工程的成本、减少了工程的作业时间;另一方面增强了工程施工的安全可靠度,为整个施工项目的发展提供了一个更为广阔的舞台。

在新时代的背景下,建筑施工技术的现代化发展,是社会发展的一种必然趋势,也是人类共同奋斗的结果。在建筑工程发展道路上,需要对工程建设的影响因素进行全方位的分析,以施工细节为媒介,优化各种施工技术,促进建筑行业的可持续发展。从长远来说,建筑施工技术的不断完善还有很长的路要走,但其必将会走上经济效益、生态效益、社会效益三者相融合的道路,拥有更好的发展前景。

5) 新工法或发明专利、实用新型技术专利

专利权是一种独占权,指国家专利审批机关对提出的发明创造,经依法审查合格后,向专利申请人授予的、在规定时间内对该项发明创造享有的权利。

同时,因为专利可以保护技术创新和革新,任何人发明创造了具有创新性及实用性的工艺方法、机器、产品或物料成分,或者对它们的改进都可以申请专利。

在我国,专利分为发明、实用新型和外观设计三种类型。

6) 国家级科技示范工程

示范的意思是做出榜样或典范,供人们学习;示范工程即值得其他工程学习的榜样工程或典范工程。

我国建筑行业的示范工程奖有新技术应用示范工程、绿色施工示范工程等。

建筑业创新技术是指住房城乡建设部重点推广的"建筑业10项新技术"和通过省部级的鉴定、评价,并达到国内领先或国际先进水平的技术。全国建筑业创新技术应用示范工程是指经中国建筑业协会公布的、采用6项以上"建筑业10项新技术"且采用其他建筑业创新技术的工程。

住房和城乡建设部绿色施工科技示范工程是指绿色施工过程中应用和创新先进适用技术,在节材、节能、节地、节水和减少环境污染等方面取得显著社会、环境与经济效益,具

有辐射带动作用的建设工程施工项目。

7) 中国建设工程鲁班奖

中国建设工程鲁班奖,是一项由住房和城乡建设部指导、中国建筑业协会实施评选的奖项,是中国建筑行业工程质量的最高荣誉奖。

建筑工程鲁班奖于 1987 年设立,为中国建设工程鲁班奖(国家优质工程)的前身。1996 年 9 月 26 日,建筑工程鲁班奖与国家优质工程奖合并,称中国建筑工程鲁班奖(国家优质工程)。2008 年 6 月 13 日,中国建筑工程鲁班奖(国家优质工程)更名为中国建设工程鲁班奖(国家优质工程)。2010 年起,中国建设工程鲁班奖(国家优质工程)改为每两年评比表彰一次。

8) 中国土木工程詹天佑奖

中国土木工程詹天佑奖,由中国土木工程学会和北京詹天佑土木工程科学技术发展基金会联合设立,是住房和城乡建设部认定的全国建设系统工程奖励项目之一、科技部首批核准的科技奖励项目,也是中国土木工程领域工程建设项目科技创新的最高荣誉奖、"詹天佑土木工程科学技术奖"的主要奖项。

中国土木工程詹天佑奖于 1999 年设立,2001 年 3 月经科技部首批核准登记,2003 年由每两年评选一次改为每年评选一次。

9) 国家优质工程奖

国家优质工程奖设立于 1981 年,是经国务院确认的我国工程建设领域设立最早,规格最高,跨行业、跨专业的国家级质量奖,对获奖项目中特别优秀的授予国家优质工程金质奖荣誉。主管单位是国家发展和改革委员会,主办单位是中国施工企业管理协会。

国家优质工程的创建倡导"追求卓越、铸就经典"的精神理念,评定注重工程质量的全面、系统管理。工程质量主要包括工程项目的勘察、设计质量、施工质量以及监理质量。通过对获奖工程的表彰,鼓励业主单位用全面、系统、科学、经济的工程质量管理理念和有效的管理方式,组织并督促勘察、设计、监理、施工等参建企业确保工程质量,保证投资的经济社会效益。同时引导各工程建设企业通过参与工程建设和创优活动,转变工程质量管理和经营管理观念,促进勘察设计、施工和监理质量全面提高和持续不断改进,进而提升工程建设质量管理水平。

10) 绿色建筑创新奖

绿色建筑创新奖由建设部设立,由建设部科学技术委员会负责实施,日常管理由建设部科学技术司负责。设立该奖的目的是,贯彻落实科学发展观,促进节约资源、保护环境和建设事业可持续发展,加快推进中国绿色建筑及其技术的健康发展。

绿色建筑奖设立一等奖、二等奖、三等奖三个等级,每两年评选一次。

绿色建筑奖的奖励对象为在推进建设事业节约资源、保护环境和可持续发展中,对发展绿色建筑有突出示范作用的工程和有积极作用的技术与产品,以及作出重要贡献的组织和人员。

11）绿色建筑三星级认证

绿色建筑的定义是，在全生命周期内，节约资源、保护环境、减少污染、为人们提供健康、适用、高效的使用空间，最大限度地实现人与自然和谐共生的高质量建筑。

绿色建筑认证，是指依据《绿色建筑评价标准》，确认绿色建筑等级并进行信息性标识的一种评价活动。绿色建筑按满足控制项和评分项的程度认证划分为四个等级，由高到低为三星级、二星级、一星级和基本级。

12）节能建筑 AAA 级认证

节能建筑是指遵循当地的地理环境和节能的基本方法，设计和建造的达到或优于国家有关节能标准的建筑。

13）科技进步奖

科技进步奖一般指科学技术进步奖。科学技术进步奖是对推动科学技术进步作出重要贡献的集体和个人给予的一种奖励。

1984 年 9 月国务院公布的《中华人民共和国科学技术进步奖励条例》规定，凡具备下列条件之一的均可获奖：①应用于社会主义现代化建设的新的科学技术成果，属于国内首创的、本行业先进的、经过实践证明具有重大经济效益和社会效益的；②在推广、转让、应用已有的科学技术成果工作中，作出创造性贡献并取得重大经济效益和社会效益的；③在重大工程建设、重大设备研制和企业技术改造中，采用新技术、作出创造性贡献并取得重大经济效益或社会效益的；④在科学技术管理和标准、计量、科学技术情报工作中，作出创造性贡献并取得特别显著效果的。

5.3 精品工程建设之精细化设计

精细化设计是创造精品工程的前提。大兴机场在规划设计过程中遵循统筹兼顾、科学布局、合理定位的原则，坚持高水平设计、高质量建设。指挥部在工程质量方面制订了优于国家标准的要求，在设计阶段，邀请国内外设计大师、知名院所和工程公司专家，对项目总体规划和设计多次开展反复研究和论证。应用仿真技术，先后开展了空域、飞行区跑滑构型、飞机地面运行、航站楼陆侧交通、楼内旅客流程等全过程模拟仿真，在规划设计阶段对运行效果进行预评估，并针对薄弱环节进行多方案比选和优化提升，确保了规划设计方案科学高效。

5.3.1 选址规划

1）优化场址

从最早出现建设北京第二机场的声音算起，时间已经走过 20 多年。

大兴机场的选址工作始于 1993 年，选址涉及面广、制约因素多，需综合考虑空域运行、地面保障、服务便捷、区域协同、军地协调等各个方面。为实现综合效益最大化，民航局与北京市先后组织开展了三个阶段的摸排与比选论证。

（1）预选阶段（1993 年 10 月至 2001 年 7 月）。1993 年首都机场旅客吞吐量突破1 000 万人次,虽然航空基础设施保障资源尚未饱和,但考虑长远发展需要,北京市在城市总体规划修编中选定了通州张家湾、大兴庞各庄两处中型机场备用场址,并开展了多轮预选。

（2）对比阶段（2001 年 7 月至 2003 年 10 月）。2001 年 7 月北京申奥成功,为满足2008 年奥运会保障需要,民航局启动首都机场三期扩建与新建北京第二机场的对比研究,同步开展了选址工作,经过多方面比选论证,认为扩建首都机场更为合理可行。经国务院常务会议审议通过,2003 年 10 月,国家发展改革委批复同意首都机场扩建,同时提出"从长远发展看,首都应建设第二机场"。

（3）优选阶段（2003 年 10 月至 2009 年 1 月）。2004 年,北京市在修编的城市总体规划中,推荐北京大兴南各庄和河北固安西小屯两处备选场址。2006 年民航局成立选址工作领导小组,明确了空域优先、服务区域经济社会发展、军民航兼顾、多机场协调发展、地面综合条件最优等五大选址原则,完成了选址空域、区域经济背景、多机场系统、绿色机场选址等一系列研究报告。2007 年 7 月,民航局向国务院上报《关于北京新机场选址有关问题的请示》。按照国务院要求,2008 年 3 月国家发展改革委牵头成立大兴机场选址工作协调小组,全面开展机场选址工作,经专家评估论证,2009 年 1 月确定大兴南各庄为首选场址。这一场址位于北京中轴线的延长线和北京城市副中心与河北雄安新区两地连线的中间位置。其后,国家作出的京津冀协同发展、雄安新区建设和北京城市副中心建设等一系列重大决策,不断证明该场址是北京第二座机场场址的最优选择。

2）多级规划

机场规划是机场建设的蓝图,是机场安全运行和可持续发展的根底,也是机场和城市协调发展的基础。大兴机场开展了总体规划、综合交通规划、控制性详细规划、空域终端区规划等多个方面的规划。

（1）机场总体规划。机场总体规划主要用于明确机场近远期业务指标、功能区划以及场内外衔接,跑滑构型和航站区布局是其核心内容。民航局对标世界超大型机场,进行系统性研究,确定了带有侧向跑道的全向跑道构型方案(近期规划"三纵一横"4 条跑道,远期规划新增 2 条跑道)。侧向跑道的布置可减少飞机终端区内空中运行距离,有利于保护环境和降低航空公司运行成本。2010 年启动航站区规划方案国际征集,经比选确定了"双尽端、长指廊主楼＋卫星厅"的中央航站区规划方案。中央航站区的布局方式保障了飞行区完整性,避免飞机跨区域调度,大幅降低地面滑行距离,实现了空、陆侧效率的平衡,并为机场未来发展预留充足空间。2016 年 2 月,民航局联合北京市、河北省批复《北京新机场总体规划》,为机场建设和发展提供了依据。

（2）综合交通规划。良好的综合交通体系配备是大型机场竞争力的有力保障。大兴机场距离天安门广场直线距离 46 km,往来主要客源地较首都机场远一倍,对综合交通规划提出了更高要求。大兴机场综合交通系统以旅客出行便捷为根本出发点,最终规划了以"五纵两横"为骨干的综合交通网络,包括三条轨道(轨道交通大兴机场线、京雄城际铁路、城际铁路联络线)和四条高速公路(大兴机场高速、京开高速、京台高速、大兴机场北线高速)。"五纵两横"主干路网融合高速铁路、城际铁路、城市轨道、高速公路等多种交通方式,轨道专线直达北京市中心区域和雄安新区,与城市轨道网络多点衔接,实现"一次换乘、一小时通达、一站式服务",同时在北京丽泽、草桥和河北雄安新区规划城市航站楼,延伸航站楼服务功能,显著增强机场的枢纽辐射能力。

（3）控制性详细规划。控制性详细规划以总体规划为指导,进一步细化工作区各地块指标,是开展工作区各项建设的指导性文件。大兴机场控制性详细规划落实了土地利用"四统一"的要求,实现了对工作区的统一规划管控,做到了"三个结合"。定位与定界相结合,明晰机场用地四至范围,确定"一轴一带、分区串联"整体构型。参照城市用地分类标准对机场用地进一步细分,明确地块功能,推进各地块精细化管理。控制与引导相结合,通过上位规划的引领,将民航行业标准与北京市、河北省城市规划要求相结合,搭建了以用地性质、容积率、绿地率、建筑控制高度等规定性指标和建筑面积、平均层数、建设导引等指导性指标相结合的控制性指标体系。定性与定量相结合,统筹考虑机场运行保障需要、各地块性质、市政配套设施承载力,控制近期总建筑规模约为 870 万 m^2;构建"一轴、一带、一环、多点"的绿地结构和以"窄路密网"为特点,以进出场路为骨架,主、次、支、微合理布局的路网结构,形成"中央高、南北两侧低"的建筑天际线。

（4）空域终端区规划。空域是机场发展的核心资源,空域终端区的规划是开展飞行程序设计和实现飞机空中高效运行的必要前提。按照"空域先行"的原则,分阶段开展了空域规划和飞行程序设计工作,明确了"统一管制、统一指挥、统一放行、统一飞行方法和程序、统一技术标准和规范"的原则,提出了三套方案。为实现军民融合,民航局会同中央军委联合参谋部、空军专题研究空域使用及运行指挥规则,整体统筹空管系统飞行程序设计,协同推进终端管制区规划。2018 年至 2019 年,民航局空管局对大兴机场关联空域进行了调整,先后完成了中韩、沪哈大通道,西北地区空域,京广大通道北段空域等调整项目,同时完成了大兴机场 31 个进离场飞行程序规划设计,实现了京津冀空域融合、高效利用。

5.3.2　设计组织管理

1）规划设计管理

指挥部设置规划设计部门,专职负责规划设计管理工作,该部门制订了《设计管理办法》等一系列规划设计管理制度,在规划设计阶段组织设计单位开展规划与设计方案的持续优化和若干技术专题研究工作,保证了大兴机场规划与设计过程有序推进,在多个系统多个领域均有重大技术突破。高效的设计组织管理是项目规划与设计得以顺利推进的重要保证。

大兴机场建设项目是由多个大型主体工程构成,航站楼主体工程浩大,包括地下复杂多系统轨道工程项目:高铁系统、城际铁路系统、地铁系统、旅客捷运系统。航站楼内各类工艺系统复杂,建筑设计标准高,楼内楼外衔接头绪繁多,而飞行区工程要一次建成 4 条跑道,子项目多、数十个单体项目的规格和体量超大,且相互关联。

指挥部采用大型主体工程设计总包的模式,航站区、飞行区、工作区、货运区和场外市政工程等分别通过招标选定一家民航机场规划设计丰富经验和综合能力强的甲级设计单位作为主体设计单位,充分发挥其行业技术优势和综合协调能力优势。

在最为关注的航站区综合体设计中,为充分吸收国内外先进理念,借鉴世界智慧,指挥部于2011年开展了项目航站楼建筑设计方案国际招标,7家国际一流设计团队提交了竞标方案,考虑到各方案均有一定的优缺点,指挥部又组织巴黎机场工程公司(ADPI)与扎哈·哈迪德建筑事务所(ZAHA)两家设计事务所在 ADPI 中标方案基础上不断合作优化设计,最终形成了现在的"凤凰展翅"方案,即五指廊造型。

航站楼的具体设计工作由指挥部通过招标选择北京市建筑设计研究院有限公司和中国民航机场建设集团有限公司[1]联合体作为主体设计单位,承担实施方案设计、初步设计、施工图设计等。由于大兴机场综合交通换乘中心与航站楼融为一体,且与城市交通衔接轨道工程在航站楼主体建筑的地下,构成一体化的综合交通枢纽,经过对国内外著名机场的设计过程和效果的反复对比,指挥部决定采用一体化设计方式,即选择一个主体设计单位承担全部项目设计协调工作,由航站楼综合体的主体设计单位统一组织各参与的设计单位开展多专业系统设计,并预留出高铁、城际铁路和地铁的接口,待轨道专业设计单位参与进来进行协调设计。这样能最大程度上保证项目设计的科学性、整体性和设计进度,以及设计效率和效果。轨道车站的总体布局、主体结构、旅客衔接也由主体设计单位依据轨道交通需求统一设计。一体化的设计组织保证了各子项目之间,特别是航站楼和轨道车站之间在功能上和工程上都能紧密衔接、协同推进,将部分的外部协同工作纳入设计团队内部协同,既避免了遗漏,又减少了航站区工程设计的外部接口数量,加快了整体设计进度。

指挥部协同主体设计单位一起拟定了设计管理方案。由于项目规模大,对项目进行整体设计的难度极高,因此指挥部采用了化整为零的方式,分成不同的项目区域召开设计专题研讨会,分别组织不同区域的设计单位、施工单位等对设计方案进行评审,充分将绿色、人文的理念贯彻到对设计方案的要求中。最后由指挥部组织设计协调会,对不同施工区域的搭接边界进行合理划分,进而形成项目的整体设计。这种设计管理方式保证了项目设计的所有细节都完全符合指挥部的要求,保证了设计成果的科学性和整体可靠性,同时也减少了由设计引发的项目建设过程中的矛盾和冲突。

大兴机场建设工程内容复杂,设计内容较多,需要多个专业团队密切配合。指挥部会同主体设计单位和主要专业设计单位建立了包括设计周例会、设计工作汇报会、设计方案汇报会、设计内部评审会、指挥长工作会在内的协同工作机制,同时要求主体设计单位对专项设计分包进行质量及进度的全过程监控管理,这样除了保证技术配合的严谨性,也从程序上保证整体工作的协调性。指挥部要求主体设计单位根据工程建设的要求,在充分考虑施工进度、招标进度等内容的基础上合理安排设计时间,把控设计阶段关键节点,妥

---

[1] 2018年7月,"中国民航机场建设集团公司"更名为"中国民航机场建设集团有限公司"。

善安排各项设计审查计划,定期向指挥部汇报设计工作和重大设计变更方案,同时做好应对各种变化的准备。

2)设计团队组建

大兴机场的主体设计协调单位为民航机场规划设计研究总院有限公司[1],飞行区总设计单位为民航机场规划设计研究总院有限公司,工作区总设计单位为北京市市政工程设计研究总院有限公司,航站区总设计单位为北京市建筑设计研究院有限公司,货运区总设计单位为中国中元国际工程有限公司,如图5.1所示。

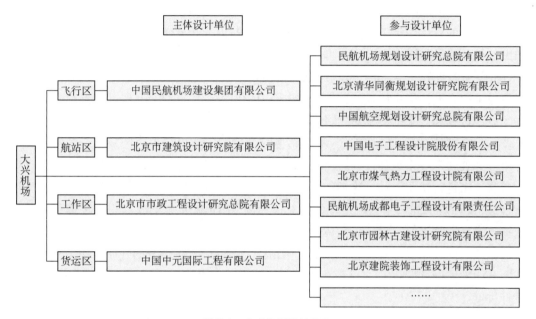

图5.1 大兴机场设计单位

大兴机场设计团队人员的选择上执行严格的标准,各专业负责人级别均选用该领域顶尖的建筑师、工程师,除具备相应技术资质及职称以外,还必须具备同类型工程的经验和业绩,从而有效保证后续工作的顺利进行,保证项目的进度及质量。一般设计人员也选用工程师级别以上、具有中大型工程设计经验的骨干设计师。外部合作团队选用国内外业界能力、经验及口碑均优秀的设计单位,且选择过程受指挥部监督,选择结果也会报送指挥部审核。各专业第一负责人均为公司副总建筑师或副总工程师以上职务,在项目前期确定大的设计原则,保证后续设计能够顺利推进,减少反复;同时保证项目整体的高质量和技术的先进性。

5.3.3 优化深化设计

机场设计是施工招标的依据与前置条件。大兴机场规模宏大、工程交叉、设计条件复

[1] 2019年5月,"中国民航机场建设集团公司规划设计总院"更名为"民航机场规划设计研究总院有限公司"。

杂,客观条件制约无法实现全场一次性同步完成设计。按照总工期进度计划安排,为满足各工程分阶段开工的需要,民航局创新工作方式,将机场工程设计分为飞行区、航站区、工作区、生产辅助设施四个批次,分阶段完成设计和审批工作。

1)飞行区

经过前期充分论证,飞行区跑道构型方案已趋于稳定。考虑到大兴机场建设项目已列入国家规划,为了给工程设计预留合理的周期,民航局于2011年4月批复同意启动飞行区工程勘察和设计单位招标。针对机场场区地质条件和周边地势特点,组织设计单位有针对性地开展地势、土方、排水等重点专题研究,不断明晰设计条件。

2014年9月,大兴机场可行性研究报告通过中央政治局常委会审议时,方案图纸已达到设计深度。项目法人单位倒排工作时间节点,施工图设计与施工单位招标压茬推进,最终实现可研批复1个月后飞行区工程依法合规率先开工。

2)航站楼

航站楼是机场的标志性建筑,其设计方案受到高度关注。航站楼及综合换乘中心规模巨大、系统繁多,是最为复杂的建筑类型之一。航站楼建筑设计方案经过了全球招标比选、反复优化设计以及深化设计等多个阶段,历时6年,最终以优美的建筑造型、便捷的功能流程呈现在世人眼前。

全球招标比选设计方案。2011年6月,航站楼建筑方案国际征集工作正式启动,7家合格设计团队进入投标阶段并提交了设计方案。经专家评审,3个优秀方案脱颖而出,获得推荐。

多轮优化方案设计。2013年3月,民航局专题研究后认为,原投标方案均存在一定缺憾,现阶段不具备上报条件,要求开展优化工作。指挥部组建了巴黎机场工程公司(ADPI)、扎哈·哈迪德建筑事务所(ZAHA)设计团队为主的优化设计团队,以ADPI设计方案为基础,开展了第一阶段优化工作,优化成果纳入大兴机场可研报告,上报国务院审批。

完成图纸设计。由北京市建筑设计研究院有限公司与中国民航机场建设集团有限公司组成的中方设计单位联合负责建设方案全面深化,以及初步设计和施工图设计工作。设计团队秉承"以旅客为中心"的设计原则,采用了五指廊放射构型、双层出发双层到达、层间减隔震、C形柱支撑体系等一系列创新的设计理念,以期将大兴机场打造为"世界空港标杆"。

最终呈现的设计方案空间布局科学合理,功能完善流程顺畅,节能环保措施完备,建筑结构形式简洁,内外交通一体衔接,外观形象新颖大方,较好地体现了"以人为本、高效便捷、节能环保、绿色低碳、运营安全"的设计理念。

(1)大规模层间隔震技术。大兴机场航站楼核心区采用层间隔震技术。不同于昆明长水机场T1航站楼的底板隔震和海口美兰机场T2航站楼的底板错层隔震,这一设计大胆地将隔震层设计在地下一层的柱头之上,采用隔震垫将一层底板以上结构全部托起,可减小地震力对上部结构的作用,有利于控制结构构件尺寸,降低上部结构造价。考虑到航站楼地下有多种轨道车站,特别是有两条高速铁路,未来高铁正线会高速从航站楼地下穿过,其隧道风和震动都会对航站楼产生不利影响并影响旅客体验。通过设置隔震层,将下部轨道和上部航站楼隔开,通过模拟分析验证,可有效缓解震动对上部功能空间的影响。得益于层间隔震的设计,可使航站楼核心区不设伸缩缝。没有了变形缝的切割,上部航站楼的功能更加完整。

如此大规模的层间隔震应用,目前在国际上尚无先例。由于隔震层位于楼内层间,致使设计面临一系列全新问题,例如由于上下部结构之间会不断随温度和地震力发生变形,原本一个简单的上下贯穿的楼梯,就不能按常规设计,而要从一层底板下挂,并与下部结构留出变形空间,通过隔震沟与楼层连接。为此,设计与施工单位共同克服种种困难,除隔震结构本身的设计、试验、检测外,先后解决了隔震垫防火、楼梯和电梯扶梯构造、隔震沟构造、隔震装修构造、屋面幕墙大变形缝构造、机电管线穿越隔震构造等多项技术难题,保证了这一创新技术的顺利应用。

(2) C形柱独特的空间感受。大兴机场航站楼为巨大的钢结构屋盖所覆盖,而支撑起这个屋盖的,便是10根C形柱。C形柱这一概念是扎哈·哈迪德建筑事务所在概念设计阶段提出的,因柱的平面呈C形,不是闭合的而得名。C形柱既是结构构件,又是将自然光引入建筑的通道,由C形柱生长出整个建筑的巨大双曲屋面,也为航站楼建筑注入了独特的造型元素。

采用C形柱的设计,能以尽量少的竖向构件支撑起整个建筑屋面,形成完全无障碍的建筑室内空间。建筑平面可按旅客流线的需要,完全自由地布置各功能和服务设施,没有竖向结构的阻隔,能以更高效的方式组织旅客流线,以更自由的空间服务旅客出行。

C形柱顶部为铝结构拱壳采光顶,呈椭球形,可为建筑室内带来充足的自然采光。航站楼建筑内部空间呈现出整体连通、上下退台的形式,使自然光能进入各个楼层:从最上面的餐饮夹层到一层的国际入境现场,再到地下一层的综合换乘大厅,旅客在其中均可享受到自然采光。自然采光不仅节能,而且能提高旅客的心理舒适度和对整个空间的认知,舒解旅途产生的压力。设计单位对整个建筑的自然采光进行了充分分析,并有针对性地对建筑造型进行修改。如在概念设计阶段,航站楼原仅设计了8根C形柱,且开口方向向内;在深化设计阶段,通过采光分析发现值机大厅采光不足,而中心区域采光过度,于是结合结构需要,将C形柱开口方向翻转向外,同时在东西两侧值机厅中庭内增加了两根C形柱,不仅改善了值机厅的采光,而且透过中庭可使自然采光直达第2层行李提取厅。

由C形柱支撑起的6片屋面,如同起伏的祥云覆盖在整个航站楼上,为旅客带来了独特的空间体验,成为大兴机场最重要的视觉元素。屋面之间的采光带向5条指廊延伸,又为旅客提供了行进方向的引导。

3)空管工程、航油工程、航空公司基地工程、公用配套工程

空管工程,建设两座空管塔台,每个塔台的管制指挥明室设置12块倒梯形玻璃组成的360°环形视窗,让管制员实施指挥时视野无死角。西塔台的内部设有机场站坪管制室,

是国内第一个投运时即由空管与机场共同实施管制的塔台。大兴机场是全球第一个建成即具备两座塔台、四条跑道的机场。

航油工程,建设国内一次性建成规模最大、总库容 16 万 m³ 的机场油库。建设长度 196 km、年输送量 1 200 万 t 的场外输油管道。首次采用 DN600、DN500 管径尺寸,是国内输送里程最长、设计输送能力最强、管径最大的航煤长输管道。配套设计建设了 37 万 m³ 的天津北方储运基地油库和两座 5 万 t 级泊位的石化码头,构筑了环渤海湾及华北地区的完整航油供应网络。

航空公司基地工程,设计采用 40 余个国际先进的自动化生产保障系统,设计亚洲跨度最大的机库,食品设施采用 8 大先进设备系统,整合 SOC/HCC/MCC 三大系统,建设亚洲最大运行控制中心;机组出勤实现"一站式流程";整合 45 项智能系统,实现智慧化园区。

东航基地工程,坚持"以人为本"的设计理念,充分考虑节地与室外环境利用、节能与能源利用、节水与水资源利用、节材与材料资源利用,综合利用下凹式绿地、有调蓄功能的雨水基础设施、地源热泵系统、屋顶分布式太阳能发电等技术。

公用配套工程,包括市政交通、水电气热等设施,2015 年 8 月正式启动设计工作,贯彻"海绵机场""综合管廊""地源热泵"等先进设计理念,于 2016 年 9 月获得民航局批复。

5.3.4 设计专项研究

大兴机场建设规模大、系统复杂,在规划设计阶段,由指挥部牵头组织开展了多项专题研究,包括绿色专项设计、陆侧市政配套设计、雨水调蓄设施设计、综合管廊设计等。全面系统的专项研究,为大兴机场实现"精品工程"建设提供了有力支撑。

1)绿色机场专项设计

大兴机场在建设初期就明确了"低碳机场先行者、绿色建筑实践者、高效运营引领者、人性化服务标杆机场、环境友好型示范机场"五大绿色建设目标,以科技创新、管理创新为手段,以低限度影响环境、高效率利用资源的方式,在机场建设与运营的全生命周期中,在合理环境负荷、适宜经济成本的前提下,提升绿色建设水平。

(1)低碳机场先行者。充分利用可再生能源,如地源热泵、太阳能光伏、太阳能热水、污水源热泵等,实际利用比例超过 16%,尤其是大型耦合式地源热泵系统关键技术及工程化应用成为全球最大的浅层地源热泵集中供能项目;对于站坪近机位和设置登机桥的远机位,GPU 与 PCA 配置率为 100%,全面推广 GPU 替代 APU,设置了 95 个地井式地面专用空调系统,满足全部近机位的电源需求;建设 126 个配电亭,满足全部远机位和维修机位的电源需求;积极推广新能源利用,清洁能源车比例在 78%以上,高于国内外主要机场配置水平。

(2)绿色建筑实践者。绿色机场主体研究提出机场区域内绿色建筑比例为 100%,其中旅客航站楼及综合换乘中心核心区所有建筑、办公建筑、商业建筑、居住类建筑、医院建筑、教育建筑等 7 类建筑均为三星级。目前全场 70%以上的建筑可达到三星级标准,

90%以上的建筑可达到二星级标准。大兴机场航站楼是国内首个绿色三星级、节能建筑AAA双认证航站楼。

（3）高效运行引领者。在规划设计阶段开展空域仿真模拟、地面运行仿真模拟、站坪运行仿真、航站楼前交通仿真、航站楼内流程仿真、室内环境仿真模拟等，通过综合比选和优化设计，建设了国内首创带有侧向跑道的全向跑道构型。全力推动立体交通枢纽建设，促进航站楼、停车楼、轨道交通、车道边及配套服务设施等各系统有机连接，形成了高效便捷的综合交通枢纽体系。高铁、城际、快轨等多种轨道交通南北穿越航站楼，旅客可以通过站厅内的大容量扶梯直接提升至航站楼的出港大厅，实现了真正意义的机场与高铁、城际、地铁"零距离换乘"。

（4）人性化服务标杆机场。在国家残联的指导下，成立了无障碍专家委员会，从停车、通道、服务登机、标识等8个系统针对行动不便、听障、视障等3类人群开展了专项设计，无障碍设施普及率为100%。已完成的无障碍设施设计通则，将在大兴机场应用示范，全面满足2022年冬奥会和残奥会关于无障碍和人性化设施的要求。

（5）环境友好型示范机场。对全场水资源收集、处理、回用，构建了高效合理的复合生态水系，通过"渗、滞、蓄、净、用、排"等方法实现机场年径流总量控制率85%的建设目标；为减少除冰液污染对水环境的影响，除冰液回收率100%；采用飞行区除冰液处理及再生技术，能够对除冰液使用后产生的除冰废水中有用成分进行分离回收，未来作为京津冀地区除冰液回收处理的中心，满足大兴机场、首都机场、天津机场、石家庄机场除冰液的处理需要。

2）陆侧市政配套设计

市政配套工程是机场项目的重要组成部分，主要承担三大职能：①地面交通的衔接中心，②各种市政、能源基础设施的保障中心，③驻场单位办公生活的基地。合理的规划格局、顺畅的内外交通衔接和高效便捷的机场内部交通体系，为机场正常运转提供有力的交通保障。

为优化大兴机场陆侧交通系统，指挥部组织了专项课题研究，主要研究内容为完善交通体系、优化交通指引，根据研究结论，再指导市政交通设计。不仅提高了交通效率，还使交通指引系统更加明晰完善，极大降低了事故发生率，保证了陆侧交通的平安运行。

大兴机场构建了一个多方向、全方位的综合交通体系。机场内陆侧道路系统呈网格型布置形式，工作区道路主要服务于各功能用地之间的交通需求，满足各功能用地之间的交通联系和航站楼以及进场道路系统的交通衔接。东西向工作区道路作为主干路使用，主要服务于工作区道路与进场路辅路的衔接，南北向工作区道路作为次干路使用，主要服务于各功能分区之间的交通衔接，同时与主干路形成工作区的环路系统，工作区设置支路与环状干路连接，形成完整的工作区路网。货运区位于工作区东侧，道路客货分离，互不干扰。

航站区道路工程主要由连接出发层、到达层以及进出停车场、停车楼的匝道和高架桥组成。其中，高架桥的引桥与主进场路连接；高架桥的主桥桥面作为出发车道边与航站楼出发层衔接；航站楼前，实现多设施交通连接，多方向交通来往的交通运行系统。航站楼前大平台首创采用双层离港的交通组织布局，极大提高了陆侧交通的承载能力。

3）能源供应系统设计

大兴机场利用浅层地温能、烟气余热等为主要冷热源，天然气为调峰热源，形成了多能耦合、多能互补的综合供热供冷方式，地源热泵使机场可再生能源利用率增加8%以上，与传统供能方式相比项目节能率达42%，实现节能减排、有力降低了本地大气污染物排放。系统通过地源热泵与蓄能设施的合理结合，实现了电力削峰填谷，降低运行成本。在高能源综合利用效率、高可再生能源利用率直供与蓄能有机结合等多方面充分体现了新能源综合利用的技术先进性，与大兴机场整体建设目标一致，达到国际一流水平。

（1）大兴机场供热工程。大兴机场供热工程的供热范围为机场本期工程所有地上、地下建筑，不含机务维修。按7 200万人次对应的供热面积630万 m² 规划锅炉房用地，最终锅炉安装容量为7台58 MW燃气热水锅炉。一级供热管网设计的供/回水温度为130℃/70℃，热力管线采用直埋敷设，总管径为DN1100。从热源中心输送出一次热水，沿场区道路输送至相关区块内热力站，经热交换后由热力站向相关用户输送二次采暖热水，管线总长约30 km。58 MW锅炉配套设置烟气余热回收装置，使锅炉出口温度由85℃降至30℃，回收热量为5.6 MW。在整个采暖季回收烟气余热量为14.6万 GJ，年节省燃气量430万 Nm³，折合人民币960万元/年。采用电热泵回收大型燃气锅炉烟气余热为国内首创。每台锅炉烟气在降温过程中会产生6 t/h冷凝水，整个采暖季可回收水量4.2万 t。经处理后的烟气冷凝水作为锅炉补水使用，节约成本近40万元。烟气余热回收流程：燃气锅炉的烟气通过喷淋塔，将90℃的烟气冷却至30℃，中介循环水从15℃加热至25℃，被加热后的中介水通过循环泵，输送至离心式热泵机组，通过热泵转换，对外输送50℃的空调热水。

（2）地源热泵工程。大兴机场地源热泵工程通过围绕蓄滞洪区开展地源热泵系统的设计，同时结合冰蓄冷系统、常规电制冷系统和能源中心烟气余热回收系统应用，集中解决大兴机场257万 m² 配套建筑的冷热需求。可更好地利用地热及烟气余热，提升大兴机场可再生能源利用比重，打造绿色低碳、智慧高效的大兴机场能源供应系统，在整个机场范围内实现16%可再生能源利用率。

大兴机场地源热泵工程是现有国内规模最大的大型集中的地源热泵标志性项目，包括2个地源热泵能源站、地源热泵能源站至各用能地块的室外管网工程、一次室外管网工程、地埋管室外工程。

地源热泵1号站位于热源厂主厂房内，采用"浅层地源热泵＋烟气余热热泵＋电制冷＋燃气锅炉房"的复合式供能系统。地源热泵2号站位于蓄滞洪区西北侧地下一层，采用"浅层地源热泵＋电制冷＋冰蓄冷＋燃气锅炉房"的复合式供能系统。2个能源站冬夏季分别采取不同的运行策略，满足供热和供冷需求。

大兴机场的能源供应系统以绿色节能为根本，多能互补的综合能源供应体系为核心，可再生能源为支柱，智慧化平台为中枢，开创了机场绿色、智慧、人文的能源供应系统设计先河。

4）防洪排涝体系设计

根据区域防洪评价报告，为保障大兴机场不受外部洪水影响，在永定河北侧及永兴河南侧分别修筑抵御百年一遇洪水的新堤防。届时，大兴机场地势将低于外围地势高程，形成独立的场内排水系统，场内受外部洪水影响较小。

大兴机场汇水面积较大、地势平缓，且允许外排流量仅为 30 m³/s，需考虑雨水管渠设计对投资、管道埋深、管线综合布置、排水安全等影响，统筹雨水管渠与调蓄设施的关系。在大兴机场雨水设计过程中，综合内部场地条件及外部条件，采用了二级排水系统设计方案，设置了一级调蓄水池、二级调蓄水池（景观湖）、排水明渠及雨水泵站。机场各区域雨水经雨水管道（排水沟）收集后排至相应的一级调蓄水池，经一级调水池蓄水削峰后由一级泵站提升或自流进入由排水明渠及景观湖组成的二级调蓄系统，雨水由排水明渠及景观湖再次蓄水削峰后，利用新天堂河现状河道由二级泵站提升或自流排至永兴河，如图 5.2 所示。

图 5.2 二级雨水排水系统示意图

同时，为了评估雨水蓄排系统排水防涝的可靠性，采用数学模型模拟进行验证（图 5.3），并建立了数字化雨水管理中心。数字化模型构建是大兴机场数字化雨水管理系统建设的核心内容之一。通过建模模拟结果校核基于合理化公式计算的大兴机场雨水管渠系统能否满足设计标准，评估超标降雨对大兴机场的内涝风险影响，优化现有雨水系统方案应对内涝风险的能力，提出应对内涝风险的对策与防涝应急措施，科学、合理地指导雨水系统方案的确立。

5）锅炉房智能控制系统设计

大兴机场燃气热水锅炉房设计采用了一键启停自控系统（Distributed Control System，DCS），该系统对机场顺利投运起着保驾护航的重要作用。

DCS 在国内自控行业又称之为集散控制系统，是相对集中式控制系统而言的一种新型计算机控制系统，它是在集中式控制系统的基础上发展、演变而来的。

大兴机场热源工程锅炉房总规模为 7 台 58 MW 燃气热水锅炉，其中 2 台 58 MW 燃气热水锅炉为预留安装位置。热力系统辅助设施包括热网循环水系统、热网补水系统、软化水处理装置和各种泵类等。主厂房热泵间内设置 2 台地源热泵主机、5 台烟气余热热泵、3 套供热板换，以及泵房设置的地源侧循环泵、供水侧循环泵、冷冻泵、二级泵等。能源中心还设置有能源运行调度监控用房、值班用房、综合设备用房等配套建筑及设施。

此类大型燃气热水锅炉房的检测控制特性是模拟量居多，过程控制较多，因此在众多的控制系统中最适合采用 DCS 系统。

根据大兴机场锅炉房的设备情况，设计采用 DCS 对工艺系统的热工参数进行集中显

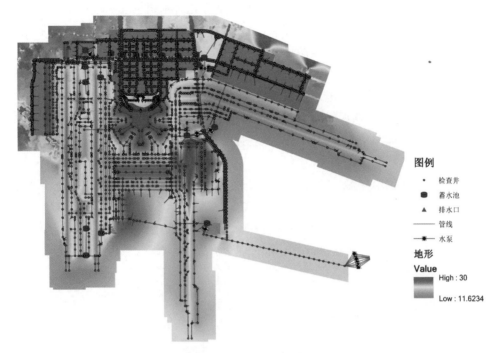

图5.3 智慧雨水数字模型

示、集中操作、集中管理和分散控制。DCS由操作管理层、过程控制层、现场检测及控制层3层网络结构组成。大兴机场设计采用DCS自控系统的主要优点如下。

（1）节约人力。同等规模的供热厂原应安排30人进行运行管理，因一键启停技术的应用现在可以减少到10人管理，减少运行人员近70%。

（2）高效运行。燃气热水锅炉房中像循环泵、补水泵这种长期运行的设备采用变频技术，结合完善的控制策略，可自动根据负荷情况进行变频调节，实现锅炉房高效运行。

（3）安全保障。一键启停技术的应用基本由上位机实现锅炉房的故障报警、连锁停机保护等，排除了人员干扰。

6）综合管廊设计

（1）系统布局。工作区综合管廊设计位于大兴机场重要功能区，与地块开发结合紧密，主要为干线综合管廊。综合管廊的设置极大减少了道路下检查井井盖数量，避免了管道维修导致道路反复开挖，促进了机场集约高效可持续发展，有利于保障机场运行安全，提高机场综合承载能力。

通过综合分析机场用地规划、道路网、河道、桥梁、铁路、市政场站、外部市政管线来源等情况，大兴机场综合管廊分布在主干一路、主干二路、主干三路三条道路下，呈"一横两纵"布置。

主干一路综合管廊采用三舱布置；主干二路西侧综合管廊采用三舱布置（次干二路以北段为两舱布置），东侧局部穿越排水明渠段采用单舱布置；主干三路东侧综合管廊采用

三舱布置(次干二路以北段为两舱布置),西侧局部穿越排水明渠段采用单舱布置。

(2)设计亮点。衔接场内外市政设施。大兴机场综合管廊分布在主干一路、主干二路、主干三路三条道路下,呈"一横两纵"布置,在航站楼附近与空侧综合管廊相接,在主干二路、主干三路北侧端头分别与大兴机场高速公路地下综合管廊和永兴河北路综合管廊相接,确保机场市政设施(水、电、气、信等)能源输送廊道畅通。

场内站点连接。"一横两纵"的布局,连接大兴机场内部主要能源站点,如供水站、燃气调压站、变电站、能源中心等,与直埋管线协同有效地构建了大兴机场高效的市政能源保障体系。

重要用户能源供给保障。"一横两纵"的布局,连接大兴机场内部重要用户,为航站楼等重要用户提供了高效、安全的能源供给模式。

除上述特点外,综合管廊集中穿越中轴的大铁/轨道交通降低工程建设难度;项目建设过程中采用 BIM 技术,贯穿设计、施工、管理全流程;设立综合管廊管理中心,便于后期运维管理。

5.4 精品工程建设之严格采购

严格选材是创造精品工程的关键。应坚持因地制宜的原则,合理选择材料和设备,注重材料关键性能指标的适宜性;强化材料供应的源头质量控制,严格把关材料的试验检测与评定;正确组织材料进场、存放和规范使用,确保优质材料的有效利用和工程整体质量水平。

5.4.1 材料设备采购管理

为加强大兴机场建设工程中设备及材料的管理工作,促进工程管理规范化,通过完善设备、材料的管理制度进一步提高管理效率,推动大兴机场工程建设,指挥部根据《中华人民共和国招标投标法》和集团对于招投标的管理规定,结合大兴机场项目的特点,制定了《招标采购管理规定》《招投标管理规定》等制度,指导保障建设工程项目的勘察、设计、施工、监理以及与建设工程有关的重要设备、材料采购、咨询服务等活动,保证采购工作的合法合规。

供应商选择是物资质量控制的重要一环,指挥部制定了《北京大兴国际机场供应商管理规定》及物资采购指南,根据设备材料的重要程度和国内外产品的应用业绩,在与各总承包商协商后根据《招标采购管理规定》进行招标,为总承包商选择优秀供应商,从源头对物资质量进行有效控制。

为了充分考虑设施运行维护的专业化及节约运输维护成本,指挥部强化运营人员在工程施工和设备采购安装中的直接参与。在系统设备功能配置、技术参数、设备选型、节能绿色环保材料应用等方面,充分听取运营单位意见;邀请运营专业人员参与设备采购和工程招标评标工作;在满足基建程序前提下,对不满足运营需求的内容及时优化调整;委托运营单位提前介入系统设备安装、调试、试运行和预验收等工作;组织开展使用及维护培训工作,为工程移交和运行做好准备。指挥部以运营需求为导向,不断优化设计和调整施工组织,平衡好项目投资与运营成本关系,最大程度减少设施设备投产后的再改造。

5.4.2 材料调研及质量控制

原材料调研是工程开工前期一项非常重要的工作,直接影响到后期原材料采购与供应、工程质量控制、工程造价等多个环节。做好原材料调研工作能够给指挥部决策提供参考依据,对保障和提高工程质量起到至关重要的作用;而且能够为工程造价的科学提供重要的信息。为确保在大兴机场建设工期内水泥、砂、石、沥青等重要原材料保质保量的稳定供应,指挥部组织参建单位对原材料进行调研。调研过程包括政府相关部门调研、原材料现场调研、原材料的试验检测分析、数据整理编制报告四个阶段,如图 5.4 所示。

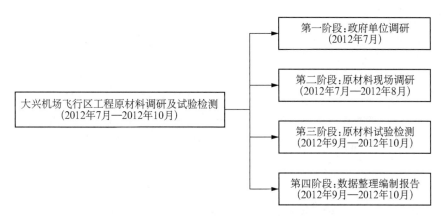

图 5.4 大兴机场飞行区原材料调研及检测进度安排

第一阶段分别与北京市、唐山市、廊坊市、保定市、张家口市国土资源局和水务局及各辖区县市局就工程原材料开采资质情况进行调研,掌握具有资质企业开采量、储量、材质、联系人、联系方式等情况,并联系企业确定其相关信息,为下步工作做好准备。

第二阶段在政府调研的基础上,有针对性地走访北京周边各地区原材料供应企业,深入了解各企业生产规模、产量、储量、规格、运输条件、出厂价格及到场价格等信息,现场考察获取第一手资料。同时采用现场取样和厂家送样的方式完成样品收集工作,为下一步试验检测做好储备。

第三阶段外围调研结束后对各原材料生产厂家来样进行相关技术指标试验检测,如水泥的细度、标准稠度用水量、凝结时间、安定性、胶砂流动度、强度等;碎石的碱活性检验、粒径、颗粒级配、压碎指标值、泥土含量、针片状颗粒含量、视密度、吸水率、坚固性、软石含量、砂当量等;钢筋的屈服点、抗拉强度、伸长率、弯心直径、角度等。

第四阶段对各种原材料试验数据进行分析整理,形成调研报告,为工程建设期间原材料的选择和供应提供支撑。

原材料调研工作对工程项目实施阶段控制原材料质量、控制工程造价、保证原材料稳定供应起到至关重要的作用。

5.4.3　样板及样品管理

指挥部采用材料封样实施管理的办法,确保工程各标段整体达到统一、美观的建筑效果,保证工程采购和使用材料的质量、性能、交付和服务等各方面符合法律法规、职业健康安全和环境保护的要求,并满足工程建设、管理以及相应设计文件等规定的需要。

封样管理规定适用于工程各标段主要设备、材料和其他需要确认的工程材料。材料封样要求样品在质量、规格、档次标准、包装、标识等方面与设计文件和合同文件保持一致。样品管理规定及要求须在招标文件中详细列明。所有样品须进行有效保存,保存方式按标段由各施工总承包单位进行保管。施工总承包单位须制定完善的样品管理规定,包含专用库房管理、专职人员管理、调用记录程序等。样品在工程验收合格后移交给业主单位,保存期为 10 年。

5.4.4　新材料的应用

1) 搪瓷钢板(珐琅板)

搪瓷钢板是一种新型的金属装饰板材,搪瓷钢板就是在金属表面涂覆了珐琅质釉料后经过 800℃ 以上的高温烧制,珐琅釉料和金属表面发生了连续的物理和化学反应后形成的一种新的化学键复合体。这层玻璃质釉层牢固地密着在金属的表面,具有耐久、防火、耐磨、耐腐蚀、自洁等优点。航站楼将搪瓷钢板技术应用于地下一层墙面及柱面系统,使用效果良好。

2) 单层屋面系统(单层高分子卷材)

单层屋面系统能够彻底解决传统屋面系统的渗漏水问题、冷桥结露问题、噪声问题、多曲面构造问题等。同时能够减少一层金属防水板,大大节省屋面材料用量和造价。

单层柔性屋面系统是相对于叠合和多层系统,采用单层柔性防水层的屋面系统。大兴机场采用了 TPO 防水卷材,人工加速老化时间可达 6 000 h 以上,相当于自然状态下使用 25 年以上。

3) 高抗裂性水泥

影响混凝土结构耐久性的因素很多,但裂缝是最关键的因素之一。通过优化原材料质量指标,控制半成品的粉磨工艺,制得 P.O425 级高抗裂优化水泥。之后通过水泥混凝土拌和物制备、施工过程控制以及现场管理等一体化裂缝控制技术,达到了控制混凝土裂缝产生的目的。在大兴机场建设中的应用实践表明了 P.O425 级高抗裂优化水泥对混凝土结构裂缝控制的有效性。

机场跑道对裂缝控制要求很高,成型后只要发现有裂缝,就必须砸掉重做,过去主要依靠加强施工作业来进行控制,断板率约为每 10 000 块中出现 3～4 块。大兴机场的机场道面采用高抗裂优化水泥,并对施工工艺进行严格把控,在相同条件下,共成型约 50 万块板,断板只有 13 块,断板率非常低。

4）融冰材料

大兴机场高速项目全线 23 km 桥梁段、匝道下坡路段面层采用融冰雪材料,可以把路面冰点降到－12℃左右,实现"小雪即融、中雪自融、大雪易清",极大改善了冰雪天气对高速公路通行能力的影响,大幅减少了常规融雪剂对环境和桥梁结构的破坏。该项目采用防冰路面技术的路面占到全线的 70%,在国内是绝无仅有的。

5）FC 材料

FC 材料(超细晶陶瓷复合材料)是由清华大学材料学院 FC 中心为大幅提升混凝土工程质量、延长使用寿命、减少维护费用而研发的材料。针对大面积、大体积水泥混凝土存在的质量通病,在大兴机场跑道和除冰坪施工中,通过在普通水泥混凝土中掺加少量超高强改性聚酯合成纤维和超细晶陶瓷复合材料,解决了混凝土易开裂、抗冲击韧性差等问题,提高了混凝土道面抗冻融、抗除冰液渗透的能力,延长了工程的使用寿命,减少了日常维护工作量。

5.5 精品工程建设之精心施工

精心施工是创造精品工程的重点。大兴机场在施工阶段,由指挥部带领各参建单位对施工顺序、施工工艺和施工界面管理方案开展详细研讨,并制订总进度综合管控计划,精心的施工筹划、界面管理和过程协调,有效规避子项目间的交叉影响。航站楼施工过程采用 BIM 技术,为施工方案的冲突检测和优化提供了有力支撑,最大程度上实现了风险预判和规避;飞行区施工过程采用数字化监控技术,实现了对施工过程的高精度、全过程实时监控,克服了常规质量控制手段受人为因素干扰大、管理粗放等弊端,有效地保证了施工质量。

5.5.1 施工组织管理

大兴机场建设规模大、复杂程度高、涉及的现场施工单位众多,指挥部充分发挥管理和协调作用,与业主单位、设计单位、各施工单位等项目利益相关方一起制订了项目施工组织计划及施工方案,同时编制了进度、质量、安全、文明施工等一系列管理制度,用以规范项目施工管理工作。

指挥部首先对项目范围进行了明确的划分,将现场施工区域根据施工主体划分为航站区、飞行区、工作区等多个施工场地,各施工区域同时开工,并行施工,节省项目工期。指挥部成立了航站区工程部、飞行区工程部等多个工程部分别对各施工区域进行管理。项目体量大,交叉作业面和接口很多,需要多个部门的协调合作。交叉作业面出现问题时,首先由指挥部工程负责人、施工单位项目经理和监理单位等现场协调解决,不能解决的再由领导召开高层次协调会议予以解决。为尽量避免各个部分的界面出现问题,指挥部在策划阶段便明确了各标段的工作边界与相互搭接关系,制订了《各工程部施工管理界面划分方案》,并在建设过程中随时统筹协调出现的界面问题。

由于工程的复杂性,指挥部要求设计主体单位派驻专业团队在现场进行施工技术配合服务,随时解决施工期间遇到的技术问题,并协助指挥部监督施工程序和质量,随时向指挥部提出合理化建议。指挥部协调设计方与施工方、运营团队密切沟通和配合,保证设计满足各方需求。在施工配合过程中,要求设计单位做好图纸交底及答疑,及时处理图纸会审记录单及现场洽商,必要时结合现场情况及时出具变更。指挥部每周召开技术交流协调会,设计主体和相关专业设计单位都到场,在会议上由工程部门提出接下来可能涉及对接的部分,涉及的设计主体进行图纸对接,接口出现问题的由相关设计主体修改图纸,经指挥部审核后下发,施工单位按照新图纸建设。此外,指挥部还特别要求专业设计单位为每个专业至少配置一名专业负责人以及上级常驻工地代表,及时反馈和处理各种现场问题。对于召开的监理会和现场会,指挥部要求设计单位也要派代表参加。指挥部、设计单位、施工单位之间逐渐建立了良好的沟通和协作机制,形成了良好的合作默契,有效减少了界面施工对工期和质量造成的影响。

因总包和专业施工单位众多,不同施工单位之间在现场办公、生活区、设备布置和材料堆放场地等安排上容易产生混乱和冲突,指挥部应用 BIM 技术模拟建设办公区、生活区、施工现场,直观反映施工场地布置效果,为合理安排现场布置提供第一手决策资料。通过合理布置场地,提高了场地利用率,优化了临建施工顺序。在施工场地布置过程中,项目采用无人机航拍技术,直观反映并记录现场进度及场地使用情况,辅助现场布置管理。

为提高施工质量和加快施工进度,指挥部和施工总包单位一起考察了智能建造系统在工程上的使用情况。在缺乏能够直接使用的智能建造系统的情况下,指挥部通过整合资源协助总包单位开发了基于 BIM 模型与物联网的钢结构预制装配技术,将 BIM 模型、激光三维扫描、视频监控等与物联网传感器相集成,形成了智能虚拟安装技术和系统,并开发 App 应用移动平台,实现了利用物联网技术进行钢结构分类、统计、分析和处理,并可在 BIM 模型里面显示构件状态,实现了对安装进度的实时监控。

大兴机场航站楼主体为巨型钢结构,杆件多、焊缝长,且都是异形结构。为了确保实现对项目现场钢构件的管理,减少混乱,采用二维码的方式对各钢构件进行编码,实现从构件的加工、运输及吊装全过程的监控,同时有利于构件的精确定位。大型钢结构采用地面组装整体抬升的方式,既减少了构件变形的问题,又降低了工人的劳动强度,节省了工作时间。

大兴机场在施工过程中存在混凝土浇筑量大的特点,其中航站楼基础为世界最大的单体混凝土浇筑楼板,为解决由于热胀冷缩造成的楼板变形的问题,指挥部组织施工单位、设计单位等召开专题会议,确定通过增加施工缝及施工结构后浇带,同时变更混凝土掺加纤维的设计方案解决此类问题。

5.5.2 施工建设过程

1)分批开工同步完成

为如期实现工期目标,民航局与北京市、河北省创新工作思路,采用"一会三函"的简化审批流程,在依法合规的前提下,实现分批审批、分批交地、分批备案、分批开工。

(1)飞行区工程是先行工程。2014年12月,飞行区取得300亩先行用地,同月26日大兴机场工程正式开工,成为大兴机场施工启动的标志;2016年6月,取得剩余土地后,飞行区施工全面铺开;2018年12月18日,四条跑道全部贯通,成为率先完工的机场主体工程项目,同月26日,助航灯光调试正式启动,为校飞工作创造了条件,吹响了工程竣工的集结号;2019年4月30日飞行区第一批工程通过竣工验收,6月28日第二批工程通过竣工验收,成为最先完成验收的项目。

(2)航站区工程是关键环节。2015年9月航站区取得7 229亩先行用地,同月26日,航站楼基坑及桩基础工程开工建设;2016年1月17日,基础桩施工全部完成;3月15日,航站楼核心区和指廊工程开工;9月15日,航站楼核心区提前15天实现地下结构封顶目标;2017年6月30日屋顶钢结构成功封顶,12月29日航站楼功能性封顶封围,全面转入内部精装修和机电设备安装阶段。2019年4月30日,航站楼主体工程顺利完工,按期进入检测验收阶段。6月28日,航站楼工程顺利通过竣工验收。

(3)配套工程是重要保障。市政工程、供油工程、空管工程、南航基地、东航基地等配套工程先后于2016年年底至2017年年初陆续开工。所有工程在2019年6月前顺利竣工。

2)向工业化、智能化转变

(1)施工向工业化转变。应用智慧化建造技术,模块化设计,预制化加工,航站楼实现智能化、工业化生产和现场装配,空间节约了一半,安装质量更高,安全也更有保障;施工现场声、光、粉尘等污染大量减少,实现施工现场"零污染";每一个设备和构件都有"二维码",扫描二维码就可获取构件的尺寸大小、生产时间、采用工艺等具体信息,实现信息化质量管控、建筑维保。采用世界上先进的测量机器人、三维扫描仪等设备精准定位;设置总长度1 100 m的两座钢栈桥作为水平运输通道,自主研发了无线遥控大吨位运输车,有效解决了超大平面结构施工材料运输难题;建立温度场监控、位移场监控等自动监测系统,为国内最大单块混凝土楼板结构施工提供依据;研发二次结构隔墙的层间隔震体系、机电管线抗震补偿器等专利技术,实现"隔离"地震,打造了目前世界上最大的单体隔震建筑。

(2)安装向智能化转变。通过科技攻关和管理创新,提炼出大型机场智慧建造技术和管理体系;航站楼屋顶吊装拼接施工采用"计算机控制液压同步提升技术",多台提升机在计算机控制下同步将屋顶缓慢提升一次性到位,精度控制在±1 mm以内;通过互动方式实现在VR环境下的方案快速模拟、施工流程模拟,实现实时信息辅助决策;全面应用BIM技术,在方案模拟阶段,建立屋盖钢结构预起拱的施工模型,63 450根架杆和12 300个球节点依据预起拱模型进行加工安装;在材料生产阶段,通过BIM模型、工业级光学三维扫描仪、摄影测量系统等集成智能虚拟安装系统,确保了出厂前的构件精度满足施工安装要求。

3)绿色施工落实

建立严格的施工扬尘治理机制,制订施工扬尘治理工作方案,组织环境监理单位进驻现场并巡视,定期报送扬尘治理信息专报,落实各项治理措施;全国首次引入集雾炮降尘、水枪消防等功能为一体的新型技术或设备;场内多个标段先后获得"住建部绿色施工科技示范工程""全国建筑业绿色施工示范工程""国家 AAA 级安全文明标准化工地"等称号。既是全国第一个在开航一年内完成竣工环保验收的大型枢纽机场,也成为环保验收改革后全国第一个进行整体竣工环保自主验收的工程项目。

5.5.3 施工专题研究

大兴机场建设规模大、系统复杂,在施工阶段,开展了全面系统的专项研究,保证施工质量和施工进度。

项目建设指挥部充分发挥统筹协调与引领指导作用,在项目策划阶段以目标为导向,进行整体部署,从项目分解到任务分解细化了工作内容,明确了各子项目之间的物理边界和技术接口关系,同时制定了子项目交叉协同推进的专项计划,重点协调施工现场出现的各类难题,促进各项工作按计划有序开展。

1)滑模摊铺混凝土施工工艺

滑模施工是高度智能化水泥混凝土路面施工技术,大兴机场建设采用"滑模 + 支设模板"摊铺技术,即通过滑模摊铺机在支设完成的混凝土侧面模板上行走进行振捣挤压,以避免因为混凝土配比以及施工不可控因素导致滑模溜肩、塌边、麻面等现象。

采用滑模模板挤压成型的道面混凝土比传统施工具有更加良好的表面平整度可以减轻混凝土抹平的工作量。滑模施工通过布料、振捣、挤压工序,规避了人工施工过程中挖料、填料所造成的填补坑和局部砂浆厚度不够等问题,纹理深度、均匀性和平整度得到了有效保障。滑模摊铺机的行进与振捣,能够大幅度保证边部振捣充分,密实性好,减少人工施工由于振捣不足对混凝土质量的影响。随着摊铺机前进,振动液化后的混凝土进入成型模板进行挤压,使混凝土充满整个成型模板腔,承受整个滑模摊铺机的自身质量,进一步增强道面密实效果。

2)机场场道信息化施工

大兴机场飞行区场道工程应用了强夯、碾压、巡检等工序的信息化施工技术,在场道工程地基处理及基层压实过程中的运用展现了稳定、安全、高效、节耗等优良特性。

(1)针对大面积的场道施工,信息化施工技术能够从地基处理到基层压实实现全方位、多维度的质量控制,从而保障面层施工质量可控。

(2)在施工方面,通过信息化管控,能够降低人为因素对施工进度的干扰和对施工质量的破坏,在获得精确施工指导的情况下提高工效,通过信息化监控与施工数据记录,降低人员、机械、油耗等成本。

(3)在管理方面,通过平台管理能够节约人力资源,提高管理效率,避免质量漏洞,深度还原某时间点某位置的施工状态,具备完善的数据追溯能力,同时在人力资源节约方面能够获得经济收益。

信息化智能施工控制系统通过"物联网 + "的形式,将传统的施工过程人工监控转变为自动监控,提高了信息收集传递的效率,实现了施工过程的可追溯性,并显著节约了人力资源的投入,降低了自然条件的限制,极大地拓展了作业时间,有力地提升了施工效率和质量管理水平。有效实现质量管理跨学科、跨地域的技术对接,是施工企业提质增效、转型升级的有效手段,对目前的施工企业管理创新具有较高的借鉴意义。而它在场道工程应用过程展现出的科技创新能力、管理水平的提升和经济效益,使其对于打造创新型、科技型的智慧机场更具备广泛推广的应用价值。

3)超大平面混凝土工程裂缝控制施工技术

由于机场工程结构构件超长、超大,混凝土构件极易在温度应力、收缩应力的双重作用下产生裂缝,对结构的耐久性、适用性产生较大的影响。在大兴机场航站楼工程施工过程中,采取了一系列技术及管理措施,对混凝土构件裂缝进行了有效的控制。

(1)施工防裂措施

① 后浇带设置。由于航站楼地下二层穿过高铁、地铁,故在结构内不得设置变形缝,但由于结构平面尺寸较大,只能在结构内设置后浇带,以便对结构进行分段施工。通过留置后浇带,将已浇筑完毕的混凝土中的温度应力进行释放,以减少因温度应力而产生的裂缝。航站楼后浇带分为施工后浇带和结构后浇带两种类型。

② 设计抗裂钢筋。因底板、地下外墙等构件的截面尺寸较大,构件内部素混凝土体积较大,相应产生的温度应力也相当大,为避免构件内部出现温度应力裂缝,在底板及地下外墙的中部设置抗裂钢筋。

③ 采用纤维混凝土。在地下外墙及各层楼板混凝土内掺加聚丙烯纤维。聚丙烯纤维是一种复合材料,是以聚丙烯为原材料的一种束状合成纤维,拉开后成为网格状。聚丙烯纤维经过搅拌,均匀地分布在混凝土中,可以增强混凝土的物理力学性能。

④ 使用补偿收缩混凝土。底板、地下外墙及各层楼板均采用补偿收缩混凝土,以抵抗混凝土在收缩时产生的拉应力。

⑤ 设置预应力筋。针对本工程结构平面超大的特点,为了减少混凝土温度应力造成的构件变形,在各层楼板内布置了无黏结的温度预应力筋。

⑥ 设置诱导缝。由于本工程地下墙体长度较长且墙体较厚,混凝土浇筑完成后,在墙体内部随着强度及温度的增长,会不可避免地产生大量的应力,如不将这些应力合理释放则将较大概率产生墙体裂缝。

(2)材料防裂措施

① 使用高性能水泥。选择新型的低水化热普通硅酸盐水泥,满足混凝土抗压强度要求的同时,降低了胶凝材料的水化热,对于混凝土裂缝的控制起到决定性的作用。

② 筛选粗、细骨料。对于大体积混凝土,优先选择自然连续级配的粗骨料配制,采用细度模数及粒径均较大的中、粗砂。

③ 矿物掺合料。使用粉煤灰和矿粉作为矿物混合料,粉煤灰和矿粉的总掺量不大于胶凝材料总量的50%。

大兴机场混凝土结构超大超长,建设过程中通过对材料和施工采取一系列措施,对混凝土结构施工过程中可能产生的温度和收缩裂缝进行了有效的控制,为后续工程的质量

控制提供了具有较大价值的参考。

4）钢模台车施工应用

大兴机场1号下穿通道首次采用钢模台车进行整体式"镜面混凝土"施工，保证了模板工艺混凝土浇筑质量和箱涵混凝土表面光滑平整。该施工工艺采用内模台车加外模台车并配置液压伸缩调节系统的装置，初步实现了大体积混凝土的"工厂化"施工。与传统的施工工艺相比，该施工工艺具有以下优点。

（1）节约成本。传统工艺消耗大、投入高、所需劳动力多；钢模台车周转次数多、人工投入小，所需材料少。

（2）工期短。传统工艺需人工操作，一节24 m的下穿通道需要36天左右的时间才可完成；钢模台车采用机械施工，完成一节24 m的下穿通道施工只需要10~12天，提高工效3~4倍。

（3）施工质量好。传统工艺单块模板的面积小，接缝多，使用人工插入式振捣棒，容易出现爆模情况，施工质量难以保证；钢模台车每一节下穿通道的顶板、侧墙均只有一块模板组成，消除了模板接缝的影响，改善了混凝土表面的质量，浇筑成型的箱型混凝土表面平整度、光洁度好，无错台、漏浆、蜂窝麻面等外观质量问题。

（4）安全性高。传统工艺交叉支撑易在铰接点处松动或折断，造成脚手架坍塌，承载能力低；钢模台车无须搭设脚手架，避免了脚手架坍塌带来的各种危险，现场安全得到了保障。

（5）受限条件少。传统工艺受天气等因素的影响严重，限制条件众多，施工缓慢；钢模台车受恶劣天气及其他外界环境的影响小，无明火作业，不怕雨天，不受可焊性等因素的限制。

（6）施工方便。传统工艺施工中，节点的连接质量受扣件本身质量和工人操作的影响，构架尺寸无任何灵活性，构架尺寸的任何改变都要换用另一种型号的门架及其配件；钢模台车整体安装，整体脱模，整体移动，简化了施工工序，减少了人工操作时间，快速脱模，大大提高了模板制作安装及拆除效率和成品合格率。

5.5.4 施工新技术

大兴机场建设中融入百年民航发展智慧，应用了很多新产品、新技术、新工艺，全面展示我国民航自主创新的最新成果、最高水平。根据《建筑业10项新技术》内容，本工程共推广应用新技术9大项40子项（表5.1），具有较好的科技示范作用。

表5.1 大兴机场推广应用新技术统计表

序号	类别	项目名称	应用部位
1	地基基础和地下空间工程技术	灌注桩后注浆技术	护坡
		长螺旋钻孔压灌桩技术	护坡
		复合土钉墙支护技术	护坡

序号	类别	项目名称	应用部位
2	钢筋与混凝土技术	高耐久性混凝土	主体结构
		自密式混凝土技术	主体结构
		纤维混凝土	主体结构
		混凝土裂缝控制技术	主体结构
		高强钢筋应用技术	主体结构
		大直径钢筋直螺纹连接技术	主体结构
		无黏结预应力技术	主体结构
		有黏结预应力技术	主体结构
		钢筋机械锚固技术	主体结构
3	模板及脚手架技术	清水混凝土模板技术	主体结构
		盘销式钢管脚手架及支撑架技术	主体结构
4	钢结构技术	深化设计技术	所有钢结构
		厚钢板焊接技术	支撑钢结构
		大型钢结构滑移安装施工技术	屋盖钢结构
		钢结构与大型设备计算机控制整体顶升与提升安装施工技术	屋盖钢结构
		钢与混凝土组合结构应用技术	劲性钢结构
		高强度钢材应用技术	
		模块式钢结构框架组装、吊装技术	支撑及屋盖钢结构
5	机电安装工程技术	管线综合布置技术	机房、管廊、走道等
		金属矩形风管薄钢板法兰连接技术	弱电系统管线
		变风量空调系统技术	通风与空调系统
		管道工厂化预制技术	换热机房
6	绿色施工技术	基坑施工封闭降水技术	基坑围护
		基坑施工降水回收利用技术	基坑围护
		预拌砂浆技术	二次结构
		再生混凝土	基坑回填
		供热计量技术	临时设施
7	防水技术与维护结构节能	遇水膨胀止水胶施工技术	施工缝、后浇带

序号	类别	项目名称	应用部位
8	抗震、加固与监测技术	消能减震技术	主体结构
		建筑隔震技术	主体结构
		深基坑施工监测技术	深基坑
9	信息化技术	虚拟仿真施工技术	钢结构
		高精度自动测量控制技术	工程整体
		施工现场远程监控管理及工程远程验收技术	项目管理
		工程量自动计算技术	项目管理
		项目多方协同管理信息化技术	项目管理
		塔式起重机安全监控管理系统应用技术	塔式起重机

5.6　精品工程建设之规范验收

规范验收是创造精品工程的支撑。指挥部严格把控质量验收关,督促施工单位及时履行工序报验手续,按要求开展取样检测。对关键部位和关键工序,重点发挥监理单位、第三方检测单位、民航专业工程质量监督总站的监督作用,做到检查检测资料规范齐全、质量检查记录和隐蔽工程检查记录规范留痕,多措并举,精益求精,确保验收合格。

5.6.1　工程验收基本规定

工程竣工验收是指建设工程依照国家有关法律法规及工程建设规范、标准的规定完成工程设计文件要求和合同约定的各项内容,业主单位已取得政府有关主管部门(或其委托机构)出具的工程施工质量、消防、规划、环保、城建等验收文件或准许使用文件后,组织工程竣工验收并编制完成《建设工程竣工验收报告》。

工程项目的竣工验收是施工全过程的最后一道程序,也是工程项目管理的最后一项工作。它是建设投资成果转入生产或使用的标志,也是全面考核投资效益、检验设计和施工质量的重要环节。

《建设工程质量管理条例》规定,业主单位收到建设工程竣工报告后,应当组织设计、施工、工程监理等有关单位进行竣工验收。建设工程竣工验收应当具备下列条件:①完成建设工程设计和合同约定的各项内容;②有完整的技术档案和施工管理资料;③有工程使用的主要建筑材料、建筑构(配)件和设备的进场试验报告;④有勘察、设计、施工、工程监理等单位分别签署的质量合格文件;⑤有施工单位签署的工程保修书。建设工程经验收合格的,方可交付使用。

《建筑法》规定,交付竣工验收的建筑工程,必须符合规定的建筑工程质量标准,有完整的工程技术经济资料和经签署的工程保修书,并具备国家规定的其他竣工条件。建筑工程竣工验收合格后,方可交付使用;未经验收或者验收不合格的,不得交付使用。

《民航专业工程质量监督管理规定》要求:①质量监督机构组织实施对民航专业工程的质量监督,参加工程的阶段性验收和竣工验收。②满足竣工验收条件的工程,业主单位至少应提前5个工作日通知质量监督机构派员参加竣工验收。竣工验收合格后,质量监督机构应及时向业主单位提交该工程的质量监督报告。③业主单位申请行业验收时,必须出具质量监督机构提交的质量监督报告。

5.6.2　工程验收管理

根据《建设工程质量管理条例》(国务院令第279号)、《民航专业工程质量监督管理规定》《民航专业工程施工监理规范》《北京新机场建设工程质量监督管理办法》以及大兴机场工程施工监理、质量检测合同的要求,强化工程质量管理,理顺试验检测流程,指挥部制定了《北京新机场飞行区工程质量试验检测管理办法》和航站区工程质量验收制度。

1)飞行区工程质量试验检测

指挥部采用招标方式确定了飞行区工程质量检测服务单位及监理单位,并成立大兴机场飞行区工程中心实验室(以下简称"中心实验室"),监理单位按合同约定负责平行试验抽检10%的工作量,其余的工作量由中心实验室来实施,以满足《民航专业工程施工监理规范》规定抽检量的要求。

工程试验检测项目按照设计文件、民航相关设计、施工和验收等技术规范要求选取。主要包括:

①岩土工程地基处理试验检测,②土石方常规土工试验检测,③沥青及沥青混凝土、沥青混合料配合比以及改性剂等的试验检测,④水泥及水泥混凝土、砂浆配合比以及外加剂等的试验检测,⑤钢筋、砌块、试块等力学性能试验检测和强度检验,⑥砂、石材料的试验检测评价,⑦其他相关项目的试验检测,如桥梁、下穿通道、围界、管网、消防建筑等特殊工程检测。

(1)试验检测基本流程(图5.5)

① 施工单位完成一道工序,进行自检合格后,通知监理单位进行平行试验。

② 监理单位通知中心实验室,并填写工作联系单,双方到现场按规范和设计要求的项目参数、检测频率以及试验方法各自选点(取样)进行平行试验。

③ 监理和中心实验室按要求各自独立完成现场及室内试验检测工作,并及时形成试验报告。

④ 中心实验室的试验报告报监理,同时由监理归档。

⑤ 监理单位按月向指挥部提交本月中心实验室的检测工作量。

试验报告同时合格时,由监理单位通知施工单位进行下一步工作。试验检测中任何一方出现不合格时,即由监理单位通知施工单位进行返工处理。施工单位返工处理后按上述工作流程进行复检,直至工程合格。

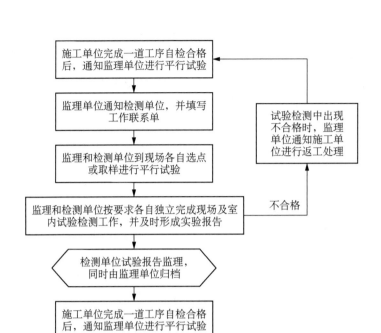

图5.5 试验检测程序流程图

（2）试验检测要求

① 质量抽检。指挥部及行业质量监督部门对飞行区工程提出抽检要求，并由中心实验室实施检测。中心实验室按照要求进行检测，并提交相关检测报告。

② 施工单位试验检测。施工单位按照设计文件和民航相关规范的要求及时准确完成工程的自检工作，并将试验结果上传至质量信息管理平台。

③ 监理单位试验检测。监理单位按照设计文件和民航相关规范的要求独立、及时、准确完成工程的平行试验工作，并将试验结果上传至质量信息管理平台。监理单位每周组织监理例会，对工程质量存在的问题进行总结分析，提出解决的方案。

④ 中心实验室试验检测。中心实验室按照设计文件和民航相关规范的要求独立、及时、准确完成工程的平行试验工作，并将试验结果上传至质量信息管理平台，同时对所有上传数据进行分析，并按指挥部要求定期形成总结。

中心实验室向指挥部提交整个飞行区全部的试验检测总结报告，主要包括检测数量及结果汇总、对当月完成工程质量的总结评价、对存在的问题进行原因分析并提出解决方案等。

2）航站区工程质量验收

竣工验收由业主单位负责具体组织实施，集团机场建设部、办公室、经营管理部、财务管理部、指挥部相关部门、使用单位作为业主单位代表，组织勘察、设计、施工、监理等单位组成验收组，制定验收方案，对于重大工程和技术复杂工程，可邀请有关专家参加验收组。

建设、勘察、设计、施工、监理等单位参加验收的人员应当为持有本单位授权委托书的项目负责人或本单位法定代表人。

业主单位在工程竣工验收 7 个工作日前将验收的时间、地点、验收组名单及验收方案书面通知负责监督该工程的工程质量监督机构。

工程竣工验收程序：①指挥部、勘察、设计、施工、监理等单位分别汇报工程合同履约情况和工程建设各环节执行法律法规及工程建设强制性标准的情况，②验收组检查工程档案资料及实地查验工程质量，③验收组对工程勘察、设计、施工、设备安装质量和各管理环节等方面作出全面评价，并达成工程竣工验收是否合格的一致意见。

工程竣工验收合格后，应当及时形成经验收组人员共同签署意见并加盖各单位公章的工程竣工验收记录，作为工程竣工验收合格的证明文件。工程竣工验收记录中最迟签署意见的日期为工程竣工时间。

工程竣工验收合格后，业主单位应当及时提出工程竣工验收报告。工程竣工验收报告主要包括工程概况，业主单位执行基本建设程序情况，对工程勘察、设计、施工、监理等方面的评价，工程竣工验收时间、程序、内容和组织形式，工程竣工验收意见等内容。

指挥部在工程竣工验收合格后，按照有关规定向北京市住建委备案。

5.6.3 竣工验收

民航局成立大兴机场民航专业工程行业验收和机场使用许可审查委员会及其执行委员会，全面覆盖局内协调，局外指挥、督导、验收、审查各环节的重点工作。加强项目管理、现场管理，实现了"标准化、规范化、程序化"作业，为建设"精品工程"，为完成一次验收合格率 100% 的目标提供了组织保障。

民航质监总站以联合检查和专项检查为重要手段，建立监督领导小组、重点监督小组、常驻监督小组三个监督层级，制定飞行区、航站楼、空管和供油工程四本施工安全监督管理办法，抽调全行业监督力量，选派 3 名专家长期驻场，累计参与监督检查 2 450 次、出具检查意见书 118 份，完成竣工（预）验收监督 161 次，配合行业初验 9 次，出具项目质量监督报告 8 份，圆满实现"监督工程无质量安全事故，监督人员无违法违纪问题"的目标。

民航局加强组织领导、创新工作模式、周密细化方案、精心选配力量，组织各参建单位完成开航必备 85 个项目的竣工验收；协调京冀两地政府，按照"成熟一项，验一项"的工作机制和"并联开展"的工作模式，倒排工期，在组织开展 20 余次现场预验收基础上，及时完成 33 个项目的专业验收；集中全民航之人力物力，高效同步推进民航专业工程行业验收与机场使用许可审查，在分批次完成行业验收初验以及使用许可初审基础上，2019 年 8 月 28 日至 30 日集中组织开展行业验收总验和使用许可终审，全行业优选 289 名业务骨干和专业技术人员组成 19 个专业组，对大兴机场工程质量、设施功能、投资完成以及运行准备进行了全面检查和综合评价。此次终审总验是对大兴机场"四个工程"的总体检验和投运综合保障能力的总体把关，是中国民航史上验收和审查规格最高、工作最细、规模最大、准备时间最长、检查手段最先进的验收审查，为大兴机场颁证投运奠定了坚实基础。

改革验收方式，行业验收初验总验分步实施、总验终审同步进行、局内局外统一调配、主体配套统筹兼顾。地方验收时资料验收与实体验收同步开展，所有验收资料通过联合验收系统平台统一推送,串联改并联,成功解决了超大项目短时间内集中高质量、依法合规完成验收的难题。

5.7 精品工程建设之科学管理

科学管理是创造精品工程的抓手。指挥部发挥主体作用,着力强化现代工程管理,采用先进的信息管理技术,建立有效的沟通平台来做好协调服务工作。指挥部建立了大兴机场工程项目管理信息系统(以下简称"BJJCPMS"),在国内大型机场建设过程中首次利用信息系统实现对合同、财务、工程概算、设备物资、文档、竣工决算等的全过程统一管理控制,将服务和支持性工作做在前端,着力打造经得起实践检验的精品工程。

5.7.1 建设工程项目管理

1)工程项目管理的概念

作为现代管理科学的重要分支学科,工程项目管理在 1982 年引入中国,1988 年开始大力推广,并联同项目管理体制改革进行初步探索。同时在项目建设过程中不断对其进行改革完善,使项目管理的概念不断拓展。

《中国工程项目管理知识体系》将工程项目管理定义为:工程项目管理是项目管理的一大类,是指项目管理者为了使项目取得成功(实现所要求的功能和质量、所规定的时限、所批准的费用预算等),对工程项目用系统的观念、理论和方法,进行有序、全面、科学、目标明确的管理,发挥计划职能、组织职能、控制职能、协调职能、监督职能的作用。其管理对象是各类工程项目,既可以是建设项目管理,又可以是设计项目管理和施工项目管理等。

工程项目管理,是为了使工程项目在一定的约束条件下取得成功,对项目的活动实施决策与计划、组织与指挥、控制与协调等一系列工作的总称。

(1)工程项目管理的客体。工程项目管理的客体即为工程项目,并且是具有明确目标的项目,其中有些目标是项目本身所要求的,有些目标是项目相关方所要求的,这些目标需要项目管理者加以识别或确定。没有明确目标的工程项目不是项目管理的对象。

(2)工程项目管理的主体。一个工程项目的完成需要许多方面的人员或组织参与才可能实现。工程项目的最直接的相关方包括业主单位、承包商、咨询单位、供应商和政府,这些相关方都需要对其相关的部分进行管理。业主单位需要对建设项目进行管理,简称为建设项目管理(OPM);设计单位需要对设计项目进行管理,简称为设计项目管理(DPM);施工单位需要对施工项目进行管理,简称为施工项目管理(CPM);供应商需要对供应项目进行管理,简称为供应项目管理(SPM);咨询单位需要对咨询项目进行管理,简称为咨询项目管理;政府需要对工程项目实施监督管理,简称为政府监督管理。所以,可以认为工程项目管理是一个多主体的项目管理。

（3）工程项目管理的目的。工程项目管理的目的是实现工程项目的预期目标，包括工程项目的时间、费用、质量和安全等目标，并使项目相关利益方都满意。

2）工程项目管理的特点

工程项目管理是在一定约束条件下，以实现工程项目目标为目的，对工程项目实施全过程进行高效率的计划、组织、协调、控制的系统管理活动。

（1）工程项目管理是一种一次性管理。项目的单件性特征，决定了项目管理的一次性特点。在项目管理过程中一旦出现失误，很难纠正，损失严重。由于工程项目的永久性特征及项目管理的一次性特征，所以项目管理的一次性成功是关键。从而对项目建设中的每个环节都应该严密管理，认真选择项目经理，配备项目人员和设置项目机构。

（2）工程项目管理是一种全过程的综合性管理。工程项目的生命周期是一个有机成长过程。项目各阶段有明显界限，又相互有机衔接，不可间断，这就决定了项目管理是对项目生命周期全过程的管理，如对项目可行性研究、勘察设计、招标投标、施工等各阶段全过程的管理。在每个阶段中又包含有进度、质量、成本、安全的管理。因此，项目管理是全过程的综合性管理。

（3）工程项目管理是一种约束性强的控制管理。工程项目管理的一次性特征，其明确的目标（成本低、进度快、质量好）、限定的时间和资源消耗、既定的功能要求和质量标准，决定了约束条件的约束强度比其他的项目管理更高。因此，工程项目管理是强约束管理。这些约束条件是项目管理的条件，也是不可逾越的限制条件。工程项目管理的重要特点，在于工程项目管理者，如何在一定时间内，不超过这些条件的前提下，充分利用这些条件，去完成既定任务，达到预期目标。

工程项目管理与施工管理和企业管理不同。工程项目管理和施工管理虽然都具有一次性特点，但管理范围不同，前者是建设全过程，后者仅限于施工阶段。而企业管理的对象是整个企业，管理范围涉及企业生产经营活动的各个方面。

3）工程项目管理的任务

工程项目管理贯穿于一个工程项目从拟定规划、确定规模、工程设计、工程施工直至建成投产为止的全部过程。涉及业主单位、咨询单位、设计单位、施工单位、行政主管部门、材料设备供应单位等，他们在项目管理工作中有密切联系，根据项目管理组织形式的不同，各单位在不同阶段又承担着不同的任务。

（1）项目组织协调。工程项目组织协调是工程项目管理的职能之一，是管理的技术和艺术，也是实现工程项目目标必不可少的方法和手段。在工程项目的实施过程中，组织协调的主要内容如下。

① 外部环境协调。与政府管理部门之间的协调，如规划、城建、市政、消防、人防、环保、城管等部门的协调；资源供应方面的协调，如供水、供电、供热、电信、通信、运输和排水等方面的协调；生产要素方面的协调，如图纸、材料、设备、劳动力和资金等方面的协调；社区环境方面的协调等。

② 项目参与单位之间的协调。主要有业主、监理单位、设计单位、施工单位、供货单位、加工单位等。

③ 项目参与单位内部的协调。项目参与单位内部各部门、各层次之间及个人之间协调。

（2）合同管理。合同管理包括合同签订和合同管理两项任务。合同签订包括合同准备、谈判修改和签订等工作；合同管理包括合同文件的执行、合同纠纷和索赔事宜的处理。在执行合同管理任务时，为了实现对管理目标的服务，要重视合同签订的合法性和合同执行的严肃性。

（3）进度控制。进度控制包括方案的科学决策、计划的优化编制和实施有效控制等三个方面的任务。方案的科学决策是实现进度控制的先决条件，它包括方案的可行性论证综合评估和优化决策。只有决策出优化的方案，才能编制出优化的计划。计划的优化编制，包括科学确定项目的工序及其衔接关系，持续时间，优化编制网络计划和实施措施，是实现进度控制的重要基础。实施有效控制包括同步跟踪、信息反馈、动态调整和优化控制，是实现进度控制的根本保证。

（4）投资（费用）控制。投资控制包括编制投资计划、审核投资支出、分析投资变化情况、研究投资减少途径和采取投资控制措施等五项任务。前两项是对投资的静态控制，后三项是对投资的动态控制。

（5）质量控制。质量控制包括制定各项工作的质量要求及质量事故预防措施，各个方面的质量监督与验收制度、质量管理和控制措施等三个方面的任务。制定的质量要求具有科学性，质量事故预防措施要求具备有效性。质量监督和验收包含对设计质量、施工质量及材料设备质量的监督和验收，要严格检查制度和加强分析。质量事故处理与控制要对每一个阶段均严格管理和控制，采取细致而有效的质量事故预防和处理措施，以确保质量目标的实现。

（6）风险管理。随着工程项目规模的不断大型化和技术复杂化，业主和承包商所面临的风险越来越多。工程建设客观现实告诉人们，要保证工程项目的投资效益，就必须对项目风险进行定量分析和系统评价，以提出风险防范对策，形成一套有效的项目风险管理程序。

（7）信息管理。信息管理是工程项目管理的基础工作，是实现项目目标控制的保证。其主要任务就是及时、准确地向项目管理各级领导、各参加单位及各类人员提供所需的综合程度不同的信息，以便在项目进展的全过程中，动态地进行项目规划，迅速正确地进行各种决策，并及时检查决策执行结果，反映工程实施中暴露出来的各类问题，为项目总目标控制服务。

（8）环境保护。工程项目建设可以改造环境造福人类，优秀的设计作品还可以为环境景观增色，给人们带来观赏价值。但一个工程项目的实施过程和结果，同时也存在着影响甚至恶化环境的种种因素。因此，在工程项目建设中强化环保意识、切实有效地把避免损害自然环境、破坏生态平衡、污染空气和水质、扰动周边建筑物和地下管网等现象的发生,作为工程项目管理的重要任务之一。

工程项目管理必须充分研究和掌握国家和地方的有关环保的法规和规定,对于涉及环保方面有要求的工程项目在项目可行性研究和决策阶段,必须提出环境影响报告及其对策措施,并评估其措施的可行性和有效性,严格按建设程序向环保管理部门报批。在项目实施阶段做到主体工程与环保措施工程同步设计、同步施工、同步投入运行。在工程发承包过程中,必须把依法做好环保工作列为重要的合同条件加以落实,并在施工方案的审查和施工过程检查中,始终把落实环保措施、克服建设公害作为重要的内容并予以密切注视。

5.7.2　大兴机场工程建设管理体系

为建设"精品工程、样板工程",打造全球空港标杆,指挥部深入贯彻集团公司相关管理模式,落实工作思路,着力推进工程建设管理现代化、科学化,切实保障工程质量、安全和品质,探索科学合理的管理模式,健全管理体系。

建设阶段,实施工程勘察、设计、建设、监理、施工"五位一体"的施工建设管理体系,高效推进项目进度;运营筹备阶段,集团公司、驻场单位、航空公司、联检单位组建投运总指挥部,协同推进投运前各项准备工作。

1）质量管理

指挥部建立了项目管理体系架构、管理制度、工作流程等,形成了大兴机场质量管理体系和制度,如《工程质量监督管理办法》《工程质量管理体系》等。

为了确保各参建单位拥有统一的质量标准,指挥部充分发挥统筹协调的作用,首先提出了项目的总体质量要求和质量管理目标,然后要求施工单位围绕项目的总体质量目标,结合各自的施工任务和工艺,制定各自的项目质量管理体系,从而形成融合了各相关方质量管理体系的项目整体质量管理体系。

2）进度管理

大兴机场进度管理的基本思路是以工期目标为导向,通过指挥部牵头的全局性统筹管控和由总包单位牵头的实施层面统筹管控,分层制定计划并对实施过程实行全面动态管理。指挥部邀请同济大学的专家咨询团队,会同各建设、运营、驻场单位一起编制了《北京大兴国际机场工程建设与运营筹备总进度计划》,共包含关键节点 247 个,详细作业 5 547 项,重点问题与对策 41 项,移交接收一览表 113 项,进度跟踪问题 73 项。指挥部和咨询团队每月提交一份《北京大兴国际机场建设与运筹进度管控报告》,不仅真实反映了 22 个部门、19 个专业公司当月关键节点完成情况、建设与运筹工作计划完成情况,还对下月关键节点及建设与运筹工作计划进行提前部署,特别指出了进度风险跟踪进展情况、近期工作重点难点问题,并提出管理对策。

实施层面管控计划的主体是总承包单位。总承包单位以《北京大兴国际机场工程建设与运营筹备总进度计划》为依据,制定更加详细的总承包建设进度计划,上报指挥部审核通过后实施。总承包单位再要求各分包商根据总承包建设进度计划制定分包项

目进度计划。此外,还针对重点设备安装或重点交叉施工作业等编制详细的专项进度计划,实时监控进展情况,保证项目的顺利进行。

3)资金及成本管理

指挥部编制了《工程计量、支付及结算管理规定》《变更、索赔及费用审批管理规定》《资金支付管理规定》等涉及投资、造价管理、结算的管理制度,用来规范工程资金及成本管理,并在咨询公司和设计单位的支持下确定了项目概算总投资。

4)招标采购管理

指挥部根据《中华人民共和国招标投标法》和集团对于招投标的管理规定,结合大兴机场的特点,制定了《招标采购管理规定》《招投标管理规定》等,指导建设工程项目的勘察、设计、施工、监理以及与建设工程有关的重要设备、材料采购、咨询服务等的招标活动,保证招标工作的合法合规。

5)风险管理

指挥部为确保项目风险因素可控、在控,科学合理地对风险因素进行评估和制定应对措施,并制定了完整的管理流程和管理体系。其中,为将大兴国际机场打造为"平安机场",大兴机场项目指挥部委托国家安全生产监督管理总局职业安全卫生研究中心建立安全生产运行体系,针对本项目的特点,协助梳理相关的法律法规,形成自己的安全管理制度,并提出了重点制度,据此制定了本项目的风险管理办法《安全生产管理手册(试行)》,明确了安全风险管理体系。

6)HSE 管理

大兴机场同时参建单位多、人员流动大、技术复杂、高空作业艰难、重型或大型机械使用多,安全风险大,为此指挥部委托国家安全生产监督管理总局的职业安全卫生研究中心作为第三方安全咨询机构,为指挥部整体策划了安全管理体系,提供专业化的工程项目安全监管服务。安全管理体系建设以全面贯彻落实业主单位法定职责,预防安全生产事故为核心内容,以 PDCA 循环[1]为中心思想,以安全风险管控、隐患排查治理为主线,以参建各方安全生产绩效考核为手段,以安全生产教育培训为保障,对工程项目实施动态的监督管理,督促各参建单位履行安全生产主体责任。

7)合同管理

指挥部高度重视合同管理,指挥部建设之初,参照国内大型机场建设制度,依据《中华人民共和国合同法》制定了《合同管理规定》《费用审批和索赔管理规定》等多项管理制度,用于规范合同管理过程,解决工程管理过程中合同相关的问题,确定了"以法律和制度为前提,以过程管控为手段,以软件为依托平台"的管理思路。

[1] 美国质量管理专家沃特·阿曼德·休哈特(Walter A. Shewhart)首先提出的,由戴明采纳、宣传、获得普及,所以又称戴明环。PDCA 循环的含义是将质量管理分为四个阶段,即 Plan(计划)、Do(执行)、Check(检查)和 Act(处理)。在质量管理活动中,要求把各项工作按照作出计划、计划实施、检查实施效果,然后将成功的纳入标准,不成功的留待下一循环去解决。

8）文档管理

大兴机场的特点是建设规模大、工期长，档案数据整理工作复杂。档案业务覆盖建设指挥总部及下属各单位，涉及面广、协调难度大。各个部门档案数据管理不规范，分散孤立，难以保证工程档案数据的准确获取和及时利用。针对这些特点和难点，指挥部建立了工程档案的集中管控模式，在国家档案局专家的指导下制定了建设工程项目档案管理办法以及归档细则等多项管理制度与过程要求，包括《建设工程项目档案管理办法》《文件材料归档范围和文书档案保管期限规定》等，订立了项目建设过程中文档管理的工作流程和管控策略。按照档案管理办法，项目指挥部要求各总包单位必须设立专门的档案管理部门，按指挥部统一要求开展档案管理工作，从而构建了由指挥部文档管理部门、监理单位、总包单位共同组成的文档管理组织架构。

5.7.3 大兴机场工程项目管理系统

2010年以后，国内一大批大型机场工程项目陆续开工建设，其中以北京大兴国际机场、成都天府国际机场、青岛胶东国际机场、大连金州湾国际机场等为代表的工程项目投资额巨大，社会关注度极高。如何科学有效进行工程项目管理是所有业主单位面临的现实问题，借助信息化手段是业内普遍认可的解决办法。大兴机场工程是国家"十二五"规划的重点工程，具有投资大、涉及面广、周期短、数据及信息处理工作量大，管理难度高的特点，为此，指挥部决定建设BJJCPMS。

BJJCPMS的总体目标：①建立一套能够满足大兴机场工程概算、合同、财务、物资设备等关键性业务处理需求和具有统一性的工程管理业务规范；②通过对概算、合同、财务等业务环节有效数据的采集、结构化、整合，实现工程数据的沉淀和共享；③实现大兴机场建设管理中财务的集中控制，有效地管理资金，紧密地将工程数据和财务数据进行关联；④利用该系统在工程建设过程中陆续进行在建资产登记，实现工程后期清晰、快捷地进行资产移交并辅助工程竣工决算。

BJJCPMS自2012年10月启动建设，经过需求调研、系统分析设计、系统测试、人员培训、上线试运行等阶段，于2014年9月通过验收正式上线运行。截至2016年5月12日，系统已录入合同290个（合同明细清单项23 000条），合同总金额405亿元，财务凭证3 400条，完成财务支付204亿元，管理设备20 000台/套。BJJCPMS共开发10个模块，其中功能模块7个、支持模块3个。7个功能模块分别是合同管理、概算管理、财务会计、物资设备管理、文档管理、工程竣工决算、综合查询，3个支持模块分别为岗位管理、编码管理、系统工具，现阶段各模块运转良好。为打造"精品工程、样板工程、平安工程、廉洁工程"提供了有力的技术支撑。

1）系统架构与功能模块

BJJCPMS结合大兴机场工程项目特点和实际，选择原型系统中的7个功能模块，并进行二次开发。

（1）编码管理。BJJCPMS的基础编码通过通用编码和实体编码两大编码管理模块实现,共同构建了整个基础编码结构。

（2）成本管理。成本管理这一功能模块主要用于管理工程概算,实现工程概算定义、概算与合同衔接、概算完成情况统计。

（3）合同管理。BJJCPMS体现了合同管理的3个重点,分别是合同信息管理、合同执行、合同变更,对应了系统中合同录入、合同执行、合同变更3个模块。

（4）财务会计。财务会计功能主要包含5个模块,分别是凭证管理、会计及预算科目维护、固定资产管理、竣工决算、财务报表。

（5）物资设备管理。BJJCPMS严格按照《首都机场集团公司固定资产实物分类指导规则》对设备进行定义、分类、编码,便于工程竣工决算的资产移交和后续机场运行过程中的固定资产管理。

（6）文档管理。BJJCPMS将每个文档按照合同协议类、工程技术类、管理类、设计类进行划分然后对应到关联的合同,并进行编码,最后装入按照经办部门、年份设计的文件夹中,实现了对大兴机场工程建设过程中的合同协议、管理文档等的文本管理。

（7）工程竣工决算管理。竣工决算是工程收尾性工作,包括资料、资金、资产、投资、测算模型等模块。最终目的是形成大量竣工决算所需的报表,包括竣工决算一览表、费用明细表、分摊明细表、移交资产表等。

2）系统设计创新点

（1）全部资金支出纳入合同管理。办公费、交通费、会议费、专家费等报销费以及人员工资、社保等费用支出虽然没有合同的支撑,统一了流程和数据,便于统一管理。BJJCPMS采用虚拟合同的形式,将所有报销类、日常成本支出纳入合同支付,填写支付单,确保大兴机场工程所有资金支出在系统中有支付单,有支出明细项。

（2）投资按细项对应到概算。合同支付单确认则代表投资确认,且合同细项与概算代码一一对应。投资完成情况可以实时按照概算层级分类进行统计,反映概算投资完成情况。

（3）代建项目分账套管理。方便后期按投资主体分别移交资产,机场工程800亿元概算内项目以及指挥部代建项目从数据库层面已经进行了分隔。指挥部代建项目对分账进行了管理,以便能够快速进行投资主体的资产移交。

（4）支撑竣工决算报表。基于BJJCPMS平台的数据及关联逻辑,系统能够较大程度上支撑后期竣工决算报表的自动生成,包括竣工决算一览表、费用明细表分摊明细表、移交资产表等。

3）主要应用及效益

（1）推广应用情况。乌鲁木齐国际机场改扩建工程、青岛胶东国际机场工程、成都天府国际机场工程相关人员与指挥部进行交流、学习。其中乌鲁木齐国际机场改扩建工程在充分借鉴了项目经验后,已确定使用与大兴机场工程项目管理系统同一原型软件并在其基础上依据实际二次开发。青岛胶东国际机场工程在借鉴后,对财务管理、概算管理等模块进行重新研究评估其二次开发的可行性。成都天府国际机场工程项目管理系统招标时,将大兴机场工程项目管理系统的运营模式作为备选方案之一。

（2）经济效益和社会效益。

①解决了管理规范的问题。BJJCPMS 平台提供了一套完整、成熟的工程项目管理解决方案，把系统化的思路融入了实际合同支付、财务会计、设备验收等业务流程，将工程建设过程中承包商、监理单位、设备供应商、技术服务单位纳入系统的管理中，推进了大兴机场工程项目的精细化管理。②解决了数据采集准确性和统一性的问题。通过对工程有效数据的采集和结构化，将各业务环节的有效数据进行串联和整合，形成大兴机场工程完整、清晰、标准的工程管理全过程的数据体系，实现工程数据的沉淀和共享。BJJCPMS 应用于工程项目管理的关键环节，可以有效减少人为错误，同时保证数据的准确性和统一性。③解决了数据应用的问题。BJJCPMS 的使用积累了大量工程管理数据，经由专业人员进行数据挖掘、分析后得到了很好的应用。借助实时的工程概算完成情况统计，解决了工程建设过程中的一个重要难题，使得建设人员能够准确掌握防止出现超概算投资。合同、财务、设备物资等数据的应用可以辅助管理人员了解合同支付情况、投资完成和实际支付情况。④为竣工决算打好基础。工程竣工决算包括竣工财务决算说明书、竣工财务决算报表、工程竣工图和工程造价对比分析四个部分，需要在所有合同结算以后开始进行。借助 BJJCPMS 系统的竣工决算功能，能在工程建设过程中进行在建资产登记、资金来源登记，将大大提高竣工决算的速度，帮助缓解工程建设中普遍面临的竣工决算周期过长的问题。

5.7.4　管理创新实践

1）建设与运营一体化的管理模式

为克服传统建设与运营相分离引起的各种问题，大兴机场采用建设与运营一体化的管理模式，打通建设与运营的界限，再造建设流程，确保运营高效。指挥部在组建之初就同时吸纳了工程建设人员、运营管理人员，同时编制了招标、合同、安全、质量、设计、施工等 50 余项核心管理制度，形成完善的制度体系，为建设与运营一体化提供制度保证。

2）基于目标导向的进度总体管控

将"2019 年 6 月 30 日竣工验收，2019 年 9 月 30 日前投入运营"作为进度总体目标，针对大兴机场建设主体多、界面复杂的特点，形成由民航局牵头的全局性统筹管控，和由建设主体牵头的实施层面建设及运营筹备管控。为加强大兴机场建设及运营筹备工作的科学组织、统筹领导，民航局牵头组织对大兴机场建设及运营筹备过程中的重点问题及计划节点进行了全面梳理，编制形成了《北京新机场工程建设与运营筹备总进度综合管控计划》。指挥部根据具体工作情况进行细化，形成了《北京大兴国际机场工程建设与运营筹备总进度计划》。管控计划所采用的专业队伍、信息化手段和跟踪反馈机制，对系统推进工程建设与运营筹备工作起到了至关重要的作用。

3）基于问题导向的统筹协调

大兴机场的建设离不开政府及各方单位的支持。大兴机场影响涉及京津冀地区、建设协调涉及各部委、军方以及铁路总公司等,涉及面广,协调难度大,需以问题为导向,以统筹协调为手段推动问题的解决。大兴机场先后推动建立了各级协调机制,包括国家大兴机场建设领导小组会议,北京、河北、民航北京大兴国际机场建设(运营筹备)领导小组"3+1"机制,北京、河北与民航局"一对一"会商机制:大兴机场投运总指挥部,指挥长联席会议。为确保及时解决大兴机场建设及运营筹备中的各项难点问题,建立问题库机制,每月更新,并及时向各级协调机构反馈,依靠协调机构推动解决。

大兴机场地跨京冀两地,两地政府在管理体制、机构设置、审批程序、行政执法等方面存在差异。为保障大兴机场顺利开航、平稳运营,在大兴机场的推动下,经北京市、河北省、民航局多轮沟通,北京、河北在建设期间协商签订了相关框架协议,优化跨地域建设程序,保障各项跨地域项目高效推进。在运营筹备期间,由国家发改委向国务院提交跨地域运营管理有关情况的报告并获得批复,确立了大兴机场创新的跨地域运营管理模式。

4)信息化的管理手段

大兴机场设立工程建设信息化监控中心,可实时调用场内监控摄像头监视场内建设情况。监控中心提供15个监控席位,通过系统及监控视频,实时掌握机场内工程建设情况,可对现场安全生产、安全保卫、交通安全、消防、环境保护等进行建设动态管理。

BJJCPMS是国内大型机场建设过程中首次利用信息系统实现对合同、财务、工程概算、设备物资、文档竣工决算等的全过程进行统一管理控制。

5.8　精品工程建设之建设运营一体化

建设运营一体化是创造精品工程的组织保障。大兴机场着力践行规划、投资、融资、建设、运营一体化理念,将机场运营筹备工作融合于机场建设全过程,加强组织协同、业务协同、节奏协同,形成科学有效的对接机制,确保工程建设、运营筹备和投运的顺利进行。

5.8.1　建设运营一体化的内涵

建设运营一体化是将建设和运筹进行高度融合,以实现建设与运营无缝对接,机场建设是机场运营的前提,机场运营是机场建设的目的,机场建设为机场运营服务,运营需求是机场建设的依据,机场工程的建设必须满足机场运营的功能要求、流程要求和使用要求等。

机场建设与机场运筹互相关联、相互作用,机场运营筹备各工作融合于机场工程建设全过程。机场运营筹备,可以为机场建设提供并完善运营需求;机场工程建设,可以逐步为机场运营筹备工作提供实物环境和条件。随着机场工程建设的推进,机场运营筹备任务量不断增大,而机场建设任务量逐步减少,直至工程建设完成投入使用进入机场运营期。

大兴机场在工程投资、机场选址、预可行性研究、可行性研究、总体规划、初步设计、施工图设计、飞行程序设计、开工准备、工程招标、设备采购、通信导航监视设备台站建设、无线电频率申请、气象探测环境申请、飞行校验、试飞、竣工验收、行业验收、专项验收、开放与转场等机场工程建设的全生命周期中,始终以运营为导向,以运营单位提前、尽早地介入为手段,将建设阶段和运营阶段融合,进行具有强烈目标导向的建设活动和运营安排。大兴机场建设运营一体化以"目标一体化"为前提,以"组织一体化"为基础,以"信息一体化"为途径,以"计划一体化"为工具,以"控制一体化"为方法,以"标准一体化"为保障。将以运营为导向的工作策略与实施路径贯穿于机场前期研究、规划设计、工程建设和运营使用的全过程,以满足最终用户的需求,为旅客和运营单位提供宜人和便捷的机场环境。

大兴机场建设运营一体化以集团公司总体工作思路为原则,积极发挥机场建设的战略主要作用,搭建了建设与运营互动融合的平台,成功地实现了建设与运营有效契合、并重并举。大兴机场建设运营一体化以推进机场工程建设和运营管理能力现代化为总体目标,全力保障大兴机场工程建设与运营管理全生命周期的"安全、优质、高效、节约、环保、廉洁",保证了机场的高质量建设发展。

5.8.2 建设运营一体化工作机制

1) 工作原则

(1) 目标一体化。大兴机场建设与运营以项目全生命周期为立足点,统筹兼顾,科学规划,持续发展。以运营需求为导向,以优化资源配置为前提,以强化建设过程管理为手段,最大限度地实现了建设运营一体化目标的协调统一和资源效益最大化。具体目标包括:①合理控制建设运营成本,②保证机场高效运行,③以旅客服务需求为导向,保证服务品质,④统筹考虑全过程投资收益和运营效益,⑤实现机场建设和运营的持续安全,⑥绿色协调可持续发展。

(2) 组织一体化。为更好地促进大兴机场工程建设与运营使用的融合,集团公司联合航空公司、空管、油料、海关、边检等 15 家驻场单位,跨组织边界建立投运总指挥部,成立 6 个专项领导小组,完善工作机制、优化组织机构、编写投运方案、组织方案审核、编制管控计划、组建巡查专班、开展联合巡查、实施纠偏措施、持续滚动督办,累计召开联席会议 10 次,集中会商决策环境整治提升行动计划、综合演练实施方案等投运议题 52 项,协调解决交叉施工、双环路供电、投运首航等一系列急重事项。

大兴机场根据运营主体和运营任务,在工程建设组织的基础上搭建了科学合理的运营筹备组织架构,运营筹备组织以工程建设组织为主体,结合运营的实际需要进行组织成员的人数调整,实现了各分部分项工程建设与运筹在组织上的连贯性,并且以投运总指挥部这一临时组织为核心,将众多运营相关单位全部紧密联系在一起,实现了运筹单位的统一管理,运筹工作的协调推进,运筹问题的同步解决。

(3) 信息一体化。大兴机场建设运营信息一体化以信息的收集、核准、上报、发布为主线,以集团公司"统筹决策—组织协调—板块执行—全员支持"的运营筹备架构体系为支撑,以民航大兴机场办搭建的信息化管控平台为载体,以节点信息和形象进度的填报为主要内容,以现场联合巡查为核准手段,以投运总指挥部工作月报为上报形式,以投运总指挥部例行联席会为信息发布和解决问题的途径。以集团公司为核心,协调投运总指挥部各建设和运营筹备主体单位加强信息管控,由投运总指挥部联合办公室、投运总指挥部执行办公室督促各建设和运营筹备主体单位,配合实时监控工作,实现建设运营信息一体化。

(4)计划一体化。建设运营计划一体化是机场建设运营目标一体化的具体落实,为了使建设运营计划一体化落地,投运总指挥部针对大兴机场多主体、多项目、多工序的系统复杂性,构建了多层级、多平面、多维度的进度计划体系。该进度计划体系从上至下分为四个层级,第一层级是总进度目标和关键性控制节点,第二层级是总进度计划,第三层级是大兴机场工程的各参与单位和部门具体实施各自工程建设与运营筹备的工作计划,第四层级是大兴机场工程各参建单位和部门的作业工作计划。

大兴机场进度计划体系使得建设运营计划一体化有了具体抓手,为进度管控方提供了管控工具,为进度督查方建立了监察标准,为进度执行方明确了工作方向,全面推动了总进度综合管控工作的开展,有效保障了总进度目标的实现。

(5)控制一体化。"控制"是以"计划"为抓手确保"目标"实现的具体工作。建设运营控制一体化是以建设运营计划一体化为依据,以建设运营目标一体化为引导的一体化理念。

为确保控制一体化理念落地实施,投运总指挥部制定了完善的控制机制,如专班专员机制、联席会议机制、工作月报机制、关键问题库机制和内外协同机制等工作机制,将不同的参与主体协同起来,将各级管理机构串联起来,将各个建设及运营筹备交界面问题暴露出来,将各路资源统筹调配起来,狠抓关键性控制节点完成情况,建设与运营筹备工作协同推进,确保总进度目标的实现。大兴机场投运总指挥部将各项工作所包含的任务指派给相应的责任主体,制定相应的监督机制和奖惩机制,确保责任的履行,保障建设及运筹工作协同推进的可行性,进而推动建设运筹计划一体化的落地。

(6)标准一体化。建设运营标准一体化是实现建设运营一体化的前提条件。只有建设及运营筹备工作的标准一致,才能实现建设与运营工作的无缝衔接。首先,建设运筹标准一体化是在遵照国家及行业规范、标准的基础上实现的。大兴机场各工程的设计、招标、施工、验收移交、运营筹备等环节的各项工作均符合国家标准,机场建设及运营筹备工作各项标准基于同一标准体系制定,是建设运筹标准一体化的基础。其次,信息化手段在设计、施工、运筹阶段的全面使用,促进了建设运筹标准一体化的实现。

大兴机场在民航局的统筹协调下,使各参与主体的建设指挥部及运筹单位保持目标高度一致、信息高度畅通,通过制定机场建设的各项统一纲领和标准,实现建设和运营筹备的标准一体化。同时,在民航局刚性要求的基础上,大兴机场管理机构能够发挥主观能动性,有更细化和标准更高的工作要求。

2)协同委员会

大兴机场及指挥部共同倡议、发起成立大兴机场建设运营一体化协同委员会(以下简称"协同委"),包括主任、副主任、委员和协同委办公室。协同委工作规则如下:协同委研究重点建设项目、工作计划和有关事项。研究解决大兴机场、指挥部及协同委委员单位在基础设施建设领域的难以解决或存在分歧的重点难点问题。

5.8.3　建设运营一体化综合进度管控

为落实精品工程建设要求,加强对项目的科学组织安排,民航大兴机场建设及运营筹备领导小组办公室(民航局机场司)和指挥部以"6·30"和"9·30"为目标,在统筹平衡各项工作的基础上,会同同济大学总进度管控计划工作组(以下简称"同济大学管控组")编制了《北京新机场工程建设与运营筹备总进度综合管控计划》《北京大兴国际机场工程建设与运营筹备总进度计划》,并实施驻场的进度跟踪管控。

同济大学管控组以"服务"为宗旨,通过跟踪各相关单位对总进度计划的落实情况,协助梳理每月工作计划的执行情况,合理制订下月工作计划,同时向指挥部领导提供咨询意见,提出应该关注的重难点问题并提供相应的解决方案建议。

1)进度总控方法

针对大兴机场建设运营一体化的目标要求,使用了进度总控环A型作为工作指导方法,将进度总控循环过程分为五个层面,分别为系统分析、进度综合集成、关键性路径分析、进度敏感性分析和进度管理成熟度评价,每层内的工作环往复进行,直至达成项目进度管控目标。

(1)系统分析。系统分析包括对工程对象、任务和组织进行分析,明确工程最终的建设成果,进行结构化的任务分解梳理组织结构关系。系统分析是编制进度计划前必要的准备工作,是进度计划编制的基础。

(2)进度综合集成。对于大型复杂工程,在进度计划编制的过程中要考虑技术、组织、环境等多方面因素,时刻把握各类平衡关系,形成协调各方的进度综合集成,包括:编排合理的任务顺序,确保过程平衡;预控协调交叉作业,确保空间平衡;每项任务对应到相应职责的组织部门,确保组织平衡;考虑工作均衡和建设与运营的衔接,确保界面平衡。

(3)关键路径分析。事件网络图可以全面反映各项工作的名称和时间参数,从事件网络图中可以识别获得关键路径,而关键路径则更为重要,它体现了项目关键节点和他们之间的关系,决定项目最短完成时间,因此也是控制总工期的关键,梳理关键路径上关键节点之间的关系可以对事件网络图进行补充和完善,进而动态演化出新的关键。

(4)进度敏感性分析。由于各进度影响因素显著性不同,需要重点管控对进度影响大的因素,即敏感性高的影响因素。进度敏感性分析的第一步是分类识别出项目进度的影响因素,包括机会因素、风险因素和不确定性因素;第二步对各类因素的影响权重进行分析,得出敏感性高的因素,以便后续管控时重点关注,加强资源配置,持续进行监督。

(5)进度管理成熟度评价。进度管控工作以进度计划为切入点,进而按计划实施、检查实施情况、对照计划纠偏、改进原有计划,如此往复,每一环节的工作由于经验的积累和反馈信息的获取,逐步成熟。随着进度管控工作循环式进行,进度管控水平呈螺旋式上升,促进管理能力提升。

在这一科学方法的指导下,同济大学管控组制定了相应的工作机制,从计划和管控两方面入手,开展了大兴机场建设工程和运营筹备的进度管控工作。

2)计划编制内容

《北京大兴国际机场工程建设与运营筹备总进度计划》(第1版)由民航局总进度综合管控计划编制组统一领导,指挥部计划合同部牵头组织,指挥部各部门、大兴机场管理中心各部门、各专业公司配合,共同编制完成。

第1版计划编制成果共包含关键节点247个,详细作业5547项,移交接收一览表113项,从所上报498项问题中梳理出进度跟踪问题73项。管控计划基本涵盖指挥部和大兴机场管理中心22个部门、18个专业公司所有重要工作计划,且做到总体平衡。一幅清晰的战略蓝图跃然纸上,为后续管控工作奠定坚实基础。

随着工程建设与运营筹备工作不断深入,各部门及专业公司逐渐对实现"6·30""9·30"两大目标的工作重点与事项有了更清晰的认识,对进度总控理论和方法逐步了解和掌握。在此基础上,各部门及专业公司将2019年所有工作进行了进一步的梳理,识别出潜在的风险,迫切需要将梳理出的部分新增工作以及对原工作进一步细化的内容纳入总进度计划中来,形成了《北京大兴国际机场工程建设与运营筹备总进度计划》(修订版)。

总进度计划修订版共包含关键节点268个,详细作业4585项,进度风险跟踪问题33个,关键问题与对策10项。为保证开航目标不动摇,结合半年的管控工作实践,对已有的管控计划进行更新、凝练、升华。使目标道路更加明确,执行方案更加清晰,计划节点更加科学、决胜信心更加坚定。进度计划的修订成为整个计划与管控工作中又一重要里程碑。

3)专项进度计划

计划合同部会同同济大学管控组在校核并统筹平衡各专项计划的基础上,汇集成册《北京大兴国际机场建设与运营筹备专项进度计划》。

专项计划共包括4个设备纵向投运计划、5个交叉施工进度计划和5个特殊专项计划,分别包含194项、246项和399项工作。

专项进度计划作为管控计划的深化和补充,是指挥部和大兴机场管理中心安排工作的重要依据、实施管控的重要抓手。各部门充分重视专项进度计划的落实,加大专项进度计划的执行力度,加强部门间交叉工作的对接协调。随着工作的推进,对现有计划进行了动态调整、不断完善,为决战顺利竣工、决胜成功开航奠定基础。

4)跟踪管控

从2018年9月开始,同济大学管控组成员驻场指挥部。2018年12月2日开始与指挥部一同履行六天工作制,每周日至周五的8:30至17:30在指挥部115办公室办公。从2019年9月开始5+2工作以月报及各项报告为核心,过程中通过多种渠道采集信息,确保报告中的内容全面、真实。具体包括列席参会、过程访谈、现场踏勘、非正式沟通、数据处理等工作内容。

（1）信息化管控平台。为更好、更科学地提升管控工作效率，指挥部、管理中心为总进度计划量身定制信息化管控平台，同济大学管控组协助指挥部建立信息化管控系统，在系统功能设计、数据输入和输出等方面提供支持。管控平台可实现当月填报表单自动化生成，进度偏差自动判定，线上流程审批，可视化管控，切实推动管控工作高效实施。

（2）管控报告。项目进度管控的报告系统是项目进度管控的核心和重要组成部分。在项目进度管控的过程中，通过全面收集项目进度控制信息，并将这些信息整合处理，形成项目进度管控的报告。项目进度管控的报告系统代表了项目管控者的工作成果。管控报告包括以下内容：

① 建设与运筹进度管控报告。以总进度计划为基础，客观、真实反映指挥部、管理中心和集团专业公司总体工作进展情况，对各部门当月工作进展并给予分析、评价，指出当下工程建设与运营筹备的重难点工作。

② 专项进度计划双周管控报告。依据《北京大兴国际机场建设与运营筹备专项进度计划》，通过数据填报、现场踏勘、访谈调研等方式，《专项进度计划双周管控报告》客观反映了127项交叉施工点位和22项重要开航程序批复工作的最新进度，协调了十余家不同单位和部门之间的施工作业面交叉，为推动交叉部位的作业施工提供了切实可行的建议，顺利地完成了进度目标。

③ 专项报告。月报依据总进度计划，整体统筹机场建设与运筹进度；双周报依据专项计划，针对性更强，解决工程建设上存在较多的交叉施工问题和机场开航面临的程序批复问题。除此之外，还包括多种专项报告，完善整个管控报告体系。

5）管控成效

（1）思路清晰，运筹帷幄。《北京大兴国际机场工程建设与运营筹备总进度计划》包含清晰的执行方案与科学的计划节点，重点突出"建设运营一体化"思想，将开航目标与工作标段形成一个系统整体，覆盖四大区域，明确路线图、时间表、任务项与责任单位，为决策者提供有力支持。

（2）驻场管理，全面控制。同济大学管控组驻场管理，对大兴机场工程的全方位跟踪，及时准确地掌握各单位、各部门的计划执行情况，暴露矛盾并解决问题。同时，进度管控小组持续跟踪进度风险情况，坚持把握重难点事项，月报累计跟踪73项进度风险，总结提出128个重难点问题建议，通过有效分析明确各项工作间的逻辑关系，为机场建设与运营工作提供预警并提出解决建议，做到及时检查调整。

（3）辐射全局，提升思想。管控组通过实地调研，收集机场各部门的已有相关信息，以及对参建单位进行专题访谈，收集工程进展状况、组织架构、业务条线等多种信息，为总进度计划提供了一手资料。在计划编制及进度管控过程中，改变了各部门和专业公司对工程进度管控的观念，提升了组织对工程按时完工的信心，形成了上行下效的学习风气。将被动管理转变为主动控制，有效地落实了管控方案，从思想到行动与开航目标保持一致，最终实现了圆满的结果。

5.8.4 建设运营一体化组织实施

1）前期研究阶段

大兴机场在前期研究阶段的主要工作包括机场建设组织模式的选择和组织机构的组建、机场总投资额的确定和资金筹措、机场选址、预可行性研究、可行性研究等。针对机场建设前期研究阶段的工作内容与特点，集团公司在"建设运营一体化"理念的指导下制定了以下工作策略与实施路径：①建立高效管理体制和机制，②实行一体化需求管理模式，③重视土地资源规划与开发，④创新落实建设融资模式，⑤积极争取各类政策支持。

2）规划设计阶段的工作策略与实施

大兴机场在规划设计阶段的工作主要包括大兴机场总体规划、建设工程初步设计、建设工程施工图设计、建设工程飞行程序设计等。集团公司在规划设计阶段的工作策略与实施路径包括：①坚持可持续发展规划思想，②贯彻需求为导向的设计理念，③强化关键指标研究设计，④综合做好关键系统设计，⑤加强商业设施专项规划，⑥持续做好规划设计的优化工作。

3）工程建设阶段的工作策略与实施

大兴机场在工程建设阶段的工作策略主要有：①强化项目施工组织设计，②加强项目招标投标管理，③协调运营单位尽早介入，④确保专业人员有序流动，⑤做好移交和验收的有序衔接，⑥落实全过程投资控制审计。

4）运营使用阶段的工作策略与实施

运营使用作为机场的最终目的，是"建设运营一体化"的收尾阶段，运营使用的功能体现的是对前期研究、规划设计和工程建设阶段成果的全面综合检验。在机场建设完成后至投运使用前，大兴机场的运营主体开展了多次运营模拟演练，包括压力测试、疏散演练、应急演练、设备调试等。根据演练中发生的状况和出现的问题，各运营单位积极总结，主动调整，不断改进。根据投运前多层次、多主体模拟演练所暴露出的问题，结合具体运营单位的使用流程和运维实践，集团公司从安全管理、资源配置、财政补贴、数据管理、人才调度等方面制定了以下工作策略和实施路径：①持续加强运行安全管理，②优化配置各类运营资源，③争取各类运营补贴支持，④做好运营数据库管理和应用，⑤稳步实现人员有序调配。

5.8.5 建设运营一体化实践经验

大兴机场作为现代化国家机场体系的重要组成部分，其建设运营取得的历史性成就，根本在于建立项目全生命周期思维，以建设运营成本低、运行效率高、服务品质优、经营效益好、产权关系明、建设运营持续安全、绿色协调可持续发展为目标，以深化项目前期研究为抓手，取得了良好的实施效果，有很多经验值得总结。

1）质量安全管理过硬

通过落实工程质量项目法人责任制，建立并完善了政府监督、监理单位监管、施工单位自检的三级质量控制体系。严守安全三条底线,完善管理制度与措施,建立了完备的风险防控体系,严格落实安全生产责任制,实现施工组织与机场运行的良性协调和管控,杜绝了重大质量安全事故的发生。

2) 建设与运营团队融合

从前期建设团队的组建到后期与运营团队的衔接,随着项目的推进,不断优化项目团队的人员组成,并根据不同时期的工作重点和要求,合理、动态配置建设和运营人员的比例,推动项目全过程的建设和运营团队的顺利融合和深度合作。

3) 需求管理全面深化

根据项目相关方影响程度的不同,通过聘请需求型专家对相关需求识别、管理与应用提供支持,全面掌握各类相关需求,有效识别、分类管理,做到科学选择、合理采纳。

4) 政策法规充分应用

机场作为基础设施,主动与国家战略和地方经济社会发展相融合,积极争取政府加大资本金投入比重,处理好自有资金与债务融资的比例关系问题。

5) 机场服务优化完善

通过统筹考虑、持续优化和完善旅客、航空器、行李、货邮等各项运行流程,注重人性化的设施布局和文化体验,最大限度提高运行服务效率和品质。

6) 商业设施专项规划

通过加强商业设施专项规划管理,适度超前策划商业设施的定位与布局,全面及时地做好商业需求分析、具体区域规划及后期招商、装修等工作,确保了商业设施布置与主体施工同步。

7) 落实绿色发展理念

遵循国家经济发展规律,坚持率先发展、安全发展和可持续发展思路,落实创新驱动、绿色环保的发展理念,并注重在项目各阶段的应用,特别是绿色规划设计、节能环保材料选取、低碳高效运营等方面。

8) 建立全过程投资控制模式

遵循民航机场业发展规律,通过科学选择投融资模式、合理确定投资规模、工程期间科学计量,较好实现了资金的高效利用;通过加强项目全过程的造价咨询、预算管理和跟踪审计,严格管理设计变更,杜绝了超规模、超概算的现象的发生。

第 6 章
样板工程建设

创建"样板工程",核心是技术创新、标杆引领。大兴机场指挥部坚持贯彻新发展理念,将科技创新作为提升工程建设品质、确保"引领世界机场建设、打造全球空港标杆"、推进"四个工程"的重要手段;大兴机场成立了专门的科技委员会,出台了科研项目管理规定,鼓励员工结合工程建设和运营筹备的实际需要积极开展科技攻关;着眼于高效运行,聚焦机场样板的七个方面,围绕 18 项核心指标,建设集新产品、新技术、新工艺于一体的世纪工程,打造了高效便捷、融合发展的基础设施样板。

6.1 样板工程建设之绿色机场

6.1.1 背景与关键性指标

1978 年,国际环境与发展委员会首次提出"可持续发展"概念,1987 年挪威首相布伦特兰夫人正式提出可持续发展战略,特别是 1992 年在巴西里约热内卢召开的联合国环境与发展世界首脑会议,明确提出了可持续发展这一人类共同的发展战略,使得可持续发展成为经济学和社会学中的重要范畴,各国在制定发展规划时,都将可持续发展作为基本的原则。伴随着可持续发展思想在国际社会的推广,迫切需要寻求新的方法和应对措施实现航空业的可持续协调发展。与此同时,"绿色机场"这一富有丰富内涵的概念作为"可持续发展"理念在航空领域的延伸应运而生,绿色机场是由美国机场"清洁合作组织(CAP)"在"绿色机场行动(GAI)"提出的。根据多方面对比研究,绿色机场与可持续发展机场的发展理念、目标及实施途径是一致的,某种意义上可以认为二者是等价的。国际上"可持续发展机场"较为常见,国内常以"绿色机场"的提法出现。目前,绿色机场已在我国民航业内基本达成共识,即:在全生命周期内,最大限度地实现资源节约、环境友好、运行高效和人性化服务,为人们提供健康、适用和高效的使用空间,为机场航空器提供安全、适航、高效的运行空间,构建与区域协同发展的综合基础设施。

大兴机场是国家"十二五""十三五"重点建设项目。大兴机场指挥部通过绿色机场顶层设计,明确了高标准的绿色机场建设指标,并充分应用国家、行业科技创新研究成果,打造国家科技创新工程。绿色机场样板的关键性指标包括:

(1) 创新跑道构型设计,引领国内飞行区设计新方向;

(2) 全场实现绿色建筑100%,打造首个获得绿色建筑三星级、节能建筑AAA级的航站楼样板;

(3) 可再生能源利用率16%;

(4) 空侧通用清洁能源车比例100%、特种车辆清洁能源车比例力争20%。

6.1.2 创新跑道构型设计

对于机场飞行区的基本要求是安全,在安全的前提下实现高效顺畅的飞机和空侧车辆的运行是飞行区规划设计的基本目标。创新跑道构型设计因地制宜打造安全、绿色、高效运行的飞行区。

1) 跑道系统整体规划

大兴机场规划远期满足远期年旅客吞吐量1亿人次以上,年飞行架次84万次,基本的跑道构型是"五纵两横"的7条跑道构型。跑道构型的设置充分考虑安全运行、节能减排、减小噪声影响等方面进行。

2) 国内首个侧向跑道的设置

国内首例"全向型"跑道布局方案有利于最大限度利用空域,在大兴机场空域环境下,这是运行效率较优的选择,使起飞航班节能减排效益显著。

北京地区航班以东、东南方向居多,首都机场位于大兴机场东北侧,如采用全平行构型,大兴机场由南向北运行时,如使用南北向跑道起飞右转再加入南部航路,受到首都机场进近飞行流的压制,需较长时间保持长距离低空飞行,将增加安全风险和油耗,影响运营效益。

侧向跑道的应用避免了以上不足——北京市禁区位于大兴机场北部,由南向北运行时,由侧向跑道向东起飞再加入离场航路,更为顺畅。

侧向跑道也有利于分流往各方向起飞离场的航班,更多地避免因离场航线相同而必须保持相应放行间隔,从而降低离港延误,增加起飞容量。

以建设目标年起降航班40万架次估算,使用侧向跑道全年可节省航班空中飞行距离约300万km;节省燃油约3.2万t,减少二氧化碳排放约10.2万t。

综上,侧向跑道给大兴机场带来的好处体现在以下方面。

(1) 侧向跑道有利于提高运行安全性——靠近航站区的跑道数量增加,飞机运行中穿越内侧跑道的频率降低,减少跑道穿越次数;提高北部离港航班运行顺畅性;避免离港航班长时间低高度飞行。

(2) 侧向跑道有利于节能减排——缩短平均滑行距离,缩短东、南方向离港航班的飞行距离,避免离港航班长时间低高度飞行,节约燃油,提高经济效益,提高运行效率。

(3) 侧向跑道有利于提高机场保障能力——提高机场利用率,提高起飞容量,增加风频覆盖,提高机场利用率。

另外,侧向跑道构型也有利于设置绕行滑行道,可在主向跑道端、侧向跑道侧边设置,利用效率高,不但供使用外侧主向跑道的飞机绕行使用,也供侧向跑道使用。

3) 国内首个760 m中距离跑道的设置

西一、西二跑道和北一、北二跑道间距采用760 m,有利于降低跑道相关性,提高跑道容量,降低延误。

结合远期规划,在跑道条数多时,运行已较为复杂,如大量使用近距跑道,将进一步增加运行复杂性。760 m间距时,可按照隔离运行模式实施一起一降(或独立离场,或相关平行进近),互不干扰,从而容量提高、延误降低。近期"三纵一横"构型可以使用12种跑道使用模式,为空管指挥大流量运行提供了多种可能方案,有利于提高空地一体运行效率;远期7条跑道情况下跑道的使用模式将更加灵活。

4) 结合首都机场跑道及周边城镇减少空中运行风险和降低噪声影响

(1) 主用跑道与首都机场跑道平行,确保了终端区内空中矛盾最小化。在预可研阶段采用的是主跑道正南正北、侧向跑道正东正西的垂直跑道构型,构型相对工整、用地也比较方正。随着空域研究的深入,结合军民航空管要求,将主跑道方位调整至与首都机场跑道方位平行,即大兴机场主跑道方位与北京市独立坐标系正北方向呈约7°夹角。

(2) 侧向跑道方位的设置考虑减少对周边城市、镇区的噪声影响。考虑到地物限制、廊坊城市发展方向(向西、北),以及噪声对九州镇等"廊涿引线"道路沿线村镇的影响,适当顺时针调整侧向跑道方位,使其延长线位于廊坊中心城镇范围以南。综合分析减小噪声影响范围、保障飞行安全以及整体运行协调等因素,将侧向跑道设置为与主跑道呈70°夹角。

6.1.3 绿色建筑全面覆盖

在国家关注绿色建筑发展、北京政府投资项目和大型公建全部实现绿色建筑二星级要求的大环境下,大兴机场指挥部综合考虑国家和北京市绿色建筑发展进程,为实现引领中国机场建设、打造全球空港标杆的目标,高标准严要求,积极推进场区全面深绿化进程,最终实现全场100%绿色建筑,三星级绿色建筑比例达到70%,其中航站楼是面积最大的绿色三星级建筑、国内首个节能AAA级建筑。

1) 绿色建筑实施保障

为了将绿色建筑要求贯彻落实到机场建设工程中,实现大兴机场绿色建设目标,根据机场工程特点,大兴机场指挥部紧密围绕工程建设基本程序,按照绿色机场系统、规划设计、工程实践等需要,有序开展三个层次的绿色研究;通过绿色规划、设计、施工等专项工作,将绿色理念的要求全面贯彻落实到工程实践中;并通过工程建设的实时总结提炼,打造出一批具有示范性的亮点工程,突出经济、社会与环境效益,达到绿色机场的建设目标。

(1) 前期阶段,通过顶层设计,构建大兴机场绿色建设蓝图,对绿色建设工作进行全面部署,并提出宏观要求。同时,结合工程实际,有计划地开展系统规划,并采取有效措施把系统规划研究成果落实到总体规划或各项专项规划中,以指导下一步工作。

(2)设计阶段,在设计工作启动前,按照各功能区的建设特点,完成了绿色专项设计任务书的编制,经专家评审、绿色领导小组确认后下发,设计单位严格按照任务书的要求,开展相关工程绿色设计,并将相应的研究成果落实到设计中,在设计单位提交设计图纸的同时,还须对各自设计特色和绿色措施进行归纳总结,并据此形成绿色深化设计任务书。

(3)采购与施工阶段,制定了绿色施工指南,做好绿色理念宣贯;同时按照设计单位关于绿色深化设计、采购与施工任务书的要求,采购和总包单位相应编制绿色深化设计、采购与施工实施方案,全面贯彻落实设计要求。

(4)竣工与验收阶段,编制了绿色验收方案和实施细则,结合机场工程验收工作,全面收集各项目建设过程中的相关绿色数据与总结报告,作为检验绿色理念在机场建设中贯彻程度的依据。

(5)运行管理阶段,按照机场可持续发展目标,编制了可持续发展手册,机场运行管理机构依据手册策略要求进行管理;结合运行管理实际需求,提前适时开展运行管理研究,并将研究成果落实到机场运行管理中;同时,通过机场绿色建设全过程的跟踪和监测,启动绿色成果总结与评估工作。

2)关键技术

大兴机场内项目在完成施工图审查或竣工后积极推进绿色建筑设计和运营标识申报。大兴机场指挥部在绿色建筑规划中提出根据大兴机场地理位置、气候特征和机场的特殊性,合理提炼绿色适宜性关键技术,形成机场内部不同功能区的绿色关键技术体系;根据大兴机场内部建筑类型的实际特点梳理出绿色专项设计任务书,针对不同功能区制定了绿色专项设计任务表,主要包括飞行区、航站区、公共配套工程、货运区、生产辅助及办公设施工程共6个专项。

以大兴机场航站楼为例。航站楼工程是机场内部最核心的建筑,也是世界上迄今为止最大的航站楼工程。航站楼从理念、设计到运营,采用了全过程、全要素的绿色。按照《绿色建筑评价标准》(GB/T 50378)、《节能建筑评价标准》(GB/T 50668),通过综合采用各类创新性举措,航站楼设计先后获得国家绿色建筑三星级认证、节能建筑AAA级认证,如图6.1所示。其中节能建筑AAA级是国内首个项目,树立了绿色节能的全新标杆。

航站楼屋面总展开面积29.1万 m²,设有大型采光顶,进行自然采光(图6.2)。其中直立锁边主屋面系统构造采用了双层金属屋面系统,上层金属装饰板的设置使得下层直立锁边防水层的布置能以最短、最有利的排水方向自由布置。同时,双层通风屋面起到了显著的节能、降噪性能,在构造上也加强了下层直立锁边层面板的抗风揭性能。

图 6.1　大兴机场航站楼绿建三星与节能 AAA 认证证书

图 6.2　采光顶实景图

　　航站楼内全部采用一级水效的节水器具,并设置了完善的用水计量系统。办公、商业区内,73%的可变换功能室内空间采用了灵活隔断,项目可根据需求对空间灵活分隔,避免了二次装修材料的浪费。

　　针对传统航站楼体量大、室外噪声高、通风不易的问题,大兴机场根据噪声的实测和传声原理分析,在指廊多处设置了中庭,且在 1 层四周设置百叶窗作为进风口,屋顶侧窗和天窗的风口作为排风口,形成有效的热压通风效应,根据模拟结果显示,室内自然通风换气次数可达 5.35 次/h,远高于绿色建筑设计不低于 2 次/h 的要求。采用自然通风策略，既保证了夏季室内空间的新风量，又利用自然通风降低了过渡季的空调能耗。

航站楼采用光伏发电系统，充分利用太阳能，在东西停车楼屋面安装分布式的光伏组件。

航站楼内设置微型空气质量监测站，对室内空气质量进行检测，将所有传感器采集数据传送到楼控平台，进行数据可视化处理并与空调系统联动。

6.1.4 多能互补的可再生能源利用

大兴国际机场的能源供应系统以绿色节能为根本，多能互补的综合能源供应体系为核心，可再生能源为支柱。在研究大兴机场区域范围内各种能源供应条件的基础上，确定经济合理、安全可靠、节能环保并具有良好社会效益的供能方案，创建了以浅层地温能为基础负荷的耦合供能系统，通过采用集中地源热泵系统，实现浅层地温能开发，在全机场范围内实现可再生能源利用率达到16%。根据《北京大兴国际机场工程建设项目节能评估报告书》，到旅客吞吐量4 500万人次时，大兴机场综合能源利用率将达到83.87%。

1）大兴机场的市政能源条件

大兴机场的外部能源条件可以以"远离热网、可用气网、充沛电网"来概括。

（1）"远离热网"：指大兴机场远离北京市中心大网，对于大兴机场所处的南部地区，如房山、大兴、通州等地区，主要由河北省涿州市、固安县和廊坊市等地的外埠热源来供应；对于大兴机场所在的大兴区，距离北京市供热中心大网和河北省廊坊市外埠热源均较远，适合根据具体负荷需求建立区域供热体系。过远的输送距离和中心大网已趋近饱和的容量决定了大兴机场并不适合采用热力管网供热。

（2）"可用气网"：指河北天然气储气库输气管线近大兴区东部，大兴机场可以储气线预留接口接入天然气，保证整个机场的天然气需求。

（3）"充沛电网"：指大兴区具有500 kV变电站2座，分别为安定与房山变电站；220 kV变电站1座，为大兴变电站。未来大兴区预计规划220 kV变电站6座，大兴机场供电网络条件较为成熟。

2）大兴机场的可再生能源条件

（1）浅层地热能。根据"北京市浅层地热能资源调查评价及编制利用规划项目"勘查评价成果——浅层地温能适宜性区划结果，位于大兴区南部的大兴机场所属区域，地下水回灌难度较大，且处于地面沉降区，不适宜采用地下水地源热泵系统，但是地层可钻性好，为地埋管地源热泵系统的较适宜区。

（2）太阳能。太阳能资源丰富，是一种清洁、高效、永不枯竭的可再生能源，开发潜力巨大。北京水平面太阳总辐射量全年为500 kJ/m²，在全国属于太阳能资源较高的地区。其中直射辐射量300 kWh/m²，比重较大。因此，大兴区太阳能资源较为丰富，具备设置太阳能光伏发电和太阳能热水项目的理想条件。

3）大兴机场的能源结构分析

大兴机场近期建设目标为航站区70万m²，辅助服务区270万m²，其中建筑主要可以分为四种形式：航站楼、办公区、宿舍区和特殊功能区（图6.3）。对于所有建筑来说，均需要提供冬季采暖、夏季供冷和供电服务,而具有特殊功能建筑,如宾馆或餐饮设施等,则需要额外提供四季热水及厨用蒸汽。

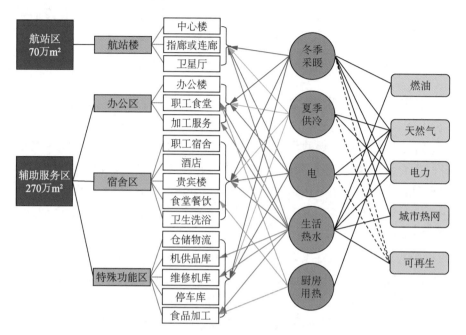

图6.3 大兴机场负荷特点及对象分析

大兴机场功能定位为辐射全球的大型国际枢纽机场,建成后将对京冀周边区域经济发展产生重要影响。大型机场能源供给较为复杂,用能末端包括跑道、航站楼、综合换乘中心、停车楼、货运、航空配餐、场外、消防救援、生产生活辅助、航管、气象、通信、综合保障、航空和地面车辆加油站以及综合训练(生产调度)中心等诸多建筑子项及设施。大兴机场能源供给特点如下:一是子项多且复杂,能耗总量大;二是用能种类复杂,包含多种类的工艺用能;三是能耗随时间波动大,如机场航站楼等高大空间,人流密集、流动性大,且人流呈现随季节、节假日、日间高峰低谷变化。

4)大兴机场能源规划原则

根据大兴机场的总体布局、负荷特点以及各功能区能耗预测,其能源系统规划原则如下。

(1)主和次:根据各功能区用能需要的差异,将航站楼和服务区等的供能系统分开考虑。

(2)集与分:综合考虑各负荷中心的用能特点(连续/间歇)、冷热源的效率、输配能耗以及调节特性等,合理规划机场供冷、供暖系统。供冷系统宜分散布置,尽量靠近主要服务对象,减少服务半径和输配损耗;供热系统宜集中布置。

(3)高和低:根据能源需求的品位不同(电、冷、热),优化机场能源系统形式,实现能源梯级利用,减少各能源转化环节的损失,提高系统的能源利用率。

（4）峰和谷：采用有效措施降低机场用电、天然气等外部输入能源随季节、昼夜变化的幅度，优化能源供应站点的容量和管网规划。

（5）先和后：遵循统一规划、分期建设的原则，统筹规划机场近远期的能源系统，一次投入，长期运行。各能源系统的土建规模适当考虑发展需要，设备配置分阶段实施，并预留远期发展接口。

5）供冷供热系统方案与建设情况

大兴机场的供热负荷由集中燃气锅炉房、地源热泵1号能源站、地源热泵2号能源站以及其他分散建设的地源热泵系统共同承担。以燃气热水锅炉为主，地源热泵承担基础负荷。供冷负荷由停车楼制冷站（包含制冷1站和制冷2站）、地源热泵1号站、地源热泵2号站以及用户分散建设的制冷站房承担。针对土壤源热泵热平衡问题，通过冷却塔调节土壤源侧冷热量平衡。地源热泵能源站将地源热泵与集中锅炉房、锅炉余热回收系统、冰蓄冷等的有机结合，形成稳定可靠的复合式系统，为场区提供冷热能量。

制冷站位于停车楼的B2层，在东西两侧对称设置了两个规模相当的制冷站。制冷站供冷采用冰蓄冷系统。冰蓄冷系统将空调用电从白天高峰期转移至夜间，能够对电网起到"削峰填谷"的作用，还能利用峰谷电价差政策，产生节省运行费的经济效益。

6）可再生能源利用

大兴机场所在区域太阳能资源和浅层地热能资源较为丰富，有多项可再生能源设施应用。大兴机场设置有地源热泵系统、太阳能热水系统和太阳能光伏系统，贯彻"资源节约、环境友好"的绿色理念，高效利用可再生能源，最终全场可再生能源利用率大于16%。

其中地源热泵设置在机场蓄滞洪区东西两侧的地源热泵1号能源站和2号能源站内，地埋管室外工程位于机场蓄滞洪区内，南侧和北侧蓄滞洪区分别为1号能源站和2号能源站提供可再生能源用能。地源热泵工程主要为机场工作区和货运区供冷和供热。

地源热泵系统属于可再生能源利用技术，具有高效节能、低运行成本和良好的社会环保效益等优点。由于地源温度全年相对稳定，冬季比环境空气温度高，夏季比环境空气温度低，是很好的热泵热源和空调冷源，而且地源热泵系统对地下水无污染，且不用远距离输送热量，环境效益显著。

太阳能热水系统主要服务于工作区、飞行区等区域，为行政综合业务用房、生活服务设施、机场安防中心、公务机楼等提供生活热水。

太阳能光伏系统，在大兴机场的航站楼综合体停车楼屋顶、货运区屋顶、能源中心屋顶和飞行区侧向跑道外均设有太阳能光伏设施，源源不断地为机场提供电能。

7）建筑节能

大兴机场建筑节能分为陆侧节能和空侧节能，其中陆侧采用屋面双层表皮设计、遮阳屋檐和制冷站植入停车楼内等；空侧采用飞机地面专用空调系统，从而实现陆侧与空侧的节能减排。

（1）陆侧节能。航站楼屋顶采用双层表皮设计。双层表皮的屋顶形式成为室内外的良好缓冲，冬季新风进入双层表皮内被预热后进入室内；夏季双层表皮成为类似架空屋面的体系,形成烟囱效应带走了屋面的热量,冬季夏季均能降低航站楼空调负荷(图 6.4)。屋顶和立面设置了百叶,利用冬夏两季太阳高度角不同的规律,既能在夏季有效遮挡阳光,同时又不过多地影响冬季的自然采光。

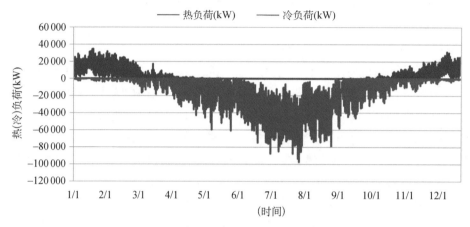

图 6.4　航站楼年逐时负荷曲线变化图

大兴机场旅客航站楼建筑屋檐的遮阳效果非常明显,仅在大屋檐的自遮阳情况下,遮阳系数 SC 控制在 0.30 以下,各立面太阳辐射热量降低 70% 以上,且这部分立面的面积占整个立面的 50% 以上。同时航站楼结合日照模拟分析图,在人活动区域设置广告牌子、装饰性遮阳帘等措施,减少太阳辐射对人体热舒适的影响。

大兴机场创新性地将制冷站置于停车楼内,负责航站区(包括航站楼和停车楼)的供冷。在制冷楼 B2 层东西两侧各设置一个制冷站,实现"零占地",同时制冷站充分靠近负荷中心,能源输配距离 580 m,比北京首都国际机场 T3 航站楼 1 940 m 输送距离缩短 1 360 m,比昆明机场 1 140 m 输送距离缩短 560 m,可大幅减少能源传输中的能源损失。

大兴机场航站楼与停车楼工程通过选用高效能的冷机、将能源站设置距离负荷中心最近的区域,进一步降低输配能耗、采用大温差供冷等手段,根据模拟显示航站楼的单位平方米的能耗为 143 kWh/(a·m²),比调研寒冷地区的其他 6 栋航站楼(包含首都机场 T1～T3 航站楼)能耗的平均值降低 25.52%,比我国 5 个气候区共 22 个在运行的航站楼能耗的平均值降低 20.55%。

(2) 空侧节能。大兴机场在航站楼空侧采用飞机地面专用空调系统(PCA),近机位设置 95 个地井式地面专用空调系统替代桥挂式飞机预制冷空调。当飞机停靠在航站楼进出旅客时,由于飞机内空调消耗燃油,常规做法是利用桥载空调从航站楼远距离输送冷热量。这种做法采用风冷式风管送风机组,冬季采用电加热器,能效相对较低,运行能耗大。而创新飞机地面专用空调系统,冷热源分别为各指廊设置的蒸发冷却低温冷水机组,热源采用机场集中热源,可大幅降低装机容量。空调机组改为落地安装,减少吊装荷载 4 t 多。末端更靠近飞机,缩短送风软管长度,由传统的 30～40 m,减少至 7 m 左右,降低风机能耗和传输损失。飞机地面专用空调系统总能效在 2.8 以上,比常规系统总能效提升50%以上,且建设运行成本低,能为旅客提供更舒适的机内空气环境。

6.1.5 清洁能源车广泛应用

清洁能源汽车,又称为新能源汽车、清洁汽车,是以清洁燃料取代传统汽油的环保型汽车的统称,其特征在于能耗低、污染物排放少,属于环保友好型。包括燃料电池汽车、氢能源动力汽车和太阳能汽车等。机场历来的标签一直是高耗能和高碳排。大兴国际机场通过大量燃料电池汽车的应用,降低燃油消耗对环境的污染,降低碳排放,践行大兴机场对中国的责任和担当。

机场内用车分为两类,一类为通用型汽车,主要功能为载客汽车和载货汽车;另一大类为特种车辆,主要为维持机场正常运营的各类有特殊功能的汽车。主要包括机场特种车、消防特种车和专项作业车。

大兴机场在航站楼空侧设置清洁能源车,其中通用车辆新能源车辆比例达到100%;特种车辆新能源车辆比例达到65.95%。大兴机场新能源车总比例达到78.31%,远高于西雅图机场43%、斯德哥尔摩机场30%和香港机场30%的配置水平。根据碳排放计算,建成投入运营后年度可减少1.2万t二氧化碳排放,相当于77 km^{2}的森林每年吸收的二氧化碳量。

6.1.6 升降式地井系统设备的应用

为了响应国家提出的节能减排,大兴机场近机位采用地井提升装置,这是民航机场建设中的一个创新点。

大兴机场在近机位共计建设有126套升降式地井提升装置,根据功能不同,分为飞机400 Hz地井提升装置、飞机空调预制冷地井提升装置、组合地井提升装置,如图6.5所示。

大兴机场采用纯机械平衡配重升降地井提升装置,不需要依靠任何外部辅助动力源(包括电机、液压、气动和弹簧等)进行操作,以确保装置可靠性。升降式地井系统设备主要包括升降式地井提升装置、井盖、400 Hz电源中频电缆及飞机插头、空调管及飞机插头、井内电缆收放分缆器、空调管收放器、排水泵400 Hz电源取

图6.5 升降式地井系统设备的应用示意图

自廊桥固定端设备间静变电源设备;飞机空调取自廊桥固定端设备间新风机组。

地井在非使用状态时位于机坪地面下方,地面上方不产生任何物理障碍,完全不影响机坪交通,节约机场有限的地面空间。待飞机到达近机位停靠后,地井升起并为飞机提供400 Hz电源、空调等能源,使用完成后收回电缆并回到机坪地面下方。

6.2 样板工程建设之综合交通枢纽

6.2.1 背景与关键性指标

机场综合交通枢纽,顾名思义,则是指以民用机场为主体,通过平面或立体衔接高铁、城市轨道、高速公路、快速路等多元化交通方式,服务航空客运、货运需求,形成综合各类交通方式、陆空衔接紧密、陆侧交通集散可靠的综合交通枢纽。与传统意义上的注重不同航空线路之间中转联运的航空枢纽不同,现代的机场综合交通枢纽更关注不同交通方式之间的换乘联运,尤其注重航空与轨道交通之间的中转联运。满足上述条件的机场,其规模均比较大,通常为枢纽或是干线机场,支线机场由于陆侧交通方式相对单一,大多不在此列。

国外机场综合交通枢纽模式的出现早于国内,发达国家经历城市化快速发展时期之后,为了优化综合交通体系,促使机场体系的合理化发展,许多机场已和高速公路、轨道交通进行了有效衔接,经过多年的优化调整,形成一套相对成熟的枢纽运作体系。不同的国家和地区依据各自的交通发展基础,推出多种机场综合交通枢纽建设模式。其中欧洲地区由于国家面积较小,城镇历史悠久,路网容量有限且扩充的可能性较小,这使得欧洲各国很早就开始关注机场与公共交通网络的联通。

在机场建设快速发展的同时,欧洲和东亚高速铁路网络日渐完善,高铁引入机场可以将铁路站点多、覆盖面广与航空速度快、运输距离长等特点结合起来,通过交通的整合实现辐射半径的互补,对建设机场综合交通枢纽、提高枢纽机场对腹地的辐射能力、更好地满足人民群众更高品质的出行需求具有重要的现实意义。空铁联运目前普遍采取的模式是在机场引入高铁(城际)线路,在机场内部设置站点,实现物理上的"直通模式"。在此基础上,不同地区为实现旅客在高铁和航空之间有效衔接,进行了不断探索。欧洲在空铁一体枢纽及空铁联运方面发展较早,经验丰富,法兰克福、戴高乐、阿姆斯特丹机场等都是成功经营多年的案例。

与发达国家相比,我国机场综合交通枢纽的发展处于起步阶段,但发展迅速。2003年,在上海浦东机场开始出现我国第一个现代机场综合交通枢纽;北京首都机场线于2008年建成通车,终结了首都机场不通轨道交通的历史;2010年建成启用的上海虹桥综合交通枢纽,以运行多年的虹桥机场为核心,集"轨、路、空"多种交通方式于一体,其规模之大、功能之复杂,在国内史无前例,在国际上也屈指可数;2010年以后,深圳宝安、重庆江北等机场均在配置建设综合交通枢纽。截至2019年12月底,我国已有18个机场将地铁或轻轨引入航站楼或交通中心,10个机场将高铁或城际铁路引入航站区。

大兴机场综合交通总体目标为构建以大容量公共交通为主导的可持续发展模式,建立多交通方式整合协调并具有强大区域辐射能力的陆侧综合交通体系。综合交通枢纽样板的关键性指标包括:

(1)打造集成高铁、地铁、城铁等多种交通方式的综合交通换乘中心,大容量公共交通与航站楼无缝衔接，换乘效率国内领先、世界一流；

（2）大容量公共交通保障能力在 50% 以上，其中轨道交通在 30% 以上。

6.2.2　高效的机场陆侧交通集疏运体系

1）机场陆侧交通规划

与首都机场以个体化道路交通方式为主的陆侧交通结构不同，大兴机场在规划之初即确定了多交通方式整合协调的可持续发展策略。以大容量公共交通为主导，着力打造了"五纵两横"主干网络，将公路、城市轨道交通、高速铁路、城际铁路等多种交通方式整合，形成具有强大区域辐射能力的地面综合交通体系（图6.6）。通过多模式、多层次的陆侧交通服务，为大兴枢纽的广阔腹地提供有力支撑。

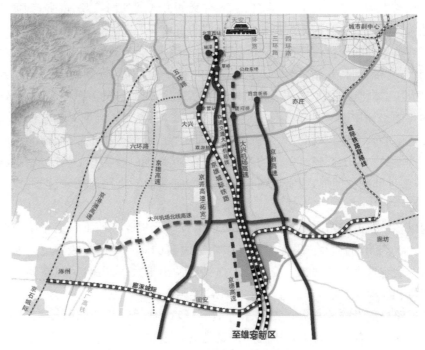

图6.6　"五纵两横"交通主干网规划

"五纵两横"中的纵线京雄城际和横线廊涿城际构成了机场城际铁路的十字形主干线。通过城际铁路联络线、津保铁路等线路的衔接沟通，与北京铁路枢纽和京津冀城际铁路网融为一体，并进一步借助高铁干线网辐射四方。城际铁路网与航空网密切结合，打造全向衔接的空铁联运网络。城际和高铁可以承担支线航班的功能，为大兴机场收集中远距离的旅客，与航空方式结合形成复合出行链，更好地强化机场的长程航线网络，发挥航空在长距离出行方面的优势。通过这样的综合立体交通网规划，既实现了运输资源的高效利用，又为广大旅客提供了高水平的出行服务。

第二条纵线是轨道大兴机场线。原规划线位由机场向北延伸，穿越北京市中心城区的核心区域。后调整为北接丽泽商务区，并有南延雄安新区的可能。作为机场专用的轨道交通快线,其设计速度高达 160 km/h,开行大站快车,并在市内设置城市航站楼,以尽量缩短大兴机场与北京市中心城区的时空距离。再加上预留的城市轨道快线 R4 和远景预留线,形成高低搭配、配置丰富的城市轨道网,服务主要客源地北京,满足旅客的各种需求。通过这样高服务水平的设施配置,吸引旅客更多选择高度集约的轨道交通出行方式,减少土地占用、能源消耗和尾气排放。在旅客省时、准点、便利的同时,实现了资源节约、环境友好、运行高效和绿色发展。

剩余"三纵一横"为围绕大兴机场的 4 条高速公路,包括大兴机场高速、京台高速、大广高速和机场北线高速。与原有的廊涿高速一起构成机场周边的高速公路集疏运网络,形成"环 + 放射"的格局,便于各个方向的旅客与南北两航站区之间的匹配,尽量减少绕行。

2) 机场综合交通中心建设

随着机场集疏运系统复杂化、多样化,多种交通方式间如何接驳、换乘,如何依托轨道车站构建综合交通中心成为大型机场枢纽规划的重要课题。

随着客观条件的变化,机场交通中心经历由简单到复杂的发展过程。由初级的步行通道、摆渡车衔接,到高铁站、地铁站与机场航站楼平面相邻,再到将各个交通方式集约化,规划建设一体化交通中心,其承载的理念不断进化,对旅客的服务水平也越来越高。

一体化的交通中心有助于多种交通方式的集成,但各方式与航站楼之间的交互也必须通过交通中心来中转。对此,大兴机场在综合交通中心的方案规划中提出创新理念,弱化了对形式上的交通中心建筑单体的追求,而是直接以航站楼为核心,充分利用其陆侧各界面,集成多种陆侧交通形式,实现各交通方式与航站楼的直接衔接,共同形成一个有机联系的空地一体化综合交通枢纽。

规划以各条轨道线路为重点,从航站楼正下方南北贯穿。地下轨道车站与航站楼一体化设计,在 275 m 的面宽内共布置了 5 条轨道线路的 8 台 16 线,旅客可以通过公共换乘大厅内的大容量直梯和扶梯直接提升至航站楼的出港大厅,并且可以在换乘大厅内直接办理值机和安检,实现了真正意义的"零距离换乘"。

其他道路交通设施的布局也遵循了分散和就近的原则,并和航站楼流程紧密结合。两座单元式停车楼各自通过人行连廊与航站楼直接衔接,与楼内的二元式流程设计相匹配。为应对车道边的运行压力,创新采用了双层出发车道边设计,与航站楼的双出发层对应,功能更加集约紧凑。到达层车道边在航站楼正立面布置出租车迎客区,同时充分利用了两侧形成的陆侧港湾,分别设置了机场巴士和长途巴士的迎客功能,并在对应位置的航站楼内部提供候车设施。而巴士的停车场与到达车道边的迎客站台在空间上进行分离,车辆平时在远端的停车场内停车等候,根据时刻表按需调度到车道边前迎客。这大大提高了车道边资源的周转利用率,旅客也得以享受舒适的候车环境,显著提高了服务水平。

通过以上综合措施,在服务好每位旅客的同时,又对资源布局有所侧重,体现了轨道交通优先,倡导公共出行的理念。

3) 陆侧交通仿真研究

大兴机场综合交通系统相对完善,旅客出行方式较多,涵盖了国铁、地铁、出租车、自驾车、大巴车等流程,同时为了避免出港车道边的拥堵问题,大兴机场设置了双层出发车道边,上述因素增加了仿真建模的难度。为了充分全面地开展陆侧交通仿真,大兴机场在仿真建模初期进行了全面的流程梳理,多维度、多变量开展了参数计算及数据统计工作,制定了相对完善的仿真建模方案,确保了陆侧交通仿真工作的顺利推进。

大兴机场陆侧交通系统模拟仿真研究采用 VISSIM 仿真软件,模拟仿真研究工作重点开展了以下工作:

(1)建立航站楼车道边及楼前道路交通系统,重点对车道边容量、出租车排队组织、轨道交通站厅效率等问题展开研究,为车道边设计、楼前交通系统设计、车辆运行路径规划等方面提供支持参考;

(2)针对陆侧交通系统规划设计方案,以及不同的交通量需求条件,评估进场道路、车道边、停车场的容量、服务水平和运行瓶颈,分析车辆行程时间和延误时间,分析车辆排队长度等指标;

(3)分析在不同参数或规则设置条件下,对陆侧交通运行的影响,确定未来各类交通设施的需求规模及服务水平。

陆侧交通规划设计仿真方案,充分评估了未来几年大兴机场陆侧交通的运行能力,缓解了机场陆侧交通的压力,使机场陆侧交通发挥了其应有的作用,加快了建设大吞吐量机场的进程。

6.2.3 绿色交通

为了保证旅客顺利抵达大兴机场,交通运输部门共同参与机场交通规划和建设。主要从两个方面进行。一是基础设施建设,打造"五纵五横"交通接驳网;二是提供轨道交通、城际铁路、机场巴士、省际客运、出租汽车以及私家车出行等多种交通方式接驳服务。

"五纵两横"交通网不但可满足旅客出入机场的交通需求,同时也成为京津冀交通一体化的主骨架。以"五纵两横"为依托,大兴机场轨道专线可直达北京市中心区域并与城市轨道网络多点衔接,实现"一次换乘、一小时通达、一站式服务"。高速公路、城际铁路可在 2 h 以内实现与周边主要城市的连接,如图 6.7 所示。

从北京市内去往大兴国际机场有多种交通方式,其中轨道交通大兴国际机场线一期工程(草桥站—大兴国际机场站)及京雄城际铁路北京西站至大兴国际机场段轨道线路是绿色快速出行的最佳选择,两条轨道均于 2019 年 9 月 26 日正式运营。轨道交通大兴机场线一期总长 41.36 km,可在草桥站搭乘时速 160 km 的轨道交通列车 19 min 直抵大兴国际机场航站楼。乘机的旅客可在草桥站办理所有航班的远端值机和行李托运。轨道京雄城际铁路是连接北京西站至大兴国际机场站和雄安新区的重要轨道线。旅客在北京西站乘坐这条线 30 min 可以抵达机场。这两条轨道交通都实现和大兴国际机场航站楼"无缝衔接"和"零距离换乘",最大限度方便旅客出行。

同时 2019 年 6 月 26 日机场还开通了 6 条机场巴士线路和 7 条省际客运班线。机场巴士线白天班线 5 条,分别连接大兴机场和北京站、北京南站、北京西站、通州区和房山

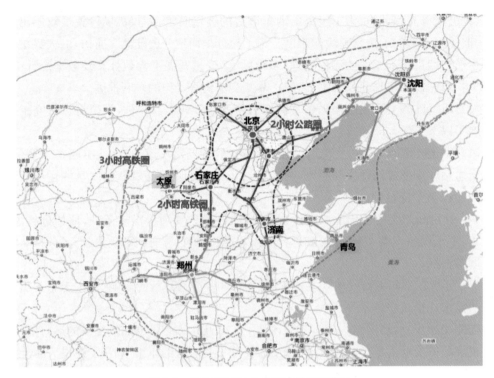

图 6.7 周边城市 2 h 公路及高铁可达范围

区;夜间班线 1 条,由大兴国际机场到达前三门(宣武门、前门、崇文门)。省际客运班线可由大兴机场分别通往天津、廊坊、唐山、保定、沧州、固安和石家庄。

6.3 样板工程建设之人本化机场

6.3.1 背景与关键性指标

人本主义是人类处理和解决问题的方法论和原理,按照以人为本的态度,处理人与自然的关系,追求天人关系的和谐。该理念倡导以人为本,以人的需要和利益为最根本的出发点,以人的物质和精神需求为核心。人本主义建设的核心思想是从人性的物质和精神需求出发,采用人性化的设计建造方法,满足人们的需求,也可称为人性化建设。人本主义设计的核心是人,强调将人的需求和利益看成是设计的本源。

机场在本质上是为人服务的,一个机场的建设成功与否,在很大程度上取决于其是否践行了以人为本的理念,是否体现了人本主义的核心思想。将人本主义作为建设的主体意识和建设的标准,第一,是在物质层面,要在建设过程中保证机场的适用性,使机场空间和机场设施达到一定标准,符合验收条件,进而满足实际使用需求。第二,是精神层面,机场空间要在心理上使出行人员感觉到舒适和安全,还需要让大众接受和认可,最好能成为反映当地特色文化的重要建筑物。

从国际发展进程来看,目前的机场已经由第一代单纯的客运机场,发展为第四代机场空港城,机场与人们日常生活的关系正变得越来越紧密。在机场设计建造的过程中必须考虑流线组织的问题,应尽可能以方便旅客为根本出发点,灵活地进行功能布局出发,注重与城市轨道交通和铁路连接。机场建设流线是最复杂的,其主要功能是确保乘客能够迅速分布。所以,终端规划的基本要求是保证其高效和便捷,同时,还需要在设计建设的过程中充分研究工艺流程和乘客的心理,通过空间细节的设计、公共服务设施等方面,建立一个方便又人性化的机场环境,以确保在单调的旅程中旅客感受到旅行所带来的快乐,提高乘客的旅行体验。

大兴机场指挥部坚持人本理念,通过一流设施、一流管理、一流服务,提升旅客出行体验,树立"中国服务"品牌。人本化机场样板的关键性指标包括:

（1）航站楼中心到最远端登机口步行距离不超过 600 m,优于世界同等规模机场航站楼;

（2）具有国际竞争力的旅客中转时间,4 项中转枢纽时间均居于世界前列;

（3）首件进港行李 13 min 内达到,优于国际大型机场优质服务水平;

（4）全面满足 2022 年冬奥会和残奥会关于无障碍和人性化设施的要求。

6.3.2　航站楼便捷性设计

大兴机场这一世纪工程,从设计之初便面临着一系列的挑战:空前的旅客流量,巨大的陆侧压力,较远的城市距离等。设计团队秉承"以旅客为中心"的设计原则,采用了五指廊放射构型、双层出发双层到达、层间减隔震、C 形柱支撑体系等一系列创新的设计理念,以期将大兴机场打造为"世界空港标杆"。

1）五指廊放射构型

大兴机场的平面形状创新地采用放射构型,从中心以 60°夹角向 5 个方向伸出 5 条指廊。这一构型源自法国 ADPI 公司的概念投标方案,其核心是以旅客为中心:利用大兴机场两条跑道间距较大的特点,可在保证飞机运行顺畅的同时,最大程度地缩短旅客的步行距离。与传统的一字形或直角折线形的构型对比,大兴机场的放射构型和更多的指廊可使更多的登机口靠近中心,直线连接,拉近了旅客与飞机之间的距离。

大兴机场 T1 航站楼设计年旅客吞吐量 4 500 万人次,与首都机场 T3C/D/E 三个楼相当,而大兴机场 T1 航站楼采用集中式多指廊构型,轮廓控制在半径 600 m 的圆形以内,在不使用捷运系统的情况下,旅客通过安检从航站楼中心到最远登机口的距离不超过 600 m,步行时间仅需不到 8 min。如图 6.8 所示。

600米　从航站楼中心位置至最远登机口

图 6.8　北京大兴国际机场指廊最远端距离示意图

航站楼的设计较明显地分为东西两个相对独立的区域,未来通过合理的东西分区运行:东方航空公司主要利用东侧航站楼,南方航空公司主要利用西侧航站楼,可进一步缩短旅客的步行距离,是"以旅客为中心"设计思想的典型体现。

2)双层出发、双层到达设计

巨大的客流量是大兴机场面临的一大挑战,大兴 T1 航站楼加 S1 卫星厅未来将承担7 200 万人次的年旅客吞吐量,相当于目前首都机场 3 座航站楼的设计流量总和。国际上很多大流量的机场中转旅客很多,而大兴机场目的地旅客比例很高,会造成航站楼陆侧交通非常大的流量,除轨道交通接驳外,落客车道边的设计压力更为突出,这在国际上也没有可借鉴的先例。应对全新的挑战,必须突破传统单层高架桥落客的方式,为此大兴机场创新地采用了双层出发车道边的设计,即在航站楼的第 3 层和第 4 层设计两侧高架桥,两层车道边均可出发:第 4 层以国际出发和国内人工值机出发旅客为主,第 3 层以国内自助出发旅客为主。同时,到达旅客也分为双层,国内到达在第 2 层,国际到达在第 1 层。这样的"双层出发,双层到达"设计,相当于将传统的双层航站楼变成了 4 层航站楼,功能更加集约紧凑,属国际首创,为旅客提供了更为充足的交通接驳条件,使旅客能够更为顺畅、便捷地到达或离开航站楼。

在双层出发、双层到达的基础上,大兴机场的楼层设计还有以下创新举措,以提升旅客在航站楼中的使用体验。

(1)第 4 层为出发大厅,国际值机居中,国内值机位于东西两侧。国际旅客在此办理值机手续,向前平层通过安检,由连桥跨过中心峡谷,办理边防、海关手续后下至第 3 层商业区,并由此平层到达南指廊、东南指廊、西南指廊第 3 层候机出发。国内旅客办理值机后,通过东西两处中庭下至第 3 层。第 4 层国际安检上方设有第 5 层餐饮夹层,在第 5 层南侧可俯瞰航站楼空侧全貌,送行人员可在此目送旅客出发。

(2)第 3 层国内出发旅客可得到各种自助服务,包括自助值机和自助行李托运。自助值机旅客在此与由第 4 层下来的人工值机旅客汇合,向前通过安检。为应对不断升级的国际反恐形势,大兴机场预留了充足的安检空间,可保证旅客的出行效率。第 3 层东西两侧还设有独立的高舱位旅客值机区,可提供更为舒适的服务。国内旅客在第 3 层通过安检后便下至第 2 层国内"混流"区。

(3)"混流"是国内机场较新的概念,即出发、到达旅客在同一层,省去了独立的到达层,可使更多的设施集中为旅客服务,出发和到达旅客均可共享机场商业服务。国内中转的旅客也不必再通过专用流线,即可便捷地直接前往下一程登机口。混流层是航站楼面积最大的空间,东西贯穿,旅客穿行在宽敞舒适的空间中享受各种商业服务,为繁忙的旅途增加了一段休闲时光。

(4)在 5 条指廊的端头均设有一个室外庭院,分别以"丝""茶""田""瓷"和中国传统园林作为主题。旅客可在此接触自然、放松心情,还可进行中国传统文化体验,成为大兴机场的一道独特风景。

(5)将国内行李提取设置在第 2 层,到达旅客可平层进入。经迎候厅后,国内到达旅客从第 2 层可平层通过连桥进入停车楼或搭乘竖向交通接驳大巴、出租汽车、轨道交通等接驳方式。第 2 层功能还包括国际旅客的到达夹层,国际旅客从这里下至第 1 层入境、提取行李。国际中转大厅也集中设置在第 2 层核心位置。

（6）第 1 层除设置国际到达功能外,还接驳到达车道边,旅客可在此搭乘出租车、大巴、长途车等交通方式。在第 1 层空侧设有远机位出发和到达厅。在国内远机位出发厅附近,还为长时间等候旅客留有空间,设有电影院、游泳池、美术馆等丰富的旅客服务设施,进一步丰富了旅客的候机体验。

（7）地下一层主要为轨道交通换乘大厅,可平层接驳铁路、快轨、地铁等多种轨道交通站厅。这一层还设有值机和安检设施。搭乘轨道交通的国内出发旅客可在地下一层完成值机、安检手续,进入航站楼后,直接乘扶梯上至第 2 层混流区。未来前往 S1 卫星厅的旅客,不必再上楼便可搭乘 APM 捷运系统。

6.3.3 行李运输创新设计

机场行李处理的效率决定了机场的运行效率,在大型国际机场建设一套安全、高效、可靠的行李处理系统显得尤为重要。

大兴机场行李处理系统设计由出港系统、分拣系统、中转系统、早到系统、空筐系统、大件系统、VIP（两舱）系统、进港系统、预留系统、交运行李安检系统组成。

行李运输创新设计了更严格的安检模式,提升了安检安全检查能力,降低了旅客投诉率;采用智能值机和自助托运,提高了旅客的满意度;采用高效行李标签跟踪,提升了行李分拣的效率和精确度;运用下沉式值机运输机,旅客体验更完美。

1）初检 + 精检 + 集中开包安检模式设计

本次行李系统安检设计采用最先进的技术和最严格的安检模式:初检 + 精检 + 集中开包,一是前端值机岛双通道 X 线机安检初筛,二是在线集中式 100% 行李 CT 机安检精检,再集中开包检查,对标北美、欧盟安检法规,满足了空防安全的需要,又能满足开包率的要求,实现与国际接轨。

2）智能值机与自助行李托运设计

智能值机与自助行李托运设计将行李控制系统、行李称重系统、安检信息系统等所有系统进行集成,实现旅客自助行李托运,将值机按钮操作面板升级为触摸屏操作面板,取消传统值机按钮操作面板中的按钮、状态指示灯、脚踏开关等设备,所有物理按键（除紧急停止和钥匙开关）及状态指示灯的所有功能通过触摸屏操作面板实现。实现了旅客值机、自助托运一站式操作,提高了旅客值机和托运的智能化水平,提升了旅客托运的效率和旅客满意度。

3）高效的行李标签跟踪技术

无线射频识别即射频识别技术（Radio Frequency Identification，RFID）,是自动识别技术的一种,可实现阅读器与标签之间进行非接触式的数据通信。大兴机场行李处理系统设计采用开环式 RFID 技术实现行李全程跟踪定位,电子标签内自带航班号、目的地

等自动分拣必需信息,降低行李差错率,还集成了行李图像拍照功能,实现行李全程跟踪和快速查找特殊行李功能。创新使用转盘可视化辅助分拣系统,行李分拣提示信息采用可视化方式展现,地服人员在转盘处无须翻查行李条,就可以从 LED 条屏上直观了解每件行李的航班号、目的地和航班截载时间,减少了原先搬运过程中每件行李都要翻查的操作。目前正在扩展为旅客提供手机、官网查询托运行李状态的应用,进一步提高旅客满意度。

4)下沉式值机输送机设计

本次系统值机运输机设计创新性地将值机输送机下沉,使称重输送机皮带面与大理石地面齐平,旅客可直接将行李放入称重输送机上。提高了对旅客的服务质量,增加了旅客的满意度。

6.3.4 无纸化出行

"无纸化出行"是智慧机场建设的重要突破口,在信息系统规划和设计阶段,大兴机场就以智慧机场为理念,以建设 Airport3.0 为目标,对旅客出发流程主节点中值机、安检、登机等相关系统进行了规划和设计,并招标建设了 37 条自助刷脸验证通道以及 20 条自助刷脸登机通道。

为了贯彻落实民航局服务提质升级的工作要求,进一步提高旅客服务品质和人民群众的出行满意度,为旅客带来便捷高效、愉悦舒适的极致体验,2019 年 3 月 27 日,由大兴机场管理中心牵头,航站楼管理部和信息管理部作为核心成员,联合航空公司、联检单位、专业公司、系统建设厂家共同成立了"无纸化出行"专项工作组,协调全力推进大兴机场"无纸化出行"产品设计和建设工作。

1)无纸化出行产品设计与落地

历时 9 个月,经过大小近 30 次专题会议研究,"无纸化出行"专项工作组制定了"无纸化出行"产品。产品以"一证通关 + 刷脸登机"为最主要的产品形式,旅客可以提前在线办理值机,也可以来到大兴机场通过自助值机设备办理电子登机牌,之后经过刷证件并经认证比对后通过安检和边检检查,通过刷脸方式查询登机口位置,最后在登机口通过刷脸方式完成自助登机。

(1)值机。通常情况下,乘坐国内航司航班的旅客最早可以提前 48 h 通过在线方式(网站、公众号、App)办理选座值机,也可以在机场的自助值机设备上办理值机。在自助设备上办理完值机后,打印登机牌已经不是唯一的选项,可以通过 3 种方式获取值机信息。

① 扫描获取电子登机牌,扫描二维码即可获取电子登机牌,同时为了确保安全,旅客本人打开电子登机牌时需要输入证件号码进行验证,防止后方其他排队旅客偷拍照片后打开登机牌。

② 通过短信接收,使用中国移动运营商的手机旅客,输入手机号后可以获得值机通知短信,短信中说明航班号、座位号、登机口、登机时间等必要信息,并且还包含链接,打开

后也能获取电子登机牌。

③ 打印纸质登机牌，打印传统纸质登机牌，以方便提供给有特殊需求的报销旅客使用。

（2）安检验证。

① 自助验证闸机，安检时旅客无须出示登机牌，离港系统会自动将旅客的值机消息和证件信息关联好后发送给安检信息系统，旅客在刷证件后系统自动提取旅客值机信息进行验证比对和认证比对，自助完成验证过程。

② 人工验证柜台，由工作人员刷取旅客证件后，完成验证过程，过程中旅客不需要出示登机牌。

③ 临时乘机证明，没有携带二代身份证的旅客可以通过手机在线申请电子临时乘机证明，通过安检专用通道的专用设备在线验证旅客身份，查询旅客值机信息，完成验证过程。申请过程简便，即刻申请，即刻使用，在旅客忘带身份证的时候解决燃眉之急。

（3）随身行李安检。当通过安检验证的旅客来到随身行李检查 X 线机前后，大兴机场通过建设智能旅客安检系统，允许最多 4 名旅客整理和投放行李，利用人脸识别技术和 RFID 技术还实现了行李图像和旅客的一一绑定，既提高了旅客随身行李检查效率，又使得在航班干扰事件时能快速对安全情况进行倒查，提升安全阈度。

（4）边检。大兴机场边检通过建设 iAPI 系统，提前获取旅客航班信息以及证件信息，这使得旅客在仅出示护照并经认证比对后，即可完成边防检查。iAPI 同时还接入了机场离港系统和安检信息系统的数据，由离港系统提供旅客值机信息和身份证件信息，作为 iAPI 系统与航司接口故障后的备份手段；由安检信息系统提供外航旅客的航班信息以及证件信息，补足 iAPI 系统无法从外航获取数据的缺口。

（5）登机。大兴机场在航站楼内建设自助面像登机设备及登机口柜台面像识别设备，覆盖了国内国际全部近远机位登机口，使得 100% 的登机口具备刷脸登机功能，其中部分登机口具备自助刷脸通行功能。

（6）其他流程。大兴机场在其他相关环节也建设了人脸识别系统，实现了刷脸查询航班信息及登机口、旅客购买免税品刷脸采集航班信息、刷脸安检返流等功能。

2）无纸化出行产品技术架构

（1）旅客值机信息传递。大兴机场目前的大多数航司的离港系统都已经完成与大兴机场接口调试，能够实时把旅客值机信息发送给大兴机场，大兴机场再将信息传递给安检信息系统、边检系统以及其他有需求的系统，使得以上航司旅客在安检、边检以及相关环节都能享受仅出示证件即能办理手续的便捷便利。

（2）人脸识别照片采集和使用。考虑到旅客值机形式多样，既可以在网站值机、App 值机，也可以在机场的柜台和自助设备值机，值机时并不限于旅客本人到场，因此无法保证对全部旅客采集以及照片采集的准确性，所以大兴机场并未在旅客值机环节采集旅客照片。

照片采集由安检环节负责，利用人脸识别专用摄像机进行拍照并与证件上的照片进行自动认证比对,确保照片采集的准确性和全面性。

(3)刷脸登机、大兴机场在离港系统中统一建设了人脸识别平台,由安检信息系统将旅客在验证环节采集的照片发送给平台,平台接到后进行特征值计算,最后将特征值与照片存储在平台数据库中。

旅客登机时,由闸机上的人脸专用识别设备或者登机柜台上人脸设备进行人脸识别,把照片和特征值传递给平台,平台按照特征值在该航班的特征值数据库中进行比对,如果有且仅有一条达到匹配阈值标准的,由平台负责将旅客信息拼装成数据流发送给离港系统。离港系统收到后进行安检复查与登机业务处理。

3)无纸化出行产品的创新之处

"无纸化出行"是旅客最关注的流程,和每一个旅客直接相关,流程设计的好坏、技术支持的能力直接影响着旅客对大兴机场的评价。大兴机场的建设者和运营者们始终秉持不忘初心的态度,不断优化旅客流程,不断改善旅客体验,充分挖掘技术力量,为每一名旅客能在大兴机场"乘兴而来,尽兴而归"而努力和持续奋斗。

(1)业务流程创新。

① 国内机场首次支持100%"无纸化":纸质登机牌、远机位登机凭证全部取消,纸质行李牌及纸质行李提取联部分取消。

② 国内机场首次支持100%面像登机:航站楼内布局124台自助面像登机设备及101台登机口柜台面像识别设备,覆盖国内国际全部近远机位登机口。

③ 国内机场首次实现国内国际流程自助覆盖:大兴机场获得联检单位政策支持,同时实现国内国际旅客安检信息系统与联检单位旅客监管系统数据互联互通。

④ 国内首次全程无须出示登机牌:在部分机场实现乘机主流程(值机、安检、登机)无须出示登机牌的基础上,大兴机场"无纸化出行"产品涵盖离境退税、免税购物、倒流等流程节点,为旅客打造全链条的"无纸化"乘机体验。

(2)技术关键。

① 充分的数据共享,对于主流程中的值机、安检、边检、登机系统,充分进行数据共享,充分打破了各环节对数据的垄断,前一环节采集的信息传递给下一环节,在各个环节实现无纸化通行,充分践行了"大兴一心"的思想理念。

② 统一的数据标准,针对不同环节使用的数据,统一数据标准,统一数据格式,使用同一数据源,确保数据对业务支撑的准确。

③ 严格的人脸质量校验,在安检环节采集人脸照片,采集完毕后会实时对照片质量进行校验,对不满足要求的需要立即重新采集,确保源头质量,确保后续比对效果。

④ 卓越的人脸识别能力,采用优秀的专业人脸识别摄像头,人脸识别快、精度高、范围广,确保人脸使用体验。

(3)风险挑战及解决之道。大兴机场"无纸化出行"产品创新程度深、覆盖面广,领先国内其他机场,具有标杆意义,为旅客提供全新的乘机体验。

愉悦体验的背后是复杂的技术架构和信息系统的大力支持,各流程信息系统环环相扣。如果值机系统无法将旅客航班信息和证件信息发送给安检信息系统和边检系统,旅客就无法实现一证通关,在整体无纸化的背景下,旅客可能无法及时出示登机牌,将会在此环节迅速聚集,造成流程中断。如果安检信息系统无法将旅客航班信息和照片发送给登机口人脸识别平台,旅客将无法实现刷脸登机,在无纸化的背景下甚至无法完成登机。

① 安检现场增加登机牌补打设备,大兴机场在所有安检通道的验证柜台上全部配备了登机牌自动补打设备,具备身份证、护照、港澳通行证、外国人永久居留证等常规芯片证件的阅读能力,在刷取后可自动打印纸质登机牌。

尽管大兴机场在值机大厅也配备了充裕的自助值机设备,但是为了在系统故障后能继续最大限度保证旅客体验,保证业务连续,大兴机场还是决定在所有柜台配备补打设备,使得故障后可即刻切换应急预案。

② 登机口增加证件阅读设备,大兴机场在所有登机口配备了证件阅读设备和登机牌阅读设备,可作为刷脸功能失效后的应急手段。

6.3.5 无障碍系统

如何解决残障人群的出行是机场航站楼一直面临的技术问题。大兴机场的设计坚持问题及需求为导向,通过对旅客全流程的需求分析,在航站楼内、外包括车道边、值机区、检查区、候机区、登机桥、远机位等区域为旅客提供全流程的无障碍服务,最终实现全面无障碍通行体验,为国内其他机场无障碍环境建设提供示范样板和标杆,同时完成服务2022年冬、残奥会使命;并总结出一套"国际领先,国内一流,世界眼光,高点定位"的无障碍系统设计导则,并为行业标准《民用机场旅客航站区无障碍设施设备配置技术标准》(MH/T 5047—2020)的编制积累了宝贵经验与素材。

大兴机场无障碍系统可分为八大系统:停车系统、通道系统、公共交通运输系统、专用检查通道系统、服务设施系统、登机桥系统、标识信息系统、人工服务系统。针对行动不便、听障、视障三大人群的不同需求,大兴机场指挥展开无障碍设计专项研究,对各系统无障碍提出设计思路和标准。

1)停车系统

机场航站楼内应将通行方便、行走距离路线最短的停车位作为无障碍机动车停车位。结合航站楼出入口就近设置无障碍停车位,车位包含宽度不小于1.2 m的侧向轮椅通行区及车尾轮椅通行区。无障碍停车位的地面应涂有停车线、轮椅通道线和无障碍标识。

2)通道系统

通道系统包括室外道路、出入口和门、室内道路、坡道。

从落客平台人行道起通过三面坡衔接航站楼标高,设置连续盲道引导至入口召援电话;入楼后有连续盲道引导至内部综合问询柜台。楼内有坡道区域均需设置双层扶手,扶手端部应有盲文提示。

3)公共交通运输系统

航站楼内公共交通运输系统包括楼梯、电梯、扶梯及自动步道、摆渡车及远机位登机设施。以电梯为例,通过收集三类人群的不同需求订制出大兴国际机场特有的电梯设施,比如一体化的连续扶手带与低位横向操控面板、外部脚踏按钮、轿厢内壁反射材质的运用等。

4)专用检查系统

专用检查通道系统包括专用安检通道,专用边检、检验检疫通道,专用自助通道。对航站楼内不同功能的检查现场均考虑满足轮椅通行宽度的专用检查通道,并且在安检现场设私密检查间。

5)服务设施系统

作为服务行业的载体,航站楼内服务设施系统是整个无障碍设计系统的重点和难点,也是无障碍环境现状的痛点所在。所涉及服务设施包括:低位柜台、饮水处等,座椅,公共卫生间,无障碍卫生间,母婴室,辅助犬卫生间,无高差行李托运设施。

以无障碍卫生间为例,除了符合需设洁具的要求,首次引进人工造瘘清洗器,并增加母婴设施(婴儿打理台、婴儿挂斗),打破传统残卫的定义,实现通用化设计的无障碍卫生间。类似呼叫按钮、安全抓杆等设施经常容易被忽略,本次设计经过实地调研、学术讨论、专家评审、现场实践,最终形成精确到毫米级的设计标准。

除此之外,服务设施无障碍设计同样惠及普通旅客。传统行李托运设备与地面有一定高差,大兴机场通过特殊订制的斜面式称重系统,实现旅客将行李轻松推上行李称重机。

6)登机桥系统

控制桥内坡度,并增设双层扶手保证轮椅乘坐者的行动安全。

7)标识信息系统

设置无障碍设施导向标志,并在无障碍设施旁显著位置设无障碍设施位置标志。

8)人员服务系统

软性的人员服务是对硬性无障碍设施的补充和升华,为各类旅客群体提供舒适和流畅的出行体验。

6.4 样板工程建设之生态建设

6.4.1 背景与关键性指标

机场工程的生态建设难点集中表现在水资源与水环境方面。机场工程的实施,改变了场区原有的土地利用方式,原有土地、植被等被飞行区、航站区、货运区等硬质化不透水铺装下垫面所取代,从而导致场区的原水文循环被切断。一方面,大面积的沥青或水泥混凝土等高反射率的铺装材料在吸收太阳辐射热后便很快将其反射回大气中,从而加剧了机场局部"热岛效应";另一方面,跑滑系统、停机坪及道路广场等不透水铺装面积的增加致使土壤压实、雨水无法直接入渗,从而导致地表径流系数、降雨径流总量及峰值流量增大、雨水汇流时间缩短等一系列水生态环境问题。

我国传统的机场雨水管理主要依托围场河、蓄水池、排水沟及泵站等灰色雨水设施，形成以"快排为主"的雨水管理体系，并没有把雨水作为一种宝贵的资源加以利用。一方面，在全球气候变暖，极端暴雨天气日益频发的背景下，不仅加大了场区市政雨水管渠系统的排水压力，增加了机场内涝灾害发生的概率，导致机场无法正常运行，造成大面积航班延误、取消，旅客行程受阻，甚至严重威胁到旅客及员工的生命财产安全；另一方面，携带航空油污等地表污染物的初期雨水、夹杂除冰液的雨雪水以及积淀在下水管道中的污染物等未经任何处置在短时间内排入下游水体，不仅对水体带来严重的污染，同时也造成大量雨水资源的浪费。

机场内涝灾害、径流污染、雨水资源浪费严重的同时，我国又面临着水资源日益短缺的现实。机场作为城市、国家重要的交通运输基础设施，是城市的用水大户，在节约水资源、开发非传统水资源、实现可持续发展等方面负有责无旁贷的使命。而天然雨水作为轻度污染的水源，经简单处理即可回用作为场区跑道冲洗、绿化浇灌用水等，因此对机场雨水进行收集，增加雨水的可利用量，提高雨水的利用率将是实现节水型、可持续发展型生态绿色机场建设的有效措施。

城市排水系统不单单是排水的作用，需要考虑如何利用雨水，建设一个像"海绵"的城市，可以储存雨水、渗透雨水以及净化雨水。2019年8月《海绵城市建设评价标准》（GB/T 51345—2018)发布，标准提出了海绵城市建设评价的基本规定以及应从项目建设与实施的有效性、能否实现海绵效应等内容进行详细评价。

大兴机场是首个民航海绵城市建设试点，获得英国政府"中国繁荣基金"的支持。大兴机场指挥部坚持环境友好、资源集约的生态建设理念，通过对全场水资源收集、处理、回用等统一规划，构建高效合理的复合生态水系。生态建设样板的关键性指标包括：

(1) 海绵机场试点示范，实现雨、污分离率100%，处理率100%；

(2) 非传统水源利用率30%；

(3) 垃圾分类及无害化处理率100%；

(4) 航空器除冰液收集及预处理率100%。

6.4.2 海绵机场

1) 总体控制目标

大兴机场指挥部及相关设计团队结合大兴机场建设条件，在保证机场防洪排涝安全要求的前提下，确定径流总量、径流峰值及径流污染控制、雨水资源化利用等主要综合控制目标，构建了"海绵机场"低影响开发雨水系统及智慧雨水管理系统总体框架，如图6.9所示。

2) 低影响开发雨水系统构建

(1) 雨水蓄排系统方案。大兴机场排水采用"调蓄＋抽升强排"的二级排水系统。二级排水系统由雨水管道及排水沟、一级调蓄水池及泵站、排水明渠、二级调蓄水池及泵站

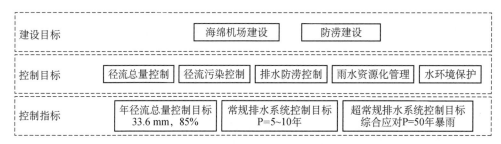

图6.9 "海绵机场"总体控制目标

组成。机场各区域雨水经雨水管道或排水沟收集后排至相应的一级调蓄池,经一级调蓄池蓄水削峰后由一级泵站提升进入排水明渠及景观湖;雨水经由排水明渠及景观湖组成的调蓄系统再次蓄水削峰后由二级泵站提升至永兴河。

　　大兴机场区域地势高程低于外部洪水位,排水无法通过重力流实现,泵站与调蓄设施的合理配置是大兴机场调蓄系统合理构建的关键所在。根据预测大中小3种降雨情景,泵站实行不同的运行方案。中小降雨时,泵站起泵水位相对较高,调蓄设施以满足径流总量控制要求为主要目标;当预测为大雨或暴雨时,调蓄池及景观湖将在降雨前预降水位、降低泵站起泵水位,为调节暴雨峰值流量预留充足调节空间。

　　(2)雨水控制与利用系统方案。为实现"海绵机场"径流总量、径流峰值及径流污染控制,雨水资源化利用的总体控制目标,"海绵机场"雨水控制与利用系统由源头、中途、末端控制三部分组成。大兴机场根据用地功能不同,主要分为建筑地块(工作区建筑地块与航站楼)、道路(市政道路与飞行区场道)、绿地(中央景观轴、道路绿地、公共空间绿地)、水系(调蓄水池、排水明渠与景观湖)等区域,不同区域根据其用地特征,结合源头、中途、末端三部分采用不同的雨水径流控制形式及措施,最终确定不同雨水控制与利用方案。

　　机场建筑地块是实现"海绵机场"的主要载体,其中航站楼是机场核心组成部分,为确保运营安全,航站楼海绵设计应以排水安全为主,并同时兼顾部分雨水资源化利用。航站楼北半区屋面大部分雨水通过东西两指廊引入工作区道路下设置的航站区独立雨水管渠系统;同时另有一部分雨水经初期雨水弃流并深度净化处理后用于东西两座停车楼制冷站循环冷却补水。航站楼南半区屋面雨水接入飞行区雨水系统另行排放。

　　机场道路硬化面积大,径流污染控制尤为重要。机场高架桥道路的雨水控制与利用,要求桥面雨水径流通过桥梁雨落管集中汇入桥下净水花箱,桥面初期雨水经花箱净化后实现径流污染控制,同时部分净化雨水储存在花箱底部供植物吸收生长,桥面降雨后期干净雨水经花箱溢流排放或收集利用。考虑冬季桥面融雪水对花箱植物生长的不利影响,设置分流装置实现桥面融雪水的分流排放。高架桥道路采用多种雨水径流水量、水质控制措施,因此大幅提高了高架桥所在道路的雨水径流总量控制率。

　　机场绿地是实现"海绵机场"的重要载体。机场绿地的雨水控制与利用,要求绿地结合机场地形,适当下沉,杜绝径流污染严重区域的雨水直接进入绿地,防止径流污染雨水对绿地环境造成破坏;杜绝冬季降雪时含融雪剂的融雪水直接进入绿地,融雪水宜弃流排入市政污水管网;绿地植物宜根据土壤水分条件、径流雨水水质等进行选择,宜选择耐盐、耐淹、耐污等能力较强的植物。

机场水系(调蓄水池、排水明渠与景观湖)的水环境要求较高,同时末端调蓄水池是实现"海绵机场"的有效补充,采用海绵化设计,有利于控制径流污染、改善水环境并实现雨水资源化利用。机场水系的雨水控制与利用,要求径流雨水进入水系之前,采用截流处理等措施对初期径流雨水进行预处理,防止初期径流雨水对地下水资源造成污染;此外,调蓄水池底部采用可渗透形式并种植水生植物等,提高调蓄水池初期雨水净化能力,防止对地下水造成污染。

3)"生态水脉"与景观湖设计

机场建设区域土壤为沙性土壤,是北京市最大的地下水漏斗区。在全场雨水系统设计中,结合土壤渗透能力强、地下水漏斗较大的水文特点,提出了将二级调蓄系统升级为集蓄存、净化、利用、景观、输水、汇水、超量入渗、保障性排水等多功能于一体的"生态水脉",提炼出了契合机场实际水文地质条件的雨水资源化利用模型。以5年一遇降雨为例,降雨可在区域内全部消纳,无须外排,如图6.10所示。

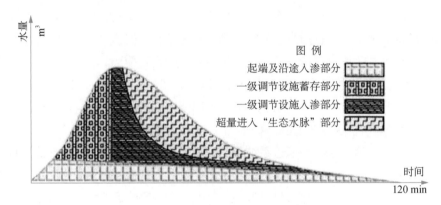

图6.10 大兴机场5年一遇雨水利用模型

"生态水脉"中的景观湖部分兼起雨水滞蓄、雨水及再生水深度净化、景观水体展示与休闲、超量入渗和向下游泄水排水等作用。

在景观湖水体水质净化与保障中,水生态系统起到了关键性作用。水生态系统具有投资及运行费用低、根本性地去除污染物质且景观效果好等优点,在保障水体水质稳定在地表水IV类水体水平的同时,也可形成独特的水下景观观赏区。

景观湖水生态系统的整体构建方案为,通过高效微生物制剂及相关辅助水处理措施,改善水体的微生物环境,改善水体水质,增加水体透明度,为水体生态的修复创造有利条件;建设沉水植被,释放出大量的溶解氧,吸收掉水体中过多的氮、磷等富营养物质,并产生化学作用进一步抑制蓝藻;向水体中引入螺、贝、鱼、虾类等高级水生动物,水生植被又作为鱼、虾、螺、贝等高级水生动物的食物链下层,通过食物链把水体中的氮、磷营养物质从水体中彻底转移出,从而达到彻底净化水质的目的。为避免招鸟,设计中避免设置结籽的挺水植被,并合理投放凶猛鱼类来控制小的浮游生物和鱼类的数量,同时避免设置浅滩、水陆过渡带等利于涉禽停留的区域,综合避除鸟害。

为保证水质,景观湖还设置有水循环系统。为充分利用属地清洁能源,并考虑到单一清洁能源保障度低的问题,设计采用风能和太阳能组合供应能源的方式。

风能利用系统采用纯风力机械提水风车系统,该系统在微风状态下即可实现有效工作,具有可靠性强、成本低、可日夜抽水、可在最低风速下工作、运行寿命长、维护简单等优点。

太阳能光伏扬水系统由太阳能电池阵列提供动力电源,光伏扬水逆变器对系统的运行实施控制和调节,将直流电转换为交流电,并根据日照强度的变化实时地调节输出频率,实现最大限度地利用太阳能,大大降低了提水系统的建设和维护成本。

4)智慧雨水管理系统构建

智慧雨水管理系统是大兴机场"海绵机场"构建区别于一般区域"海绵城市"构建的关键技术。大兴机场智慧雨水管理系统是具有前瞻性、实用性的集中化、智慧化运营管控系统,对运营数据进行决策分析,实现精细化过程控制管理,强化雨水系统运营管控能力;智慧雨水管理系统将帮助管理层建立科学的决策支持平台,对突发事件实现快速感知、合理分析、有效判断、直观展示,全面提升管理层的决策分析能力;智慧雨水管理系统引入科学的、高效的设备管理系统,通过对设备管理标准化流程的贯彻执行,将预防性维护和状态检修有机结合,可有效地提高设备可靠性和可用性,进而保障生产运行的安全和稳定。

大兴机场智慧雨水管理平台共分为 5 个层级,如图 6.11 所示。第一、二层级主要通过现场设备仪表提供实时监控信息,例如雨水管渠出口等处设置液位、流量等计量装置,雨水泵站内设置液位装置在线监测格栅前后水位及水泵运行状态,同时排水明渠设置水质在线监测设备等;第三层级是通过系统仿真建立雨水数字模型,分析和预测不同降雨情景时大兴机场雨水系统运行状况;第四、五层级主要是管理者通过前三层级反馈的信息,综合实时数据及监控视频等对大兴机场雨水系统进行指挥调度和系统决策。

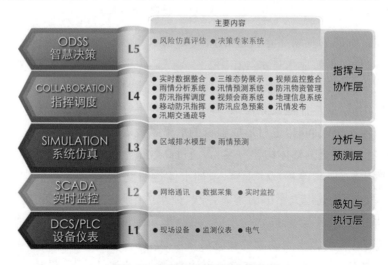

图 6.11　智慧雨水管理平台架构图

智慧雨水数字模型构建是大兴机场智慧雨水管理系统的核心内容之一,通过模型模拟结果,校核基于合理化公式计算的大兴机场雨水管渠系统能否满足设计标准、评估超标降雨对大兴机场的内涝风险影响、优化现有雨水系统应对内涝风险的能力、提出应对内涝风险的对策与防涝应急措施,科学、合理地指导"海绵机场"智慧雨水系统的确立。

6.4.3 污水处理设施和再生水建设

大兴机场的污水按旅客吞吐量 7 200 万人次估算,机场平均日污水量约为 3 000 m³/d。根据最高时设计流量设计,在机场西北角设置一座集中污水处理厂。该厂址位于大兴机场主导风向的下方向,且远离大兴机场工作区,对大兴机场环境的影响较小;同时与受纳水体大兴机场排水明渠的距离非常近,处理出水排水顺畅。

污水处理厂采用"生物池 + 膜池"工艺。污水经过一级处理系统,去除大部分污染物;出水再流经深度处理系统,即膜过滤、臭氧消毒、紫外线消毒等,进一步深度处理污染物,出水到达再生水水质要求,最后由配水泵房输送到再生水用户。

大兴机场的污水处理厂于 2019 年 9 月 12 日竣工并投入运营。污水处理厂的出水具备再生水处理功能,满足《城市污水再生利用城市杂用水水质》(GB/T 18920)及《城市污水再生利用景观环境用水水质》(GB/T 18921)的要求。由机场污水处理厂南、北各引出 1 路再生水管接入机场再生水管网系统,由再生水管网系统将再生水输送至机场再生水用户。

6.4.4 航空器除冰液收集及预处理

1)建设必要性

大兴机场建成运行后,在冬季会有大量的除防冰工作,将产生大量的除防冰废水,建设除冰液处理及再生设施,将会有助于改善周边环境,减小机场运行对周边水体的污染。同时,由于大兴机场位于京津冀地区的中心,地理位置非常重要,对环保要求亦较高。大兴机场建设飞机除冰废水处理和除冰液再生系统,是满足国家"创新、协调、绿色、开放、共享"新发展理念要求、满足国家不断健全和严格的环保法律法规要求、体现集团公司对污染治理社会责任担当的必要和重要举措。

2)先进的工艺技术

大兴机场的主要除冰液处理技术为收集的飞机除冰液废水通过废水转运车送至空侧废水池,由转运泵进入到陆侧的废水进料池中,进料池的废水(醇浓度约为 10%～20%)通过进料泵进入不同的过滤精度的杂质分离设备,将废水中的固体杂质、悬浮物、水溶性杂质依次分离,分离过程产生的浓水进入浓水池,再通过杂质去除设备将浓水中的杂质去除。分离过程产生的清水进入初步浓缩设备和再浓缩设备进行蒸发浓缩,浓缩后得到醇浓度 60%的浓缩液和醇浓度 0.3%的蒸发水。浓缩液进入醇水分离设备进行醇水分离,最终得到醇浓度 99%的回收醇。

3)京津冀协同处理方案

大兴机场集中建设一套废水处理装置及系统,便于协调,运行效率较高。而其他各个机场另行建设处理装置,除了用地需求、市政配套设施需求不好满足,直接费用大幅增加,还存在结构组织及人员、管理工作及费用、协调运行工作量都增加和反复重叠的问题,运行效率低。综合运行成本、建设投入和运行效率方面考虑,在大兴机场建立全套处理系统,协同处理首都机场、天津、石家庄机场收集的飞机除冰废水,费用较低,经济性更强。

4)效益分析

随着我国航空器数量的不断增加,冬季机场产生的飞机除冰废水越来越多,其对环境的危害越来越大。大兴机场除冰液收集处理项目的实施,可以满足国家和行业绿色发展的要求、对京津冀地区机场的除冰液进行回收处理,从而大幅减少废水的排放,避免对机场周围的地表水环境和地下水环境造成污染,促进机场的绿色发展,环境效益非常显著。

本项目的实施,可以降低废水的排放。根据计算,本项目每处理 1 t 废水(20%),可比传统蒸馏分离方法节约能耗 50% 以上。另外,本项目的实施,还可以实现变废为宝,利用处理后产生的再生醇制造除冰液产品,从而实现飞机除冰液的循环使用,降低除冰液的购置费用,促进资源的循环利用。水醇分离的水经过进一步处理后可以作为回用水,也可以大量节约机场用水。

综上所述,项目建成后能够集中处理大兴机场、首都机场及京津冀地区其他机场的飞机除冰废水,处理能力满足峰值废水处理需要。处理后的水能达到排放标准,可直接排放或回用。满足国家绿色发展和环保要求,满足大兴机场绿色机场建设要求,满足民航局和集团公司将大兴机场建设成为样板工程的要求,满足京津冀一体化协同发展的要求。

6.5 样板工程建设之智慧机场

6.5.1 背景与关键性指标

智慧机场的核心在于"智慧"两字,而智慧的概念在城市发展中的运用已经较为成熟。智慧机场是在智慧城市概念的基础上,高度集成新一代信息技术,包括信息感知、传输、处理各个环节,并运用近距离无线通信、传感网海量数据存储、数据挖掘、云计算、信息安全等关键技术,建立的功能更加完善、更加安全高效的机场,它除了为民航各级行政主管部门、企业、机场提供及时、准确、有效的信息服务外,同时为旅客和机场客户提供服务。根据概念可知,智慧机场是具有高度的感知、互联、智能能力的机场,它通过先进的信息化手段充分获取机场生产和管理信息并加以分析利用,达到提高生产效率、提升客户服务水平、创造价值收益、优化决策质量等目标,具备智能数字化、智能信息化、业务智慧化和服务互联化等特征。

继交通运输部提出加快推进综合交通、智慧交通、绿色交通、平安交通发展后,中国民航局提出发展绿色机场、智慧机场、人文机场建设,通过推动航空经济的发展,打造环保型航空行业,构建现代化的航空管理系统。目前互联网＋技术已经渗透到了我国的各行各业当中,已经成为国家战略的重要部分。未来的机场能够协调好飞行区、航站区、货运区、公共区等所有业务区域和业务运行的高效率和低成本，并能够对当前运行态势进行前瞻性的分析，主动预测态势变化，及时调整运行，减少特情事件的影响，最终体现在为服务对象提供高效、无缝、全程的服务体验。

大兴机场指挥部全面贯彻落实《首都机场集团公司智慧机场建设指导纲要》要求和"1-2-4"科技创新工作思路，坚持智慧理念，通过强化信息基础设施建设实现数字化，通过推进数据共享与协同实现网络化，通过推进数据融合应用实现智能化，将大兴机场打造成为全球超大型智慧机场标杆。智慧机场样板的关键性指标包括：

（1）首次全面应用云计算、大数据技术，搭建基础云平台和智能分析平台；

（2）践行"互联网＋机场"理念，广泛开发各类应用，提升服务质量、旅客体验，以及商业资源价值。

6.5.2 智慧机场信息系统规划

在民航业初期阶段，信息技术未被使用或仅用于基本旅客信息的发布功能，为飞机起降、旅客进出港提供必要、安全的基础设施保障，为旅客提供最为基本的服务，该阶段的机场形态被称为 Airport1.0 基本型机场。

Airport2.0 敏捷型机场是民航业发展到各方谋求更多协作和共赢阶段的机场形态。机场运行的各主要参与者之间着眼于提升各自的业务能力，并在核心运行程序上进行一定程度的协同。这个阶段信息技术已经开始扮演重要角色，主要参与者能够实现与生产相关主要信息的传递。现在主流机场还停留在这个阶段。

Airport3.0 智慧型机场是民航业对未来机场智慧化运行下机场形态的定义。机场运行各方广泛应用各种新兴技术，全面实现实时的信息交互、广泛的协同决策以及流程整合。在此阶段，机场生态圈中的所有参与者之间能够实现实时信息共享，以及基于此的广泛协同决策，信息系统将具备强大的分析和预测能力，为运行各方提供高效准确的决策支持。

智慧机场各阶段发展形态图，如图 6.12 所示。

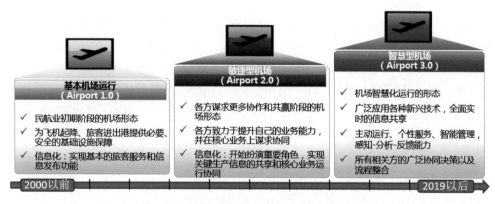

图 6.12　各个阶段智慧机场的发展形态流程图

大兴机场创新并具有前瞻性地提出了"Airport3.0 智慧型机场"的运营管理理念，以此为建设目标,支撑"把大兴机场建设成为'国际一流,世界领先,代表新世纪、新水平的标志性工程'"的战略目标。广泛应用新技术,全面实现数据共享,搭建成熟、稳定、灵活和可扩展的信息系统技术架构,并把建设任务落实在 19 个平台(9 大应用平台,6 大基础平台,4 大基础设施)及下属的 68 个系统上,实现对大兴机场全区域、全业务领域的覆盖和支撑。

大兴机场基于充分的业务流程分析和先进技术的应用,从感知层、基础设施层、基础平台层、应用平台层、业务实体层和智慧机场能力层六个层次,规划设计了成熟、稳定、灵活、可扩展的信息技术架构。以信息通信基础设施及云计算、大数据等平台为基础,构建航班生产运行、旅客运行服务、空侧运行管理、综合交通管理、安全管理、商业管理、能源环境管理、货运信息管理、运营管理九大业务平台,为机场各个业务单元和利益相关方提供实时、共享、统一、透明的应用服务,从传统机场信息化建设以航班集成系统为核心转变为多业务支撑平台协同发展,实现全方位、全业务的智慧化管理。

大兴机场将智慧机场规划成果写入可行性研究报告并在后续的设计和建设过程中一以贯之,层层深入,全面落实,从便捷高效的协同运行、防患于未然的安全管理、全面及时的旅客服务、无缝衔接的综合交通管理、数据驱动的非航业务发展、基于"一张图"的可视化管理、统一共享的 IT 资源管理和节能环保绿色机场共八个方面形成一揽子成果。

1)便捷高效的协同运行

通过航班生产运行平台,围绕机场航班保障全流程,动态优化调整机场资源;应用大数据和复杂事件处理技术,预测运行态势,快速智慧决策;建设统一的、开放性的数据和服务总线,机场可对各单位提供灵活的数据接口,各方共同梳理关键业务流程,实现全方位数据共享和协同工作,打造高效运行协同的指挥平台;融合多种通信技术构建统一通信平台、运行协调管理系统。应用大数据技术,联动复杂事件处理,预测运行态势,支持快速的智慧决策、精细化管理;通过融合多种通信技术构建统一通信平台、运行协调管理系统,实现各单位联动协同。

2)防患于未然的安全管理

航站楼将安防和地理信息系统结合,形成全面安防保护。实现可视化安防,在航站楼三维地图中展现摄像头位置,并实现目标智能跟踪。深度运用安防智能分析技术,通过图像分析、生物识别等手段,实现安全事件预测和主动预警,提升安全防范能力。

以统一安全管理、统一安全事件、统一报警管理、统一视频监控为目标,实现对机场安全事件、报警、信息及监察的统一管理。一台终端,实现全场监控可视。多措并举,通过人员刷脸通行、航站楼前车辆限时停车、飞行区作业车辆实时定位等手段,从人员、行李、车辆等方面进行空防安全管控。

3)全面及时的旅客服务

建设旅客服务平台,整合旅客需要的服务信息,旅客通过网站、App、微信、呼叫中心等多种渠道获得一致的信息和服务;践行"互联网 + 机场"理念,利用互联网为旅客提供及时全面的信息、方便快捷的服务。

全面应用人工智能、生物识别、大数据等技术,提升机场服务科技感和旅客体验,开航时将在国内、国际航班不同程度实现一证通关、二维码通关及刷脸登机,支持"无纸化出行"逐步落地。

航站楼停车楼运用的机器人泊车系统,只需旅客将车开进交接站,所有停车、取车等工作全部由停车机器人完成。行李自动安检系统采用柜台双通道 X 线机和 100% 的高速 CT,满足国际国内民航标准,兼顾行业发展趋势。可视化辅助分拣系统 LED 条屏可以与行李同步显示行李航班号、航班截载时间等信息,大幅度减少了行李装卸员的工作程序,提升了出港行李装卸效率。大兴机场自助托运柜台覆盖率高达 83%,采用了一站式和两站式切换使用的自助托运设备。采用一证通关 + 面像登机的形式实现了信息技术对传统纸质乘机凭证的替代。大兴机场安装 RFID 读取设备 123 套,使用 RFID,利用云平台等物联网技术,以机场为节点,实时跟踪进出港、中转行李各环节的状态。旅客可通过航显、移动端(机场 App 等)多渠道,实时追踪大兴机场出港航班行李。旅客仅持凭有效订票证件,即可办理值机、托运、安检、边检等环节,刷脸即可登机。实现国内首次支持 100%"无纸化"。

4)无缝衔接的综合交通管理

构建综合交通一体化平台,将机场的高铁、城际铁路、城市地铁、大巴、出租车、公交、公路交通、机场停车场等各类交通信息与机场的航班信息整合处理、统一发布,使各交通方式管理方之间信息共享更加通畅,协调指挥更加智能,旅客换乘更加便捷,充分发挥机场综合交通枢纽的作用。

基于旅客流量和蓄车场容量协调出租车、大巴车进出场安排,优化运行秩序,提升旅客体验。

5)数据驱动的非航业务发展

以地图服务为基础,实现机场商业资源数字化、可视化,建立以智能 POS、后台结算、CRM、统一营销平台和商业大数据分析为一体的智能商业管理平台。

利用人脸识别、图像和光学识别,全面采集与商业相关的数据,打通机场航空数据和非航数据关联,精准地掌握商业资源的多维价值分布,为精细化管理、个性化营销,以及开展电子商务提供支持。

6)基于"一张图"的可视化管理

机场建设地理信息平台,以建设施工图为基础数据,统一构建全机场的电子地图、航站楼及地下管网的三维模型。

提供开放的地图服务,结合高精度室内外定位系统,所有业务均可构建自己的应用,实现可视化管理。向驻场单位提供地图及位置服务,便于其构建个性化应用。

7)统一共享的 IT 资源管理

建设统一的云计算平台,提供 IaaS、PaaS、SaaS 服务,依托双活数据中心,实现资源池物理分散、逻辑集中管理。通过构建私有云,为机场所有信息系统提供云计算环境;构建社区云,为驻场单位提供云服务。

建设大兴机场数据枢纽,通过企业服务总线,连接了空管、航司等单位的70多个系统,通过建设开放共赢的信息平台,让数据真正流动起来。

专项建设智能数据中心,整合机场内40余个系统的业务数据,通过数据聚合、分析,实现运行、服务、安全管理等业务领域的状态监测、趋势预测等功能。

8)环境能源监测系统

建立三个绿色机场平台。分别为搭建环境管理信息系统平台、指标的可视化成果平台、噪声监测平台。

(1)环境管理信息系统平台。以提升机场的环境保护、营造绿色机场为目标,收集并实时监控机场各类环境信息(如空气、水、固废排放、噪声、气象、风速风向等),为机场管理方制定、实施、评估环境保护措施提供必要的信息支持,对机场总体的环境质量进行全面的管理,实现环境监测、环境质量分析与预测、环境事件管理、防汛预警等多种功能的整合,从而推进环境管理的科学化、信息化与精细化。

(2)绿色建设指标展示平台。将机场的54项绿色生态指标,结合国内外机场绿色运行监测相关的标准、规范、文献等相关资料,通过KPI的方式进行筛选,筛选出可视化,量化的指标,纳入平台中,对绩效指标进行实时的更新和量化。从节能与能源利用、节水与水资源利用、室外环境、室内环境四个大维度,以及建筑节能、可再生能源替代量、室外空气质量等十一个三级指标综合反映机场绿色运行效果。

(3)机场噪声监测管理平台。采用声学测量仪器和应用软件,通过在机场周边(主要是航空器航迹下方)设置固定或移动的噪声监测站点,实时监测机场周边航空器噪声敏感区域噪声,同时与航班信息、航空器实时位置数据、气象数据等相关数据进行关联,客观评价机场周边的噪声影响,为机场的噪声控制提供技术与数据支持,为机场周边土地的相容性使用提供依据。噪声监测管理平台在2020年10月已经投入使用。传感器设备采集监测数据和其他环保相关指标,并与航班数据相关联,全盘掌握机场的噪声污染现状、预测环境风险趋势。

6.5.3 智慧综合指挥调度平台

大兴机场建立了综合指挥调度平台,通过采用各种智能监控手段,从智慧电网、水务、交通、照明、管网各模块进行多层次、全方位的数据采集、感知、监控、防控和反馈,以预防和应对各类自然灾害、突发社会公共事件、次生灾害隐患源等,与110、122、119、120、防汛、地震、安监、环保、食药监等各种应急指挥系统协同互联,建立跨部门、多专业、统一的应急指挥与调度,确保出现突发事件时能够及时有效地进行指挥调度、综合处理和情况反馈等。大兴机场同时还建立了综合信息安全保障体系,运用社会化创新管理手段、先进信息技术,通过一系列智慧化管理系统工程建设,实现精细化、高效化的管理服务模式,提升网络与信息安全保障能力,严格执行信息安全等级保护制度,完善信息安全认证、监督检查、应急处置能力。

1)智慧电网

第一个层面,为满足超大型国际航空综合交通枢纽高可靠性供电的要求,大兴机场供电区域定位为 A+ 类供电区域,采用双环网或三电源的网络架构供电。在机场内共设置了 2 座 110 kV 变电站,26 个双环网和 15 个三电源供电网络,保证大兴机场供电区域内用户停电时间不高于 30 s,电压合格率为 100%,供电可靠性为 99.999 9%。

第二个层面,为全场设置变电站综合自动化管理系统,并按照冗余、智能型自动化系统进行设计,实现系统内实时采集生产运行数据,提供数据查询手段和分层次数据视图,实现负荷预测与趋势分析、事故预测及报警、抢险调度决策等功能,并可按要求将相关数据上传至上级信息管理系统。同时具备扩展对于分布式能源、微网等设备的接入功能以及智能能量管理分析等功能。

第三个层面,在保证了高可靠性和灵活调度控制之后,建设了智能微电网的试点,为机场的能源管控和智慧能源优化提供技术支撑,监控机场内分布式电源、储能、用电负荷、变配电设施,实现能源系统相关数据的汇集和集中监控,分别从区域电网优化管理、分布式能源系统控制、"源网荷储"一体化调控、区域能源效益评估等方面实现机场电网能源系统的总体优化。提升大兴机场电网系统整体运行效率,保障机场电网系统运行安全,践行绿色低碳理念,提高分布式能源利用率,成为指导大兴国际机场建设及运行管理工作的重要基础,同时起到智慧能源重大基础设施的先导示范作用。

2)智慧水务

大兴机场数字化雨水管理系统采用数字模型模拟雨水系统,以智能化管理为目标,以模型预测、远程自控为手段,实现雨水综合控制利用,具备应对突发事件的快速响应能力,这是大兴国际机场雨水管理系统区别于一般区域性雨水管理系统的优越性。

大兴机场数字化雨水管理系统框架共分为五个层级。第一、二层级主要是通过现场设备提供信息。在排水明渠、雨水管渠出口等处设置液位、流量等计量装置,监测/控泵站运行状态、栅前栅后水位,同时进行水质监测;第三层级是建立数字模型分析和预测不同降雨情景时大兴机场排水系统运行概况;第四、五层级主要是管理者通过前三层级反馈的信息,综合实时数据及监控视频等对大兴国际机场雨水系统进行指挥调度。

通过建设数字化雨水管理系统,可以将监控、运行管理、防汛调度有机地结合起来,以数据库作为管理层和现场自动化控制层数据共享、分析、交换的基础平台,实现防汛数据的实时采集、存储和优化处理,直观展示生产运行情况、分析指导生产运行调度、及时准确生成统计分析报表,实现对机场范围内的小、中、大雨的降雨预测与雨情监控。对机场范围内的泵站、闸站、调蓄池、人工湖、气象及雷达数据进行实时监视,及时掌握机场管理范围内的关键数据在线监测和预警控制,再结合气象预测降雨数据或实时数据得出降雨的影响范围及程度,为上层管理决策提供有价值的信息。利用智慧系统远程控制,克服了传统人工巡视检查工作量大、效率低、反应慢的缺点。

3)智慧交通

智慧交通系统,是由感知层、网络层、综合管控平台和各种交通行业应用组成的四层架构,以统一的智慧交通管控平台为依托,以现有交通信息网络、城市道路交通信息系统和各地市交通监控中心的信息资源为基础,实现对路网交通信息和营运车辆的动态信息

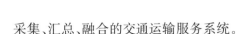

采集、汇总、融合的交通运输服务系统。

智慧交通系统是利用射频识别、红外感应、全球定位系统、激光扫描器、感应线圈等信息传感设备,通过车流量、车速等道路交通信息的采集、统计、分析,结合道路绿波、智能交通、应急指挥等系统,为红绿信号灯的设置、道路的设置等进行科学合理的配置,提供决策所需信息,减少道路交通拥堵;除此之外,对公共停车区域进行全面、统一的配置和管理,整合多方停车资源,为区域内车辆的停放提供参考,以缓解停车问题,减少道路的交通拥堵;依托智能交通管理平台,进一步完善公共交通的车速、客流统计、车辆越站、违规下客、车辆保养等监管,结合道路交通信息,实现语音、图像、数据等多种信息传输,加强对公交车的识别、定位、跟踪、监控和管理,为公共交通的配置、决策提供依据和参考。

4)智慧照明

大兴机场道路照明采用 LED 节能光源,并采用智能照明控制系统。实时监测灯具运行状况、开关量状态,采集如电流、电压、电能耗等多种数据,帮助管理人员迅速定位故障点,以排除故障。管理人员可以在管理中心远程控制照明灯具开闭,并通过智能照明控制系统在后半夜对照明回路进行调光控制,节约电能。

5)智慧管廊

大兴机场工作区综合管廊是北京市较早开工建设的区域性地下管廊。设计综合管廊位于大兴国际机场重要功能区,与地块开发结合紧密,主要为干线综合管廊。综合管廊的设置极大减少了道路下检查井井盖数量,避免了管道维修导致道路反复开挖,促进了机场集约高效可持续发展,有利于保障机场运行安全,提高了机场综合承载能力。

大兴机场综合管廊分布在主干一路、主干二路、主干三路 3 条道路下,呈"一横两纵"布置,在航站楼附近与空侧综合管廊相接,在主干二路、主干三路北侧端头分别与大兴国际机场高速公路地下综合管廊和永兴河北路综合管廊相接,确保大兴机场市政设施(水、电、气、信等)能源输送廊道畅通。

工作区综合管廊内建立无线网络通信系统,运维人员可使用移动终端设备对管廊内各类数据实时查看并可与管廊外界实时通信,及时反馈现场视频及图片信息。同时,人员位置可在智慧管理平台上显示、查询人员的运动轨迹信息。时刻掌握运维人员动态,保证人身安全。

6.6 样板工程建设之机场建设信息化

6.6.1 背景与关键性指标

自 20 世纪 80 年代的个人电脑革命和 90 年代的互联网革命及其普及作用,计算机网络使得信息化所包含的信息收集、传递与共享具备了实现的技术条件。建筑领域作为社会生产体系中的末端产业,近 20 年来也开展了基于信息化与数字化的技术革新。

与此同时,BIM 理念的推广,使得信息化建造技术被有效地引入建筑工程的全生命周期。BIM 是一种基于智能三维虚拟模型,以信息数据为核心,采用多种信息化技术辅助建筑设计、施工管理及使用服务的全周期控制理念。Autodesk 公司于 2002 年在全球率先提出这一革命性理念。BIM 不仅创建了建筑设计与建造过程中"可计算数字信息",同时改变了建筑从无到有的生产模式。用 BIM 软件生成的施工文件,集成了图纸、采购细节、环境状况、文件提交程序和其他与建筑物质量规格相关的文件,建筑信息模型更是涵盖了几何学、空间关系、地理信息系统、各种建筑组件的性质等。

随着 BIM、物联网、大数据、云计算等技术的快速发展,信息化建造在这些技术的支撑下得以继续发展,通过 RFID、近场通信(Near Field Communication,NFC)、传感器、移动终端、视频监控等方式将实体与信息库连接起来,实现数据的实时收集、传输,提高了数据获取的效率;通过大数据和云计算对收集的数据进行挖掘和梳理,提高数据的利用率;通过物联网进行反馈和控制,使各参与方能够高效协同工作。信息化建造正朝着标准化设计、智能化工业生产、高效化信息流通、精益化生产管理和可控化生产成本的目标不断发展。

大兴机场指挥部注重通过信息化运用提升"四个工程"管理水平,突破传统工程建设管理模式,大力推广工程管理信息化;研发了飞行区数字化施工与质量监控系统,实现了强夯、冲击碾压、振动碾压等飞行区重点施工工艺的数字化自动监控,显著提升飞行区施工效率和质量监管水平;在设计、施工中推广 BIM 技术应用,航站楼大规模采用 BIM 技术进行设计、施工的全过程数字化管理,市政交通等工程中应用了 BIM 施工管理,显著提升了工程建设管理水平。

6.6.2 飞行区数字化施工与质量管理信息化

大兴机场飞行区具有占地面积大、工程界面复杂、设施设备分布广、工程量大、安全性要求高等特点,为了解决飞行区工程质量控制难、传统工程管理方式落后等难题,指挥部成立课题组,以国家"十二五"科技支撑计划项目研究和国家重点工程建设为依托,开展了机场飞行区工程数字化施工关键技术的攻关,将机场工程建设中传统的由人工控制的关键工艺施工管理提升到了数字化、自动化的阶段,带来机场飞行区工程施工质量控制和监管方式的提升,取得了一系列创新性成果,并取得了较好的经济效益和社会效益。

飞行区数字化施工和质量监控系统是基于数字化 GIS 平台、数据信息采集系统、机械控制系统,以网络协同工作为基础,借助现代测绘技术、数据传输技术、电子信息技术、管理科学等跨学科、跨专业的新技术,设计并构造的一个基于网络的工程可视化动态信息管理系统软件;参建各方以公开透明的方式进行信息交流,改变了传统的建设管理模式,提升了工作效率,实时监督、控制和指导工程建设过程,提高施工过程数据的精确度、提高施工效率、改善工作环境、降低施工成本、提高参建单位经济效益;并积累施工阶段数据信息,促进建设运营一体化。

1) 数字化施工和质量监控系统的组成

飞行区工程数字化施工和质量监控系统主要由系统平台、硬件设备、功能模块、数据库、GPS 基准站、无线发射基站、机房和运行监控中心等组成。

（1）系统平台和硬件设备。系统平台实现施工过程实时控制。施工过程数据通过无线网络实时传输到后台服务器,服务器进行数据存储、分析及备份,并生成相关报表,通过交互平台与用户进行远程交互及应用。飞行区工程数字化施工和质量监控系统架构分为施工现场、网络传输、数据处理平台及用户交互四部分。飞行区工程数字化施工和质量监控系统是满足机场飞行区工程管理要求的定制平台。硬件设备包括核心交换机、数据处理服务器、数据库服务器、网络存储服务器、WEB网站服务器、磁盘阵列、UPS、机柜、显示终端等。

（2）功能模块。系统的功能模块包括数字化测量管理、PDA信息采集、强夯数字化、冲击碾压数字化、压实数字化、混凝土拌合站、混合料温度远程实时采集、施工材料运输、道面混凝土铺筑、施工环境实时监测、施工区视频监控、地下管网工程综合信息管理、设备综合信息管理等功能模块。

（3）数据库。数据库主要功能是存储海量数据。通过数据库管理数据,可以方便地进行数据检索查询,同时能够高效、清晰地显示数据,实现共享。机场飞行区工程数字化施工的并发用户和会话的数量小、事务吞吐量小,从数据稳定性、性价比方面综合考虑,选择轻量型的数据库可以满足要求。

（4）GPS基准站。为了提高系统的监控精度和辅助施工测量,需要建立厘米级GPS基准站,提供不间断的差分服务。GPS基准站主要由GPS接收机、差分基准站发射电台、电台发射天线和电源组成。GPS基准站控制范围主要受发射电台功率和地形地貌制约,一般情况下,控制半径可达到$10\sim15\ km$。

（5）GPS无线发射基站。现场数据可以采用4G公网形式传输,当公网带宽不足时,还需要增设无线发射基站。公网没有覆盖或出于数据信息传输量大或安全等因素,也可以采用自建Wi-Fi基站、微波等方式进行数据传输。

（6）机房和运行控制中心。按照服务器、存储设备、配套机柜、UPS、空调等设备运行要求配备机房,结合监控管理要求设置运行控制中心。

2）数字化施工和质量监控系统功能模块

以数字化系统平台为基础,结合机场飞行区工程的具体特点,经过调查和方案研究,数字化施工和质量监控系统确定了九项功能模块。

（1）强夯模块。强夯模块包括GNSS天线和基准站、强夯作业软件、液压机械控制、摩擦驱动传感器、无线电台等。通过控制箱、操作终端软件确定夯击位置图。通过2个GNSS天线和接收机,1个放置在机械后部,另1个放置在吊臂顶端,接收基准站发送来的差分信号,为机手提供导航信息,提供吊臂缆绳中心位置、方向和高程信息。强夯系统通过通讯集线器,把GNSS、液压系统、摩擦驱动传感器、机舱平板电脑以及电源都连接在一起,并为其提供过电保护;通过无线电台和工地通讯网关,实现无线数据通信和工地Wi-Fi通讯,与远程的系统平台进行数据交换。

强夯系统导引机手移动夯锤到指定的夯点位置,强夯机舱内的操作平板上,提供直观的"靶眼"导航方式,提供前进/后退、向左/向右移动的提示,方便机手移动机械接近正确位置,并提示处于正确位置上的限差范围,可大幅缩短传统定位时间。系统能够自动记录夯击次数,1 个完整提升过程计 1 次夯击次数;确定夯锤提升高度和夯沉量,在提升过程中,夯锤从吊臂释落点自由落下,每次夯击之后,自动测量夯锤高程,自动确定每次夯击的夯沉量和总夯沉量。

(2)冲击碾压模块。冲击碾压是通过牵引机带动 1 个三边形或五边形的"冲击轮",利用冲击轮自身的重量和前进时的冲击力,对水泥路面、路基进行破碎和压实。冲击碾压监控系统包括前端数据采集设备、数字化施工系统服务器和后端管理平台。数据采集端设备在冲击压路机工作时,通过数据传输单元把实时获取的 GPS 数据和传感器数据,按照设计采样频率发送至数字化施工系统服务器。服务器把采集端传来的数据和代表该采集端的标识存储至数据库,并实时转发给相应后端管理平台。后端平台通过对数据的实时接收和处理,完成对每台冲击压路机主要参数的监控、分析和预警,方便施工人员、监理、业主查看和监测施工情况,实现精准有效的施工和管理。在冲击压路机上配备地基连续动力承载力检测系统,可以实现非破坏性、大面积连续跟踪检测和实时反映施工压实的情况。通过数据分析,可得到工程的碾压速度、厚度、遍数和压实度分布情况。

(3)PDA 信息采集模块。传统施工验收采用现场人工巡检方式,事后办公室整理记录。大规模多标段同时作业时,管理人员不足将导致验收效率较低,难以满足施工标段多、实时高效的工程管理需求。采用个人数字助理(Personal Digital Assistant,PDA)技术,实现实时高效的现场数据采集管理,以解决人工巡检、书面记录方式效率较低的问题。

(4)压实工程施工质量实时监控系统。土石方回填压实、原地面碾压、液化土压实处理、水泥稳定碎石压实是场道工程中至关重要的环节,压实施工质量优劣直接影响着飞行区工程质量,压实施工过程质量的控制,将有效解决飞行区场道工程中出现的不均匀工后沉降、断板等破坏。传统压实工艺采用以点带面的验收方式,对工程过程质量难以全面控制。为增加跑滑和机坪道面基础的均匀性、稳定性以及承载能力,对振动压实过程实施数字化管理,可实现施工过程实时质量控制和管理。压实系统利用全球卫星定位技术、无线数据通信技术、计算机技术和数据处理与分析技术,结合碾压机械进行集成,是一套 GPS 实时监控系统,可用于填筑工程碾压施工质量的实时监控。压实系统主要由车载系统和后台处理系统组成。系统运行时,架设在 GPS 基准站上的 GPS 组件实时向压路机上的 GPS 接收机发送差分信号,安装在振动压路机顶部的 GPS 接收机和无线电接收器,接收 GPS 卫星信号和基站发送的差分信号实施厘米级差分定位;装在压路机振动轴上的压实传感器将振动频率、振幅、加速度等数值,激振力监测传感器将高频低振、低频高振、无振等实时状态数据与 GPS 定位信息加密打包压缩成文件包,通过信息推送,传输到数据交换服务器,数据交换服务器通过协议解析程序接收上传的数据,经过解析后的数据以统一的格式存入数据服务器中,控制模块对数据进行分析处理后,将处理结果存储并实时传输到运行控制中心的显示终端和压实设备驾驶室里的显示控制器上,使监管人员和驾驶员能够实时掌控碾压机械行走速度、机械激振力输出状态、动态碾压遍数,从而准确控制压实设备,实现碾压遍数、碾压轨迹、行车速度、激振力、压实厚度等碾压参数的全过程、精细化、在线实时监控。

通过系统计算,可以实现碾压信息的自动计算和可视化,形成过程质量管理和时间管理成果。当以上信息不符合设计要求和施工规定时,系统能自动给施工人员、监管人员发送报警信息并提示其进行整改;系统能自动检测压实质量并进行储存和显示;系统能够进行信息分类存储和追溯查询,为后续运营管理、工程维修、科学研究提供基础数据支持。结合飞行区工程大面积施工和垂直结构层单一的特点,可实施压实工程质量监控的内容包括:道面土基区的原地面层、回填土层、垫层、水泥稳定碎石混合料基层,以及土面压实区。

(5)混合料拌和生产过程实时监控系统。《民用机场水泥混凝土道面设计规范》(MH/T 5004)要求道面水泥混凝土的抗弯拉强度为 4.5 MPa、5.0 MPa、5.5 MPa,《民用机场水泥混凝土面层施工技术规范》(MH 5006)要求混合料从搅拌机出料直到卸放在铺筑现场的时间,最长不应超过 30 min,混凝土混合料的塌落度应小于 0.5 cm,所以水泥碎石混合料、道面混凝土混合料一般采用现场搅拌。混合料的拌制是现场施工过程控制的重点,混合料的质量直接影响着道面的结构质量,是道面工程施工过程最重要的环节。通过在拌和站安装监控和测量装置,实现对水泥碎石混合料、道面混凝土混合料的配合比和拌和过程的监控,实时同步拌和站生产数据。当出现设定配合比、拌和时间发生偏差时,系统自动发出提示,提醒现场人员及时处理,消除原材料质量隐患,避免因片面追求生产量而导致拌和质量失控的结果。

(6)混凝土等运输车辆实时监控系统。基于已建成的系统平台和无线传输网络,很容易实现对时间要求严格的混凝土运输等施工材料运输车辆的实时监控,对运输车辆路线、运输质量、运输时间、运输速度、混凝土温度、混凝土坍落度等偏离情况及时发出提示,提醒相关人员及时处理。

(7)施工区域视频监控系统。飞行区工程施工占地面积大,施工作业面多且分散,现场施工情况复杂,难以统一管理,使参建单位很难掌控全局的施工信息与现场真实情况。结合机场工程实际需要和数字化施工管理系统,同步建立覆盖飞行区主要施工区域的视频监控系统,提供全面、方便、灵活、高效的视频监控信息,达到实时监控的效果。在现场安装前端视频采集设备,将视频信息通过无线或有线网络的形式进行数据传输,进入监控管理平台,经过信息和信号的特殊处理,将现场施工情况在监控器上实时显示。

(8)地下管网工程综合信息管理系统。目前很多机场在扩建改建时,无法获得地下管网真实信息,只能利用电磁感应原理探测金属管线、电/光缆,以及一些带有金属标志线的非金属管线,或利用电磁波探测所有材质的地下管线获取管网信息,但探测过程复杂、时间长、费用高;即使查询和分析存档图纸,很多变更信息查询仍费时费力,有时甚至无法查询到真实情况,也曾经发生过由于错误信息造成重大损失的情况。机场飞行区地下管网系统纵横交错,管线种类繁多:管线不同(通讯、电力、油料、消防、弱电、供水、供暖、排水管网等);权属单位不同(机场、空管、油料、航空公司等);设计风格和设计标准不同(不同设计人员绘图习惯和图层设置不同、传统二维设计和三维设计不同),直埋地下的管线和设施具有隐蔽性,当需要查找、分析某种管线时,传统的挖探沟探测方式效率低下。

为了提高飞行区地下管网系统在建设和运行期间的管理效率,利用设计单位提供的二维图纸和 PDA、高精度测量设备,采集现场管网类型属性、坐标、埋深、管径、施工单位相关信息等,实现管网系统的数字化管理。系统由 PDA、管网工程数据采集嵌入式软件、后端三维显示软件等组成。将二维图纸输入系统,生成三维管网模型,分析、预测管线状况,在施工前预警提示相关问题。在现场施工过程中,利用 PDA 和测量设备采集管网的空间等属性数据,通过公网,实时传输到服务器的管网数据库中(重要节点的高精度坐标信息由专业测量单位实测后导入数据库),后端处理平台可以实时读取管网数据库中的数据,从而修正三维管网形成带 GIS 坐标的真实管网图。此系统可以实现的功能包括:管网三维显示;分析、预测管线综合状况,发现潜在问题,进行预警提示;PDA 采集数据修正管网;输出 CAD、矢量格式数据,供建设和运营阶段使用。

(9)设备综合信息管理系统。飞行区供电、助航灯光、泵站、安防监控、消防、供油、特种车辆、充电、地井等系统设备型号及规格,设备上下端进出线,设备顺序及网络关系,厂家信息、GIS 信息、施工单位信息、监理单位信息等及时录入系统,供建设和运营阶段使用。

3)应用成效

大兴国际机场数字化施工和质量监控系统,可实现信息化手段从安全、质量、进度、资金以及信息资料等方面对工程建设进行有效的管理,受到工程管理部门、监理单位、施工单位广泛好评。从工程实践来看,该系统的推广使用可节约大量的设备、人力,提高施工效率,降低施工过程中的资源与能源消耗,同时减少对环境的影响,可实现快速绿色建造并降低生产成本。

大兴国际机场首次研发并应用飞行区数字化施工管理系统,受到行业内外的广泛关注,成都、青岛、厦门、海口、乌鲁木齐等机场项目建设管理单位多次到大兴机场调研交流,并计划采用该系统,对于在行业中推动数字化施工管理系统,采用信息化手段提升工程建设现代化管理水平发挥了重要的示范带动作用。

6.6.3 航站楼数字化设计

1)协同设计与管理平台

大兴机场航站楼是一个综合、复杂的超级工程,其设计工作已经超出常规建筑设计范畴,需要大量不同专业、不同领域的设计团队协同配合,共同完成。联合体内部设计团队分为建筑、结构、给水排水、暖通、电气、绿建、钢结构、BIM、经济、艺术等专业,超过 150人;外部咨询及分包合作单位达 30 余家,在流程优化、结构安全验证、性能化消防设计、民航弱电设计、行李设计、捷运设计、专项技术设计等多方面展开技术合作。面对如此多的人员与团队,为了保证整体设计工作有序高效,在以往的机场设计经验的基础上,建立了一套完整有效的、适用于机场设计总包管理的协作平台和质量控制体系。

整个体系涉及计划、合同、组织、进度、质量等众多方面,而对于数字设计工作,很核心的一点就是协同设计平台的搭建。协同设计,形象地说就是大家共同画一张图。机场建筑的特殊性决定了两点:一是规模大、复杂度高,需要大量不同专业的人员共同工作;二是功能连续,机场建筑以旅客流线为基础,建筑整体相互关联度高,无法像常规建筑那样分解为若干个小的单体建筑处理。所以机场协同设计,一个重要的思维就是系统化设计。建筑不再按照空间进行分解,而是按照不同的系统:比如装修设计,不是按房间去区分,而是分解为墙面系统、吊顶系统、地面系统、板边栏板系统……每个系统再进一步细分,最终墙面上每一种设备,比如广播、摄像头、消火栓等,都成为单独的子系统,每一个子系统都由相应的专业人员或团队进行设计,保证了单独系统设计的正确性与专业性。系统化的设计使得同一系统在建筑的不同部位,均能够基于同样逻辑设计,呈现出一致的外观。进而在此基础上,整个建筑也呈现出高度完整统一的面貌。

2)数字设计策略与技术路线架构

大兴机场航站楼设计工作开始时,没有一个既有的设计软件或数字平台能够独立承担其数字设计工作。在这样的情况下,设计团队基于一种适用性导向的策略,利用已有的协同设计平台,将一个超级系统分解为若干个相对独立的系统,并针对不同系统,采取不同的数字设计策略;再将各个系统的设计成果整合在一起,形成最终完整的数字设计。

具体地说,对于以曲面为主的建筑外围护体系,使用 Rhino 作为设计的核心平台,整合多种三维软件成果;大平面系统则使用传统的 CAD 平台,保证设计的效率和及时性,并阶段性地完成 Revit 模型搭建;对于 BIM 软件能够胜任的独立系统,如楼电梯、核心筒、卫生间、机房这样的独立标准组件,使用 Revit 平台,利用建筑信息化的优势,进行标准化设计,提高设计效率,同时确保这些复杂组件的三维准确性。所有设计成果通过协同设计平台,整合到大平面系统中,实时更新;同时在 Rhino 平台下,定期整合建筑空间信息,确保空间效果。通过这种协同工作方式,保证整个建筑设计同步推进,协调统一。

考虑到外围护系统的复杂性,从适用角度出发,设计团队确定了不以二维图纸为交付介质的策略,从设计、交付,到深化、施工,始终维持在三维环境下工作,避免二维化以后的信息损失,也减少了将三维模型二维化这一部分不必要的工作量,提高了设计效率。这一策略的制定,也是基于整体建筑行业数字化水平的提高,国内高水平的制造商,都可用三维的方式与设计进行对接。

正是以一种务实的态度,不受限于软件和平台,针对不同问题,灵活地选用适用的方式加以解决,设计团队得以将大兴机场数字设计这一艰巨的任务,逐级分解,逐步推进完成,最终完整实现。

3)外围护系统数字设计

大兴机场航站楼外围护系统主要由屋面系统、采光顶系统、幕墙系统及航站楼工程特有的钢连桥、登机桥等系统构成,每个系统内逐级划分为若干个子系统,如屋面系统可进一步细分为直立锁边金属屋面主系统、屋面天沟系统、屋面檐口系统、檐口室外吊顶系统、屋面变形缝系统等。

一方面,通过系统功能和部位作为划分子系统的依据,纵向逐级简明描述了各级子系统的名称和范围;另一方面,每一级子系统同时由多专业、跨系统的多个设计组成部分横向集合而成,在设计中由建筑专业深度统筹,将屋面幕墙主钢结构设计、室内内装大吊顶设计等系统也整合进外围护系统框架中进行横向协同。双向系统框架的搭建为实现大兴机场航站楼建筑的外观、内装、结构一体化设计协同打下了基础。

4)大平面系统数字设计

大兴机场航站楼的功能高度集成,采用相对新异的放射性平面构型,建筑平面所搭载的各子系统设计都更为复杂,其子系统之间的关系也更加密切。针对这种特点,系统化的设计方法是将整体建筑合理划分为不同的组件系统,再深入研究各系统的典型设计和变化应用规则。建筑专业首先将设计划分为基础平面、外围护、内装修三大主系统,每个主系统又包含多个分项系统。各分项系统都有专人负责,从总体布局到材料构造的全部设计内容,利用协同设计平台在基础平面上进行即时同步设计,形成"多人同绘一张图"的工作模式。基于细化分工和协同平台的系统化设计方法和BIM技术的综合应用,覆盖了航站楼设计的各专业内部及不同专业之间,并贯穿于设计全过程,有效提高了超大复杂项目的设计深度和设计效率。

5)C形柱顶采光顶智能设计应用

大兴机场航站楼的中心区域由6根C形柱支撑,形成跨度近200 m的无柱空间。加上值机区的2根C形柱,8根C形柱在满足核心区主要支撑条件的同时,顶部采光顶还为大空间提供了良好的采光条件。巨构加采光的组合使得C形柱顶的采光顶自然成为大空间内旅客瞩目的焦点。C形柱顶的采光顶(以下简称"C形顶"),造型截取自椭圆球体,布置在C形柱环梁上,与屋面凹陷的造型配合,产生悬浮感。由于玻璃板块的限制,对球面进行均匀三维划分,是该设计的目标也是难点所在。另一个设计目标在于需要与吊顶控制线相适应,做到天窗控制点与主结构控制线相匹配。为实现这两个目标,设计团队进行了一系列技术探索。

如果直接采用三角网格划分曲面,每条分割线很难在每个点做到六向相交。设计团队提出的解决方法是,先建立一个两向的基础网格,在两向网格的基础上加入斜向划分。初步设计由于其双向基础网格的均匀性导致其与椭圆相交的端部会产生异形三角板块,未解决过度均匀带来的限制,深化设计依据板块的大小均匀调整边缘及中心控制点的分布,以达到边缘分板均匀的设计目标。

通过控制边缘和中心控制点,可以达到整体分板均匀,并且可以控制斜向划分的整体走势。以中心线控制点为例,我们的做法是以中心线控制点的序号为横坐标,控制点到基准点的间距为纵坐标,建立点距坐标系,通过调整点的坐标位置,形成整体趋势。

坐标系建立完成后,为使坐标点渐变做到完全的均匀,设计团队引入了遗传算法(遗传算法可以简单理解为是一种模拟遗传学,以比较的方法优胜劣汰,从而求出最优解的算法),将点距纵坐标统一于三段混接曲线,使曲线接入遗传算法程序,自动调整其纵坐标,使点距控制点自动贴临最优曲线。这样计算出的控制点,可以做到既满足整体渐变趋势又变化均匀。

6) 航站楼物理环境数字化验证

处理好建筑与物理环境之间的关系,是建筑设计最古老的核心任务之一。环境中的空气、阳光和水是人类生存所必需的,但也时常给人类生存带来威胁。古老的人类在漫长的发展过程中,早已学会了利用材料、构造方式等来营造更为舒适的室内环境,而将外部的炎热、寒冷、雨水和风拒之门外。建筑的历史发展到今天,随着新技术、新材料快速发展,以及人类对于建筑文化性的更高诉求,建筑形体、材料和与环境交互的方式都越来越多样化,在这样的背景下,对于建筑物理环境性能的验证技术也渐渐发展起来。

大兴机场航站楼的形体较特殊,是世界上第一个采用五指廊放射形的航站楼,外围护系统由金属屋面、玻璃天窗、玻璃幕墙和金属幕墙等多种系统构成。室内空间需求也较为多样化。因此设计对其采光、通风和热工性能等分别进行了模拟验证。各项验证均以BIM模型为基础,经过几轮"计算模拟—分析结果—提出问题—制定调整策略—再次验证"过程,达到各项性能均较为理想的效果。

6.6.4 航站楼及综合换乘中心BIM施工

1) 施工难点

大兴机场工程体量大,结构形式不规则。竖向支撑结构为混合结构,梁柱节点的钢筋密集,实现柱筋、梁筋与钢结构精确连接,必须确保钢筋的定位精度。

施工现场分散,五个指廊分别位于航站楼的中央南侧、西北、西南、东北及东南五个方向,相互之间距离较远,需要分别布置施工现场。并且现场道路随时在变化,给现场施工材料进出场和人员管理带来了很大不便。

钢屋面造型复杂。屋顶网架为不规则曲面造型,钢结构组拼难度大,钢结构体量大,安装精度要求高。

饰板造型繁杂。由于屋面采用的是流线型曲面造型,所以7 000余块屋面铝蜂窝板,每块的尺寸均不一样。

2) BIM组织与应用环境

(1) BIM组织架构。由项目经理作为整个项目的BIM总负责人,统筹各项工作和BIM协调事宜,下设技术部部长,安排技术和BIM沟通协作,BIM中心主任负责具体实施BIM计划、安排工作,解决协调各专业BIM之间实际问题。

(2) BIM管理规范。项目的前期组织和策划,制定BIM标准、规范BIM应用流程至关重要。BIM在实际实施过程中,为了便于加强对BIM工作的管理,以《施工企业建筑信息模型(BIM)应用标准》和《建筑装饰装修工程BIM实施标准》为依据编制了本工程各专业BIM实施导则,对模型搭建、交付标准以及BIM工作管理及流程等作出了明确规定。

3) BIM技术基础应用

(1) 场地布置。施工现场布置就是在满足多个相互矛盾或者相互统一的布置目标和场地约束条件下,优化利用场地空间。大兴机场工程各类施工专业交错施工,所需材料的堆放、运输等,都需要提前规划好,以节约场地和时间。传统的二维平面做法显然不能够满足要求。特别是在装饰装修阶段,幕墙、机电、装饰交叉施工,各分包施工计划和进度又不相同,施工现场塔吊、钢筋加工棚、木工加工棚、配电箱的布置等情况复杂。BIM 此时就发挥了比较重要的作用,在电脑的虚拟三维世界里,可以搭建一个与现实中一样的场地模型,进行各专业场地的布置与材料运输路线的规划,并区分以不同的颜色,一目了然。不仅如此,BIM 在场地布置中还可以随着工程进度进行场地的实时更新变化。根据各分包的施工计划和不同时期场地需求,与工程部、技术部、机电部、物资部等进行沟通,合理安排布置。对不同专业、不同工序进行场地冲突预警,供总包单位和施工单位作为解决问题的参考。

(2)方案比选。立足于工程施工中遇到的实际问题,利用 BIM 技术进行方案模拟和比选,验证方案可行性。用模型的形象直观、动态模拟、碰撞分析及可视化信息,分析复杂的、技术要求高的安装施工方案、施工工艺的可实施性,对空间定位、复杂的、技术要求高的工序进行全过程控制,缩短施工的工期。

由于中南指廊下有京雄高铁、廊涿城际、大兴机场线、预留 R4 在内的高铁、地铁并行穿越而过,在施工过程中,需要为这些线路预留下隧道。隧道施工要在外围浇筑一道 2 m 厚的混凝土墙。采用传统的工艺浇筑,可能要延期。机场技术人员在项目班子带领下,决定采用定型"木工字梁"整体模板。利用 BIM 搭建好的三维模型,依据现场情况搭建"木工字梁"整体模板模型,通过接口插件导入分析软件,在此基础上进行可行性分析论证。在经过反复论证后,该方案可行。同时配合钢木混合龙骨搭建结构骨架,配合使用混凝土智能化测试仪,采用传感技术和微电脑技术,直接通过液晶显示器显示混凝土温度、预测 28d 强度等参数,以此来控制混凝土质量,确保质量过关。2016 年 11 月 28 日,3 条下穿隧道混凝土浇筑"一次成活",大幅提升了施工效率。

(3)管线排布和优化。利用 Navisworks 进行碰撞检测,解决不同专业之间的碰撞问题,减少无效成本投入。

指廊工程区设备机房多,水、暖、电、通信等各种管线错综复杂,各路管线密集交错在一起。现实施工过程中如果直接进行排布的话,会遇到各种 BIM 技术与应用问题,各专业管线之间、管线与桥架之间、管线与结构板、结构之间的碰撞很常见。管线与结构之间,管线穿梁或穿过结构楼板,这些都可以通过搭建管综模型来进行碰撞检测,形成碰撞检测报告,交予施工人员,在结构施工初期进行预留洞口;管线之间的碰撞,就需要机电专业 BIM 人员在模型中对管线进行偏移,在达到要求后进行二维图纸的导出,并与设计人员进行沟通确认,然后开始施工。这些过程都是在计算机虚拟条件下虚拟施工,或者说是一种成本极低的管线排布施工演练,确认现实条件下可以进行施工再开始动工。避免现场直接施工出现碰撞后返工的现象,缩短工期,节约成本。

(4)预制化加工。BIM 模型的数字化准确性,使其具备了很多可操作性。现实施工过程,无论怎么操作,总避免不了各种误差的出现。而 BIM 模型的数字准确特性,使其能更准确地表达建筑构件的信息与甲方等的所想表达实际效果和意图,更具有可操作性。

如钢结构的预制化加工是预先通过 BIM 技术进行预拼装,将所有的杆件、节点连接、

螺栓等信息全部输入到模型当中,工厂加工详图均是通过 BIM 模型导出,保证了 BIM 模型与实际建造的钢结构实体完全一致,从而确保了构件定位和拼装精度。

4)工程管理

(1)远程监控管理。在施工现场安装远程监控系统,用于施工现场安全、质量的监控管理。系统摄影头采用定制级 36 倍光学智能变焦一体机,双滤光镜片,不但能使夜视红外距离高达 120~150 m,还能实时接收主控制器各项指令,秒速智能对焦旋转,有效解决"灯下效应"造成的视频模糊不清等施工难题,保障安全 24 h 可视。这有效提高了项目管理水平,通过监控画面项目管理层及时了解和掌握现场施工过程信息,和 BIM 模型对比,并进行相关操作,及时高效作出决策,对加快施工进度起到了重要作用。

(2)劳务管理系统。在施工现场安装门禁闸机系统,对需要进出现场的管理和施工人员发放现场出入证明卡,刷卡进出。同时,在门禁显示屏上会显示出人员姓名、照片、年龄、所属劳务队、工种及接受安全教育情况等信息。系统实时将每日现场各劳务队人员出勤情况等数据传送给管理人员,形成考勤表,作为人员结算薪酬的依据。采用 BIM 技术与现场进度实时对比,将施工现场人员需求反馈至领导层终端,为领导管理层合理分配作业人员提供参考,实现智慧型人员管理。

(3)施工进度管理。将 BIM 模型与施工进度计划相关联,对现场施工过程进行可视化模拟,或者直接使用 Navisworks 软件编制进度计划。利用三维模型加一个时间轴形成 4D,也可以再附加上成本信息(5D)、质量信息(6D)、安全信息(7D)等。依据进度计划进行模型搭建渲染模拟出现场施工情况,清晰直观地展示进度计划;再利用现场视频监控以及实地查看等得到的现场实际施工进度情况,做出模拟视频,就可以直观地看出计划与实际之间的关系。根据计划与实际施工的对比,预测出完成工期的时间,就能看出总体是提前还是滞后,滞后几天。再根据实际情况进行工序优化。

5)创新应用

(1)无人机。除了现场安装的视频监控外,还置备了无人机设备。随着现代信息技术、计算机技术的发展,无人机的性能也得到很大提升。由于它的高机动性、低成本特性,在航空拍摄,测绘方面有了很大的推广应用。机载系统由无人机、数字影像系统、导航和飞行控制系统、通信系统组成。通过专业人员驾驶操作,进行航拍测绘,将获得的图像、数据传送至地面系统,再将数据导入至专业软件分析处理。为工程设计、施工监测、提供了有力技术支撑。同时还能对整个工程的现场实施状况、完成情况整体拍摄,为管理层优化施工进度的决策提供帮助。

(2)二维码 + VR。对现场特定部位或者特殊构件处进行模型的精细化,并将详细信息诸如位置、施工工艺、构造等标注出来,存储在二维码中。将二维码粘贴在现场对应地方。现场人员在施工时就可以利用手机等移动设备进行扫描,获得信息。三维模型的数据量一般较大,在移动端观察整个模型,移动端的反应时间会比较长。利用 VR 技术,将关键部位、特殊节点的模型进行渲染制作为场景 VR,结合二维码技术,粘贴在相应部位。使得现场施工、管理人员能够对比现场和最终效果图,了解施工质量和进度,更加高效、准确、快速地获得各类信息,提升工程管理效率和水平。

6)协同公共平台

大兴机场工程规模浩大,搭建一个公共平台极有必要。利用现有软件和网络计算机技术,借助互联网平台,建立一个可以共享资源信息的智慧工地平台。从自身基础上搭建,要求技术质量部、商务部、物资、财务等部门及各分包单位入驻平台。BIM 将模型及信息导入平台作为基础,其余各相关部门也建立自己的子平台,在其上发布信息。技术部的图纸变更发布、质量部的检查通报、各分包的施工进度等。真正使数据实时共享,为工程跨组织、跨专业多方协作提供更高效的沟通。下一步可以扩大平台,接入与甲方、指挥部、监理部门相关工作平台,真正实现建设参与各方的数据资源共享。

7)项目应用效果及效益

利用 BIM 技术实现了基于 BIM 的进度、生产及成本管理,使各专业之间更好地协同,降低了返工率,降低了材料消耗,优化场地布置,材料运输路线,节约运输成本。共节约建造成本 1 000 万元,总缩短工期 97 天。

实现基于 BIM 的现场文明安全标准化施工,规范化施工,获得示范工程 5 项,得到社会认可。应用 BIM 技术创新解决了工程中遇到的难题,获得国家 QC 成果奖 1 项,专利 3 项,工程运用了建筑业 10 项新技术中 10 个大项共 47 个小项,其他创新技术 5 项。

通过 BIM 云平台的建立,使得各参与方沟通效率极大提高。针对各方提出的问题,利用 BIM 技术形成 BIM 解决方案,制定建模标准和应用流程,探索项目管理新模式,提升了精细化管理水平。

6.7 样板工程建设之街区式城市设计

6.7.1 背景与关键性指标

经济的发展往往跟交通方式有着密切的联系,从 17 世纪到 21 世纪,新的交通方式催生了新的城市模式。考虑机场需要好的净空条件和噪声对居民的干扰,航空港建设会选择距离城市中心较远的郊区。空港基础服务设施的完善、交通条件的便利、运输及仓储功能的完备等优势吸引了相关产业的入驻,同时扩大就业人口规模,拉动空港地区的经济增长。随着空港的综合开发,机场规模的不断扩大,交流、商务、信息及基础服务等功能逐渐完善,空港地区呈现一种新的城市形态——航空城。

随着经济全球化的发展,民航业进入快速发展阶段,以机场为核心的空港地区,特别是国际性枢纽航空港已成为集聚人流与物流、商务与经济流、技术与信息流的重要航空口岸,成为空港地区乃至整个城市发展的重要推动力,同时因其空间形态的特殊性,成为空港城商业、旅游、办公、居住的门户形象的重要代表。

空港站前区是空港地区重要门户区域,同时因其功能的综合性,也是航空城的核心区,扮演着城市与外部环境进行物质、能量、信息交换的角色,且随着机场旅游业的发展,

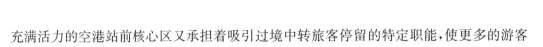

充满活力的空港站前核心区又承担着吸引过境中转旅客停留的特定职能,使更多的游客进入城市,带动区域及城市旅游增长。

在空间规划建设中,其特殊性体现在区域位置紧邻航站楼而具有展示城市形象的门户性;交通运输系统的高效性与时速性;针对不同适用人群(过境者、旅游者、暂住者和常住者)的综合服务性;受飞行噪声、净空及机场电磁保护等特殊要求的制约下的地区空间形态特殊性;土地开发、功能利用的多元复合性。

正因上述的特殊性,空港站前核心区规划建设的空间矛盾相较于一般的场所空间更为突出,具体表现为:空港运输(旅客、物流)交通与服务地(办公、居住、休闲)交通混杂,空港配套服务设施与空港综合开发用地的矛盾,空港区域限制性要素(净空、噪声、电磁)与营造特色空间形态目标相冲突,航空旅客空间开放性与武警公安等管理部门私密性的空间隔离等特征。因此在空港站前核心区规划建设时,需要基于其空间布局的特殊性与矛盾性,寻求合理的规划方法,从而突出空港地区空间特色,同时解决建设矛盾。

2016 年 2 月 6 日,中央城市工作会议的配套文件《中共中央、国务院关于进一步加强城市规划建设管理工作的若干意见》(以下简称"《意见》")出台。《意见》中提出,加强街区的规划和建设,分梯级明确新建街区面积,推动发展开放便捷、尺度适宜、配套完善、邻里和谐的生活街区。新建住宅要推广街区制,原则上不再建设封闭式住宅小区。已建成的住宅小区和单位大院要逐步打开,实现内部道路公共化,解决交通路网布局问题,促进土地节约利用,树立"窄马路、密路网"的城市道路布局理念,建设快速路、主次干路和支路级配合理的道路网系统。

《意见》为我国城市街区的规划建设指明了方向,同时也为航空城的规划建设提供了一种新的思路,航空城作为城市的特殊功能区,空港站前区具备中央提出的建设开放街区的条件。大兴机场指挥部贯彻落实最新的规划设计理念,在机场中首次引入城市设计理念,形成城市设计导则。街区式城市设计样板的关键性指标包括:

引入"开放式"的城市设计理念,落实"小街区、密路网",地块尺度不超过 2 hm²,适当提高核心区开发强度,合理利用土地资源。

6.7.2 建设需求

1) 京津冀一体化下的产业结构

大兴机场定位为综合性大型国际枢纽机场,与首都机场互为支撑,相对独立运行,形成双枢纽。新航城将形成"一轴、两核、三区、四组团"的城市空间结构,主要发展航空运输产业、航空物流业、临空高新技术产业、商务会展业、休闲旅游业等现代服务业。

2) 高起点、高定位的要求

大兴机场定位于国际化、现代化、综合性的航空枢纽城,拥有完善的基础服务设施和国际化城市功能打造世界新门户,促进北京向世界城市的迈进。随着京津冀城市群协同发展,大兴机场的服务圈层进一步增大,完善的设施条件和良好的空间环境将吸引更多临空产业和现代服务业的聚集,大兴机场势必会发展成为有国际影响力的国际新航城,这就要求在城市建设、产业发展、形象特色等方面体现全球化的内在要求,培养新航城全球竞争能力,包括经济竞争力、文化影响力、社会包容性和环境示范性等方面。

纵观国内机场规划建设,受传统规划思想影响和经济发展的制约,机场规划大都只注重航站楼的功能建设,忽略空港周边地区的空间规划,规划建设中空间布局混乱,封闭"大院"过多造成空间的"割裂",无法延续城市肌理;土地"粗放"化开发模式,造成土地利用不够集约、土地资源浪费;交通体系不足,难以匹配巨大的交通容量,易发生高峰时段的拥堵,无法实现高时效性的运输需求;开放空间不足,封闭的自我管理模式,许多公共资源无法共享,公共空间也圈地而建,空港地区缺少人气,活力不足。因此为满足新的发展需求,解决旧建设问题,大兴机场的建设需要整体规划考虑,综合各方面需求,加强对机场的规划控制,对用地精细化管理,避免土地资源的浪费,完善交通体系,提高场内公共服务水平,激发机场地区活力,提升区域竞争力,实现机场经济、文化、环境多方面良好发展。

6.7.3 "开放街区"理念在大兴机场站前核心区城市设计中的适用性

航站楼楼前的核心地块位于进出场高速之间,是进出机场的视线焦点,同时由于净空和噪声条件较好,规划为综合办公区,可实现较高强度的建设,体现机场门户形象。

大兴机场核心区城市设计的目标为:保障机场安全高效运行的同时,打造功能完善、尺度宜人、形象良好、环境优美,集服务、工作、休憩于一身的机场城市。设计需要解决的问题:解决区域对外联系性交通与地方服务性交通的矛盾,满足不同使用者多样性交通使用要求;研究合理的土地开发模式,提高土地利用效率,整合区域资源,打造具有 24 h 活力的机场城市空间;在机场限定条件下,如何与城市特色相协调,同时又形成鲜明区域特征的区域空间形态;协调开放和私密需求,争取城市公共、开放的空间环境,关注人的体验感受,营造令人印象深刻的空间环境。

站前核心区不能按照城市普通功能区规划设计,而是以城市的中央活力区来设计规划,城市的中央活力区是对中央商务区(CBD)理念的一种品质和内涵的延伸。它更为注重空间开放性、功能多样性和活力持久性,融合商务行政、展览展示、休闲娱乐、酒店居住、旅游观光、产业技术等多种功能,使区域充满活力和吸引力。正是在这种建设需求下,开放街区"开放性""多样性""活力性"的特点成为协调核心区与航站区的空间关系、打造开放、多元、混合的机场之城、高效组织区域内大量交通的有效策略。

1) 功能多样性需求

在城市群协同发展影响下,大兴机场成为京津冀地区对外交流合作的重要窗口,大兴机场的服务范围和规模势必也会增大,大兴机场需要完善的功能设施来匹配客货运输需求的增大。

(1) 使用者多样性。大兴机场使用人员主要包括:进出航空港的乘客、中转旅客、接站送站的人员、旅游观光者等外部使用人员和机场的工作人员、驻场单位办公人员、商务办公人员和政府管理人员等内部使用者。据估算,年 7 200 万人次吞吐量情况下,机场、各航空公司员工人数约为 6 万~7 万人,以首都机场现状 15% 的倒班比例考虑,机场需满

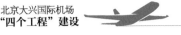
足约 1 万名一级单位员工的倒班过夜需求。由于大兴机场距离市区较远,过夜保障比例应适当提高,此外,部分航空公司存在机组公寓的需求。本次规划为保障机场运行,需满足机场、航空公司、各类驻场使用方的过夜需求,提出规划区应满足 1.5 万人的倒班与过夜需求,规划核心区内无商品住宅区。

（2）功能多样性。过去机场单一功能分区根本无法满足使用人群的多样功能需求,大兴机场功能涵盖面较广,除以客货航空运输为主要功能外,还包括：货运物流、机务维修、公务航空、航空制造等空侧功能,机场、航空公司及各驻场单位的配套办公及生活服务功能,商务、酒店、购物、会展等商业服务业功能。而本次核心区的规划设计主要解决机场办公设施、商务综合办公设施、商业服务业设施等陆侧功能区的相关问题。

"开放街区"理念提倡各个街区所包含的功能尽可能具有多样混合性和适应性,满足多样人群多元化的功能需求,同时小地块的开发模式有利于功能灵活布置。随着机场开发建设的动态发展,小地块混合功能模式显示出很强的适应性,可以很灵活地实现功能置换变更,实现长远的发展需要。

2）空间开放性需求

大兴机场—新航城—新形态,新航城要塑造开放的空间形态、有亲和力的环境氛围吸引高端临空产业集群入驻和国内外旅客中转及旅游,提升机场竞争力,促进地区经济增长；圈地而建的空间布局形成消极空间,不利于人气集聚和活力激发,开放空间吸引不同使用人群,使工作人员、居民、旅客和游客等能够乐在其中。

"开放街区"理念充分重视开放空间的营造,在空间环境的创造中,遵循"以人为本"的原则,创造出不同性质、不同程度、不同功能、不同规模的开放空间,满足不同身份、年龄、地位的人群多样化需求,促进交流、交往的发生,激发地区活力。

3）生态可持续需求

大兴机场作为我国新世纪建设的超大型国际枢纽机场,实现绿色机场是工程建设者的目标,"节约能源、低碳生活"是绿色机场的重要指标之一。要做到低碳,就要从规划、设计、施工运行等全生命周期考虑,统筹考虑低碳、节约措施,使机场达到可持续发展。

开放街区理念的应用充分满足大兴机场生态可持续发展需求：采用尺度宜人的小街区、功能混合土地利用模式,促进土地集约利用；发展公共交通,创造更多的慢行交通系统,提倡绿色、低碳出行；开放公共设施,实现资源共享。大兴机场结合"森林城市"和"海绵城市"理念,在大面积的森林城市系统的基础上,结合综合管廊、透水地面等技术要素,进一步优化城市的雨水排水与综合利用能力,实现空港地区生态可持续发展。

6.7.4 "开放街区"理念下的机场站前核心区城市设计策略

2016 年在中央城市工作会议上提出,未来要"推广街区制",这表明开放街区将成为未来发展的主流形式。开放街区相对传统封闭大院而言,有更大比例的建筑紧贴用地红线,从而形成公共服务与商业设施等沿街空间,并为行人提供步行穿越场地或建筑地面层的开放空间。根据《民用航空安全保卫条例》及相关规范要求,机场塔台、区管中心、信息中心、主备用电源、供油设施等如遭破坏对机场功能产生重大损害的设施需采用相应的航空安全保卫措施；此外，根据公安、武警、海关等相关单位的建设及管理要求，采用单独的"大院"有利于其安全平稳运转，因此规划适当保留了部分办公与基础配套设施合建的"大院"，除此之外的功能空间均以开放形式组织布局，创造机场站前开放、舒适、有活力的空间形态。

1）"小街区、密路网"的规划策略

大兴机场站前核心区采用"小街区、密路网"的土地细分的开发模式，细分内部地块，优化交通网络，以满足城市道路通达性。小地块开发使街区空间肌理更为精细化，细分街区功能，提高土地利用率；密集的路网，有利于疏散大的交通流量，同时形成更多的街道空间，将公共性活动充分渗透到街区内部，聚集街区人气，提高活力性；小地块开发更具灵活性和适应性，适应机场动态发展灵活调整或变更其功能。

2）功能混合的土地利用策略

土地的集约利用是空港地区实现可持续发展目标的途径，因此空港站前核心区采用功能混合的土地利用模式，创建多种功能和活动混合的更为精细的空间布局形式，实现空港整体土地利用率的提升。在区域总体层面，实现服务功能、综合办公、交通运输和开放景观的功能组团总体混合；在街区层面，细分地块功能，使商业、办公、酒店、服务管理等各功能相互联系形成良好的互补关系，在街区范围内尽可能满足使用者工作、居住、娱乐等日常需求，减少使用者的通行时间和交通使用量，促进资源的节约，同时还可以吸引不同人群在街区内进行丰富多样的社会活动，从而集聚人气、激发街区活力。因此从这个意义上讲，街区层面的功能混合是促进空港地区活力、可持续发展的重要内容。

大兴机场站前核心功能区由服务功能组团、综合办公组团和地块中心景观轴共同构成。核心区服务区主要由城市服务区 A-1 与临空服务区 A-2 两部分组成，涵盖综合服务、酒店、停车、商业等功能：A-1 服务区空间由停车、综合服务、公交枢纽、PRT 接驳站与下沉广场、商业等功能空间构成，A-2 区域包括酒店、会展、露天剧场、PRT 接驳站、临空高指向企业等功能。核心区中部总体功能为综合办公区，由航空公司总部区（B-1）、综合办公区（B-2）、机场办公区（B-3）三部分组成，结合内部配置商业、酒店、文化、休闲娱乐等辅助功能设施和院落绿化景观共同形成混合街区。

3）街道空间界面设计策略

对于主要街道两侧的建筑、公共性比较强的建筑，控制建筑退线距离，贴临街道的建筑更有利于创造街道的活力。沿街建筑保持一定的连续界面，包括街角的建筑，以一定的建筑贴线率保证街道空间的完整性。主干道两侧的贴线率需要较高的控制，形成"城市墙"，强调首层的通透性和适度的公共空间营造；生活街道宜通过建筑裙房，形成连续的、具有生活氛围的连续街道界面；休闲空间宜保证充分的开放性、共享性、通透性，控制现有贴线率的上限。

核心区内限高 45 m，控制建筑高度与街道宽度比。建筑高度控制需要与街道空间相协调，形成宜人的街道尺度。因此，重要街道两侧的建筑高度与街道宽度比尽可能形成

1∶1的比例;对于步行街道,控制高宽比在$0.5 \leqslant D/H \leqslant 1$的范围内,形成亲切的、具有紧凑感的街巷式的界面空间;人与车共同主导(含自行车)街道兼顾近人尺度和建筑连续界面,街道高宽比D/H尽量保持1∶1的比例,形成均衡、舒展的街道空间,人身处其中产生开阔又内聚的空间感;主干道(50 m)街道两侧建筑控高范围内尽量设计提高其高度,取$1 \leqslant D/H \leqslant 2$值,并尽可能接近于1,以形成流动、舒展、均衡的街道空间。对于提供公共活动的景观开放空间,不用考虑街道高宽比的限制。

大兴机场在街区立面设计中,除了标志性建筑之外,建筑整体立面形态不追求怪诞的形式,而应该做到:每一个建筑只有一种立面系统,建筑按组团有相似的立面系统,减少建筑立面的突变,不追求过于个性化的形式;一个街区内建筑立面保持风格的一致性,形成协调、均衡的街区形态;整合建筑语言,凸窗、花园、阳台、雨棚等元素应该整合于立面设计的总体设计中,避免形成与建筑主体相分离的元素。

第五立面是机场建筑区别于普通建筑、展示风貌的重要窗口。大兴机场第五立面最大的特色是对中央景观带的第五立面进行一体化处理,以一组形态自然、大开大合的曲线为骨架进行进一步的空间组织。这些曲线的形式来源包含下穿铁道的轨迹、自然界中的藤蔓与枝干等,经过进一步的形式处理以适应场地环境。中央景观带由于其超大尺度的线性形态特征,使其将与航站楼主体建筑一起,成为空中鸟瞰时的首要观看对象,成为大兴机场一个具有高度可识别性的新地标。

4)"经营性"景观开放空间营造策略

传统机场站前区景观规划为"成本型"景观,大片的绿地与人及周边缺乏互动,大兴机场站前核心区规划引入"经营性景观"规划思路,打造可享用、有亲和力的开放景观空间,聚集人气,提升服务效能与商业价值。站前开放空间由"一轴、一带、一环、多点"景观空间构成。

(1)"一轴"。利用中央主轴与蓄洪区打造的中央休闲公园,作为南中轴的空间延续,呼应北京中轴线,是大兴机场绿化景观体系的核心。中央绿地公园整体呈端头放大的线性形态,南北全长接近1.6 km,主体部分宽度130 m,北端宽度220 m,南端宽度300 m。中央绿地的形态、规模与尺度具备成为地标性的中央景观带的基础。中央公园形态完整,延续性强,具有较高生态保育价值。设计从原有绿地空间格局,增强步行环境与活动性,设置一系列的活力节点,与周边地块互动,从而激发城市活力,支撑起机场之城的设计愿景。

(2)"一带"——滨水绿带空间。核心区中部沿泄洪渠两侧布置滨水绿带,结合骨干路网,形成贯穿东西的重要绿化景观骨架,使泄洪渠在实现防护作用同时,结合绿化景观形成积极开放的滨水空间,兼作联络东西的城市步行系统。设计分段体现不同特点,驳岸形式多样,沿河展开的城市界面保持空间连贯性和引导性,视线通廊使人们在城市中容易看到水体,同时沿景观带布置休息设施和景观小品,为使用者提供舒适的户外休憩空间,这样的空间具有亲和力和包容性,让空间使用人群获得空间归属感和亲切感。

(3)"一环"——环状绿地开放空间。基于核心区内预留的南北向10 m宽绿化带形成的区域内部绿化环路,近期可通过街边绿化的形式满足办公人群日常的休憩需要,远期可作为公交捷运系统的预留用地,从绿化景观和交通两个层面上形成密切核心区内联系的重要一环。

(4)"多点"——广场、庭院景观节点。核心区不强调每个街区的绿化率,而鼓励集中城市中小绿地广场或公园,形成多点式景观节点,以平衡周边街区的绿地率,避免每条街道都被低效的边角绿地所分割而无法形成真正的街道氛围。

航站楼前广场绿地作为整个机场中轴景观序列的开端,起到承接机场和整个中轴开放空间的作用,带动和承载多种公共活动,结合新增地铁站点做下沉广场,实现地面地下人流的快速转换,并将自然光线、自然风引入地下,争取宜人的环境;中轴线北侧绿地保持景观生态性,通过多种类多尺度植物的间作套种,营造"城市森林",使其成为机场新区可供呼吸的"绿肺"。

机场核心区街区设计采用合院式建筑组团,灵活多变的建筑组合方式,形成开放、和谐的院落式空间。院落是公共空间向私密性空间过渡的中间空间,设计中结合不同功能街区协调各种景观元素形成不同的庭院空间:有的街区地块中受覆土条件所限,结合地形设置成绿植坡地,同时结合小广场配置休憩、娱乐设施,形成休闲活动的核心场地;根据功能需要,部分街区内设置下沉庭院,丰富空间体验,为使用者营造相对私密型的空间环境。

第7章

平安工程建设

平安的前提和核心是安全。安全与便捷是机场运营的核心,是机场建设的底线。指挥部在工程建设与运营筹备中,始终坚持安全为先,把安全理念贯穿于工程建设的全过程,狠抓安全管理。针对跨地域、跨行业、现场环境复杂等建设管理特点,建设安全管理体系,完善安全管理组织架构,建立健全各项安全管理制度,制定应急预案,做到规章制度完备、安全主体责任清晰、安全文化氛围浓郁,打造平安工程,建设平安机场。

7.1 概述

机场工程建设是一项十分复杂的系统工程,涉及面非常广泛,如占地面积较大、各方面配套设施众多,工作面分散,涉及工种多,人员多,项目功能也不尽相同,工程环境千差万别。在大兴机场建设中,由于建设规模大、地跨京冀两地,参建单位上百家,工程项目除涉及民航专业工程项目外,还包括大量房屋建筑、市政基础设施、道路、机电安装等,专业工程涉及地基与基础工程、钢结构工程、建筑幕墙工程、桥梁工程等。因此,机场平安工程建设中的影响因素和由此产生的风险具有相当大的复杂性,构建一个全面的机场安全风险因素体系,指导平安工程建设,具有重要意义。

7.1.1 机场平安工程建设的影响因素

在机场建设中,除传统意义上的人、机、物、法、环(4M1E[1])本质安全化[2]影响因素外,在机场平安工程建设中还涉及工程类别与状态、外加灾害等因素,其中环境可分为自然环境、社会环境,由此构成了如图 7.1 所示的机场平安工程建设影响因素及相互关系。

---

[1] "4M"指 Man(人)、Machine(机器)、Material(物)、Method(方法),简称人、机、物、法;"1E"指 Environments(环境)。

[2] 是指从一开始和从本质上实现了安全,从根本上消除事故发生的可能性,从而达到预防事故发生的目的,即设备、设施或技术工艺含有内在的能够从根本上防止发生事故的可能。

1）人

人是生产经营活动的主体，也是工程项目建设的决策者、管理者、操作者，包括两个方面的含义：一是指直接承担工程建设项目质量和安全管理职能的决策者、管理者和作业者个人的质量意识及质量活动能力，二是指承担工程建设项目策划、决策或实施的业主单位、勘察设计单位、咨询服务机构、工程承包企业等实体组织。前者是个体的人，后者是群体的人。

工程建设中首先要考虑到对人的因素的控制，因为人是建设过程的主体，工程质量的形成和安全

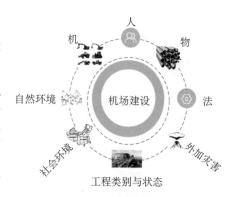

图 7.1　机场平安工程建设影响因素及相互关系

保障受到所有参加工程项目的工程技术干部、操作人员、服务人员等共同作用。人的素质是影响工程质量和安全的一个重要因素。人的素质包括心理与生理素质、安全能力素质和文化素质等。首先，应增强参建人员的质量与安全意识，树立安全第一、预防为主的观念，为社会服务的观念，用数据说话的观念以及社会效益、企业效益的综合效益观念。其次，是人的素质，领导层、技术人员素质高，决策能力就强，就有较强的质量安全规划、目标管理、施工组织和技术指导、质量检查的能力；管理制度完善，技术措施得力，工程质量和安全管理水平就高；操作人员应有精湛的技术技能、一丝不苟的工作作风，严格执行质量标准和操作规程的法治观念；服务人员应做好技术和生活服务，以出色的工作质量，保证工程质量和安全。提高人的素质，一是通过质量安全教育、精神和物质激励的有机结合，二是通过培训和优选，进行岗位技术练兵。

2）机

机即机械设备。通常情况下的机械设备分为施工机械设备和工程实体设备，其中施工机械设备对工程质量和安全有着直接的影响。施工机械设备是建筑工程中发挥着重要作用的施工工具，随着现代科学技术的进步，越来越多的先进机械设备被广泛应用到许多工程建设中，对于加快提升建设速度、确保施工过程的质量和安全起着重要的作用。在工程建设中，必须综合考虑施工现场条件、建筑结构形式、施工工艺和方法、建筑技术经济等，合理选择机械的类型和效能参数，合理使用机械设备。操作人员必须认真执行各项规章制度，严格遵守操作规程，并加强对施工机械的维修、保养、管理。

3）物

物即材料，泛指工程实体所需要的一切物质材料，包括原材料、成品、半成品、构配件等，是工程施工的物质条件。材料的选用和使用都将直接影响工程的质量和安全。材料质量是工程质量的基础，直接影响到建筑的整体质量与安全。所以加强材料的质量控制，是提高工程质量的重要保证。影响材料质量的因素主要是材料的成分、物理性能、化学性能等。工程建设是一个不断创新的漫长过程，其最终的产品是影响力较大且不可逆转的建筑物，对于所使用材料特别是新型材料，应加强检验和监管。

4) 法

法即方法,包含整个建设过程中所采取的技术方案、工艺流程、组织措施、检测手段、施工组织设计,以及各种标准及规范、操作规程、产品标准、检验标准等。工程方法正确与否,直接影响工程质量控制和安全保障。为此,制定和审核工程方案时,必须结合工程实际,从技术、管理、工艺、组织、操作、经济等方面进行全面分析、综合考虑,力求方案技术可行、经济合理、工艺先进、措施得力、操作方便,有利于提高质量、保障安全。

5) 环

环即环境条件,是指影响人类生存和发展的各种天然的和经过人工改造的自然因素的总体,包括自然环境与社会环境,对工程质量和安全有着直接的影响。

(1) 自然环境。影响工程质量和安全的自然环境因素较多,包括工程地质、水文、气象等。自然环境因素对工程质量和安全的影响具有复杂而多变的特点,如气象条件变化万千,温度、湿度、大风、暴雨、酷暑、严寒都直接影响工程质量和安全。因此,应根据工程特点和具体条件,对影响质量的环境因素,采取有效的措施严加控制。此外,冬雨期、炎热季节、风季施工时,还应针对工程的特点,尤其是混凝土工程、土方工程、水下工程及高空作业等,拟定季节性保证施工质量的有效措施,以免工程质量受到冻害、干裂、冲刷等危害。同时,要不断改善施工现场的环境,尽可能减少施工过程对环境的影响,健全施工现场管理制度,实行文明施工。

(2) 社会环境。社会环境一般是指在自然环境的基础上,人类通过长期有意识的社会劳动,加工和改造了的自然物质,创造的物质生产体系,积累的物质文化等所形成的环境体系,是与自然环境相对的概念,是人类社会物质、精神条件的总和,包括经济社会环境、物理社会环境和心理社会环境。不同地域的社会环境,尤其是经济发达地区与不发达地区的社会环境差异较大,对工程建设的影响亦较大。机场建设的目的是通过提高生产生活的便捷程度,提高运输效率的方法,促进经济社会发展,提升人民的物质、文化生活水平。但由于工程建设产生的各种有利和不利、短期和长期的影响,以及出现的占地、就业、补偿等多样机会,必定对周边人群的心理产生正面和负面的影响,有时可能与当地的民风和治安因素交织在一起,由此可能导致工程的环境复杂化。因此,在工程建设中需要统筹兼顾,获得当地政府的支持,确保工程顺利实施。

6) 工程类别与状态

工程项目具有不同的性质、规模等不同的类别和状态,如工业建筑工程、民用建筑工程、构筑物工程等类别,以及新建、改(扩)建等状态,其所面临的安全管理风险程度各不一样。就机场建设而言,有大型、中型和小型机场之分,按功能分区有飞行区、航站区、航管及航油工程、货运区等,建设工程类别多、范围大、单位及施工人员多、施工过程的监控难度比较大,安全风险高,尤其是不停航施工的安全管理难度极大。

7) 外加灾害

工程建设中的外加灾害主要有两类:第一类是自然灾害如地震、风灾、水灾、暴雪、地质灾害等,第二类是社会灾害如战争灾害、生态灾害、火灾、疫情、恐怖袭击事件等。外加灾害对工程的危害和破坏方式复杂多样,主要表现为:危及生命和健康,威胁人类的正常生活,造成公共设施和财产损失,破坏资源和环境,威胁国民经济和社会稳定。

7.1.2　平安工程建设中的风险类型

工程建设总是伴随着安全风险,这是由工程本身的性质决定的。如前所述,由于工程类型的不同,引发工程安全风险的因素是多种多样的。总体而言,工程安全风险主要由三类不确定性因素造成,即:工程中技术因素的不确定性、工程外部环境因素的不确定性和工程中人为因素的不确定性。

从广义平安工程角度而言,工程中技术因素和人为因素的不确定性可能导致生产事故、技术事故、质量事故和环境事故等风险,工程外部环境因素的不确定性可能导致自然灾害、群体事件、刑事及治安事件、破坏事件和公共卫生事件等风险,或由于多种因素产生的火灾、交通事故等风险。

图 7.2 为平安工程建设中的风险类型拼图。

图 7.2　平安工程建设中的风险类型

1) 生产事故

生产事故主要是指在工程建设过程中,因操作人员违反有关施工操作规程等而直接导致的安全事故,包括高处坠落、物体打击、触电、机械伤害、坍塌、火灾、中毒和爆炸等。这类事故一般都是在施工作业过程中出现的,事故发生的次数比较频繁,是工程建设安全事故的主要类型之一。

2) 质量事故

质量问题主要是指由于建设管理、监理、勘测、设计、咨询、施工、材料、设备等原因造成工程质量不符合规程、规范和合同规定的质量标准,影响使用寿命,对工程安全运行造成隐患及危害的事件。工程质量事故具有复杂性、严重性、可变性和多发性的特点,并主要体现在设计与施工方面。在设计不符合规范标准方面,主要是设计本身存在安全隐患。在施工达不到设计要求方面,一是施工过程违反有关操作规程留下的隐患,二是由于有关施工主体偷工减料的行为而导致的安全隐患,如 2007 年 8 月 13 日发生的沱江大桥垮塌事故[1]。质量事故可能发生在施工作业过程中,也可能发生在建筑实体的使用过程中。特别是在建筑实体的使用过程中,质量问题带来的危害是极其严重的,如果外加自然灾害(如地震、火灾)同时发生,其危害后果是不堪设想的。因此,质量问题是工程安全事故的主要类型之一。

---

[1]　2007 年 8 月 13 日,正在拆除脚手架中的沱江大桥突然垮塌,造成 64 人死亡,22 人受伤,经事后查明,大桥在建筑施工过程中,相关人员偷工减料,致使该桥存在严重的质量问题。

3）技术事故

技术事故主要是指由于技术不够完善或者设备自然损耗而导致的安全事故。技术事故的结果通常是毁灭性的。技术是安全的保证。随着科学技术的进步,技术本身及它的产生、发展和转化逐渐形成体系。由于技术系统的非线性、复杂性、动态性与不透明性,使系统中各种技术之间的相互作用产生可能性关系的数量有时会呈指数型增长,从而使得技术风险性迅速提高。曾被确信无疑的技术可能会在突然之间出现问题,起初微不足道的瑕疵可能导致灾难性的后果,很多时候正是由于一些不经意的技术失误才导致了严重的事故。在工程技术领域,人类历史上曾发生过多次技术灾难,包括原苏联切尔诺贝利核事故[1]、美国宇航史上最严重的"挑战者"号爆炸事故[2]等。在工程建设领域,这方面惨痛失败的教训同样也是深刻的,如1981年7月17日美国密苏里州发生的海厄特摄政通道垮塌事故[3]。技术事故的发生,可能发生在施工生产阶段,也可能发生在使用阶段。

4）环境事故

工程建设中的环境事故,主要是指在建设过程中违反环境保护法规使环境受到污染,国家重点保护的野生动植物、自然保护区受到破坏,人体健康受到危害,社会经济与人民财产受到损失,造成不良社会影响的突发性事件。工程建设对周围的环境可能造成直接或者间接的影响,主要包括:水污染、空气污染、噪声污染、建筑垃圾污染与安全隐患、放射性材料污染等。

5）自然灾害

自然灾害,即自然界中所发生的且对人类社会的生存和社会发展造成损害的各种现象和事件。自然灾害系统分为"人—地关系系统"和"社会—自然系统",二者的相互作用是自然灾害系统演化的本质,是灾害风险的由来[4]。自然灾害对工程建设的破坏大致有三种特征:区域的广泛性,即自然灾害对工程建设造成破坏的区域,不管是山川还是盆地,或是海洋,都有可能受到灾害的影响;季节的集中性,即冬季和夏季一般是自然灾害引发的季节,发生灾害的频率占全年的80%;无法预见的突发性,即时间的突发性,尽管人类社会在预报各种自然灾害的精准程度方面已有了很大的进步,但还是不能完全掌控其变化规律。在工程建设中,常见的自然灾害主要有暴风雨、暴风雪、强雷、高温、寒潮等,严重的自然灾害有地震、海啸、台风、泥石流、山体滑坡等,严重自然灾害产生的灾害几近毁灭,破坏性极大。自然灾害对工程的损害包括人员伤亡、建筑结构破坏、设施损毁,给经济造成损害的同时,也给社会带来不安定因素。

---

[1] 1986年4月26日,发生在原苏联乌克兰苏维埃社会主义共和国境内的普里皮亚季市(俄语:Припять;英语:Pripyat),该电站第4发电机组的核反应堆全部炸毁,造成大量放射性物质泄漏,成为核电时代以来最大的事故。
[2] 1986年1月28日,美国"挑战者"号航天飞机在发射后的第73秒解体,机上7名宇航员全部罹难,并由此导致美国的航天飞机飞行计划被冻结了长达32个月之久。
[3] 1981年7月17日,美国密苏里州堪萨斯城新建的海厄特摄政通道的三个"悬浮通道"发生垮塌,导致114人死亡。事故调查结果表明,事故是由于信息交流渠道不畅和偷工减料所致。
[4] 董恒,工程中的风险、安全与责任,国家教指委—专硕公共必修课(首届)讲座,南开大学环境科学与工程学院。

6）火灾

在工程建设中，火灾可能是由自然灾害（如地震、雷电等）引起的次生灾害，亦可能是由于施工人员的操作失误所致。对于存在的火灾隐患的施工现场，其火灾危险性是由其自身的特点决定的，即临建设施多、临时员工多、易燃与可燃材料多、动火作业多。调查结果表明，施工现场火灾主要是因用火、用电、用气不慎，并且对初期火灾扑救不及时造成的。

7）公共卫生事件

公共卫生事件，是指突然发生，造成或者可能造成社会公众健康严重损害的重大传染病疫情、群体性不明原因疾病、重大食物和职业中毒以及其他严重影响公众健康的事件。在工程建设中，公共卫生事件包括重大传染病疫情、群体食物中毒等，其主要特点是：成因的多样性、分布的差异性、传播的广泛性、危害的复杂性和种类的多样性。公共卫生事件不但影响人的健康，还影响社会的稳定。

8）交通事故

工程建设中的交通事故，是指工程车辆在场内道路或公路、城市道路上因过错或者意外造成人身伤亡或者财产损失的事件。工程建设中交通事故主要是由车辆技术状况不良、道路不畅、超速行驶、争道抢行、违章装载、疲劳驾驶和疏忽大意等原因所致。

9）群体事件

群体性事件是指由某些社会矛盾引发，特定群体或不特定多数人聚合临时形成的耦合群体，以人民内部矛盾的形式，通过没有合法依据的规模性聚集、对社会造成负面影响的群体活动、发生多数人语言行为或肢体行为上的冲突等群体行为的方式，或表达诉求和主张，或直接争取和维护自身利益，或发泄不满、制造影响，由此对社会秩序和社会稳定造成重大负面影响的各种事件。在工程建设中，群体性事件的主要成因包括：拖欠农民工工资、工程款纠纷、市场的不规范、处理群体性事件方式不当和少数人的别有用心。就目前来说，各类工程项目所涉及的不确定性因素日益增多，面临的群体性危机事件因素也越来越多，危机因素所导致的损失规模也越来越大，一旦建设项目管理者不能识别项目存在的群体性事件危机因素并及时采取措施予以处置，项目就可能遭受巨大损失。

10）刑事及治安事件

在工程建设中，刑事案件是指在工程项目辖区范围内发生的打架斗殴、恐怖、暴力、破坏，或突发的意外事故造成交通中断、停工、停产或有人员伤亡、重伤等恶性事件，应依照刑法有关规定追究刑事责任；治安事件是指在工程项目辖区范围内发生的扰民或其他情况引起的告状、上访、围攻、拦截等违反治安管理法律法规的行为，应依照《中华人民共和国治安管理处罚法》的规定进行处罚。

7.1.3 平安工程建设的基本途径

平安工程建设是一项基础性工程，同时也是一项系统性工程，是机场工程建设安全生产工作的重要载体和主要抓手，是平安民航的重要组成部分。平安工程的本质是安全，实现本质化安全和随机安全[1]控制技术的综合管理是推进平安工程建设的基本途径,其基本内容包括:安全生产管理、安全技术管理、设备设施安全管理、施工现场安全管理、企业行为管理、突发公共事件管理等。

1)安全生产管理

安全生产管理,是指对安全生产进行管理和控制,即建设行政主管部门、质量安全监督管理机构、业主单位、施工企业及有关单位,对建筑生产过程中的安全工作进行计划、组织、指挥、控制、监督等一系列的管理活动。国家2021年颁布新修订的《安全生产法》确立了"安全生产工作坚持中国共产党的领导"的总体宗旨,"管行业必须管安全、管业务必须管安全、管生产必须管安全"的总体机制;提出了"把保护人民生命安全摆在首位,从源头上防范化解重大安全风险"的首要任务,最终目标是"保障安全生产、维护社会和谐、实现安全发展";明确企业是安全生产的主体,必须"建立健全全员安全生产责任制"。安全生产管理的内容主要包括:安全生产责任制、安全生产管理机构、安全文明资金保障制度、安全生产教育培训制度、安全生产管理规章制度、安全检查及隐患排查制度、生产安全事故报告处理制度、安全生产应急救援制度等。

2)安全技术管理

安全技术管理,即针对工程建设的特点和建设过程中的不安全因素,侧重于在生产过程中对劳动手段和劳动对象的管理,其管理内容主要包括:法律法规、标准规范及操作规程配置、施工组织设计、专项施工方案、安全技术交底以及危险源控制等。

3)设备设施管理

设备设施管理,即对在工程建设中用于施工、预防生产安全事故的设备、设施、装置、构(建)筑物和其他技术措施等进行管理的活动,其内容主要包括:施工设备的安全管理、设施和防护用品的管理、安全标志的管理、安全检查测试工具的管理等。

4)企业行为管理

企业行为管理,即是对工程施工、监理等企业市场行为的管理,包括安全生产许可证、安全文明施工、安全质量标准化、资质证书及人员管理制度等。

5)施工现场安全管理

施工现场安全管理,是指在项目施工的全过程中,施工单位运用科学管理的理论、方法,通过法规、技术、组织等手段所进行的规范劳动者行为,控制劳动对象、劳动手段和施工环境条件,消除或减少不安全因素,使人、机、物、环境构成的施工生产体系达到最佳安全状态,实现项目安全目标等一系列活动的总称。施工现场安全管理是企业安全管理的重点,是保证生产处于最佳安全状态的主要环节。因此,对施工现场的人、机、物、环境系统的可靠性,必须进行经常性的检查、分析、判断、调整,强化动态中的安全管理活动。施工现场安全管理的内容主要包括:施工现场安全达标、安全文明资金保障、资质与资格管

---

[1] 安全事故具有偶然性、随机性,即从本质上讲,事故属于在一定条件下可能发生、也可能不发生,随时间推移产生的某些意外情况而显现出随机性。

理、生产安全事故控制、设备设施及工艺选用、工程保险等。

　　6）突发公共事件管理

　　突发公共事件，是指突然发生，造成或者可能造成重大人员伤亡、财产损失、生态环境破坏和严重社会危害，危及公共安全的紧急事件。突发公共事件管理也叫公共危机管理，是一种应急性的公共关系，一般分为四类，即：自然灾难、事故灾难、突发公共卫生事件、突发社会安全事件等。应对各类突发公共事件的工作原则是：以人为本、减少危害，居安思危、预防为主，统一领导、分级负责，依法规范、加强管理，快速反应、协同应对，依靠科技、提高素质。

7.2　平安工程建设关键指标

7.2.1　作用与意义

　　开展大兴机场平安工程建设，是贯彻落实习近平总书记重要指示精神，贯彻落实党中央、国务院有关安全生产一系列方针政策的重要举措。

　　机场平安工程建设涉及因素广泛，是一个综合性极强的系统工程，不仅需要管控安全生产，而且还要兼顾社会、环境、交通等的安全、和谐、稳定。国家、民航行业高度重视机场基础设施建设中的平安工程建设，将其提升到突出的位置。准确评价、衡量大兴机场平安工程建设，充分展现平安工程的内涵和要求，是构建大兴机场平安工程关键指标体系的意义所在。

　　平安工程建设关键指标是助推大兴机场平安工程建设的重要引擎，是衡量平安工程建设水平的重要标尺，是完善平安工程建设管理制度的"风向标"、攻坚克难的"增压器"，对于指引、激励、推动高水平的大兴机场平安工程建设具有重要作用。

　　开展大兴机场平安工程建设，责任落实是"牛鼻子"。需要通过关键指标强化机场建设指挥部的主导、统筹协调作用，压实工程参建各方的主体责任，压实各方、各层级保一方平安的重大责任，坚持过程导向和结果导向相结合，加强协同配合，真正将平安工程建设列入重要议事日程，落实各项要求，把各类安全风险化解在萌芽状态。

7.2.2　关键指标体系构建

　　1）构建原则

　　为推进大兴机场平安工程建设，为工程建设提供指导方向及决策依据，在关键指标体系构建及应用的过程中，应遵循如下基本原则。

　　（1）科学性与客观性相结合。选取的关键指标应能涵盖平安工程建设的基本内涵，符合平安工程建设的目标和要求；确立的指标必须遵循自然客观规律和工程规律，能够较为客观和真实地反映实际状态；统筹兼顾，通过采用科学的管理方法和手段，能够显著提升平安工程建设的能力和水平。

（2）全面性与重点性相结合。应结合大兴机场工程建设实际及所在区域的特殊性，秉持全局性、整体性理念，把机场平安工程建设视为一个系统问题，并基于多因素进行考量，全面反映大兴机场平安工程建设的各个方面，各指标构成一个有机整体，充分展示工程的重点和难点，反映问题的本质。

（3）动态性与静态性相结合。机场建设是一个专业性、地域性很强的系统工程，平安工程建设是一个动态发展的过程，各种因素随着时间、工程进展和环境条件变化而变化，具有非线性变化规律。机场平安工程建设的核心是安全、文明、和谐，应综合分析各要素的静态水平和动态趋势，进行客观、科学、合理的评价。

（4）指引性与约束性相结合。构建大兴机场平安工程关键指标的目的是指引，重在通过制度、过程导向与结果导向等对机场建设各参建方进行指引，强化各参建方的主体责任，由此形成刚性约束和弹性管控体系，以达到保证平安工程建设底线、兼顾管理弹性的目的，确保指标体系能用、管用和好用。

2）构建思路

大兴机场平安工程建设是一项复杂而艰巨的系统性工作，涉及影响因素繁多，有的因素长期而固有地存在，根深蒂固；有的因素稍纵即逝，变化多端。大量的不确定性因素和不断变化的环境因素相互交织，由此构成了一幅复杂的工程场景。如何抓住平安工程建设中的关键问题？如何采取有效的管控措施将危险、风险因素化解于萌芽状态？这是一个构建平安工程关键指标体系需要考虑的重要问题。

根据大兴机场工程建设的特点、平安工程的核心内涵、影响因素的构成和关键指标体系构建的基本原则，构建关键指标体系应坚持问题导向、结果导向和过程导向，三者相互结合、互为完善，唯有如此方能在矛盾丛中抓住关键。

在构建大兴机场平安工程关键指标体系中，需要考虑的主要方向如下。

（1）反映时代特征、符合新时期发展要求。平安工程建设是新形势下加强安全生产、加强社会综合治理工作的新举措，是构建和谐社会、促进经济社会协调发展和维护广大人民群众根本利益的基础性工作。大兴机场是国家发展战略的标志性工程，其整体建设规模大，平安工程建设具有重要的引领作用。大兴机场平安工程建设关键指标应以突出平安根基、安全便捷为基本特征，充分体现全局性、系统性，坚持问题导向、结果导向和过程导向相结合，突出安全第一、预防为主，做到严谨务实、责任到位。

（2）充分借助现有行之有效的标准体系。大兴机场平安工程建设是一项集不确定因素众多、跨越时空广、内容复杂为一体的综合性管理工作，需要借助现有行业内外行之有效的标准体系的理念和思想，尤其是综合水平较高的国家、地方和行业标准，如全国绿色安全文明标准化工地、北京市绿色安全样板工地等标准，以此推进大兴机场平安工程建设的整体能力和水平的提升。

（3）关注机场平安工程建设的重点和难点。大兴机场工程建设不仅具有建设规模大、施工工期紧、技术复杂、高空作业难度大、重型或大型机械使用多等特点，还具有参建单位多、管理水平参差不齐、人员流动大、地方行业标准差异、多标段同步施工、交叉影响大等特点,建设中存在较大的风险,是平安工程建设管理的重点和难点。因此,关键指标体系中应包含控制上述风险的要素,降低或消除因人为或管理原因造成的安全事故、质量事故、火灾或环境污染事故,防范群体性事件等。

3)关键指标体系

根据关键指标构建原则、基本思路,大兴机场平安工程建设秉持以安全为先,以"重大事故隐患为零,生产安全责任事故为零"为总体目标,构建平安工程建设关键指标体系如下:

(1)建设全国 AAA 级安全文明标准化工地;

(2)建设北京市绿色安全样板工地;

(3)杜绝因违章作业导致一般以上生产安全事故;

(4)杜绝因人为责任引发一般以上火灾事故及环境污染事故;

(5)杜绝因管理责任发生一般以上工程质量事故;

(6)杜绝发生影响工程进度或造成较大舆论影响的群体性事件。

7.2.3 关键指标释义

1)全国 AAA 级安全文明标准化工地

AAA 级安全文明标准化工地,是在政府主管部门指导下、由中国建筑业协会于 2008 年设立的"安全文明施工"的最高奖项[1],是中国建筑业协会对通过 AAA 级安全文明标准化评价的工程建设项目施工工地授予的荣誉称号,目的在于规范施工安全生产工作,保障工人安全健康,提升建筑施工安全生产水平。

获此殊荣的项目,标志其在安全生产预防措施及管理工作的质量、职业健康安全管理体系的运行、文明施工综合管理水平等方面达到了行业领先水平。

(1)在项目施工中,没有发生因违反安全生产法律法规、规章或强制性标准而受到建设行政主管部门或其委托的工程建设安全监督机构行政处罚。

(2)没有发生《国务院生产安全事故报告和调查处理条例》(国务院第 493 号令)中规定的一般及其以上安全事故的。

(3)按照《工程建设项目施工工地安全文明标准化诚信评价评分表》评价的总分达到 90 分及以上。

2)北京市绿色安全样板工地

北京市绿色安全样板工地,是北京市住房和城乡建设委员会于 2013 年设立,旨在推进落实国家安全生产法规和方针政策,实现工程现场文明化施工和安全生产管理工作的规范化、标准化[2]。

[1] 《中国建筑业协会关于印发〈建筑业企业信用评价试行办法〉等文件和开展第一批全国建筑业 AAA 级信用企业评价工作的通知》(建协〔2008〕36 号)。
[2] 关于印发《北京市绿色安全工地创建活动管理办法》(试行)的通知,2013.5.13。

根据《北京市绿色安全工地创建活动管理办法》,在创建活动中取得优秀成绩的工程建设可获得"北京市绿色施工文明安全工地"和"北京市绿色施工文明安全样板工地"荣誉称号,由市建委在全市范围内给予表彰,是本市工程建设在文明施工、安全生产和绿色施工管理等方面获得政府行业主管部门表彰的奖项。

创建绿色施工文明安全工地工程,应无以下违法违规和无重大生产安全事故情况:

(1) 无因工死亡和重伤事故;

(2) 无大型机械设备和塔吊、吊装设备倾覆折臂等事故;

(3) 无火灾事故;

(4) 无施工临设坍塌、倾覆事故;

(5) 无影响市政基础设施和管线运行安全事故;

(6) 无严重环境污染和严重施工扰民投诉事件;

(7) 无集体食物中毒、煤气中毒和传染病疫情;

(8) 无重大刑事治安案件;

(9) 无群体性上访事件;

(10) 无违反法律和行政法规,被建设行政主管部门通报批评或者受到罚款金额1万元以上行政处罚的。

其中,北京市绿色施工文明安全工地通过得分标准为85分;绿色施工文明安全样板工地由绿色施工文明安全工地中产生,其现场检查评分中取得总评分95分以上,并具备相应的建设规模。

3) 生产安全事故

根据国务院于2007年4月9日发布的《生产安全事故报告和调查处理条例》(国务院令第493号),将生产安全事故分为下列四级:

(1) 特别重大事故,是指一次造成30人以上死亡,或者100人以上重伤(包括急性工业中毒,下同),或者1亿元以上直接经济损失的事故;

(2) 重大事故,是指一次造成10人以上30人以下死亡,或者50人以上100人以下重伤,或者5 000万元以上1亿元以下直接经济损失的事故;

(3) 较大事故,是指一次造成3人以上10人以下死亡,或者10人以上50人以下重伤,或者1 000万元以上5 000万元以下直接经济损失的事故;

(4) 一般事故,是指一次造成3人以下死亡,或者10人以下重伤,或者1 000万元以下直接经济损失的事故。

以上规定中的"以上"含本数,"以下"不含本数。

4) 火灾事故

根据国务院《生产安全事故报告和调查处理条例》,公安部于2007年6月26日下发《关于调整火灾等级的通知》(公传发〔2007〕245号),将火灾等级由原来的特大火灾、重大火灾、一般火灾三个等级调整为特别重大火灾、重大火灾、较大火灾和一般火灾四个等级:

（1）特别重大火灾，是指造成 30 人以上死亡，或者 100 人以上重伤，或者 1 亿元以上直接财产损失的火灾；

（2）重大火灾，是指造成 10 人以上 30 人以下死亡，或者 50 人以上 100 人以下重伤，或者 5 000 万元以上 1 亿元以下直接财产损失的火灾；

（3）较大火灾，是指造成 3 人以上 10 人以下死亡，或者 10 人以上 50 人以下重伤，或者 1 000 万元以上 5 000 万元以下直接财产损失的火灾；

（4）一般火灾，是指造成 3 人以下死亡，或者 10 人以下重伤，或者 1 000 万元以下直接财产损失的火灾。

5）环境污染事故

根据国务院办公厅《国家突发环境事件应急预案》（国办函〔2014〕119 号），突发环境事件分级标准如下。

（1）特别重大突发环境事件。

① 因环境污染直接导致 30 人以上死亡或 100 人以上中毒或重伤的。

② 因环境污染疏散、转移人员 5 万人以上的。

③ 因环境污染造成直接经济损失 1 亿元以上的。

④ 因环境污染造成区域生态功能丧失或该区域国家重点保护物种灭绝的。

⑤ 因环境污染造成设区的市级以上城市集中式饮用水水源地取水中断的。

⑥ Ⅰ、Ⅱ类放射源丢失、被盗、失控并造成大范围严重辐射污染后果的，放射性同位素和射线装置失控导致 3 人以上急性死亡的，放射性物质泄漏造成大范围辐射污染后果的。

⑦ 造成重大跨国境影响的境内突发环境事件。

（2）重大突发环境事件。

① 因环境污染直接导致 10 人以上 30 人以下死亡或 50 人以上 100 人以下中毒或重伤的。

② 因环境污染疏散、转移人员 1 万人以上 5 万人以下的。

③ 因环境污染造成直接经济损失 2 000 万元以上 1 亿元以下的。

④ 因环境污染造成区域生态功能部分丧失或该区域国家重点保护野生动植物种群大批死亡的。

⑤ 因环境污染造成县级城市集中式饮用水水源地取水中断的。

⑥ Ⅰ、Ⅱ类放射源丢失、被盗的，放射性同位素和射线装置失控导致 3 人以下急性死亡或者 10 人以上急性重度放射病、局部器官残疾的，放射性物质泄漏造成较大范围辐射污染后果的。

⑦ 造成跨省级行政区域影响的突发环境事件。

（3）较大突发环境事件。

① 因环境污染直接导致 3 人以上 10 人以下死亡或 10 人以上 50 人以下中毒或重伤的。

② 因环境污染疏散、转移人员 5 000 人以上 1 万人以下的。

③ 因环境污染造成直接经济损失 500 万元以上 2 000 万元以下的。

④ 因环境污染造成国家重点保护的动植物物种受到破坏的。

⑤ 因环境污染造成乡镇集中式饮用水水源地取水中断的。

⑥ Ⅲ类放射源丢失、被盗的,放射性同位素和射线装置失控导致 10 人以下急性重度放射病、局部器官残疾的,放射性物质泄漏造成小范围辐射污染后果的。

⑦ 造成跨设区的市级行政区域影响的突发环境事件。

（4）一般突发环境事件。

① 因环境污染直接导致 3 人以下死亡或 10 人以下中毒或重伤的。

② 因环境污染疏散、转移人员 5 000 人以下的。

③ 因环境污染造成直接经济损失 500 万元以下的。

④ 因环境污染造成跨县级行政区域纠纷,引起一般性群体影响的。

⑤ Ⅳ、Ⅴ类放射源丢失、被盗的,放射性同位素和射线装置失控导致人员受到超过年剂量限值的照射的,放射性物质泄漏造成厂区内或设施内局部辐射污染后果的,铀矿冶、伴生矿超标排放造成环境辐射污染后果的。

⑥ 对环境造成一定影响,尚未达到较大突发环境事件级别的。

6）工程质量事故

（1）房屋建筑和市政基础设施工程质量事故等级划分。根据住房和城乡建设部《关于做好房屋建筑和市政基础设施工程质量事故报告和调查处理工作的通知》,工程质量事故依据事故造成的人员伤亡或者直接经济损失,分为四个等级:

① 特别重大事故,是指造成 30 人以上死亡,或者 100 人以上重伤,或者 1 亿元以上直接经济损失的事故;

② 重大事故,是指造成 10 人以上 30 人以下死亡,或者 50 人以上 100 人以下重伤,或者 5 000 万元以上 1 亿元以下直接经济损失的事故;

③ 较大事故,是指造成 3 人以上 10 人以下死亡,或者 10 人以上 50 人以下重伤,或者 1 000 万元以上 5 000 万元以下直接经济损失的事故;

④ 一般事故,是指造成 3 人以下死亡,或者 10 人以下重伤,或者 100 万元以上 1 000 万元以下直接经济损失的事故。

（2）公路水运工程建设质量事故等级划分。根据交通运输部《公路水运工程建设质量事故等级划分和报告制度》（交办安监〔2016〕146 号）,公路水运工程建设质量事故分为特别重大质量事故、重大质量事故、较大质量事故和一般质量事故四个等级:

① 特别重大质量事故,是指造成直接经济损失 1 亿元以上的事故;

② 重大质量事故,是指造成直接经济损失 5 000 万元以上 1 亿元以下,或者特大桥主体结构垮塌、特长隧道结构坍塌,或者大型水运工程主体结构垮塌、报废的事故;

③ 较大质量事故,是指造成直接经济损失 1 000 万元以上 5 000 万元以下,或者高速公路项目中桥或大桥主体结构垮塌、中隧道或长隧道结构坍塌、路基（行车道宽度）整体滑

移,或者中型水运工程主体结构垮塌、报废的事故；

④ 一般质量事故,是指造成直接经济损失 100 万元以上 1 000 万元以下,或者除高速公路以外的公路项目中桥或大桥主体结构垮塌、中隧道或长隧道结构坍塌,或者小型水运工程主体结构垮塌、报废的事故。

直接经济损失在一般质量事故以下的为质量问题。

7) 群体性事件

根据国务院《特别重大、重大突发公共事件分级标准(试行)》及相关部门的标准,群体性事件分为特别重大群体性事件、重大群体性事件、较大群体性事件和一般群体性事件四个等级。

(1) 特别重大群体性事件。

① 一次参与人数 5 000 人以上,严重影响社会稳定的事件。

② 冲击、围攻县级以上党政军机关和要害部门,打、砸、抢、烧乡镇以上党政军机关的事件。

③ 参与人员对抗性特征突出,已发生大规模的打、砸、抢烧等违法犯罪行为。

④ 阻断铁路繁忙干线、国道、高速公路和重要交通枢纽、城市交通 8 h 停运或阻挠、妨碍国家重点工程建设施工,造成 24 h 以上停工事件。

⑤ 造成 10 人以上死亡或 30 人以上受伤,严重危害社会稳定的事件。

⑥ 高校内聚集事件失控,并未经批准走出校门进行规模游行、集会、绝食、静坐、请愿等行为,引发不同地区连锁反应,严重影响社会稳定。

⑦ 参与人数 500 人以上,或造成重大人员伤亡的群体性械斗、冲突事件。

⑧ 参与人数在 10 人以上的暴狱事件。

⑨ 出现全国范围或跨省(区、市),或跨行业的严重影响社会稳定的互动性连锁反应。

⑩ 其他视情需要作为特别重大群体性事件对待的事件。

(2) 重大群体性事件。

① 参与人数在 1 000 人以上、5 000 人以下,影响较大的非法集会游行示威、上访请愿、聚众闹事、罢工(市、课)等,或人数不多但涉及面广和可能进京的非法集会和集体上访事件。

② 造成 3 人以上、10 人以下死亡,或 10 人以上、30 人以下受伤的群体性事件。

③ 高校校园内出现大范围串联、煽动和蛊惑信息,校园内聚集规模迅速扩大并出现多校串联聚集趋势、学校正常教育教学秩序受到严重影响甚至瘫痪,或因高校统一招生试题泄密引发的群体性事件。

④ 参与人数 200 人以上、500 人以下,或造成较大人员伤亡的群体性械斗、冲突事件。

⑤ 涉及境内外宗教组织背景的大型非法宗教活动,或因民族宗教问题引发的严重影响民族团结的群体性事件。

⑥ 因土地、矿产、水资源、森林、草原、水域、海域等权属争议和环境污染、生态破坏引发的,造成严重后果的群体性事件。

⑦　已出现跨省(区、市)或行业影响社会稳定的连锁反应,或造成了较严重的危害和损失,事态仍可能进一步扩大和升级。

⑧　其他视情需要作为重大群体性事件对待的事件。

(3)　较大群体性事件。

①　参与人数在 100 人以上、1 000 人以下,影响社会稳定的事件;或在重要场所、重点地区聚集人数在 10 人以上、100 人以下,参与人员有明显过激行为的事件。

②　或已引发跨地区、跨行业影响社会稳定的连锁反应的事件。

③　或造成人员伤亡,死亡人数 3 人以下,受伤人数在 10 人以下的群体性事件。

(4)　一般群体性事件。未达到较大群体性事件级别的群体性事件。

7.3　平安工程建设管理体系

大兴机场平安工程建设管理体系,是工程建设管理体系中一个重要的组成部分,是以平安工程建设为目标,运用系统的理论和方法,把建设中各阶段、各环节和各职能部门的安全管理要素组织起来,形成一个任务明确、权责清晰,能互相协调、促进的有机整体。平安工程建设管理体系包括软件和硬件方面,其中软件方面涉及思想、制度、教育、组织和管理,硬件包括安全投入、设备、技术和运行维护等。

为确保对工程建设的有效管理,推进平安工程建设管理工作的规范化,提升平安工程建设管理水平,指挥部构建并实施了平安工程建设管理体系,发布了《北京新机场工程建设安全生产管理手册》,以作为建设阶段平安工程建设管理的实施导则。

7.3.1　平安工程建设管理体系的构建

1)　作用与意义

对于工程建设,平安工程建设具有广义安全的含义,其核心是安全生产,并外延至生活、生态环境保护、社会稳定等。构建平安工程建设管理体系,就是构建各参建单位齐抓共管的工作格局,贯彻和执行国家法律法规和规章制度,依法承担工程建设安全生产责任、保障工程建设安全生产、维护公共安全和生态环境,其作用主要体现在以下几个方面。

(1)　平安工程建设管理体系是保障工程建设效率与效益的重要基础。在工程建设中,安全与效率、效益是辩证统一的,正确处理好安全与生产、安全与发展、安全与生活的关系至关重要,关系到建设项目的正常运行,关系到发展和社会稳定的大局。安全是最大的效益。如图 7.3 所

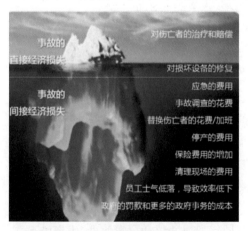

图 7.3　事故损失的冰山理论图
(源自 EHS 俱乐部"安全知识卡片")

示的冰山理论研究表明,安全事故造成的损失和负面影响是巨大的,隐藏在表面下的间接成本是不可估量的。大兴机场平安工程建设管理体系将统筹、协调责任制、制度、教育、组织、管理和硬件等要素,将平安工程建设管理体系与工程建设管理体系融为一体,通过统筹安全和效率、效益,建设更高水平的平安工程。

(2)平安工程建设管理体系是落实安全生产主体责任制的必要途径。在工程建设中,各参建单位是平安工程建设的责任主体和安全生产标准化建设的主体。构建大兴机场平安工程建设管理体系,将加强各参建单位每个岗位和环节的安全生产标准化建设,不断提高工程管理水平,促进主体责任落实到位,逐一落实到每个作业班组、每个从业人员、每个操作岗位,强调安全生产工作的规范化、标准化,建立自我约束机制和监督体系,提高工程建设管理能力和水平。

(3)平安工程建设管理体系是提高工程建设项目安全管理水平、彰显安全管理先进思想的重要方式。由于工程建设项目的特点和环境条件的不同,平安工程建设管理体系具有相应的针对性,各有其特点和要求。因此,大兴机场工程建设项目要在结合工程建设类型的基础上,根据国家相关法律法规要求,解放思想,与时俱进,充分借鉴国际国内先进的安全生产和工程项目管理理念,以独到的战略眼光和独有的企业文化,制定适合自身条件的平安工程建设管理体系。

构建大兴机场平安工程建设管理体系,就是将其视为一个复杂系统,研究系统内部各个不同对象、不同管理要素之间的协调性和环境适应性,通过合理地组织相关要素,构建一个全过程、多层次的架构,实现对工程建设过程的管理。构建大兴机场平安工程建设管理体系,对于落实安全生产主体责任制、强化安全生产基础工作的长效机制、防范安全风险,提高工程建设管理水平、彰显工程建设管理先进思想,具有重要意义。

2)构建原则

(1)法治化原则。大兴机场各参加单位应遵守国家的相关法律法规,履行法律规定的安全生产主体责任和维护公共安全的责任,紧密结合国家、北京市、河北省及行业的相关规定,对工程建设项目进行全过程、全方位和全领域的平安工程建设管理,保证平安工程建设管理工作有标准有要求,全面落实主体责任制。

(2)科学化原则。在工程建设中应以科学理论为指导,加强对工程建设项目安全管理方法和手段的科学研究,促进工程建设与平安工程建设的协同推进。

(3)制度化原则。建立健全平安工程建设管理制度体系,实行平安工程建设管理责任制,对建设过程中各种非安全因素进行有效控制,预防和减少安全事故。

(4)适应性原则。充分考虑大兴机场工程建设的特点,结合实际管理需要,建立针对性强、实效性高的平安工程管理体系和架构,不断促进整体安全管控能力和水平。

(5)社会化原则。在工程建设中,引入专业化的第三方安全健康咨询机构,对工程建设中的重大危险源进行分析、评价和监控,为工程建设的安全管理出谋划策,帮助、监督和指导工程建设项目实现安全生产,防止特别重大事故的发生,同时促使各参建单位通过不断努力提高安全管理水平。

（6）创新性原则。推动平安工程建设的技术创新、制度创新和管理创新,将科学原理、方法和工具应用于平安工程建设中,以创新的理念构建平安工程建设管理模式,制定合理有效的管控体系,实现平安工程建设管理水平的不断提高。

3）构建思路

在大兴机场平安工程建设管理中,各阶段、各环节的安全管理与监督是工作的重点,其目标是降低安全生产责任事故的发生概率。因此,大兴机场平安工程建设管理体系应以全面贯彻落实业主单位的法定职责、预防安全事故为核心,以 PDCA 循环为中心思想,以安全风险管控、隐患排查治理为主线,以安全生产绩效考核为手段,以安全生产教育培训为保障,对工程项目实施动态的监督管理,督促各参建单位履行安全生产主体责任。

（1）以安全管理责任制为核心,实现责任落实。安全管理责任制的建立和落实是平安工程建设管理体系的核心。实现平安工程建设目标,首先需要明确安全管理责任,要求各岗位和人员要做好安全管理工作。责任明确是落实的前提,落实责任是实现平安工程建设目标的关键。要确保平安,就必须做到有岗有责,要求每一项作业的安全管理都必须有严格的既定程序,使工程建设的安全作业过程中每个岗位和人员同时进入管理体系,自觉依照程序运行,减少和杜绝违章作业、违章指挥,避免在作业中由于疏忽大意而造成事故。安全责任的落实,签订安全责任书无疑是一种较好的形式。通过逐级签约,把各自规范的责任制内容、岗位安全职责、安全目标分别落实到所有责任人的肩上。通过多种形式签约,使各级领导、各班组岗位职工都明确各自的安全责任,人人知晓各自承担的安全风险,层层落实安全责任,避免事故发生。安全责任制的规范是平安工程建设管理制度体系的需要。根据我国的《安全生产法》,安全责任制是单位岗位责任制的一个组成部分,是项目管理中最基本的一项安全制度,也是工程建设安全生产、劳动保护管理制度的核心。在工程建设中,应切实贯彻执行安全生产方针、劳动保护法规,做到安全生产。

（2）横向到边、纵向到底、全面覆盖。大兴机场建设项目类型众多、安全管理涉及面广,是一项复杂的系统性工作。为了实现平安工程建设目标,在平安工程建设管理体系构建中需要做到横向到边、纵向到底、全面覆盖。横向到边,在平安工程建设目标的横向分解中,每一个项目、每一个相关部门都要相应地设立安全管理目标,不能出现"盲区"和"失控点";横向分解后的分目标是处于同一层次的,是实现体系目标的不同手段。纵向到底,是指从目标开始,逐级从上向下,从上层组织目标到次级组织目标,再到更次一级的组织目标,最后到个人目标,这一层层展开的过程是以延伸到每一个人为终点。为实现大兴机场平安工程建设目标,需要有横向的部门目标和纵向的层级目标的相互支持,由此形成一个左右相连、上下一贯的目标网络,以全面覆盖、整体组织紧密、目标深度融合之势为平安工程建设奠定基础。

（3）建立健全安全管理制度体系。安全管理制度定义了在安全理念的要求下需要遵守的一系列规程和行动准则,是将安全文化从观念文化向行为文化转化的保障。建立健全安全管理制度,不仅要求制度本身逻辑严谨、权责清晰、符合工程实际,同时需要一系列管理制度的相互配合、形成闭环,构成制度体系,以实现安全管理工作的规范化、系统化、程序化。安全管理制度以安全责任制为中心，以精细管理、技术支持、安全督查和安全绩效考核为主要内容，促进安全责任制度的落实。在大兴机场建设中，安全管理制度体系的实施和运行是为了实现平安工程建设目标。将平安工程建设纳入整个工程建设管理体系中，将各项目、各层级的岗位安全工作融入整个管理体系中，相互关联，相互制约，有效运行。

（4）发挥第三方安全咨询机构的作用。社会第三方安全咨询机构具有专业化、社会化等特点，能够针对不同的企业、不同的项目、不同的建设环境和不同的施工条件，提出具有针对性的安全防护措施，提高安全保护能力和效率。社会第三方安全咨询机构除可为项目、企业提供安全数据分析，开展安全技术研究外，还可以利用自身的优势，给项目、企业提供安全管理咨询服务，指导组织安全管理机构、制定安全激励措施、进行日常安全风险识别等，担当安全管理顾问，为安全管理提供支撑。

基于上述原则和思路，指挥部构建了如图 7.4 所示的平安工程建设管理体系架构。平安工程建设管理体系以全面贯彻业主单位法定职责为核心，以梳理法律法规要求及国务院特别重大事故实际责任追究案例为主线，在落实业主单位法定职责的同时，采取以安全风险管控、隐患排查治理为主导，以安全管理绩效考核为依托，以安全管理教育培训为保障的方式，监管、督促各参建单位履行安全管理主体责任。

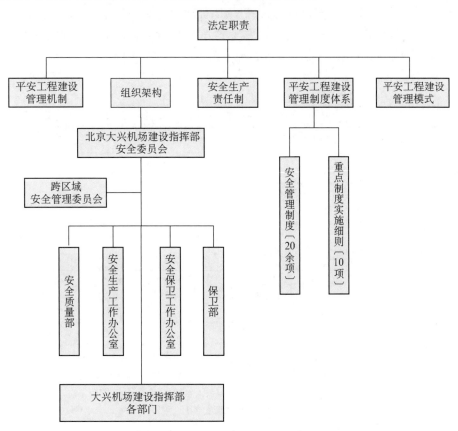

图 7.4　大兴机场平安工程建设管理体系架构

7.3.2 平安工程建设管理体系主要内容

1）法定职责

指挥部通过梳理业主单位应遵守的安全相关法律法规，督促各部门落实安全职责。依据《中华人民共和国安全生产法》等19项相关法律法规、标准、规程及国务院事故案例追责情况的梳理，筛选总结出指挥部相关职责，涉及安全生产合同履约、各类安全资质的审查、隐患排查、督促整改等方面的107条法定职责，并分解落实到指挥部各部门。

2）组织机构

为了适应大兴机场工程建设安全管理的需要，大兴机场建设指挥部于2016年成立了安全委员会（以下简称"安委会"），构建了以指挥部总指挥、党委书记、北京首都国际机场公安分局局长为主任，以指挥部分管安全生产工作的领导和指挥部其他领导任副主任，成员包括指挥部各部门领导及其他各参建单位[1]项目负责人为安全生产第一责任人的横向到边、纵向到底的安全管理组织，负责大兴机场建设区域的安全生产和安全保卫工作。安委会下设安全生产工作办公室和安全保卫工作办公室，形成以指挥部为主导，涵盖五方责任主体的全方位安全管理网络，确保安全生产工作落实到位。

指挥部成立了安全质量部，负责大兴机场工程建设的安全管理工作；各工程部配备安全管理人员，负责项目承包单位的管理；各参建单位配备一定数量的专兼职安全管理人员，设立安全管理机构（图7.5），为安全管理工作提供有力的保障。

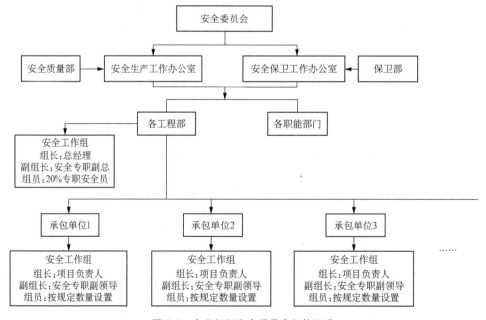

图7.5 大兴机场安全委员会机构组成
（来源：《北京新机场工程建设安全生产管理手册》）

---

[1] 包括施工单位、监理单位等。

为推进大兴机场工程建设安全生产管理的规范化、标准化,指挥部委托原国家安全生产监督管理总局职业安全卫生研究中心为安全管理咨询单位,开展大兴机场安全生产管理体系的更新、再造工作。

3) 安全管理责任制

指挥部按照"统一领导、综合协调、分级监管、全员参与"的原则,落实"一岗双责"安全生产责任制;以"逐级一把手"为核心,分岗位分系统履行安全职责,落实全员安全生产责任制;建立健全各类人员的安全生产职责,主要包括:指挥部安委会主任、副主任以及各成员的安全生产职责,安委办主任的安全生产职责,指挥部各部门(包括安全质量部、办公室、规划设计部、各工程部、财务等部门)负责人的安全生产职责。根据工程建设各项目安全管理主体的不同,明确不同主体的安全生产职责。施工单位、监理单位的项目管理者与指挥部各工程部门安全管理负责人签订安全责任协议书,并通过安全目标进行考核等方式,实现安全生产。

4) 安全管理制度

指挥部结合工程建设实际,研究并编制了一系列的安全管理制度和重点制度实施细则,作为安全管理工作的依据和指南。安全管理制度分为控制程序、各类制度及相关附表的安全管理制度,包括安全生产风险管控、事故隐患排查治理管理、安全生产绩效考核管理、安全生产教育培训管理、工程发包与合同履约管理、参建单位汛期施工安全管理、施工现场安全资料管理、安全生产例会等 22 项制度文件。重点制度实施细则,是对制度所做的详细的、具体的解释和补充,具有较强的操作性,便于制度的落实与执行,主要包括安全生产风险管控、安全生产隐患排查、安全生产绩效考核实施、事故报告与调查、安全责任书签订、参建单位危险物品监控管理等 10 项实施细则。

5) 安全管理机制

在大兴机场工程建设安全管理中指挥部发挥控制和协调主导作用,按照"谁主管、谁负责"的原则,推行"四级监控"安全管理机制(图 7.6)。

其中,第一级监控是指挥部安委会对各部门实施监控,主要通过层层签订安全生产管理责任书、召开安全生产会议、现场监督检查等形式,直接管控各工程项目的安全生产状况;第二级是安委会职责落实机构(安全质量部和各工程部)对所管辖工程参建单位实行监控,主要是在安全专业咨询机构的支持下,通过安全生产协议、现场监督等方式实施;第三级是监理单位根据法律法规和工程建设标准的相关要求,承担工程建设安全生产监理责任,对施工单位的安全管理进行监督;第四级是各施工单位(总包单位)对所属工程项目及分包项目的安全实行监控。

6) 安全管理模式

指挥部针对机场工程建设项目多、参建单位多、安全管理水平参差不齐等难题,提出了"1＋2＋3"安全管理模式,以规范建设各阶段、各项目的安全管理,努力提升工程建设安全管理水平。"1＋2＋3"是指一个总体目标、两个层级的双重预防机制、三个安全管理保障机制,即:以安全管理总体目标为中心,以风险分级管控与隐患排查治理双重预防机制为核

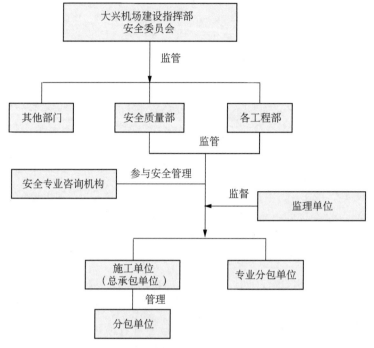

图 7.6　大兴机场安全管理机制

心,实施业主单位、施工单位两个层级的安全管理;以安全绩效考核机制为标准,监督其他各参建单位的安全生产职责的落实;以安全教育培训为保障,提升各参建单位人员的安全素质;以安全文化为引领,营造工程建设的安全氛围,提升安全管理的整体能力和水平。

7.4　平安工程建设管理基础

为了推进平安工程建设,大兴机场以平安工程建设总体目标为引领,以安全文化为载体,以安全风险管控和事故隐患排查治理为抓手,筑牢平安工程建设的工作基础。

7.4.1　安全文化建设

平安工程建设的基础是安全文化建设。工程建设伊始,指挥部就将系统安全理念植入工程建设的核心,积极营造安全文化氛围,为打造平安工程提供保障和支撑。

安全文化,即存在于组织和个人中的种种素质和态度,是安全理念、安全意识以及在其指导下的各种行为的总和。安全文化概念是 1986 年原苏联切尔诺贝利核电站事故发生后,国际核安全咨询组(INSAG)于 1991 年提出。

安全文化揭示的重要启示是,将安全责任落实到组织和全员的具体工作中,通过培养共同认同的安全价值观和安全行为规范,在组织内部营造自我约束、自主管理、团队管理的安全文化氛围,实现建立安全的长效机制、持续改善的安全水平的目标;所有事故都是可以防止的,所有安全操作隐患是可以控制的;安全文化是现代人类文化的重要组成部分,是保护生产力、发展生产力的重要保障,是社会文明、国家综合实力的重要标志,是当代社会发展的基本准则、国际规范及戒律标准。安全文化具有导向功能、凝聚功能、激励功能和约束功能。

大兴机场坚持以人为本的安全文化核心内涵,形成了包括安全观念、安全行为、安全制度和安全物态等内容的安全文化系统架构(图 7.7)。

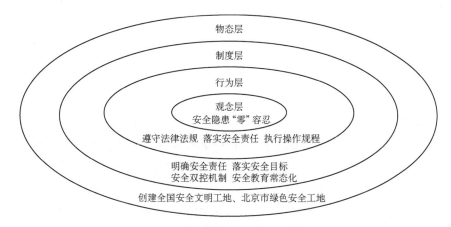

图 7.7 大兴机场安全文化系统架构

(1)安全观念,即决策者和大众共同接受的安全意识、安全理念、安全价值标准。安全观念是群体安全价值观的综合体现,是安全文化的核心和灵魂,是形成和提高安全行为文化、制度文化和物态文化的基础和原因。大兴机场的安全观念是安全隐患"零"容忍,秉持"以人为本""安全第一、预防为主、综合治理"的安全方针观,树立"安全是生产力、安全是效率"的安全价值观,树立安全只有起点、没有终点的安全认识观,坚守依法合规、全员全过程全方位参与的安全共同责任观。

(2)安全行为,是指在安全观念的指引下,人们在生活和生产过程中的安全行为准则、思维方式、行为模式的表现。安全行为是安全观念的反映,同时又作用和改变安全观念。大兴机场在安全法律法规识别的基础上建立健全安全生产责任制,严格执行安全生产管理制度,科学地开展机场工程建设的安全领导和指挥。

(3)安全制度,是指对组织和组织人员的安全行为产生规范性、约束性影响和作用,集中体现安全观念和安全物态文化对组织领导和员工的要求,是安全文化的骨架。大兴机场依据国家有关安全法律法规,制定了以法定职责为核心,以 PDCA 循环为特征,以安全风险管控、隐患排查治理为主线,以安全生产绩效考核为手段,以安全生产教育培训为保障的安全生产制度体系,强化安全制度执行责任到人、落实到底,共同监督,为平安工程建设奠定了坚实的基础。

(4)安全物态,是指体现安全观念和安全行为的条件,反映组织领导的安全认识、态度、理念和哲学,折射出安全行为的成效。大兴机场工程建设以创建全国安全文明、

北京市绿色安全两个"工地"为抓手,促进工程建设的本质安全,提高工程建设的安全可靠度。

安全观念、安全行为、安全制度和安全物态四个层次,形成了大兴机场安全文化由表及里的有序结构。其中,安全物态是安全文化的外在表现,是安全观念和安全制度的物质载体,所表现的是大兴机场安全文化建设的程度。安全制度制约和规范着安全行为、安全物态的建设,是大兴机场安全文化的骨架。安全观念是安全物态、安全行为和安全制度的思想内涵,是工程建设安全文化的核心和灵魂。

7.4.2 安全隐患"零"容忍理念

1) 概念与内涵

大兴机场以"眼睛里容不得沙子"的态度,将安全隐患"零"容忍理念作为安全观。零容忍,顾名思义,就是零度容忍,不能容忍,其核心理念源自"破窗理论"[1]。

安全隐患"零"容忍的目的就是防控安全风险,阻断风险向隐患的自发转化,阻断隐患的累积,确保安全链条的完整性和有效性。"零"容忍思想是在对安全和风险本质进行科学认识的基础上提出来的,其核心内涵如下。

(1)安全事故源于隐患。1941年,美国著名安全工程师海因里希(Herbert William Heinrich)通过大量事故统计提出"海因里希安全法则",即:每一件重大事故的背后必有29件轻度的事故,还有300件潜在的隐患。这个法则说明在进行同一项活动中,无数次意外事件,必然导致重大伤亡事故的发生。安全事故虽有偶然性,但不安全因素或隐患在事故发生之前已发生过许多次,在事故发生之前,尚有诸多不安全因素等待消除。要防止重大事故的发生,必须减少和消除无伤害事故,重视事故的苗头和未遂事故,否则终会酿成大祸。隐患是客观存在的,具有隐蔽、藏匿、潜伏的特点,是埋藏在工程建设过程中的隐形炸弹。"祸患常积于忽微"[2],事故是无数隐患逐步累积、发展而成的。在工程建设中,血淋淋的安全事故告诫人们,安全隐患有可能是"黑天鹅事件"[3],更有可能是"灰犀牛事件"[4],我们必须对安全隐患保持"零"容忍的严肃态度,采取科学、有力的措施,大力整治生产环境、设备及设施的不安全状态,以及人的不安全行为和在安全管理上的缺陷,预防更为严重的不安全事件发生,使安全水平有效提升,将隐患所蕴含的安全风险保持在可控的状态。

(2)安全与危险是事物运动中的对立统一体。任何事物中都包含有不安全因素,具有一定的危险性。安全是一个相对的概念,安全与危险在同一事物运动中是相互对立的,

[1] 破窗理论作为犯罪学的一个理论,是由美国政治学家詹姆士·威尔逊(James Q. Wilson)和预防犯罪学家乔治·凯林(George L. Kelling)提出,并刊于 *The Atlantic Monthly*1982 年 3 月版的一篇题为 *Broken Windows* 的文章。该理论认为环境中的不良现象如果被放任存在,会诱使人们仿效,甚至变本加厉。
[2] 出自北宋·欧阳修《伶官传序》,意即祸患常常是由一点一滴极小的不良细节积累而酿成的。
[3] 黑天鹅事件(Black swan event),指非常难以预测、且不寻常的事件,通常会引起连锁负面反应甚至颠覆。
[4] 灰犀牛事件(The Gray Rhino),指太过于常见以至于人们习以为常的风险,比喻大概率且影响巨大的潜在危机。

相互依赖而存在的。危险性是对安全性的隶属度[1]，当危险性低于某种程度时，人们就认为是安全的。安全性（S）与危险性（D）互为补数，即：

$$S = 1 - D \qquad (7.4.2\text{-}1)$$

安全与危险并非等量并存、平静相处。随着事物的运动变化，安全与危险每时每刻都在变化着，不存在绝对的安全。高安全度意味着要更有效地控制风险，控制安全隐患。安全与危险贯穿于工程建设的整个过程，因为有危险，才要进行安全管理，才要进行隐患排查，将隐患排除在萌芽状态，以提高安全的可靠度。在事物的发展运动中，安全是一种状态。保持工程建设中的安全状态，必须采取多种措施，以预防为主，危险因素是完全可以控制的。

（3）"零"容忍是安全生产的最有效策略。"破窗理论"告诉我们，如果有人打破了建筑物的一扇窗户而没有遭受惩罚，这扇破窗又未得到及时修复，那么其他人就可能得到一种暗示——纵容，就会误以为整个建筑物可以任意破坏而无关紧要，其结果就会导致第二扇、第三扇窗户甚至整个建筑物被损毁，长此以往，各种违反秩序的行为乃至违法犯罪行为就会在容忍与麻木不仁的环境中滋长。"破窗理论"给人们的启发是：完好的东西一般不会有人去破坏，而一旦这个东西被破坏，如不及时修复，可能会遭受更大的破坏。因此，要对付"破窗"行为，最有效的策略就是实施"零"容忍，对第一个破窗者不能容忍。在工程建设中，任何安全事故都经历了四个阶段，即"孕育—发展—发生—伤害"。经验和事实告诉我们，要将事故以最小的代价消除，就必须将隐患消灭在萌芽状态，也就是"孕育期"和"发展期"。

2）重要性与意义

（1）"零"容忍是民航安全观的升华。"对安全隐患零容忍"是近年来国家和社会对民航安全工作的新要求。安全是民航永恒的主题，深刻理解"零"容忍思想的丰富内涵，就是要在机场建设中坚持民航安全底线。机场建设既有一般工程建设的特点，同时又具有民航行业特征，特别是在机场工程建设安全管控层面，以及安全与隐患的辩证关系方面，具有很强的行业特色性。因此，需要站在民航行业发展的高度，以"零"容忍的态度重视机场工程建设安全隐患的排查治理，提升民航行业整体安全品质。

（2）"零"容忍是与时俱进的安全管理理念。安全是发展的保障。在我国经济社会发展的新时期，安全生产面临着新形势、新变化和新要求，"安全""平安"涵盖了较以往更为广泛的意义和内涵，已演变为"大安全"理念，亟须安全管理的创新和多元化，亟须从传统的粗放式管理向科学的精细化治理转变。如何最大限度地降低安全风险？除了规程和制度的保证外，牢固事故隐患"零"容忍理念，促进安全文化建设，在安全生产中不断提高对环境、风险的预判和应变能力，变"要我安全"为"我要安全"，才是夯实安全基石，真正实现

---

[1] 论域 U 中的任一元素 x，都有一个数 $A(x) \in [0,1]$ 与之对应，则 $A(x)$ 称为 x 对 A 的隶属度。隶属度 $A(x)$ 越接近于 1，表示 x 属于 A 的程度越高，$A(x)$ 越接近于 0，表示 x 属于 A 的程度越低。

实质安全的必由之路,是安全责任内化于心的根本保证。

(3)"零"容忍是安全生产管理的最高境界。在工程建设中,安全风险是客观的,隐患是触发、传递和积累危险的重要因素。如果存在隐患,就存在安全状态恶化的可能性。安全隐患治理不到位,安全管理体系就会失去根基。树立安全隐患"零"容忍理念,就是要以安全隐患治理促进安全政策、规章标准、监督检查、教育培训、系统建设的不断完善,促进安全管理体系真正落地;提高系统的安全管理效能,增强主动风险管控能力,有效防止安全隐患滋生、传递、累积和质变。

(4)"零"容忍是破解安全生产管理难题的法宝。"零"容忍是时代的要求和经济、社会发展的必然,是先进的安全生产管理思想和管理策略,是破解安全生产管理难题的有效法宝,是提升安全生产管理境界、管理层次和管理水平的有效举措。

3)安全隐患"零"容忍的机制建设

(1)转变安全理念和思想认识。在机场工程建设中,要树立全新的安全观,改变工程安全就是撞大运等错误思想认识,树立安全事故可防可控的新观念;充分认识人在工程安全管理中的主体作用,人是安全管理的中心,变被动消极为主动工作、主动管理,发挥人的主观能动性,坚定搞好工程安全管理的信心,坚信只要管理到位,事故完全可以避免。

(2)建立治理安全隐患的长效机制。为了有效提升机场工程建设的安全水平,需要将安全隐患排查治理和安全管理体系建设紧密结合起来,形成安全隐患"零"容忍的长效机制。要以隐患排查治理促进管理能力、工作效能提升和安全管理体系落地,深入推进安全管理体系建设,增强主动风险管控能力,实现工程安全的持续稳定。

(3)开展安全风险评价和源头控制。安全风险评价是工程建设安全管理的重要技术手段。通过危险源的查找与评估,找出存在的危险因素,为采取必要的、有的放矢的安全对策提供依据,从危险源头上予以控制,达到工程安全管理目标。"先其未然谓之防,发而止之谓之救,行而责之谓之戒"[1],预防是上策,补救是中策,惩处是下策。

(4)有效落实安全管理责任制。在工程建设中落实安全生产责任制是有效控制安全事故的核心工作,落实安全生产责任制的途径是依靠完善的安全管理网络,做到安全生产责任横向到边、纵向到底,实现安全压力的层层传导,渗透至一线班组,形成安全管控的合力。

(5)加强监督督促隐患整改。在机场工程建设中,监督检查是安全生产管理工作的一项重要保证措施,业主单位是安全生产的主导者、监督者,应以安全管理为核心,形成多维安全生产管理体系;施工单位是安全生产的责任主体,安全管理必须从细从严从实,应将各项制度、措施落到实处,坚持隐患排查,及时发现和消除各类安全生产隐患。

---

[1] 东汉荀悦《申鉴·杂言》,意思是说,在不好的事情发生之前阻止是上策,不好的事情刚发生时阻止次之,不好的事情发生后再惩戒为下策,从理论上阐述了事后控制不如事中控制,事中控制不如事前控制。

7.4.3　安全风险管控

安全风险管控,亦称安全风险管理,即指通过系统识别工程建设中可能存在的危险、有害因素,科学分析各种风险发生的可能性,以及承受或控制风险的能力,评估风险等级,明确对策并采取相应的风险控制措施的动态管理过程。安全风险管控是实施预防为主的安全管理的重要手段之一,是以静态风险和动态风险为对象的全面风险管理。

指挥部根据法律法规要求和实际建立了《安全风险管控办法》《安全生产风险管控实施细则》等制度,对工程建设中的安全风险管理责任主体、工作任务、安全风险评估和安全风险控制等予以了明确规定。制定的安全风险管控的主要内容和程序主要包括:计划与准备、风险辨识、风险分析、风险评级和风险控制等,具体见图7.8。

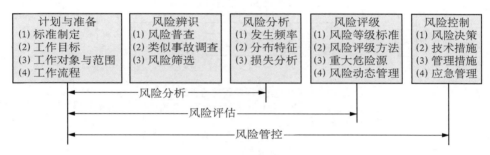

图7.8　安全风险管控环节与内容

1) 计划与准备

安全风险管理计划的主要任务是,根据大兴机场工程建设特点、各阶段风险评估成果、风险接受准则等,研究、制定安全风险管理计划。

安全风险管理计划的主要内容包括:确定风险目标、原则和策略,提出阶段性工作目标、范围、方法与评估标准,明确工程各参建方的职责,以及开展风险管理的组织及协调工作等。

标准制定:指挥部安委会办公室根据国家、行业和地方的相关标准规范,研究制定了《安全风险管控办法》《安全生产风险管控实施细则》等。

工作目标:通过推进落实安全风险管控,建立健全指挥部安全管理风险评估制度和工作机制;组织各参建单位对安全风险进行深入辨识与评估,查清风险源的数量、种类和分布情况,建立安全风险管控机制,探索建立规范的安全风险数据库,并采取有效措施降低风险等级,形成科学、规范、系统、动态的安全风险评估工作机制。

工作对象与范围:大兴机场工程建设安全风险管理的对象为各参建单位所辖范围内的项目,实行区域全覆盖,即包括航站区工程、飞行区工程、公用配套工程、机电设备和弱电信息工程五大部分共计80余个建设项目。

工作流程:大兴机场工程建设安全风险管理工作流程如图7.9所示。

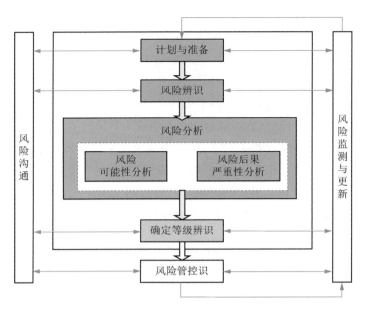

图 7.9　安全风险管控流程图

(注：图中蓝色部分为风险辨识评估工作流程。来源：《北京新机场工程建设安全生产管理手册》)

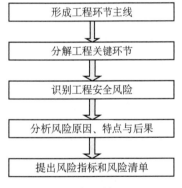

图 7.10　安全风险辨识程序图

2）风险辨识

安全风险辨识，即通过对工程施工过程进行系统分解，辨识各施工工序潜在风险事故的过程。安全风险辨识工作应遵循科学性、系统性、全面性、预测性的原则，并采用正确的识别方法。风险辨识方法主要有核对表法、专家调查法、头脑风暴法和层次分析法等。

安全风险辨识应以动态风险辨识为主线，以静态风险辨识为手段进行。在项目建设的每个阶段都应根据各阶段所获得的信息对风险进行连续的、不断深入的识别。具体程序如图 7.10 所示。

在工程建设中，安全风险识别的核心工作是安全风险的分解，识别安全风险因素、风险事件及后果。安全风险辨识的工作内容，主要包括安全风险普查、类似工程事故调查与分析、风险筛选等。

安全风险普查。安全风险普查，即全面摸清工程建设中的安全风险底数，科学评估总体、各项目和各参建单位的安全风险状况，建立并强化安全风险信息在安全管理、安全监管中的基础性作用，提升各参建单位的安全风险防控能力，增强指挥部监管的针对性，有效防范重大安全风险。大兴机场安委会办公室根据机场工程建设特点和环节条件，建立了《建筑施工安全风险源辨识建议清单》，并会同各工程部组织相关参建单位全面辨识项目所有安全风险源的数量、种类和分布情况，开展风险评估，形成各项目的安全风险源清单。

类似事故调查与分析。在指挥部的领导下,其他各参加单位根据安全风险管理范围、任务要求,采取问卷调查、现场勘查、实地走访相结合的方式开展风险评估前期调研工作,调研内容包括风险辨识对象的基本情况以及国内外相关事件案例分析等。

安全风险筛选。大兴机场各参建单位根据安全风险评估区域特点和环境条件,通过实地踏勘、现场测量、经验分析和查阅历史资料等,排查并确定可能存在的各类安全风险,并根据《企业职工伤亡事故分类》(GB 6441)确定风险类别。

3)风险分析

安全风险分析,即采用系统安全工程理论对风险源可能导致的事故进行分析,找出可能受伤害人员、致险因子、事故原因等,确定物的不安全状态、人的不安全行为和管理缺陷。风险分析主要从某一特定危害发生的可能性、后果的严重性两个方面进行分析(图7.11)。

图 7.11　安全风险分析

安全风险可能性分析,是从历史发生概率、现场管理水平和应急承受能力三个可能性方面及相关参数进行。

后果严重性分析包括预测损失规模、确定参数等级、计算损失后果三部分,其中预测损失规模是从人员损失、经济损失、社会损失、保障损失四个方面的相关损失参数,预测每个参数可能产生的损失规模。

4)风险评级

安全风险评级,是评估危险源所带来的风险大小及确定风险是否可容许的全过程,即是对辨识出的安全风险进行分类梳理,对不同类别的安全风险,采用相应的风险评估方法确定安全风险等级。

安全风险评级工作内容主要有风险等级划分、评级方法确定、重大危险源确定以及风险动态评级管理等。

安全风险等级,从高到低划分为四级,即重大风险、较大风险、一般风险和低风险,分别用红、橙、黄、蓝四种颜色标示,其中:

(1)重大风险,指可能造成重大人员伤亡和设备损坏;

(2)较大风险,指可能造成人员伤亡和设备损坏;

(3)一般风险,指可能造成人员伤亡;

(4)低风险,指不会造成人员伤亡和设备损伤。

安全风险评级方法,可采用定性、半定量、定量方法中的一种或几种方法的组合。定性方法包括检查表法、类比法、现场调查法、德尔菲法、经验分析法等定性方法。半定量方法包括作业条件危险性分析法、风险矩阵法、层次分析法、事件树、故障树、历史演变法等。定量方法包括概率法、指数法、模糊综合评价法、计算机模拟分析法等。其中,常用的安全风险评级方法主要有检查表法、专家评估法、风险矩阵法、作业条件危险性分析法等。

检查表法(Safety Check List，SCL)，即依据相关的标准、规范，对工程、系统中已知的危险类别、设计缺陷以及与一般工艺设备、操作、管理有关的潜在危险性和有害性进行判别检查。为了避免检查项目遗漏，事先把检查对象分割成若干系统，以提问或打分的形式，将检查项目列表的方法，是系统安全工程的一种最基础、最简便、广泛应用的系统危险性评价方法。

专家评估法(Experts Grading Method，EGM)，亦称专家调查法，即一种吸收专家参加，根据事物的发展趋势，进行积极的创造性思维活动对事物进行分析、预测的方法。专家评估法有专家评价法、专家质疑法两种。专家评价法简单易行，比较客观，所邀请的专家在专业理论上造诣较深、实践经验丰富，而且由于有专业、安全、评价、逻辑方面的专家参加，将专家的意见运用逻辑推理的方法进行综合、归纳，所得出的结论一般是比较全面、正确的。专家质疑法通过正反两方面的讨论，问题更深入、更全面和透彻，所形成的结论性意见更科学、合理。专家评价法适用于类比工程项目、系统和装置的安全评价。专项安全评价经常采用专家评价法，运用该方法可以将问题研究得更深入、更透彻，并得出具体的执行意见和结论，便于进行科学决策。

风险矩阵法(Risk Matrix)，亦称 LS 法，是一种半定量的风险评价方法。在进行风险评价时，将风险事件的后果严重程度相对地定性分为若干级，将风险事件发生的可能性也相对定性分为若干级，然后以严重性(S)为表列，以可能性(L)为表行，在行列的交点上给出定性的加权指数，即：

$$R = L \cdot S \qquad\qquad (7.4.3-1)$$

式中：R——风险度，事故发生的可能性与事件后果的结合，R 值越大，说明该系统危险性大、风险大；

　　L——事故发生的可能性，其判断准则见表 7.1；

　　S——事故后果严重性，其判断准则见表 7.2。

表 7.1　事件发生的可能性 L 判断准则

等级	标准
5	在现场没有采取防范、检测、保护、控制措施，或危害的发生不能被发现(没有监测系统)，或在正常情况下经常发生此类事故或事件
4	危害的发生不容易被发现，现场没有检测系统，也未做任何监测；或在现场有控制措施但未有效执行或控制措施不当；或危害常发生或在预期情况下发生
3	没有保护措施(如没有保护装置、没有个人防护用品等)；或未严格按操作程序执行；或危害的发生容易被发现(现场有监测系统)；或曾经做监测，或过去曾经发生类似事故或事件；或在异常情况下发生过类似事故或事件
2	危害一旦发生能及时发现，并定期进行监测；或现场有防范控制措施，并能有效执行；或过去偶尔发生危险事故或事件

续表

等级	标准
1	有充分、有效的防范、控制、监测、保护措施;或员工安全卫生意识相当高,严格执行操作规程,极不可能发生事故或事件

表7.2 事件后果严重性 S 判别准则

等级	法律法规及其他要求	人	财产损失*(万元)	停工	企业形象
5	违反法律法规和标准	死亡	>100	部分装置(>2套)或设备停工	重大国际国内影响
4	潜在违反法规和标准	丧失劳动能力	>50	2套装置停工或设备停工	行业内、省内影响
3	不符合上级公司或行业的安全方针、制度规定等	截肢、骨折、听力丧失、慢性病	>10	1套装置停工或设备停工	地区影响
2	不符合公司的安全操作规程、规定	轻微受伤、间歇不舒服	<1	受影响不大,几乎不停工	公司及周边范围
1	完全符合	无伤亡	无损失	没有停工	形象没有受损

备注:*数据依据各地和单位情况而变化。

确定 L 值和 S 值后,即可根据式(7.4.3-1)计算风险度 R 值,依据表7.3 的风险矩阵进行安全风险分级。

表7.3 风险矩阵

风险等级		后果严重性				
		很小	小	一般	大	很大
		1	2	3	4	5
可能性	基本不可能 1	低	低	低	一般	一般
	较不可能 2	低	低	一般	一般	较大
	可能 3	低	一般	一般	较大	重大
	较可能 4	一般	一般	较大	较大	重大
	很可能 5	一般	较大	较大	重大	重大

作业条件危险性分析评价法(Risk assessment method for working conditions),简称 LEC 法,是对操作人员在具有潜在危险性作业环境中的危险性、危害性进行半定量的

安全评价方法,由美国安全专家 K. J. Graham 和 G. F. Kinney[1] 提出。该方法用与系统风险有关的三种因素指标值的乘积来评价操作人员伤亡风险大小,即:

$$D = L \times E \times C \qquad (7.4.3\text{-}2)$$

式中:D——危险性(danger),表征作业条件危险性的大小;

L——事故发生的可能性(Likelihood);

E——人员暴露于危险环境中的频繁程度(Exposure);

C——一旦发生事故可能造成的后果(Consequence)。

D 值越大,说明该系统或作业活动危险性大,需要增加安全措施,或改变发生事故的可能性,或减少人体暴露于危险环境中的频繁程度,或减轻事故损失,直至调整到允许范围内。

从理论上讲,通过对上述 3 个指标进行客观的科学计算,可以得到准确的数据。为简化评价过程,一般采用半定量计值法,即根据以往的经验和估计,分别对 3 个指标划分不同的等级并赋值,详见表 7.4、表 7.5 和表 7.6。

表 7.4 事故发生的可能性(L)

分数值	事故发生的可能性	分数值	事故发生的可能性
10	完全可以预料	0.5	很不可能,可以设想
6	相当可能	0.2	极不可能
3	可能,但不经常	0.1	实际不可能
1	可能性小,完全意外		

表 7.5 暴露于危险环境的频繁程度(E)

分数值	暴露于危险环境的频繁程度	分数值	暴露于危险环境的频繁程度
10	连续暴露	2	每月一次暴露
6	每天工作时间内暴露	1	每年几次暴露
3	每周一次或偶然暴露	0.5	非常罕见暴露

表 7.6 发生事故产生的后果(C)

分数值	事故造成经济损失*(万元)	事故造成后果的定性描述
100	>1 000	大灾难,多人死亡,或造成重大财产损失
40	500~1 000	灾难,数人死亡,或造成很大财产损失
15	300~500	很严重,1 人死亡,或造成一定财产损失

[1] Graham KJ, Kinney GF. A practical safety analysis system for hazards control:Journal of safety research,1980

续表

分数值	事故造成经济损失*（万元）	事故造成后果的定性描述
7	100~300	严重，重伤，或造成较小财产损失
3	30~100	较大，致残，或造成很小财产损失
1	<30	引人注目，不满足基本的安全卫生条件

备注：* 数据依据各地和单位情况而变化。

根据公式（7.4.3-2），即可计算 D 值，并判断评价危险性的大小（表7.7）。

表 7.7   计算 D 值及相应的危险程度

D 值	危险程度	D 值	危险程度
>320	极其危险	20~70	一般危险
160~320	高度危险	<20	稍有危险
70~160	显著危险		

根据经验，总分在20分以下被认为是低风险状态；如果分值到达70~160分，则有显著的危险性，需要及时整改；如果危险分值在160~320分，则表明处于一种必须立即采取措施进行整改的高度危险环境；分值在320分以上的表示环境非常危险，应立即停止生产直到环境得到改善为止。需要指出的是，LEC风险评价法对危险等级的划分，一定程度上凭经验判断，应用时需要考虑其局限性，根据实际情况进行修正。

指挥部在建立安全管理体系基础上，于2018年至2019年6月对5个工程部施工作业的调研结果进行了风险评估。评估过程中，使用安全检查表法对施工项目内业资料和施工现场安全管理进行了定性评估，使用LEC法对施工现场作业的风险程度进行了定性和定量评估。风险辨识与等级划分见表7.8。

表 7.8   大兴机场工程建设风险辨识与分级（2018年7月至2019年6月）

季度	主要施工作业	主要隐患	风险等级
第一季度	基坑开挖 脚手架模板支护 起重吊装	坍塌 高处坠落 物体打击 触电伤害 机械伤害	坍塌—显著风险 高处坠落—高度风险 物体打击—显著风险 触电伤害—显著风险 机械伤害—显著风险
第二季度	吊顶 幕墙安装 二次结构砌筑 管廊施工	高处坠落 中毒窒息 火灾 物体打击 触电伤害 机械伤害	高处坠落—高度风险 中毒窒息—显著风险 火灾—显著风险 物体打击—显著风险 触电伤害—高度风险 机械伤害—显著风险

续表

季度	主要施工作业	主要隐患	风险等级
第三季度	模板和脚手架拆除 基槽回填 管廊铺设	高处坠落 物体打击 坍塌 中毒窒息 火灾	高处坠落—显著风险 物体打击—显著风险 坍塌——一般风险 中毒窒息—显著风险 火灾—高度风险
第四季度	装饰装修 机电设备安装 信息系统安装	高处坠落 火灾 触电伤害 机械伤害	高处坠落—显著风险 火灾—显著风险 机械伤害—一般风险 触电伤害—显著风险

源自:《北京新机场建设指挥部安全生产管理体系实施年度总结》

重大危险源,从广义概念讲,重大危险源是指具有潜在重大事故隐患,可能造成重大人员伤亡、巨额财产损失或严重环境破坏、污染的作业区域、生产装置、设备设施等。

在实际操作中,重大危险源的主要判定依据有[1]:

(1) 严重不符合法律法规、标准规范和其他要求;

(2) 相关方有合理抱怨和要求;

(3) 曾发生过事故且没有采取有效防范控制措施;

(4) 直接观察到可能导致危险的错误,且无适当控制措施;

(5) 通过作业条件危险性评价方法,总分 160 分以上。

在工程建设中,重大危险源还应包括《危险性较大的分部分项工程安全管理规定》(建办质〔2018〕31 号)所界定的范围。

在大兴机场工程建设中,指挥部督导各参建单位在安全风险辨识的基础上,排查并确定可能存在的重大安全危险源,形成各项目的重大安全危险源清单和地图,同时加强对危险性较大分部分项工程、关键部位及环节、重大危险源的监控,做好重大危险源动态公示(图 7.12),严禁违章冒险作业。

风险动态管理,是指由于项目阶段性、环境以及时间变化等使安全风险管理具有周期性特点,需要根据安全风险变化状况及时调整应对策略,实现项目全生命周期、全过程的动态风险管理的过程。风险动态管理主要包括风险动态分析、风险动态评估和风险动态控制三个过程。

指挥部根据机场工程建设特点,建立了安全风险动态管理制度,要求各参建单位在安全风险评估结果的基础上,根据实际情况的变化和风险控制的成效、存在的问题,密切监测相关安全风险的变化,持续评估并确定安全风险等级,及时调整安全风险控制策略。动态更新周期原则上为每季度更新一次,各单位可结合安全风险事件固有属性和当前国内

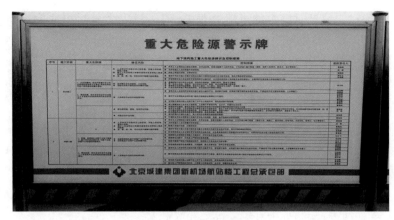

图 7.12　重大危险源警示

外经济社会环境做适当调整。

5）风险控制

风险控制，就是使安全风险降低到可以接受的程度，当风险发生时，不至于影响项目的正常开展。安全风险控制的目的是尽可能减少损失。在工程建设中，安全风险控制过程内容主要包括风险决策、技术措施、管理措施和应急管理。

风险决策，是指每个方案都会遇到几种不同的可能情况，而且已知出现每一种情况的可能性有多大，即发生的概率有多大，因此在依据不同概率所拟定的多个决策方案中，不论选择哪一种方案，都要承担一定的风险。需要客观合理地分析工程建设的安全风险，并采取相应措施以确保项目的顺利推进。

在工程建设中，安全风险决策主要有：消除风险、风险回避、损失控制、风险自留和风险转移。

（1）消除风险，主要针对可能性很高，一旦发生其后果非常严重的风险。这是一个不能容忍的风险，必须消除它。通常有两种方式，第一可以通过停止活动或流程来消除，第二可以通过工程改造等手段，彻底根除存在的有害因素及其风险。

（2）风险回避，就是以一定的方式中断风险源，使其不发生或不再发展，从而避免可能产生的潜在损失。需要指出的是，回避一种风险可能产生另一种新的风险。在工程建设的实际条件和环境下，回避风险可能不实际或不可能。

（3）损失控制，必须以定量风险评价的结果为依据，同时考虑其付出的代价，包括费用和时间两方面的代价。损失控制计划系统一般应由预防计划、灾难计划和应急计划三部分组成。

（4）风险自留，就是将风险留给自己承担，主要针对发生的可能性很低，而且一旦发生，其后果也是十分轻微的风险。风险自留与其他风险对策的根本区别在于，它不改变工程建设安全风险的客观性质，即既不改变安全风险的发生概率，也不改变安全风险潜在损失的严重性。因此，将其定义为可容忍的风险，但这并不表明就可以忽视它的存在，也需要管理，需要足够的关注。

（5）风险转移，主要针对发生的可能性很低，但一旦发生其后果非常严重的风险，转移的方法是工程保险。需要指出的是，在进行工程保险后，投保人可能产生心理麻痹而疏于损失控制计划，以致增加实际损失和未投保损失。

技术措施，包括消除、降低或隔离风险和风险控制点的各种硬件设施改造、技术手段与工程措施等，主要途径有：

（1）消除或减弱危害，通过方案实施对产生或导致危害的设施或场所进行密闭；

（2）改变工艺或设计，如停止使用危险化学品，在规划新的工作场所时应用人机工效学方法，引入机械提升装置以消除手举或手提重物的危险源等；

（3）通过隔离带、栅栏、警戒绳等把人与危险区域隔开；

（4）改变作业条件，如防静电、防火、防雷电等措施；

（5）移开或改变作业方向，停止某些作业；

（6）用低危害物质替代高危害物质，降低设备的电压要求；

（7）现场巡检无人化。

管理措施，包括为降低或控制风险，制定与完善相关的管理制度、政策，以及选择放弃某些可能招致风险的活动和行为，从而规避风险的决策等，主要途径有：

（1）完善并强化安全制度执行；

（2）加强培训教育；

（3）加强设备设施安全检查；

（4）实行安全许可，特种设备作业人员持证上岗；

（5）减少暴露时间（如异常温度或有害环境）；

（6）职业健康监护（如职业健康检查和职业健康监护档案管理）；

（7）对工程承包方的安全监督管理；

（8）风险转移。

应急管理，即针对不可控风险（确实难以消除、难以控制或防不胜防的风险）采取的特殊的风险控制措施，包括应急预案、演练、队伍、物资、资金、技术等各个方面的准备工作。

7.4.4 事故隐患排查治理

1）事故隐患及分级

（1）事故隐患，是指在工程建设活动中存在的违反安全生产法律法规、规章、标准、规程和安全生产管理制度的规定，或因其他因素存在可能导致事故发生的物的危险状态、人的不安全行为和管理上的缺陷。经危险辨识和风险评价所判断的不可接受的风险，与经过隐患排查所得出的事故隐患是同一等级，即不可接受的风险就是隐患。

在工程建设中，事故隐患有两层含义[1]，即：一是"违反"型隐患，包含违法、违标、违规等行为和状态；二是由于某些因素而引起的物的危险状态、人的不安全行为和管理上的

---

[1] 国家安全生产监督管理总局《安全生产事故隐患排查治理暂行规定》（2007 年 12 月 22 日）。

缺陷。其中,物是指生产过程或生产区域内的物质条件(如材料、工具、机器设备、成品、半成品等),行为是指人在工作过程中的操作、指示或其他具体行为,管理是指开展各种生产活动所必需的各种组织、协调等行动。

(2)事故隐患分级。根据隐患整改、治理和排除的难度及其可能导致事故后果和影响范围,可将事故隐患分为一般事故隐患和重大事故隐患。

一般事故隐患,即产生的危害和整改难度较小,发现后能够立即整改排除的隐患。

重大事故隐患,即产生的危害和整改难度较大,无法立即整改排除,需要全部或者局部停产停业,并经过一定时间整改治理方能排除的隐患。或因施工单位自身难以排除的隐患,包括以下情形:①违反法律法规有关规定,整改时间长或可能造成较严重危害的;②涉及重大危险源的;③具有中毒、爆炸、火灾等危险的场所,作业人员在10人以上的;④危害程度和整改难度较大,一定时间得不到整改的;⑤因外部因素影响致使施工单位自身难以排除的;⑥设区的市级以上安全监管职责部门认定的。

2)事故隐患排查治理体系

事故隐患排查,是指工程参建单位组织安全生产管理人员、工程技术人员、岗位员工以及其他相关人员依据国家法律法规、标准和企业管理制度,采取一定的方式和方法,对照风险分级管控措施,对本单位的事故隐患进行排查的工作过程。

事故隐患治理,即指消除或控制隐患的活动或过程。《安全生产事故隐患排查治理暂行规定》第十条规定:"……对排查出的事故隐患,应当按照事故隐患的等级进行登记,建立事故隐患信息档案,并按照职责分工实施监控治理。"第十五条规定:"对于一般事故隐患,由生产经营单位(车间、分厂、区队等)负责人或者有关人员立即组织整改""……重大事故隐患,由生产经营单位主要负责人组织制定并实施事故隐患治理方案。"第十六条规定:"生产经营单位在事故隐患治理过程中,应当采取相应的安全防范措施,防止事故发生。"

在工程建设中,事故隐患排查治理体系建设是一项系统工程,由政府及其有关部门推动,对企业开展分级分类管理;由企业负全面主体责任,对生产经营过程中存在的人、物、管理等各方面的隐患依据隐患排查治理标准进行主动排查,并对发现的隐患实施治理,将结果通过隐患排查治理信息系统上传下达,实现安全生产。隐患排查治理体系建设,是为实现"安全第一、预防为主、综合治理"安全生产方针奠定坚实的基础。

3)大兴机场工程建设事故隐患排查治理

指挥部根据国家、行业的法律法规要求和现场实际情况,坚持预防为主、防治结合、单位主责、政府监督的原则,构建了事故隐患排查治理管理工作体系,全面、持续开展了事故隐患排查治理工作。主要程序和环节包括:体系构建、制度建设、全面培训、事故隐患排查、事故隐患治理、信息档案、效果复查和持续改进等,详见图7.13。

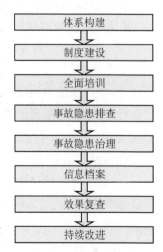

图7.13 事故隐患排查治理主要程序

（1）体系构建。指挥部构建了以业主单位为统领、施工单位为责任主体和监理单位为监控督查的工程建设安全事故隐患排查治理工作体系。

指挥部对参建单位的安全管理工作统一协调、管理，定期进行安全检查，发现安全问题的，及时督促整改；定期（每季度）分析安全生产形势及事故隐患排查治理情况，并进行通报；对施工单位、监理单位事故隐患排查治理工作进行指导和抽查，通报抽查情况；公布事故隐患举报渠道；对事故隐患排查治理工作不力的参建单位的主要负责人进行约谈，将被约谈或被政府部门行政处罚的信息在指挥部范围内公布，提出整改要求。

施工单位是施工现场事故隐患排查治理工作的责任主体，项目负责人全面负责本项目事故隐患排查治理工作，安全管理机构负责事故隐患排查日常工作。施工单位在事故隐患排查治理工作方面的主要职责包括以下内容。

① 建立健全事故隐患排查治理工作制度，明确安全、生产、技术、设备、消防、材料等部门事故隐患排查治理工作的职责，并对事故隐患的排查、登记、报告、监控、治理、验收各环节和资金保障等事项作出具体规定。

② 制定本单位事故隐患排查治理工作计划。

③ 组织检查本单位事故隐患排查治理情况，督促落实本单位事故隐患排查治理工作制度，审查重大事故隐患整改情况。

④ 定期统计、分析本单位事故隐患排查治理情况，提出加强安全生产管理的建议。

⑤ 确保本单位施工现场事故隐患排查治理资金的专款专用。

⑥ 与专业承包单位、专业分包单位签订《安全生产管理协议》，明确各方对事故隐患排查治理工作的职责。

⑦ 按计划对所承建的工程开展事故隐患排查治理工作，并结合工程重点施工环节、重点时期等组织专项事故隐患排查治理工作。

⑧ 在事故隐患治理过程中，应采取相应的监控和防范措施，必要时应当派人值守。事故隐患消除前或者消除过程中无法保证安全的，施工单位应当局部或全部暂停施工作业，并从危险区域内撤出作业人员，疏散可能危及的人员，设置警示标志。

监理单位是工程安全管控的监控与督查者，在事故隐患排查治理工作中的主要职责包括以下内容。

① 建立事故隐患排查治理督促制度，明确监理人员职责、范围和任务。

② 制定相关项目的事故隐患排查治理制度和检查计划，计划应包括事故隐患排查的内容及重点、排查时间安排、隐患排查组织机构及责任人员、排查工作要求等。

③ 项目主要负责人签署《监理单位主要负责人事故隐患排查治理工作承诺书》。

④ 督促施工单位做好事故隐患排查治理工作，并定期检查施工单位事故隐患排查治理工作情况，包括施工单位安全管理体系建立及运行情况、安全生产管理人员的资格及配备是否符合相关规定、特种作业人员是否持证上岗、施工组织设计中的安全技术措施和专项施工方案编审是否符合相关规定等。

⑤ 定期参加业主单位、施工单位等组织的事故隐患排查治理联合检查。

⑥ 定期(每季度)汇总并分析事故隐患产生原因、治理措施及结果,并形成报告。

⑦ 保存并归档相关工作记录,随时接受指挥部的监督检查。

⑧ 应加强对危险性较大和超过一定规模的危险性较大的分部分项工程的巡视检查力度,督促施工单位安全管理人员进行全程旁站监督。

⑨ 遇大风、大雨以及空气重度污染等异常天气时,监理人员应对施工现场落实应急响应措施的情况进行检查;

⑩ 发现一般事故隐患时,应责令施工单位限期消除,并保留相关工作记录;发现重大事故隐患的,总监理工程师应及时签发《工程暂停令》,暂停部分或全部在施工程。

(2)制度建设。指挥部建立了《事故隐患排查治理管理办法》《安全生产隐患排查实施细则》等制度,对事故隐患排查治理管理责任主体、工作任务、现场事故隐患排查、重大事故隐患治理等进行了明确规定。同时督促各参建单位建立并执行《事故隐患排查治理制度》《事故隐患排查治理年度工作计划》,开展全员学习培训,编制各项目的一般事故隐患和重大事故隐患工作台账,明确事故隐患消除责任人及消除期限,填报安全隐患整改反馈表,定期(每季度)形成事故隐患排查总结报告。

(3)全面培训。包括隐患排查制度文件培训和业务培训。制度文件培训,即以已有的规章制度为准,组织工程管理与作业人员,按照不同层次、不同岗位的要求,学习相应的隐患排查治理制度文件内容;业务培训,重点是排查标准内容、排查技巧、治理技术和排查记录的整理分析等。

指挥部组织专家组开展了多轮有针对性的现场指导培训(图7.14),共计覆盖136项次,指导约计500人次。通过对隐患排查与风险管控技术方法现场指导,专家组收到施工单位反馈的《风险评估登记表》和《隐患排查规范表》共计30余份。通过专家的现场辅导,施工单位、监理单位更好地理解了指挥部对事故隐患排查的要求,取得了成效。

图7.14　事故隐患排查治理培训

(4)事故隐患排查。隐患排查的主体是施工单位的所有参建人员,从项目部负责人到一线作业人员、在现场工作范围内的外部人员。因为安全隐患的存在是广泛的,而只有所有人员能够在各自工作岗位上及时发现,才能保证排查的全面性和有效性。

隐患排查工作内容主要包括隐患排查清单编制、排查项目确定、排查类型确定、排查实施和治理建议等(图7.15)。

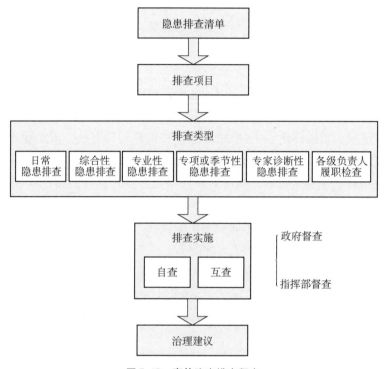

图7.15 事故隐患排查程序

隐患排查清单,以各类风险点为基本单元,依据风险分级管控体系中各风险点的控制措施和标准、规程要求,编制排查单元的排查清单。内容包括:与风险点对应的设备设施和作业名称、排查内容、排查标准和排查方法等。

排查项目。实施隐患排查前,应根据排查类型、人员数量、时间安排和季节特点,在排查项目清单中选择确定具有针对性的具体排查项目,作为隐患排查的内容。隐患排查可分为生产现场类隐患排查或基础管理类隐患排查,两类隐患排查可同时进行。

排查类型。主要包括日常隐患排查、综合性隐患排查、专业性隐患排查、专项或季节性隐患排查、专家诊断性检查和各级负责人履职检查等。

排查实施。隐患排查应做到全面覆盖、责任到人,定期排查与日常管理相结合,专业排查与综合排查相结合,一般排查与重点排查相结合,自查与互查相结合。

组织级别。参建单位应根据自身组织架构和项目情况确定不同的排查组织级别和频次,排查组织级别一般包括公司级、项目级、班组级。

治理建议。按照隐患排查治理要求,各参建单位对照隐患排查清单进行隐患排查,填写隐患排查记录,并根据排查出的隐患类别,提出治理建议,包含:针对排查出的每项隐患明确治理责任单位和主要责任人、经排查评估提出初步整改或处置建议、依据隐患治理难易程度或严重程度确定隐患治理期限等。

2018 年 7 月至 2019 年 6 月,指挥部组织专家组对在建的全部工程项目进行了隐患排查,通过统计与分析,确定了四个季度中的重大事故隐患类型分布比例(表 7.9)和柱状图(图 7.16)[1]。

表 7.9　重大事故隐患类型分布比例

(2018 年 7 月至 2019 年 6 月)

隐患数量/隐患类型及所占比例	触电伤害	高处坠落	火灾	起重伤害	物体打击	机械伤害
第一季度:176	50(28%)	38(21%)	40(23%)	19(11%)	16(9%)	13(7%)
第二季度:175	67(38%)	34(19%)	27(15%)	17(10%)	21(12%)	9(5%)
第三季度:221	65(29%)	54(25%)	52(24%)	23(10%)	11(5%)	16(7%)
第四季度:99	39(39%)	14(14%)	23(23%)	14(14%)	4(4%)	5(5%)
合计:671	221	140	142	73	52	43

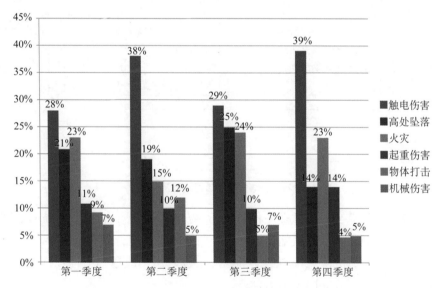

图 7.16　重大事故隐患分布柱状图

从柱状图中可以看出,触电伤害在每个季度所占比例最高,高处坠落和火灾基本排列第二。此阶段的施工作业中,现场作业全部使用临时用电并存在较多的高处作业,暴露在触电伤害和高处坠落的风险频率较高,事故隐患也相对处于高比例状态;对于火灾隐患,只有弱电信息项目没有动火焊接作业,其他工程项目的施工均实施焊接作业,火灾隐患也呈现较高比例;机械伤害、物体打击、起重伤害、车辆伤害风险同时分布在相应施工作业中,柱状图所示所占比例相对较低,但对使用起重吊装设备的施工项目来说,起重伤害和

[1]　大兴机场建设指挥部安全生产管理体系实施年度总结,2020.1.

物体打击风险程度也很高。

（5）事故隐患治理。事故隐患治理应做到方法科学、责任到人、资金到位、措施及时且有效、按时完成。能立即整改的隐患必须立即整改；无法立即整改的隐患，治理前应研究制定防范措施，落实监控责任，防止隐患发展为事故。

事故隐患治理流程，主要包括通报事故隐患信息、下发事故隐患整改通知、实施事故隐患治理、验收等环节（图7.17）。

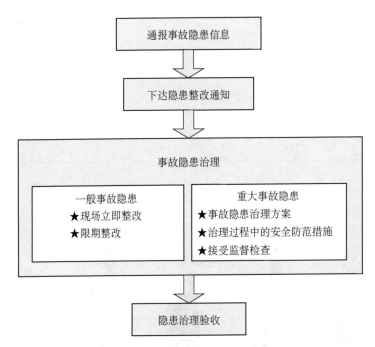

图 7.17　事故隐患治理流程及内容

通报事故隐患信息。隐患排查工作结束后，应将事故隐患名称、存在位置、不符合状况、隐患等级、治理期限及治理措施要求等信息向从业人员进行通报。

下达整改通知。事故隐患排查组织部门应下发隐患整改通知书，应对事故隐患整改责任单位、措施建议、完成期限等提出要求。

事故隐患治理。实行分级治理、分类实施，包括岗位纠正、班组治理、项目部治理、公司治理等。隐患存在单位应对隐患存在的原因进行分析，根据事故隐患级别制定可靠的治理措施。

一般事故隐患治理。一般隐患治理分现场立即整改和限期整改两类情况，应由各级（公司、项目部、班组等）负责人或者有关人员负责组织整改，整改情况要安排专人进行确认。

现场立即整改类。有些隐患如明显的违反操作规程和劳动纪律的行为，这属于人的不安全行为的一般隐患，排查人员一旦发现，应当要求立即整改，并如实记录，以备对此类行为统计分析，确定是否为习惯性或群体性隐患。有些设备设施方面的简单的不安全状态如安全装置没有启用、现场混乱等物的不安全状态等一般隐患，也可以要求现场立即整改。

限期整改类。有些一般隐患难以做到立即整改的,则应限期整改。限期整改通常由排查人员或排查主管部门对隐患所属单位发出《隐患整改通知》,明确并列出隐患情况的排查发现时间和地点、隐患情况的详细描述、隐患发生原因分析、隐患整改责任认定、隐患整改负责人、隐患整改方法和要求、隐患整改完成的时间要求等。限期整改需要全过程监督管理,除对整改结果进行"闭环"确认外,同时需在整改工作实施期间进行监督,以发现和解决可能临时出现的问题,防止拖延。

重大事故隐患治理。经判定或评估属于重大事故隐患的,应及时组织评估并编制事故隐患评估报告书。评估报告书应当包括事故隐患的类别、影响范围、风险程度、事故隐患监控措施、治理方式、治理期限的建议等内容。

存在重大事故隐患的施工单位应根据评估报告书制定隐患治理方案、治理过程中的安全防范措施,接受并配合安全监管监察部门的重点监督检查。重大事故隐患治理方案应当包括下列主要内容:①治理的目标和任务,②采取的方法和措施,③经费和物资的落实,④负责治理的机构和人员,⑤治理时限和要求,⑥防止整改期间发生事故的安全措施。

治理过程中的安全防范措施。在事故隐患治理过程中,施工单位应当采取相应的安全防范措施,防止事故发生。事故隐患排除前或者排除过程中无法保证安全的,应当从危险区域内撤出作业人员,并疏散可能危及的其他人员,设置警示标志,暂时停产停业或者停止使用;对暂时难以停产或者停止使用的相关生产储存装置、设施、设备,应当加强维护和保养,防止事故发生。

隐患治理验收。隐患治理完成后,应根据隐患级别组织相关人员对治理情况进行验收,实现闭环管理。重大隐患治理工作结束后,相关单位应对治理情况进行复查评估。对政府督办的重大隐患,按有关规定执行。

(6)信息档案。各参建单位在隐患排查治理体系策划、实施及持续改进过程中,应完整保存体现隐患排查全过程的记录资料,并分类建档管理。主要包括:隐患排查治理制度、隐患排查治理台账、隐患排查项目清单等内容的文件成果。其中,重大事故隐患的排查、评估记录,隐患整改复查验收记录等,应单独建档管理。

(7)效果复查。通过事故隐患排查治理体系的建设,各参建单位应在安全管理方面有所改进,包括:①险控制措施全面持续有效,②风险管控能力得到加强和提升,③隐患排查治理制度进一步完善,④各级排查责任进一步落实,⑤员工隐患排查水平进一步提高,⑥对隐患频率较高的风险重新评价、分级,并制定完善控制措施,⑦安全事故明显减少,⑧职业健康管理水平进一步提升。

(8)持续整改。在机场工程建设中,事故隐患排查治理机制不是一成不变的,需要随着安全管理标准化、职业健康安全管理水平的提高而完善,实现事故隐患排查治理的持续改进。同时,事故隐患排查治理过程为整体安全管理提供了持续改进的信息和资源,通过对事故隐患排查治理信息的统计、分析,能够为预测预警提供大量信息,并为安全管理的改进提供方向性指引。

各参建单位应根据国家、行业的安全政策和环境变化健全事故隐患排查治理体系,及时更新隐患排查治理的范围、隐患等级和类别、隐患信息等内容,主要包括:①法律法规及标准规程变化或更新,②政府规范性文件提出的新要求,③企业组织机构及安全管理机制发生变化,④企业施工工艺发生变化、设备设施增减、使用原辅材料变化等,⑤企业自身提出更高要求,⑥事故事件、紧急情况或应急预案演练结果反馈的需求,⑦其他情形出现应当进行的评审。

各参建单位应建立不同职能和层级间的内外部沟通机制,及时有效传递事故隐患信息,提高事故隐患排查治理的效果和效率;主动识别内部各级人员隐患排查治理的相关培训需求,并纳入企业培训计划,组织相关培训;推进新技术应用,提高事故隐患排查治理的效能;不断增强工程参建人员的安全意识和能力,熟悉、掌握隐患排查的方法,消除各类隐患,有效控制岗位风险,减少和杜绝安全生产事故发生,保证安全生产。

7.4.5　安全主题公园

大兴机场安全主题公园(以下简称"安全主题公园",图 7.18),坐落于大兴机场航站楼东北方向,总占地面积约 4 700 m²,其中建筑面积 3 700 m²。安全主题公园于 2017 年 3 月 16 日正式启用,旨在大力倡导安全文化,提高工程建设参建人员的安全素质。

安全主题公园设置安全培训师驻场进行安全教育培训工作,担负着整个机场工程建设期间的所有参建工人的体验式安全教育培训任务。经过系统的安全教育培训后,工人可以学习到在工程施工过程中所有的安全隐患,亲身感受和体验到"危而不险"的安全事故发生过程,体验式安全培训让安全培训更有针对性,不再是"纸上谈兵",告别说教,亲身体验。将施工安全教育与体验式安全培训相结合,让安全理念以更感性的方式深入人心,让每个工人把安全的红线意识放到心上,做到防患于未然。此举在很大程度上能增强参建工人的自我安全意识和提高其整体安全素质,这对大兴机场建设的安全管理水平全面提高大有裨益。

图 7.18　安全主题公园概貌

安全主题公园内共设计和建造了个人安全防护体验、现场急救体验、安全用电体验、消防灭火及逃生体验、交通安全体验及 VR 安全虚拟体验等 9 大类 50 余项安全体验项目和观摩教学点。

1）个人防护装备（8 项）

包括眼部防护、耳部防护、手部防护、腿部防护、足部防护、口鼻部防护、头部防护、特殊工种装备模特等展示，如图 7.19 所示。

图 7.19　个人防护用品及特殊工种装备模特展区

2）高处坠落（9 项）

包括洞口坠落体验、安全带使用体验、标准马道行走体验、劣质马道行走体验、安全网防护体验、移动脚手架倾倒体验、爬梯体验、护栏倾倒体验、高空平衡木行走体验，如图 7.20 所示。

3）物体打击（5 项）

包括安全帽撞击体验、安全鞋冲击体验、重物搬运体验、脚手架系统坍塌体验、模板系统坍塌体验，如图 7.21 所示。

图 7.20　高处坠落体验区

图 7.21　物体打击体验展区

4）机械安全（6 项）

包括塔吊安全吊装体验、吊具索具安全使用体验、钢筋切断机安全使用体验、钢筋弯曲机安全使用体验、无齿锯安全使用体验、木工锯安全使用体验。

5）安全用电（6 项）

包括个人安全用电防护装备、安全用电标识、正确接电线路、合格/不合格线缆、合格/不合格电气设备等展示，以及人体触电体验。

6）生命急救（4 项）

包括紧急救治中心集结点、骨折急救体验、止血急救体验、心肺复苏急救体验等，如图7.22 所示。

图 7.22 生命急救展区

7）交通安全（3 项）

包括交通标识展示、交通信号教育、长车内轮差体验等项目。

8）消防安全（8 项）

包括数字模拟灭火器、消防实战演习场、烟雾/火场逃生、干粉灭火器使用、消防栓使用、新型消防器材使用等体验，以及消防器具综合展示，如图 7.23 所示。

图 7.23 消防安全体验区

9）其他类（2项）

包括有限空间作业体验和 VR 安全虚拟体验，如图 7.24 所示。

图 7.24　有限空间作业体验区

7.5　平安工程建设组织实施

平安工程建设实施就是在工程建设过程中落实安全生产责任制和管理制度，确保工程建设的作业安全和工程质量安全。平安工程建设组织实施包括综合安全管理、现场安全管理和治安管控，其中现场安全管理涵盖安全技术管理、设备设施安全管理、作业安全管理、职业卫生管理、文明施工和危险警示等。

7.5.1　综合安全管理

在大兴机场工程建设中，综合安全管理主要包含工程发包与合同履约安全管理、安全检查与监督、安全生产投入、安全教育培训、安全应急管理、防汛安全管理、安全绩效考核、安全档案与资料管理、农民工权益保障等。

1）工程发包与合同履约安全管理

指挥部根据工程建设实际制定了《工程发包与合同履约安全管理办法》和《工程发包与合同履约安全管理实施细则》，旨在加强工程发包及合同履约的安全管理，明确工程发包各环节的安全管理责任，加强合同履约过程中的安全控制，全面防范安全风险。

（1）工程发包。

① 资质管理。工程建设中的资质管理，即将建设项目发包给具备安全生产条件或者相应资质的企业。安全生产条件，是指企业应当具备安全生产法和有关法律、行政法规和国家标准或者行业标准规定的软硬件条件，主要包括：在确定合格承包单位时，承包单位必须提供企业营业执照、资质证书、安全资格证等书证原件；项目经理、安全管理人员、监理人员应具备相关资质，且人员数量应符合《建筑施工企业安全生产管理机构设置及专职安全生产管理人员配备办法》等相关文件要求。在上述人员依法更换后，应对新担任的上述人员进行资格审查；参建单位的设备设施、工艺、技术等方面是否符合法律、行政法规和国家标准或者行业标准的规定；其他应审核的安全生产条件。

② 合同签订。经招投标程序确定承包单位后,应与承包单位签订合同,合同中应有安全管理要求及约定双方的安全职责范围。鼓励与安全无事故、资质等级高、信誉良好、业绩优良的承包单位建立长期的合作关系。

③ 安全生产保证措施审核。应对工程承包单位进行安全生产及保证措施的审核,是选择总承包单位、专业承包单位的重要依据。安全生产保证措施包括:安全组织保障措施、安全生产保障体系、岗位责任(包括主要负责人、安全生产管理人员、质量负责人等)、管理保障措施(包括人力资源管理、物力资源管理)、经济保障措施(保证安全生产所需资金、保证安全设施所需资金、保证劳动保护与培训所需资金、保证工伤社会保险所需资金)、技术保障措施(包括重大危险源、危险作业、安全生产操作规程、施工现场管理等)、法律责任等。

④ 安全费用清单。对依法进行工程招投标的项目,应按照有关规定并结合工程实际单独列出安全防护、文明施工措施项目清单。同时,应在施工合同中明确安全防护、文明施工措施项目总费用,以及费用预付、支付计划、使用要求、调整方式等条款。

(2) 合同履约。

管理原则。依据"分级监控,定期分析、及时反馈、适当处理"原则对合同履约安全进行管理。

开工及复工前的工作。审查施工单位为全部从业人员(包括施工工人)办理工伤保险和意外伤害险的情况,指挥部与各施工责任主体签订相关安全责任书,审查施工单位、监理单位的安全生产管理人员的到位情况、施工单位的安全生产条件及安全保障措施情况等,向其说明指挥部的安全规定和要求,对承包单位进行安全监督检查,内容包括:

① 施工承包单位负责的施工现场和设备、设施符合有关安全生产法律法规、国家标准或者行业标准的要求;

② 建立健全安全生产责任制,制定安全生产规章制度和相关操作规程;

③ 依法设置安全生产管理机构或者配备安全生产管理人员;

④ 从业人员配备符合国家标准或者行业标准的劳动防护用品;

⑤ 项目主要负责人和安全生产管理人员具备与工程建设相适应的安全生产知识和管理能力,依法经安全生产知识和管理能力考核合格;

⑥ 施工作业人员经安全生产教育和培训合格,特种作业人员按照国家和地方的有关规定,经专门的安全作业培训并考核合格,取得特种作业操作资格证书;

⑦ 法律法规和国家标准或者行业标准、地方标准规定的其他安全生产条件。

合同执行。指挥部各工程部应对各类合同的安全要求进行把关,安全质量部应指导、监督各工程部对合同涉及安全生产条款执行情况进行评议、落实。若发现参建单位未执行安全相关要求或未遵守指挥部的相关规章制度时,应立即对不符合要求的方面提出整改建议,监督其改正,相关单位整改完成并经验收通过后方可开展施工。若相关单位拒绝接受指挥部各工程部的安全生产监督,或不按要求进行整改的,指挥部有权取消其承租、承包资格。

指挥部各工程部不得以任何理由,要求工程设计单位或者施工单位在工程设计或施工作业中,违反法律、行政法规和工程质量、安全标准,降低工程质量;不得对勘察、设计、施工、监理等单位提出不符合工程建设安全生产法律法规和强制性标准规定的要求；不得要求施工单位压缩合同约定的工期。

安全检查。指挥部各工程部应对各参建单位的安全生产工作统一协调、管理，定期进行安全检查，发现安全问题的，应当及时督促整改。

现场管理。施工现场的安全管理由施工单位负责，总承包单位负责对施工现场统一管理，分包单位负责分包范围内的施工现场管理。专业承包单位应当接受总承包单位的现场管理。因总承包单位违章指挥造成事故的，由总承包单位负责；分包单位或者专业承包单位不服从总承包单位管理造成事故的，由分包单位或者专业承包单位承担主要责任。

考评建档。应将合格的参建单位录入合格承包单位名录，作为是否续用的依据，并建立承包单位档案，定期组织对合格承包单位进行考评，内容包括：承包单位资质证书复印件、过去的安全生产业绩、安全管理组织情况等。应对合格承包单位名录和档案进行定期更新。

费用支付。指挥部按照规定及合同约定及时向施工单位支付安全防护、文明施工措施费，并督促施工企业落实安全防护、文明施工措施。

2）安全检查与监督

为加强施工现场的日常安全管理，落实建设项目施工主体的安全生产管理责任，及时发现和制止违规作业行为，及时发现并消除各类事故隐患，有效控制和督导工程建设全过程，指挥部以《安全生产责任制》为牵引，制定并实施了《安全巡视管理办法》《领导干部和管理人员作业现场带班管理办法》和《安全生产举报办法》，形成了有效的工程安全检查与监督机制。

（1）安全巡视制。安全巡视制，即指挥部根据工程实际建立的、由指挥部安委会定期或不定期派出安全生产巡查组，对全场施工的安全状况进行巡查的一种机制。

安全巡视的主要目的是，通过对施工现场进行日常巡查与夜间值班巡查工作，有效控制和督导工程建设全过程，发现和找出重大事故隐患和非法违法行为，及时处理安全问题和突发事件。安全巡视工作重在发现现场存在的安全问题，突出巡查成果应用，实现施工现场（包括生活区、办公区）"全覆盖"和闭环管理。

巡查组由指挥部安委会成员、各工程部人员、各参建单位人员和有关安全生产专家组成。巡查组实行组长负责制，组长由指挥部安委会成员担任，副组长由工程部安全管理人员担任。巡查工作的主要内容是：

① 按照"党政同责、一岗双责、失职追责"的要求，检查属地管理责任、部门监管责任和企业主体责任、安全工作责任制、安全生产规章制度、操作规程等落实情况；

② 对安全质量工作月度讲评会会议精神与要求的贯彻落实情况；

③ 工程项目建设专项整治和规范化建设情况；

④ 持证上岗与持证作业、安全生产防范措施的落实和施工作业人员劳动保护用品配备及使用情况；

⑤ 起重机械、升降设备、施工机械机具、模板支撑、脚手架和土方基坑工程、施工临时

用电、高处作业、电气焊(割)作业和季节性施工,以及施工现场生产生活设施、现场消防和文明施工等方面有无违反安全生产规范标准、规章制度的行为;

⑥ 组织开展专项检查、隐患排查整治、风险辨识、重大危险源管控、安全生产非法违法行为整治等情况;

⑦ 有关安全生产举报信息的核查处理情况。

巡查组可结合巡查的主要内容和被巡查地区实际,采取以下方式开展工作(有选择地运用):

① 施工现场(包括生活区、办公区)日常巡查与随机抽查、专项检查;

② 列席有关安全生产工作会议,听取工作汇报;

③ 调阅有关资料;

④ 指挥部安委会及其办公室要求的其他方式。

巡查工作程序主要是:

① 指挥部安委办制定巡查工作方案,各巡查组根据巡查工作方案,认真细致开展工作;

② 各巡查组向被巡查单位反馈相关情况,指出问题和隐患,提出有针对性的整改意见;

③ 各巡查组应在巡查工作结束后 15 日内,向指挥部安委会报送巡查工作报告;

④ 各参建单位收到巡查反馈意见后,应当认真整改落实发现的问题和隐患,提出对有关人员的处理意见,并于 2 个月内将整改和查处情况报送指挥部安委会审核。

将巡查结果纳入安全生产工作绩效考核内容,同时将巡查反馈意见、整改情况和对有关单位及人员的奖惩情况进行通报。

图 7.25 施工带班作业

(2) 领导干部和管理人员作业现场带班制。领导干部和管理人员作业现场带班制(图7.25),是指各参建单位的领导班子成员和管理人员在施工作业期间轮流值班并定期进行现场安全检查,统筹协调和处理现场安全生产问题的一种机制。

领导干部和现场带班人员,即指挥部各工程部项目负责人、施工单位项目负责人和监理单位项目负责人,以及施工单位的技术负责人、施工员、专职安全员等。

参建单位领导干部和管理人员施工现场带班管理应遵循"全面兼顾、重点防范、带班在现场,解决在现场"的原则,确保工程建设安全有序可控。

① 带班工作职责。施工单位项目负责人是施工现场带班生产的责任主体,项目负责人是指持有"B"类安全生产考核合格证书的总包、专业分包、劳务分包单位项目经理。必须确保每个班次至少由一名项目班子成员在现场带班,对本项目施工活动落实带班制度负责。

监理单位项目负责人是落实监理单位领导干部和管理人员作业现场带班制度的第一

负责人,对落实监理单位带班制度负全面责任。指挥部各工程部项目负责人对施工作业现场的带班安全检查每月不少于三次。

② 现场带班工作内容。

• 掌握当班的安全生产状况,认真落实安全管理规定,加强对重点部位、关键环节的检查巡视。

• 排查隐患并要求立即落实整改,现场无法整改的隐患问题,必须下达整改通知单,限期整改并按期复查验收。

• 落实制止"三违"相关规定,及时制止违章违纪行为,严禁违章指挥。

• 现场发生危及安全的重大隐患和严重问题时,带班人员应立即采取紧急处置措施,并及时报告。解决施工中的突发问题,严禁超能力组织施工。

③ 施工单位带班工作要求。

• 项目负责人每月带班时间不得少于本月施工时间的 20%,因其他事务离开现场时,应向指挥部相关工程部负责人请假,经批准后方可离开。离开期间应委托持有"B"类安全生产考核合格证书的人员负责其外出时的日常工作。

• 在节假日连续生产作业期间,应执行领导轮流安全带班并定时巡查制度。

• 建立领导干部和管理人员作业现场安全带班记录台账。

• 值班领导在本人值班期间不得离开工作岗位。如因有事离岗时,必须事先通知安排项目部其他领导顶替班,顶替班领导未到位,不得离开工作岗位。

• 带班人员应参加作业班组的班前教育,提示当日作业安全注意事项,检查特殊工种人员持证上岗情况。

• 现场带班人员应掌握建设项目当日主要施工内容、施工进度要求、专项施工方案和安全技术措施、安全技术交底的落实情况、危险源和安全重点监控环节。

• 超过一定规模的危险性较大的分部分项工程施工前,带班人员应提前 5 日将书面报告提供给指挥部各工程部、安全质量部,施工时旁站监督。对日常管理状况较差的施工现场,应增加带班检查频次。

• 重大危险源的控制由项目负责人或技术负责人轮流带班,一般危险源可由项目管理班子成员带班,并做到"两同时"[1],保证只要有作业工人在现场作业,现场就有项目班子成员带班。

• 建立紧急撤人避险制度,并授予施工现场带班人员在遇到险情时第一时间下达停工撤人命令的直接决策权和指挥权,及时向上级领导或部门报告。因撤离不及时导致人身伤亡事故的,要追究相关人员的责任。

• 带班人员带班期间必须佩戴带班标识,必须严格遵守各项规章制度,坚持"两同时""二不放过"[2]。

---

[1] "两同时",即与作业工人同上班同下班。

[2] "二不放过",即对隐患和不安全行为不放过。

④ 监理单位带班工作要求。

• 项目监理负责人每月在现场带班生产的实际时间合计不得少于当月施工时间的20%，监理单位带班领导不在岗时，应书面委托有岗位证书的监理人员代为承担监管工作。

• 带班人员应遵循重点防范、兼顾全面的原则，深入了解实际情况，多角度、多层面地认识和分析问题，提出对策，指导工作，努力使所监工程安全风险处于受控状态，确保安全生产。

• 带班人员应全面掌握施工情况，包括施工组织设计及专项施工方案的实施情况、施工部位及内容、施工机械设备、原材料、人员、安全技术措施及相关要求、设计要求、质量控制标准、进度要求、施工作业安全技术交底情况、施工作业环境等。

• 带班人员必须与工人、项目监理人员同时上班、同时下班，不得擅自脱岗。现场有涉及超过一定规模的危险性较大分部分项工程施工、出现灾害性天气或发现重大隐患、出现险情等情况时，项目监理负责人等关键岗位人员必须在岗带班。

• 带班人员应监督施工单位做好危险性较大的分部分项工程的管理工作，督促及时编制专项施工方案，并按规定组织专家进行论证。监督施工单位严格执行已通过论证和得到批准的专项方案。在危险性较大的分部分项工程的关键部位、关键工序施工时，督促施工单位项目负责人现场带班检查、专职管理人员现场跟班管理等。在危险性较大的分部分项工程完成后，监督施工单位组织包括施工企业总工程师在内的有关人员做好相关验收工作。

• 带班人员应巡视检查危险性较大分部分项工程、关键部位及环节、重大危险源等情况，检查施工单位安全生产技术措施落实情况。发现存在事故隐患时，及时制止违章冒险作业，书面责令施工单位立即整改，并对整改过程及结果进行跟踪和记录。

• 在危险性较大的分部分项工程专项方案实施后，监理项目负责人应会同包括施工单位负责人、总工程师在内的有关人员进行验收。验收合格后，方可进入下一道工序。对危险性较大的分部分项工程的关键部位、关键工序实施过程，应指派专人在现场旁站，会同施工单位所指派的现场管理人员做好跟班监督、管理工作。

• 带班人员应督促施工单位做好自身安全生产隐患排查及隐患整改工作，及时做好重大危险源动态公示工作。

• 如遇有险情，带班人员应立即向施工单位下达停工撤人命令，组织涉险人员及时有序撤离到安全区域，并及时向指挥部、政府有关部门报告。

• 带班人员必须及时做好带班记录。带班记录纳入项目监理单位安全管理台账，由专人负责整理并做好归档。

（3）安全生产举报制。安全生产举报制，即任何单位和个人有权对发现的安全隐患和有关安全生产违法违规行为向参建单位相关部门、指挥部和相关政府部门举报的一种机制。举报内容重点包括以下情形和行为：

• 违反国家法律法规及项目各类安全生产管理制度的行为；

- 特种作业人员未取得特种作业操作证书上岗作业的;
- 从业人员未经安全生产教育和培训合格上岗作业的;
- 未按法律规定设置安全生产管理机构或配备安全生产管理人员的;
- 对屡次违章作业不予制止的,对事故隐患不及时采取措施整改的;
- 安全设备的设计、制造、安装、使用、检测、维修、改造和报废不符合国家标准或者行业标准的,使用国家明令淘汰、禁止使用的危及生产安全的工艺、设备的;
- 在有较大危险因素的作业场所和有关设施,未设置明显的安全警示标志的;
- 将生产作业项目、场所、设备发包或者出租给不具备安全生产条件或者相应资质的单位和个人的;
- 进行大型设备(构件)吊装、危险装置设备试运行、危险场所动火作业、有毒有害及受限空间作业、重大危险源作业等危险作业,未按批准权限由相关负责人现场带班的,未安排专门管理人员进行现场安全管理的,与施工方未签订安全生产管理协议或者未设置作业现场安全区域的;
- 瞒报、谎报、拖延不报重伤、死亡生产安全事故的,或者伪造、故意破坏事故现场的;
- 承担安全评价、认证、检测、检验工作的安全生产中介机构出具虚假证明的;
- 安全生产中可能导致生产安全事故或者对劳动者生命健康造成严重损害的违法行为;
- 其他安全生产中的各类重大事故隐患或违法违规行为。

3) 安全生产投入

指挥部制定并实施了《安全生产资金管理办法》,旨在强化对工程建设安全生产资金投入及安全生产费用提取、管理和使用的监管;引导各参加单位加大安全事故预防和应急投入,排除安全隐患;强化安全生产基础能力建设,形成安全生产保障长效机制。

安全生产投入,主要有三个层面的含义和要求,即一是建立安全生产投入保障制度,二是按规定提取安全生产费用、专款专用,三是建立安全费用台账。

安全生产费用,是指企业按照规定标准提取在成本中列支,专门用于完善和改进企业或者项目安全生产条件的资金,主要包含安全防护、文明施工措施等费用。

安全防护、文明施工措施费用,是指按照国家现行的建筑施工安全、施工现场环境与卫生标准和有关规定,购置和更新施工安全防护用具及设施、改善安全生产条件和作业环境所需要的费用,主要由环境保护费、文明施工费、安全施工费、临时设施费等组成。

《安全生产资金管理办法》要求各参建单位应建立安全生产资金保障制度,工程总承包单位对工程安全防护、文明施工措施费用的使用负总责,监理单位负责监督各施工单位的安全文明施工费的使用。安全生产资金应当专项用于下列安全生产事项:①安全技术措施工程建设,安全设备、设施、工艺更新和维护,②安全生产宣传、教育、培训,重大危险源监控和事故隐患整改,③安全生产风险辨识、评估和标准化建设,④劳动防护用品配备与更新,⑤安全生产新技术、新设备、新材料、新工艺的推广应用,⑥安全设施、特种设备等设备设施的检测检验,⑦参加安全生产责任保险,⑧应急救援队伍建设、应急设备装备和救援物资配备及应急演练,⑨聘请或委托第三方机构开展安全生产咨询、评价等,⑩其他与安全生产直接相关的支出。

4）安全教育培训

指挥部制定并实施的《安全生产教育培训管理办法》和《安全生产教育培训管理实施细则》,旨在强化各参建单位员工的安全生产意识,提高全员的业务能力与素质,增进知识与技能,防范伤亡事故,减轻职业危害,提升大兴机场工程建设的安全生产管理水平。

（1）安全教育培训体系。大兴机场工程建设安全教育培训由三部分组成,即指挥部和其他各参建单位的领导、部门负责人、安全生产管理人员的安全教育培训,指挥部新入职、转岗员工的安全教育培训,其他各参建单位从业人员的安全教育培训。

指挥部相关领导、各相关部门主要负责人以及专职安全生产管理人员每年应接受不少于 12 学时的安全生产教育培训。

施工项目负责人（项目经理）、专职安全生产管理人员应当经建设行政主管部门考核合格后方可任职。企业法定代表人、施工项目经理每年接受安全培训的时间,不得少于30 学时。企业专职安全管理人员除取得岗位合格证书并持证上岗外,每年还必须接受安全专业技术业务培训,时间不得少于 40 学时。其他管理人员和技术人员每年接受安全培训的时间,不得少于 20 学时。

（2）安全教育培训主要内容及要求。

① 指挥部和其他各参建单位领导、各部门负责人、安全生产管理人员安全教育培训。

● 国家、北京市、公司安全生产方针、政策和有关安全生产的法律法规、规章、标准、规范性及制度性文件。

● 建筑工程施工安全生产管理基本知识、安全生产技术、安全生产专业知识,重大隐患管理、重大事故防范、应急管理和救援组织以及事故调查处理的有关规定。

● 公司应急预案及相关响应、处置程序和措施。

● 抢险、救援及人员救护等专业知识。

● 典型事故调查、处理、分析和应急救援案例分析。

● 其他需要培训的内容。

② 指挥部新入职、转岗员工安全教育培训。

● 国家、北京市安全生产方针、政策和有关安全生产的法律法规、规章、标准及规范性文件。建筑工程建设安全生产管理基本知识、安全生产技术、安全生产专业知识。

● 职业危害及其预防措施。

● 典型事故和应急救援案例分析。

● 其他需要培训的内容。

指挥部新调入（包括招聘、实习、被派遣劳动者）人员,入职前应接受不少于 24 学时的安全生产教育培训。因工作需要转岗（包括离岗 6 个月及以上）人员,上岗前应接受不少于 4 学时的安全生产教育培训。

③ 其他各参建单位从业人员安全教育培训及要求。

其他各参建单位从业人员安全教育培训包括：新进场的从业人员安全教育、特种岗位安全教育、专项安全教育。

新进场的从业人员包括新进场的学徒工、实习生、委托培训人员、合同工、新分配的院校学生、参加劳动的学生、临时借调人员、相关方人员、劳务分包人员等。此类人员必须接受公司、项目、班组三级安全培训教育，经考核合格后，方能上岗。

公司级岗前安全教育内容包括：国家、省市及有关部门制定的安全生产方针、政策、法规、标准、规程。安全生产基本知识。本单位安全生产情况及安全生产规章制度和劳动纪律。从业人员安全生产权利和义务。有关事故案例等。培训时间不少于 15 学时。

项目级安全教育的主要内容包括：本项目的安全生产状况。本项目工作环境、工程特点及危险因素。所从事工种可能遭受的职业伤害和伤亡事故。所从事工种的安全职责、操作技能及强制性标准。自救互救、急救方法、疏散和现场紧急情况的处理、发生安全生产事故的应急处理措施。安全设备设施、个人防护用品的使用和维护。预防事故和职业危害的措施及应注意的安全事项。有关事故案例。《北京市工程建设施工现场作业人员安全知识手册》。其他需要培训的内容。培训时间不少于 15 学时。

班组级安全教育的内容包括：岗位安全操作规程。岗位之间工作衔接配合的安全与职业卫生事项。本工种的安全技术操作规程、劳动纪律、岗位责任、主要工作内容、本工种发生过的案例分析。《北京市建筑施工作业人员安全生产知识教育培训考核试卷》。其他需要培训的内容。培训时间不少于 20 学时。

特种岗位安全教育，是指工程建设中特种作业人员必须参加相关安全技术培训，经考试合格取得国家认可的特种作业操作证的安全教育培训。特种岗位作业人员（包括电工、焊工、架子工、塔吊司机、压力容器工、司炉工、制冷工及指挥人员等）在通过专业技术培训并取得岗位操作证后，每年仍须接受有针对性的安全培训，不得少于 20 学时。

专项安全教育，是指项目部根据实际需求，针对某项安全问题或环境问题组织开展的安全教育培训，如临时用电、消防安全以及违章安全教育等。

（3）安全教育培训实施。为了推进平安工程建设，提升工程建设安全管理水平，指挥部通过大讲堂（图 7.26）、专题讲座等多种形式宣贯平安工程建设理念，督促各参建单位切实落实安全主体责任，落实全员安全管理机制，确保大兴机场工程建设平稳顺利、持续安全。

为了提升工程建设的安全管理能力和水平，指挥部委托原国家安全生产监督管理总局职业安全卫生研究中心组织专家组开展了现场指导培训，共开展集中主题授课培训 12 次。以明确建设方、施工方和监理方三方安全生产法定职责为主要培训内容，针对三方所应履行的安全生产法律责任并结合事故案例分析三方履职尽责的重要性，针对机场建设安全管理现状讲解应实施的隐患排查、风险管控、现场安全管理方法以及事故应急救援技术方法，共培训数千人次，如图 7.27 所示。

图 7.26　大兴机场"平安工程"大讲堂

图 7.27　集中授课培训

5）安全应急管理

安全应急管理，是指对各施工单位生产安全事故应对、应急救援预案与演练的管理。指挥部制定并发布了《事故处理与应急救援管理办法》和《事故报告与调查实施细则》，以确保各参建单位各岗位人员在发生事故时能够迅速、有序、有效地采取应变措施，及时控制、处理生产安全事故，最大限度地减少人员伤亡、财产损失，严格事故报告、调查及处理工作。

（1）组织机构与职责。指挥部成立了工程建设事故应对、应急救援及预案制定与演练领导小组，组成如下：

组长为安委会主任，副组长为事故相关副总指挥、总工程师。成员包括事故相关工程部总经理、安全质量部总经理、党群工作部部长、行政办公室总经理、规划设计部总经理、保卫部负责人等。

① 应急指挥领导小组工作职责。

● 事故发生后，督促监理和施工单位按照本单位生产安全事故应急预案迅速开展抢险救援工作,采取措施维护现场秩序,防止事故进一步扩大。

- 根据事故状态,监测舆情信息,开展新闻危机管理。
- 配合政府部门事故调查组开展调查及处理工作。

② 指挥部各部门的职责分配。

- 各工程部:要求施工单位及时启动应急预案,反馈事故处置情况,及时收集有关情况,配合政府部门事故调查组开展调查及处理工作。
- 安全质量部:负责与政府部门事故调查组对接,及时了解跟踪事故处置情况,配合政府部门事故调查组开展调查及处理工作。
- 保卫部:负责事故周边区域的交通疏导、现场保卫,配合政府部门事故调查组开展调查及处理工作。
- 党群工作部:负责舆情监测与控制,按照《北京新机场建设指挥部新闻宣传工作管理规定》的有关要求进行新闻危机管理。
- 行政办公室:负责应急领导小组相关后勤保障工作。

(2) 事故及突发事件类别。

① 人身伤亡事故,指因施工作业造成施工现场人员或周边人员的人身伤害。

② 急性中毒事故,指施工作业过程中,有毒物质短期内大量侵入人体,使施工人员产生不适并需进行急救的中毒事故。

③ 设备毁坏事故,指在施工过程中发生施工机械、设备等毁坏。

④ 工程事故,指工程结构(包括围护结构)损坏、倒塌等。

⑤ 火灾事故,指施工现场发生的火灾。

⑥ 环境事故,指因施工造成的工程周边建筑物、构筑物、管线、道路、桥梁等发生超出允许的沉陷和倾斜、损坏、倒塌等事故。

⑦ 自然灾害事故,指因洪涝、地震、气候、疫情等自然因素对施工现场造成的事故。

(3) 应急预案编制。各参建单位应成立应急预案编制工作小组,由参建单位有关负责人任组长,吸收与应急预案有关的职能部门和单位的人员,以及有现场处置经验的人员参加。

应急预案的编制工作遵循以人为本、依法依规、符合实际、注重实效的原则,以应急处置为核心,明确应急职责、规范应急程序、细化保障措施。应急预案编制前,应进行事故风险评估和应急资源调查。应对风险种类多、可能发生多种类型事故的项目编制综合应急预案;对危险性较大的场所、装置或者设施,编制现场处置方案。

应急预案的内容应包括:应急救援组织及其职责、危险目标的确定和潜在危险性评估、应急救援预案启动程序、紧急处置措施方案、应急救援组织的训练和演习、应急救援设备器材的储备、经费保障等。

各参建单位应组织有关专家对应急预案进行评审,并形成书面评审纪要。参建单位主要负责人对评审或论证后的应急预案签署公布,并及时发放到本单位有关部门、岗位和相关应急救援队伍;应急预案公布之日起 20 个工作日内,按照分级属地原则,向安全生产监督管理部门和指挥部有关部门进行告知性备案。

各参建单位应组织开展本单位的应急预案、应急知识、自救互救和避险逃生技能的培训活动,使有关人员了解应急预案内容,熟悉应急职责、应急处置程序和措施。

各参建单位应按照应急预案的规定,落实应急指挥体系、应急救援队伍、应急物资及装备,建立应急物资、装备配备及其使用档案,并对应急物资、装备进行定期检测和维护,使其处于适用状态。

各参建单位应建立应急预案定期评估制度,每三年对预案内容的针对性和实用性进行分析,并对应急预案是否需要修订作出结论。

(4)应急预案演练。各参建单位应制订本单位的应急预案演练计划,根据本单位的事故风险特点,每年至少组织一次综合应急预案演练或者专项应急预案演练,每半年至少组织一次现场处置方案演练。应急预案演练结束后对应急预案演练效果进行评估,撰写应急预案演练评估报告,分析存在的问题,并对应急预案提出修订意见。

(5)应急预案启动与响应。施工现场发生安全事故时,事发单位除应按照有关规定在规定的时限内,除以规定的方式向政府主管部门、上级单位进行报告外,还应立即向指挥部值班领导、安全质量部报告。

事发单位在发生事故时,应第一时间启动应急救援响应,组织有关力量进行救援,并按照规定将事故信息及应急响应启动情况报告安全生产监督管理部门和其他负有安全生产监督管理职责的部门,各工程部督促落实。

事发单位在安全事故应急处置和应急救援结束后,应对应急预案实施情况进行总结评估。

6)防汛安全管理

大兴机场由于建设规模大、范围广、项目参加单位多,汛期安全管理是一项重要而复杂的工作。为此,指挥部制定了《参建单位汛期施工安全管理办法》,以提高工程项目对暴雨洪水及突发事件的应急快速反应和应急处理能力,促进防汛工作规范化、制度化、科学化管理。

(1)防汛工作原则。

① 安全第一,常备不懈,预防为主,全力抢险。

② 指挥部统一督导检查,监理单位协调,施工单位具体实施,各单位密切配合。

③ 局部服从全局,下级服从上级。

④ 最大限度地减少损失,防止和减轻次生损失。

⑤ 抢险施救与报告同时进行,第一时间报告。

(2)防汛组织机构与职责。

指挥部设立防汛领导小组。防汛领导小组下设防汛工作办公室(以下简称"防汛办公室"),防汛办公室设在飞行区工程部,负责日常工作。

① 防汛领导小组职责。

● 确定指挥部各部门的防汛工作职责、工作界面和防区范围。

- 每年 5 月底前审定机场年度防汛应急方案。
- 每年汛期前召开防汛工作会议,根据工程进度、特点确定各部门防汛工作职责、工作界面和防区范围,明确年度防汛工作重点、重点部位、责任主体和主要措施。
- 研究解决防汛工作中重大问题。
- 组织、协调、检查和督促落实各项防汛工作,协调争取地方政府、军方的支持。

② 防汛办公室职责。

- 办理防汛领导小组的日常工作。
- 每年 4 月底前完成制定机场年度防汛应急方案,并报防汛领导小组审定。
- 督促各工程部门完善防汛方案。
- 组织指挥部及各部门、监理单位、施工单位参加防汛抢险。
- 负责国家和上级有关防汛工作法规、指示精神的宣传教育。
- 根据指挥部的总体部署,组织、协调、检查和督促落实各项防汛工作。
- 研究解决、处理防汛工作中存在的问题,拟订年度防汛工作计划等重要文件。
- 负责按照水利行政主管部门的要求报送大兴机场工程项目防汛工作文件资料。

③ 各工程部职责。

- 明确责任区内防汛工作界面和防区范围,落实各防区的责任单位、责任人和防汛措施。
- 每年 3 月底前完成制定责任区年度防汛应急方案,督促监理、施工单位制定防汛工作方案,以及极端天气情况下的应急预案,并做好物资、设备、人员准备。
- 组织监理单位、施工单位参加防汛抢险。
- 研究解决、处理本责任区防汛工作中存在的问题,拟订工作计划。

④ 其他部门职责。

- 保卫部负责大兴机场防汛抢险期间的治安保卫工作,打击和查处各种破坏活动,维护防汛设施设备安全。
- 行政办公室根据各部门防汛工作年度物品需求情况,编制年度防汛物品费用预算,归口管控防汛物品项目费用使用情况;负责审核各部门防汛物品采购前需求清单及分发到位情况。
- 党群工作部负责重要防汛工作动态报道和舆情监测,协调开展新闻危机处置。

⑤ 监理单位和施工单位职责。

- 成立防汛组织机构,落实抢险队伍建设工作。
- 根据防汛工作的要求和责任区域的情况,制定并完善防汛预案报指挥部各工程部门备案。
- 组织管理人员和施工人员进行培训和演练,掌握预案,增强实战能力,确保出现汛情能及时进入状态。
- 根据应急救援处理工作需要,配足抢险防汛物资,并妥善保管、发放,提高防汛抢险救灾物资保障能力。

● 服从指挥部及指挥部工程部门的统一安排和部署,随时准备完成汛期中的一切应急抢险任务。

（3）汛情预警分级。汛期是指一年中降水量最大的时期,容易引发洪涝灾害,是防汛工作的关键期[1]。

汛情预警级别分为一般（Ⅳ级）、较重（Ⅲ级）、严重（Ⅱ级）和特别严重（Ⅰ级）,并依次采用蓝色、黄色、橙色、红色加以表示。

① 蓝色汛情预警（Ⅳ级）:预计区内未来可能出现下列条件之一或实况已达到下列条件之一并可能持续时:1 h 雨量达 30 mm 以上,6 h 降雨量达 50 mm 以上;重点城镇部分路段和低洼地带可能产生 20 cm 积水,部分立交桥下积滞水可达 30 cm。

② 黄色汛情预警（Ⅲ级）:预计区内未来可能出现下列条件之一或实况已达到下列条件之一并可能持续时:1 h 降雨量达 50 mm 以上,6 h 降雨量达 70 mm 以上;重点城镇主要道路和低洼地段可能出现 20～30 cm 积水,部分立交桥下积水可能达到 30～50 cm。

③ 橙色汛情预警（Ⅱ级）:预计区内未来可能出现下列条件之一或实况已达到下列条件之一并可能持续时:1 h 降雨量达 70 mm 以上,6 h 降雨量达 100 mm 以上;重点城镇主要道路和低洼地段可能出现 30～50 cm 积水,部分立交桥下积水可能达到 50～100 cm。

④ 红色汛情预警（Ⅰ级）:预计区内未来可能出现下列条件之一或实况已达到下列条件之一并可能持续时:1 h 降雨量达 100 mm 以上,6 h 降雨量达 150 mm 以上;重点城镇主要道路和低洼地段可能出现 50 cm 以上,部分立交桥下积水深度可达 100 cm 以上。

（4）汛期应急准备。监理单位、施工单位应对施工区域进行全面排查,对检查发现的隐患逐个制定整改方案,并及时整改落实。

汛期应当至少每周进行一次排水、疏水系统设施设备检查和测试,保证河道系统通畅,设施设备完好,确保安全度汛。

各工程部负责汇总本部门负责管理的监理单位和施工单位的防汛负责人、联系人名单及电话号码,并在每年汛期前进行一次更新。在汛期,指挥部、监理单位和施工单位实行领导带班、24 h 值班制度。各单位值班人员负责内外的通信联络,随时保持联系畅通。

监理单位和施工单位应急抢险工作人员应配备抢险装备,确保处于随时待命状态,各类抢险车辆保持油料充足、运行良好。

（5）信息接收。防汛办公室负责接收北京市、大兴区和廊坊市防汛部门的重要天气预报、防汛应急响应和结束信息,并及时传达至指挥部领导及其他工程部门,各工程部负责将重要天气预报、防汛应急响应和结束信息传达至本部门所辖的监理单位和施工单位。

（6）汛情应急响应。

① 蓝色汛情应急响应（Ⅳ级）。各工程部项目负责人应到现场指挥防汛工作。

各监理单位、施工单位领导带班、防汛人员全部到岗,确保通信畅通。在发生暴雨期间,监理和施工单位应当安排人员 24 h 值班,对排水疏水系统和各泵坑进行巡视排查,及

_____

[1]　北京汛期一般是每年 6 月 1 日至 9 月 15 日。

时疏通排水沟道、管道和泵坑积水,确保排水系统畅通。

每2h将汛情信息上报各工程部门值班人员,值班人员应当通报本部门工程项目负责人。

② 黄色汛情应急响应(Ⅲ级)。在蓝色汛情应急响应的基础上,指挥部各工程部领导带班,防汛人员全员上岗。

监理单位、施工单位应做好抢险现场物资、通信、供电、供水、供气、医疗防疫、运输等后勤保障,物资运抵抢险点。

监理单位、施工单位重点防汛部位责任人和相关人员应加强巡查,加强对重点防汛部位的抢险救护,发现问题及时组织处置并报告。各工程部门应当安排值班人员对排水、疏水设施进行检查,如发现排水、疏水设施不畅通,立即安排施工单位修复并做好事故处理,并尽快恢复正常运行。

根据情况提前将主要抢险力量调集到重点防汛部位,同时要派出人员到各重点防汛部位值守,随时掌握情况,并上报各工程部门值班人员,值班人员应当通报本部门工程项目负责人和部门领导。

③ 橙色汛情应急响应(Ⅱ级)。在黄色汛情应急响应的基础上,防汛领导小组成员、各工程部门人员全部上岗到位,各监理单位、施工单位人员全部在现场待命。

监理单位、施工单位的重点防汛部位责任人和相关人员加强巡查,加强对重点防汛部位的抢险救护,发现问题及时组织处置并报告。

重点防汛部位已经或可能发生重大险情时,监理单位、施工单位应立即调动所属抢险队伍和物资进行抢险,并上报相关工程部门值班人员,值班人员应当通报本部门工程项目负责人和部门领导及其他机关部门负责人,各工程部门领导应当报告防汛领导小组。

现场局部出现积水时,排水系统应基本满负荷运转。渗水坑水量在警戒线以下时,防汛领导小组成员应立即启动应急机制,检查并疏通现场排水设施,对可能出现积水、渗水、坍塌的部位派专人进行监控,有危险迹象时立即组织人力、机械、材料进行疏通、强排和封堵。

④ 红色汛情应急响应(Ⅰ级)。在橙色汛情应急响应的基础上,指挥部全体人员上岗到位,各监理单位、施工单位人员全部在一线待命,将全部的抢险力量放置在重点防汛部位上,要确保通信畅通,确保重点防汛部位安全。

同时派出巡查组,随时掌握情况,相关物资储备单位保证物资随时调出。

现场大面积出现积水时,排水系统基本满负荷运转。渗水坑超过警戒水位,泡槽或基坑坍塌的可能性增大时,防汛领导小组立即启动应急机制,检查并疏通现场排水设施,提前对可能出现积水、渗水、坍塌的部位派专人进行疏通、强排和封堵,并实时监控险情,出现险情隐患或者紧急险情立即组织人员抢险,把损失降至最低。

7)安全绩效考核

安全绩效,是指基于安全生产方针和目标,指挥部各工程部门、各参建单位控制安全风险和消除事故隐患等工作取得的可测量结果[1]。

---

[1]《北京新机场建设指挥部安全生产管理手册》,2018.5。

安全绩效考核,是对指挥部各工程管理部门、施工单位、监理单位的安全事故管理、消除安全风险,以及落实政府安全监管部门、指挥部安全管理要求结果的评价,是推动各参建单位执行各项安全管理措施的一项必要工作,是进行有效安全管理的关键。

为严格落实安全生产责任,有效防范和遏制生产安全事故,提高指挥部及各参建单位的安全生产管理水平,指挥部制定并实施了《安全生产绩效考核管理办法》《安全生产绩效考核实施细则》。

(1)考核工作原则。立足实际,客观公正,公开透明,注重实效。

(2)考核工作目的。健全责任体系,推进依法治理,完善体制机制,加强安全预防,强化基础建设,防范遏制事故。

(3)考核内容。安全考核实行记分制,总分为 100 分,按以下三个要素进行考核记分:事故、政府检查、指挥部相关要求综合评比。实行逐项扣分,单项分值扣完为止。

强化重大及以上事故防控情况考核,严格实行事故"一票否决"制度,发生较大及以上事故的被考核单位一律按不合格评定。

施工单位、监理单位和指挥部各工程部的安全绩效考核内容见表 7.10、表 7.11、表 7.12。

表 7.10　施工单位安全绩效考核内容列表

序号	考核项目		考核细则
一	监管项目事故管理(20 分)		发生一次 10 万元(含)至 100 万元(不含)直接经济损失事故或轻伤事故(扣 10 分)
			发生一次 100 万元(含)至 1 000 万元(不含)直接经济损失事故或 1 至 2 人重伤事故(扣 15 分)
			发生一次 3 至 9 人重伤事故(扣 20 分)
			发生一次一人(含)以上死亡事故或发生较大(含)以上事故,绩效考核为不合格
二	监管项目受市、区两级安监局、住建委及其质监站、民航专业质监站等政府部门执法检查(10 分)		行政处罚一起扣 1 分,扣完为止; 住建委扣 1 分,绩效考核扣 1 分,扣完为止
三	落实指挥部相关要求(70 分)	安全生产管理(25.5 分)	安全生产责任(3 分),安全管理目标及考核(1 分),安全风险评估(5.5 分),安全隐患排查(6.5 分),安全生产费用管理(2 分),应急管理(3.5 分),安全管理机构设置及人员配备(1 分),安全教育、培训、考核(3 分)
		安全技术管理(9.5 分)	危险性较大的分部分项工程辨识与安全专项施工方案(3.5 分)、安全生产管理制度(1 分)、施工组织设计、施工方案编制、审批及专家论证符合要求(2 分)、安全技术交底符合要求(2 分)、危险物品监控管理(1 分)

续表

序号	考核项目		考核细则
三	落实指挥部相关要求（70分）	市场行为管理（7分）	工程发包管理（3分），合同履约情况（4分）
		设备设施安全管理（10.5分）	特种设备管理（1.5分），临用设备设施安全管理（2分），安全防护用品管理（4分），安全标志（3分）
		施工现场安全管理（17.5分）	特种作业持证上岗管理（2.5分），安全例会制度（2.5分），领导干部和管理人员作业现场带班管理（2.5分），危险作业管理（1分），事故报告（1.5分），汛期施工管理（2分），安全生产举报（1分），作业场所职业卫生（2.5分），绿色文明施工现场管理（2分）

表 7.11　监理单位安全绩效考核内容列表

序号	考核项目		考核细则
一	监管项目事故管理（30分）		发生一次 10 万元（含）至 100 万元（不含）直接经济损失事故或轻伤事故，负有监理责任（扣 10 分）
			发生一次 100 万元（含）至 1 000 万元（不含）直接经济损失事故或 1 至 2 人重伤事故，负有监理责任（扣 15 分）
			发生一次 3 至 9 人重伤事故，负有监理责任（扣 20 分）
			发生一次一人（含）以上死亡事故或发生较大（含）以上事故，负有监理责任，绩效考核为不合格
二	监管项目受市、区两级安监局、住建委及其质监站、民航专业质监站等政府部门执法检查（10分）		政府部门对监理单位实施行政处罚； 政府部门对施工单位实施行政处罚，监理单位有责任的，政府部门实施 1 起，对监理单位的行政处罚扣 1 分； 实施 1 起对施工单位（监理单位有责任）的行政处罚扣 0.5 分
三	落实指挥部相关要求（60分）	监管施工单位落实安全风险评估（14分）	是否监督管理施工单位建立本项目安全风险管理责任制和管理制度并落实（2分）； 是否监督管理施工单位对本项目进行安全风险评估、评定风险等级并对监理单位及指挥部报送安全评估报告及重大安全风险清单（2分）
			是否监督管理施工单位依据安全风险评估报告组织制定并实施相应安全风险管控措施（4分）； 是否监督管理施工单位依据安全风险评估报告建立相应事故应急措施（2分）； 是否监督管理施工单位建立健全安全风险动态更新机制，对新增安全风险、等级升高的安全风险和综合叠加安全风险进行评估，并将评估报告进行备案管理（2分）； 是否监督管理施工单位定期组织作业人员对安全风险管控措施、事故应急措施的培训，留存培训记录（2分）

序号	考核项目		考核细则
三	落实指挥部相关要求（60分）	安全隐患排查（12分）	是否监督管理施工单位结合实际建立健全事故隐患排查治理工作制度,明确各部门工作并督促其落实(2分); 是否监督管理施工单位落实对事故隐患排查治理工作进行定期检查,留存隐患排查记录(3分); 是否监督管理施工单位发现事故隐患及时消除隐患,实现闭环管理,并对消除整改情况留存记录(3分); 是否监督管理施工单位落实施工现场事故隐患排查治理资金的专款专用,建立专项资金台账(2分); 是否监督管理施工单位定期组织作业人员学习事故隐患排查治理相关法规、规定及标准,留存相关记录(2分)
		领导干部和管理人员作业现场带班管理（4分）	监理单位是否制定领导干部和管理人员作业现场带班管理制度(2分); 监理单位是否留存带班记录台账,带班记录是否写明当天值班情况(1分); 监理单位是否定期公示领导安全值班计划安排和值班情况(1分)
		监管安全文明施工措施费（4分）	施工单位安全文明施工措施费是否专款专用(2分),施工单位安全文明施工措施是否完善(2分)
		合同履约情况（14分）	监理单位实施监督管理人员是否具有相关资质(2分); 是否监督管理施工单位按合同提供相应资质人员,是否存在资质人员更换、无资质人员现场作业情况(8分); 其他合同关于监督管理安全生产的履约情况(4分)
		安全例会（2分）	监理单位是否定期组织安全生产例会,留存记录备查(2分)
		工程建设现场管理（10分）	是否按指挥部要求落实监管施工单位安全生产及绿色文明施工管理(10分)

表 7.12　指挥部各工程部安全绩效考核内容列表

序号	考核项目	考核细则
一	所管理的总承包项目、直接发包的专业工程项目（20分）	发生一次 10 万元(含)至 100 万元(不含)直接经济损失事故或轻伤事故(5分)
		发生一次 100 万元(含)至 1 000 万元(不含)直接经济损失事故或 1 至 2 人重伤事故(10分)
		发生一次 1 至 2 人死亡事故或 3 至 9 人重伤事故(20分)
二	落实法律法规要求（80分）	各工程部是否在开工前对工程总承包单位进行安全技术交底(4分)
		施工过程中及时发现监理单位和总承包单位现场安全监督不力的问题,是否及时督促整改(4分)

续表

序号	考核项目	考核细则
二	落实法律法规要求 （80分）	对监理单位在安全例会上提出的施工现场存在的问题是否督促监理单位和总承包单位采取有效措施（4分）
		各工程部是否建立健全领导值班记录，是否详细记录每天值班情况（3分）
		各工程部是否落实指导、监督安全生产、文明施工与施工质量工作（4分）
		各工程部是否落实全面协调、督促管理各参建单位开展施工现场安全风险评估、分级、制定相应管控措施工作（9分）
		各工程部是否全面协调、督促管理各参建单位开展施工现场事故隐患排查治理工作，实现闭环管理（4分）
		各工程部是否定期对施工单位事故隐患排查治理工作进行检查，向施工单位提供真实、准确、完整的地下管线、建（构）筑物等事故隐患排查治理工作相关资料（8分）
		各工程部是否派员（业主单位项目负责人或技术负责人）参加超过一定规模的危险性较大的分部分项工程专项方案的专家论证会（3分）
		各工程部是否在接到监理单位对施工单位不按《危大工程专项方案》实施且拒不整改的报告后，立即责令施工单位停工整改；施工单位仍不停工整改的，各工程部是否及时向住房城乡建设主管部门报告（6分）
		各工程部是否加强对指挥部直接发包工程的施工单位中总承包单位不收取管理费用的施工单位的管理（4分）
		各工程部是否对指挥部直接发包的施工单位与施工现场其他施工单位交叉作业进行协调、组织制定和落实方案（4分）
		各工程部是否对参建单位的人员资质进行严格审核、备案管理（6分）
		是否存在工程没有领取施工许可证擅自施工的情况（4分）
		各工程部是否存在违章指挥现象（4分）
		各工程部是否在施工前未按要求向承包方提供与工程施工作业有关的资料，致使承包方未采取相应的安全技术措施（3分）
		是否存在提出任意压缩合同约定工期等不符合工程建设安全生产法律法规和强制性标准要求的现象（3分）
		是否存在工程发包给不具备相应资质和安全生产许可证的单位施工的情况（3分）

考核工作设立加分项，具有下列情形之一的，经指挥部安委办认定，给予加分：安全生

产工作创新举措被省部级单位(含市安委会)作为经验推广的;安全生产工作成绩突出,获北京市、河北省表彰奖励的;在组织事故抢险救援、重大事故隐患治理等方面取得显著成绩的。

(4)考核分级。按考核得分,将考核结果分为四个等级,如表7.13所示。

表 7.13 安全绩效考核分级

等级	优秀	良好	合格	不合格
考核得分	90(含)以上	80~89	70~79	69(含)以下

(5)考核方式。考核工作在指挥部领导下,由指挥部安委会负责组织,指挥部安委办(安全质量部)负责具体实施。指挥部与各工程部签订安全生产工作目标责任书,明确年度安全生产工作目标任务。考核工作采取被考核单位自评与指挥部安委会考核相结合的方式进行。其中,施工单位和监理单位每季度1次,指挥部各工程部门每半年1次。

① 自查自评。每月1次,以自查自评为基础,施工单位与监理单位对照考核办法和考核细则规定的内容,对每月安全生产工作进行总结和评价,并于每月底前向指挥部安委办提交书面自评报告。

② 抽查核查。指挥部安委办随时抽查,定期(每月)对施工单位和监理单位安全生产工作开展现场核查。

③ 综合评议。指挥部安委办组织有关部门,根据施工单位和监理单位自评报告、指标分析、抽查核查情况,每季度确定一次考核成绩;对指挥部各部门每半年确定一次考核成绩。

④ 年终评议。施工单位和监理单位的年终评议由四季度考核成绩总和的平均值确定,指挥部各部门的年终评议由上半年和下半年考核成绩总和的平均值确定。

(6)考核结果应用。考核结果经指挥部安委办审定并报安委会同意后,由安委会向各被考核单位通报。对考核结果为优秀的单位给予表彰,对考核结果为不合格的单位予以通报批评。指挥部领导约谈不合格单位相关负责人,责令其制定整改措施。考核不合格单位的主要负责人(项目经理)要向指挥部提供书面检查,并在考核结果通报后1个月内,向指挥部安委会书面报告整改情况。指挥部派员核查整改情况。

8)安全档案与资料管理

为规范和加强大兴机场工程建设施工现场安全资料管理,实现施工现场安全资料管理工作标准化,确保各项安全档案与资料的准确、完善和可追溯性,提高工程建设安全监督管理水平,指挥部制定并实施了《安全生产档案管理办法》《施工现场安全资料管理办法》。

安全档案资料,是指挥部在工程建设安全管理过程中形成的有关施工安全和绿色施工的、具有保存价值的各种文字资料、图表、声像、电子等信息记录。安全档案资料是工程参建单位总档案的重要组成部分,是安全管理基础工作的重要组成部分,应跟随施工生产进度形成和积累,纳入工程建设管理的全过程,促进痕迹化履职,保证资料的真实性、完整性和有效性。

(1) 工作职责。指挥部安全质量部监督工程其他各参建单位建立健全相关项目安全档案,指挥部各工程部应配备专人管理本部门所涉及的施工现场安全资料的全过程管理工作,指挥部各部门应负责本部门安全资料的收集、整理、组卷归档,并保存至工程竣工,行政办公室负责汇总,施工单位、监理单位应建立健全相关项目施工活动安全档案,指定档案员负责安全档案。

(2) 安全档案资料形式与保存。工程建设安全档案资料主要有安全文件、安全记录、安全教育、培训、责任状等。安全档案资料保存形式主要有文字书面版本、电子版本、照片录像等。根据国家和有关部门的规定,工程档案保管期限分为永久、长期、短期三种,确定保管期限的基本原则是:对工程参建单位有长远利用价值的档案应永久保存;对工程参建单位一定时间内有利用价值的档案分别是长期和短期保存;凡是介于两种保管期限之间的档案,其保管期限一律从长。

(3) 安全档案资料内容。

① 指挥部应留存资料。

● 《北京市施工现场安全监督备案登记表》、消防设计备案资料、工程概算表和建设、监理、施工、分包单位及工程项目主要管理人员一览表、危险性较大的分部分项工程清单。

● 施工现场及毗邻区域内地上、地下管线资料、毗邻建筑物和构筑物等有关资料。

● 指挥部安全防护、文明施工措施费用支付保证制度,对支付给施工单位的安全防护、文明施工措施费用进行统计,建立支付台账。

● 留存渣土消纳许可证、夜间施工审批手续等资料。

② 工程质量和安全生产监督申请资料。

● 《工程质量和安全生产监督申请书》。

● 项目立项批复(或立项阶段行业审查意见)、初步设计批复(或初步设计阶段行业审查意见)及施工图审查报告。

● 建设、勘察、设计、施工、监理、施工图审查以及试验检测等单位工程质量和安全生产责任登记表。

● 建设、勘察、设计、施工、监理以及试验检测等单位的法定代表人签署的授权委托书及其项目负责人签署的工程质量和安全生产承诺书。

● 业主单位对施工单位安全生产条件的审核备案情况。

● 业主单位管理机构设置文件。

● 单位资质证书、中标通知书副本。

● 监理规划、施工组织设计及专项(施工)方案。

● 材料清单。

● 监督机构需要的其他材料。

③ 业主单位施工现场安全资料。

建筑工程施工许可证;北京市施工现场安全监督备案登记表;消防设计备案资料;地上、地下管线及有关地下工程的资料;安全防护、文明施工措施费用支付保证制度;安全防护、文明施工措施费用支付统计资料;渣土消纳许可证;夜间施工审批手续;工程建设施工现场五方责任主体履责情况自查表。

④ 监理单位施工现场安全资料。

监理合同;监理规划(含安全监理方案);安全监理实施细则;安全监理人员岗位证书;安全监理专题会议纪要;安全事故隐患、安全生产问题的报告、处理意见等有关文件;危害性较大的分部分项工程等验收资料;工程技术文件报审表及施工组织设计(安全技术措施)、危害性较大的分部分项工程安全专项施工方案;安全防护、文明施工措施费用支付申请;安全防护、文明施工措施费用支付凭证;监理通知;工程暂停令;监理报告;工程复工报审表;工程复工令。

⑤ 施工单位施工现场安全资料。

施工承包合同;工程概况表;施工组织设计;危险性较大的分部分项工程汇总表;危险性较大的分部分项工程专家论证表、安全专项施工方案及验收记录;项目经理部安全生产组织机构图及安全管理人员名册;施工现场生产安全事故登记表;教育培训记录档案;安全检查记录档案;危险场所/设备设施安全管理记录档案;危险作业管理记录档案(如动火证审批);劳动防护用品配备和管理记录档案;安全生产奖惩记录档案;安全生产会议记录档案;变配电室值班记录;检查及巡查记录;职业危害申报档案;职业危害因素检测与评价档案;工伤社会保险缴费记录;安全费用台账等。

9) 农民工权益保障

在大兴机场工程建设中,农民工是参建人员中的重要组成部分。为了确保参建农民工的合法权益,指挥部在工资保障、用工规范管理、安全健康保障、安全教育培训等方面对其他各参建单位进行了管理。

(1) 工资保障。为保护农民工的工资权益,规范农民工工资支付行为,保障农民工按时足额获得工资,国务院于 2019 年 12 月 4 日颁布了《保障农民工工资支付条例》(国令第724 号),明确用人单位主体责任、政府属地责任和部门监管责任,要求按约定及时足额支付农民工工资,并将其作为开工建设或颁发施工许可证的依据。国家有关部门以及地方政府亦相继发布了相关规定[1]。为此,指挥部制定了保障农民工工资权益的规定,并与相关银行机构互动,在制度和机制上杜绝拖欠农民工工资的现象。

(2) 用工规范管理。根据国家、行业和地方的相关规定,指挥部积极引导、督促其他各参建单位规范农民工劳动用工制度,严格劳务分包管理,严禁用劳务合同代替劳动合

[1] 包括人力资源社会保障部、住房和城乡建设部、交通运输部和民航局等联合制定的《工程建设领域农民工工资保证金规定》(人社部发〔2021〕65 号),北京市人力资源和社会保障局等联合制定的《北京市工程建设领域农民工工资保证金实施办法》(京人社监发〔2021〕36 号)。

同;依法缴纳社保;依法与农民工签订劳动合同,做到合同期合理、内容规范、依法履约,杜绝无序用工,确保合法用工时间。

(3) 安全健康保障。指挥部积极督促其他各参建单位加强施工作业的环境改善,尤其对控制噪声、粉尘、有毒气体严重超标的环境,要求配备必需的安全防护设施和劳保用品,防止施工疲劳过度,有效减少职业病和工伤事故。

(4) 安全教育培训。在《安全生产教育培训管理实施细则》中,指挥部针对农民工的安全教育培训作出了明确要求。一是要求对新入场的农民工进行安全教育,保证受教育时间,保证培训内容符合施工现场实际情况,上岗作业的工人全部经过考试并合格;二是采用亲身实践的体验式安全教育模式,或是展示事故案例,使农民工切身感受到施工环境的危险,认识到安全防护措施的重要性;三是各施工总承包单位要在施工现场挂牌设立"农民工夜校",每月定期组织开展专业分包单位、劳务分包单位农民工的培训教育工作,夜校面积原则上为 $50\sim100 \ m^2$,夜校内应有电视、录像等必需的教学设备。

7.5.2 安全技术管理

为了有效控制施工生产过程中的潜在风险,强化技术对安全生产的支撑作用,规范安全技术管理工作,指挥部制定并实施了《安全法律法规识别与更新管理办法》《参建单位特种作业管理办法》《参建单位危险作业管理办法》和《参建单位危险物品监控管理办法》等规章制度。

安全技术管理,是指为了防止工程建设中安全事故、职业危害、环境污染,消除和控制危险隐患,根据工程项目的特点,针对工作环境、施工过程中已知的或潜在的危险因素,从技术上采取措施加以防范,消除不安全因素,确保安全施工。

在工程建设中,安全技术管理的主要内容包括安全生产法律法规、标准管理,特种作业管控、危险作业管控、危险物品监管和安全技术交底等。

1) 安全生产法律法规、标准管理

法律法规包括法律法规规章和规范性文件。安全生产法律法规规章,是指国家、行业和地方等发布的有关安全生产的法律法规、规章等;安全生产规范性文件,是指政府有关部门发布的有关安全生产的文件。安全标准,是指政府有关部门、行业(协会)发布的安全规范、标准等。

安全生产法律法规、标准管理,是为了及时获取并更新国家、行业和地方颁布实施的有关安全的法律法规、标准,确保指挥部工程建设安全管理的合规性,增强全员安全法律和标准意识,规范安全生产行为和安全监管。

安全法律法规、标准管理,主要包括法律法规和标准的获取、识别、更新、制度转化、学习传达、整改落实与评价等内容,是一个动态过程(图 7.28)。

法律法规、标准获取的途径,主要包括:

(1) 国家、地方政府机构和行业(协会)网站;

(2) 上级发文、转文、邮件和传真等;

（3）新闻媒体、报纸、杂志、数据库、咨询机构等；

（4）从法律法规和标准发行处获取，与客户签订的合同文件、安全协议、备忘录等；

（5）其他有效渠道。

法律法规、标准识别。指挥部安全质量部组织相关人员，对获取的安全法律法规的适用性进行识别，确认适用于大兴机场工程建设的安全法规，编制《适用的法律法规、标准清单》。指挥部依据《中华人民共和国安全生产法》（中华人民共和国主席令第13号）等19项相关法律法规、标准、规程及国务院事故案例追责情况的梳理，筛选总结出指挥部相关职责，汇总出七大类涉及安全生产合同履约、各类安全资质的审查、隐患排查、督促整改等方面的107条法定职责[1]，其中，整体要求类14条、工程建设施工程序类17条、工程发包及合同履约安全管理类22条、施工现场管理类23条、事故与应急类6条、资料管理类17条、经费管理类8条。

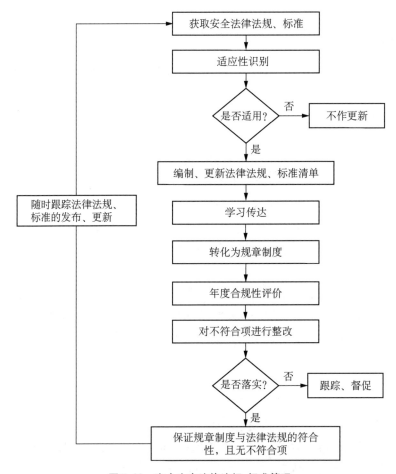

图7.28　安全生产法律法规、标准管理

[1]《北京新机场建设指挥部安全生产管理手册》，2018.5。

法律法规、标准的传达与落实。指挥部各部门通过安全法律法规、标准文件的发布、宣传培训、会议学习、安全技术交底等形式,及时将识别的适用的法律法规、标准(条款)向本部门员工传达。

规章制度转化。指挥部各部门根据法律法规、标准的识别结果,及时制定、修订相关安全管理规章制度、安全操作流程、应急预案等,确保符合管理要求。

符合性评价。指挥部各部门每年对适用安全法律法规、标准的合规性进行评价。合规性评价的主要内容包括:

(1)安全法律法规、标准的获取是否全面、及时;

(2)适应性评价是否充分,资料是否齐全;

(3)对适用的安全法律法规、标准是否及时传达,相关人员是否有效获知;

(4)是否及时制定、修订相关规章制度;

(5)是否存在违规行为;

(6)安全法律法规、标准的年度执行情况;

(7)对不符合项提出整改要求。

2)特种作业管控

(1)特种作业及特种作业人员。特种作业,是指容易发生人员伤亡事故,对操作者本人、他人的生命健康及周围设施可能造成重大危害的作业。直接从事特种作业的人员称为特种作业人员。

因为特种作业有着不同的危险因素,容易损害操作人员的安全和健康,因此对特种作业需要有必要的安全保护措施,包括技术措施、保健措施和组织措施。我国的《中华人民共和国劳动法》和有关安全卫生规程规定,从事特种作业的职工,所在单位必须按照有关规定,对其进行专门的安全技术培训,经过有关机关考试合格并取得操作合格证或者驾驶执照后,才准予独立操作。我国特种作业人员持证上岗制度于1954年建立,对推动特种作业人员提高安全素质、防范遏制生产安全事故发挥了重要作用。

不同行业、不同环境下的特种作业有不同的特点和要求,并随技术发展而变化。大兴机场建设以建(构)筑物的建设为主,特种作业主要依据北京市特种作业类别及操作项目进行管控(表7.14)。

表7.14 北京市特种作业类别及操作项目

类别	项目
一、电工作业类	① 低压运行维修
	② 高压运行维修(须取得低压运行维修操作资格)
	③ 电缆安装(须取得高压运行维修操作资格)
二、金属焊接切割作业类	① 焊条电弧焊、气焊、气割
	② 氩弧焊

续表

类别	项目
二、金属焊接切割作业类	③ CO_2 焊
	④ 电阻焊(钢筋对焊)
三、高处作业类	① 建筑脚手架拆装
	② 高处悬挂作业建筑物表面清洗
四、制冷作业类	① 制冷运转
	② 制冷安装维修
	③ 空调运转
	④ 空调安装维修
五、有限空间类	地下有限空间作业

(2)指挥部的监管职责。指挥部各工程部负责督促各参建单位开展特种作业管理工作,安全质量部负责指导和监督。指挥部定期检查施工单位保存的特种作业人员管理档案及变更手续。

(3)施工单位的管理职责。施工单位负责相关特种作业人员安全作业的管理,以及对特种作业人员的需求审核和岗位核定,建立健全特种作业人员的管理档案,不得随意变动特种作业人员的岗位。如遇作业者本人不适合该工作岗位或参建单位因生产实际需要变动,须取得相关管理部门同意并留存变更手续后变动。

施工单位安全监管部门负责对外来施工的特种作业人员的生产作业活动进行安全监督和指导。

施工单位应严格审核特种作业人员特种作业证的真伪、是否在有效期内,不得聘用无证、证件失效或持伪证人员从事特种作业,一经发现,指挥部有权上报有关政府部门依法处理。

特种作业人员必须持证上岗,严禁无证操作。特种作业人员在独立上岗作业前,必须按照国家有关规定进行与本工种相适应的、专门的安全技术理论学习和实践操作训练。经有资质的专业培训机构培训与考核合格后,持有关行政管理机构核发的《中华人民共和国特种作业操作证》(以下简称"特种作业操作证")方能上岗作业。

施工单位应加强规范化管理,对特种作业人员生产作业过程中出现的违章行为,应及时进行纠正和教育。

特种作业人员在培训期间应安排其参加脱产培训,受培训人员必须按时参加学习和考核。

特种作业人员到期复审和新增特种作业人员的初审,由各施工单位负责组织参加安全技术培训。

(4)作业要求。特种作业人员必须熟知本岗位及工种的安全技术操作规程,严格按照相关规程进行操作。

特种作业人员作业前,必须对设备及周围环境进行检查,清除周围影响安全作业的物品,严禁设备没有停稳时进行检查、修理、焊接、加油、清扫等违章行为。

在焊工作业(含明火作业)时,必须对周围的设备、设施、物品进行安全保护或隔离,严格遵守场内用电、动火审批程序。

特种作业人员必须正确使用个人防护用具,严禁使用有缺陷的防护用具。

进行安装、检修、维修等作业时,必须严格遵守安全作业技术规程,作业结束后必须清理现场残留物,关闭电源,防止遗留事故隐患。因作业疏忽或违章操作而造成安全事故的,视情节按照有关规章制度追究责任人责任,或移交司法机关处理。

特种作业人员在操作期间发觉视力障碍、体力不支等身体不适,危及安全作业时,应立即停止作业,任何人不得强行命令或指挥其进行作业。

特种作业人员工作在设备有缺陷、作业环境不良的生产作业环境,且无可靠保护用品和无可靠防范措施情况下,有权拒绝作业。

3) 危险作业管控

(1) 危险作业。2019 年 8 月 12 日,中华人民共和国应急管理部发布的《危险化学品企业安全风险隐患排查治理导则》[1]中,将危险作业明确定义为:操作过程安全风险较大,容易发生人身伤亡或设备损坏,事故后果严重,需要采取特别控制措施的作业。一般包括:①《化学品生产单位特殊作业安全规范》(GB 30871)规定的动火、进入受限空间、盲板抽堵、高处作业、吊装、临时用电、动土、断路等特殊作业,②储罐切水、液化烃充装等危险性较大的作业,③安全风险较大的设备检维修作业。

根据民法通则[2]的规定,危险作业包括:户外高空、易燃、易爆、剧毒、放射性、高速运输等,这些作业对周围环境有高度危险性。

危险作业的认定条件是:①对周围环境(指人们的财产或人身的安全状态)有危险的作业,②在活动过程中产生危险性的作业,③需要采取一定的安全方法,才能进行活动的作业。

危险作业是在活动过程中产生危险性的,因此只有采取一定的安全方法进行作业,才能够控制作业中产生的危险,减少损害发生的概率。

鉴于危险作业的特殊性、发生伤害和损失的严重性,不适合执行一般性的安全管理措施(图 7.29),需要按规定建立审批制度,严格执行安全管理制度和安全操作规程。

(2) 大兴机场工程建设危险作业类型。危险作业的类别与行业、环境条件、工程建设项目性质密切相关。指挥部根据机场工程建设的特点和综合环境条件,提出了如表 7.15 所示的 12 种危险作业。

---

[1] 应急管理部《关于印发〈化工园区安全风险排查治理导则(试行)〉和〈危险化学品企业安全风险隐患排查治理导则〉的通知》(应急〔2019〕78 号)。

[2] 《中华人民共和国民法典》第一千二百三十六条至第一千二百四十一条。

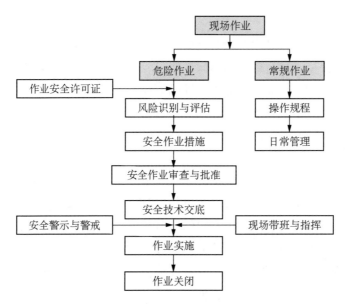

图 7.29 危险作业管控与常规作业管理

表 7.15 大兴机场危险作业类型与特征

序号	作业名称	定义	作业类型	分级	危险因素
1	高空作业	在坠落高度基准面 2 m(含)以上有可能坠落的高处进行作业	临边作业、洞口作业、攀登作业、悬空作业、交叉作业、操作平台作业	1 级:2 m<H≤5 m 2 级:5 m<H≤15 m 3 级:15 m<H≤30 m 4 级:H>30 m	①不熟悉作业环境或不具备相关安全技能、未佩戴防坠落防滑用品或使用方法不当或用品不符合安全标准、未派监护人或未能履行监护职责、脚手架与防护围栏不符合相关安全要求、人员坠落或物件高处坠落伤人、作业下方站位不当或未采取可靠的隔离措施、现场照度不良、联络不畅、阵风风力五级以上,②Ⅱ级或Ⅱ级以上的高温作业,③低温作业,④低于 12℃ 的冷水作业,⑤有冰、雪、霜、水、油等易滑物,⑥Ⅱ级或Ⅲ级以上的劳动强度,⑦含氧量低于 19.5% 的作业环境,⑧可能会引起各种灾害事故的作业环境、作业人员身体不适等

序号	作业名称	定义	作业类型	分级	危险因素
2	基坑开挖及动土作业	挖土、打桩、钻探、坑探、地锚等,使用推土机、压路机等进行填土或平整场地的作业	基坑开挖、打桩、钻探、坑探、地锚、机械填土等		坍塌、坠落、有毒有害气体、地下管网破坏、低照度等
3	起重吊装作业	在施工过程中利用各种吊装机具将设备、工件、器具、材料等吊起,使其发生位置变化的作业过程	桥式起重机、门式起重机、塔式起重机、汽车吊、升降机等	1级:$M>100\ t$ 2级:$40\ t<M\leqslant100\ t$ 3级:$5\ t<M\leqslant40\ t$ 4级:$1\ t<M\leqslant5\ t$	无证操作、指挥不当、无警戒线或警示标志、作业条件不良、未严格执行"十不吊"原则、风力过大、地基承载力不足、钢丝绳破损、安全装置不全、超载断裂、吊耳脱落等
4	大型设备的安装、拆除作业	塔吊、外用电梯、物料提升机等大型施工设备的安装、拆除作业			设备倒塌、倾覆、高处坠落、物体打击、触电、火灾、安全装置失灵、恶劣天气
5	脚手架搭设、拆除作业	为了保证各施工过程顺利进行而搭设或拆除工作平台的作业	扣件式、门式钢管、碗扣式、盘扣式、铝合金等		地基承载力不足、整架倾倒或局部垮架、整架失稳、垂直坍塌、高处坠落、物体打击、恶劣天气、不当操作事故等
6	大模板支撑体系搭设、拆除作业	采用专业设计和工业化加工制作而成的一种工具式模板,并与支架连为一体的作业	面板、加劲肋、支撑桁架等		地基承载力不足、脚手架坍塌、倾覆、高空坠落、安全锁失灵、物体打击、恶劣天气等
7	动火作业	直接或间接产生明火的工艺设备以外的禁火区内可能产生火焰、火花或炽热表面的非常规作业	焊接、切割,喷灯、火炉、煨管、熬沥青、炒沙子、打磨、喷砂、锤击,临时用电或使用非防爆电动工具,在易燃易爆区使用非防爆的通信和电气设备,其他动火作业	特级:运行状态下的易燃易爆设备上及其他特殊危险场所的动火作业。 一级:在易燃易爆场所进行的除特殊动火作业以外的动火作业。 二级:除特殊动火作业和一级动火作业以外的动火作业	易燃易爆有害物质、火星窜入其他设备或易燃物侵入动火设备、周围有易燃物、泄漏电流(感应电)危害、泄漏电流(通风不良感应电)危害、安全间距不足、工具有缺陷、未定时监测、未定时监测、应急设施不足或措施不当等

续表

序号	作业名称	定义	作业类型	分级	危险因素
8	临时用电作业	专属施工现场内部的用电,是由现场临时用电工程提供电力并用于现场施工的用电,并且随着建筑工程的竣工而结束,具有明显的临时性、移动性和露天性	驱动各种电动机械和电动工具,以及点燃照明灯具等		违章作业、电缆损坏、配电设备短路、设施损坏、触电、火灾、爆炸等
9	有限空间作业	在与外界相对隔离,进出口受限,通风不良,可能存在易燃易爆、有毒有害物质或缺氧,对进入人员的身体健康和生命安全构成威胁的封闭、半封闭设施及场所中的作业	反应器、塔、釜、槽、罐、炉膛、锅筒、管道以及地下室、窨井、坑(池)、下水道或其他封闭、半封闭场所等		隔绝不可靠、机械伤害、有毒气体、易燃易爆气体、缺氧、未定时监测、触电、未定时监测、通道不畅、监护不当、应急设施不足或措施不当、未落实安全措施、设备内遗留异物、坠落等
11	建筑物或构筑物拆除作业	对已建成或部分建成的建筑物或构筑物等进行拆除作业	人工拆除、机械拆除、爆破拆除、静力破碎拆除等		坍塌、高空坠落、扬尘、地下管线、噪声、动火、火工品、爆破震动、空气冲击波、个别飞散物等
12	临近高压输电线路作业	在运行中的、电压等级在1 000 V及以上的发电、变电、输配电和用户电气设备附近进行的可能影响电气设备和人员安全的一切作业	临近高压输电线路的起重作业、测量作业、钻探作业、土建作业等		触电、高处坠落、设备烧毁、倒杆断线、线路跳闸等

注:① 在强风、异温、雪天、雨天、夜间、带电、悬空、抢救等特殊环境、特殊情况下的高空作业。对照一般作业高度所对应的级别,特殊高空作业级别分别提升一级。
②《高温作业分级》(GB/T 4200)。
③《体力劳动强度分级》(GB 3869)。
④ M 为吊装重物的质量

（3）管理职责。指挥部各工程部负责检查施工单位的危险作业安全管理情况，安全质量部负责指导、监督各工程部执行情况。

各施工单位是施工现场危险作业安全管理的责任主体，必须制定有针对性的相应管理制度，对如何进行申请、风险分析、措施制定和确认、监测与监护、审核审批、应急管理等方面做出规定，严格执行危险作业安全许可证制度。

（4）危险作业安全管理的一般性要求。

① 进行安全风险识别和评估，制定作业方案、安全操作规程、应急预案，配备必要的应急装备。

② 作业前应对参加作业的人员进行安全教育，严格落实相关法规、规定对现场指挥、看护、监督等人员的培训等要求。

③ 作业方案应经本单位技术负责人和安全生产管理负责人审查同意后方可实施。

④ 现场技术人员应当在危险作业前向作业人员进行技术交底，并签字确认。

⑤ 作业人员必须持证上岗（特种作业人员）、授权上岗。

⑥ 在现场设置安全警示标识和警戒区域，确认现场作业条件符合安全作业要求。

⑦ 按批准权限由相关负责人现场带班，确定专人统一进行现场作业指挥，由专人进行现场看护或监督，由专业人员实施作业。

⑧ 作业人员身体条件应当符合作业要求，正确穿戴劳动防护用品，使用符合安全要求的作业工具和设备，严格执行安全操作规程。

⑨ 发现直接危及人身安全的紧急情况，应当立即停止作业、撤出作业人员，启动应急预案。

⑩ 委托其他单位进行危险作业的，应当查验其相关资质，签订安全生产管理协议，作业前告知其作业现场存在的危险因素和防范措施。

4）危险物品监管

（1）危险物品与分类。我国于 2021 年 6 月新颁布的《安全生产法》第七章附则中第 117 条规定：危险物品，是指易燃易爆物品、危险化学品、放射性物品等能够危及人身安全和财产安全的物品。

从危险物品的性质界定，危险物品由于其化学、物理或者毒性特性使其在生产、储存、装卸、运输过程中，容易导致火灾、爆炸或者中毒危险，往往危害大、影响大、损失大、抢救困难，造成严重的人身伤亡、财产损失等。

根据危险物品所具有的不同危险性，危险物品被分为 9 类，其中有些类别又分为若干项[1]。本文将危险物品种类划分为 10 类，见表 7.16。

---

[1] 危险品（易燃易爆强腐蚀性物品），百度百科（baidu.com），https://baike.baidu.com/item/危险品/581160.

表 7.16　危险物品分类表

序号	名称	性质	分级	标识
1	爆炸品	在外界作用下（如受热、撞击等），能发生剧烈的化学反应，瞬时产生大量的气体和热量，使周围压力急剧上升，发生爆炸，对周围环境造成破坏的物品。也包括无整体爆炸危险，但具有燃烧、抛射及较小爆炸危险，或仅产生热、光、音响或烟雾等一种或几种作用的烟火物品	① 具有整体爆炸危险的物质和物品（如硝酸甘油），一般压缩气体受撞击会发生爆炸（如液态二氧化碳）； ② 具有抛射危险，但无整体爆炸危险的物质和物品； ③ 具有燃烧危险和较小爆炸或较小抛射危险或两者兼有，但无整体爆炸危险的物质和物品； ④ 无重大危险的物质或物品（如礼花弹、烟火、爆竹等）； ⑤ 非常不敏感的爆炸物质（如硝酸铵）	
2	氧化剂	具有强烈的氧化性，按其不同的性质遇酸、碱、受潮、强热或与易燃物、有机物、还原剂等性质有抵触的物质混存能发生分解，引起燃烧和爆炸	① 一级无机氧化剂：性质不稳定，容易引起燃烧爆炸。如碱金属和碱土金属的氯酸盐、硝酸盐、过氧化物、高氯酸及其盐、高锰酸盐等。 ② 一级有机氧化剂：既具有强烈的氧化性，又具有易燃性。如过氧化二苯甲酰。 ③ 二级无机氧化剂：性质较一级氧化剂稳定。如重铬酸盐，亚硝酸盐等。 ④ 二级有机氧化剂：如过乙酸	
3	压缩气体和液化气体	压缩后贮于耐压钢瓶内，如果在太阳下暴晒或受热，当瓶内压力升高至大于容器耐压限度时，即能引起爆炸	① 剧毒气体：如氯、氨等。 ② 易燃气体：如乙炔、氢气等。 ③ 助燃气体：如氧气等。 ④ 不燃气体：如氮、氩、氖等	
4	自燃物品	暴露在空气中时，依靠自身的分解、氧化产生热量，使其温度升高到自燃点即能发生燃烧。	白磷等	
5	遇水燃烧物品	遇水或在潮湿空气中能迅速分解，产生高热，并放出易燃易爆气体，引起燃烧爆炸	金属钾，钠，电石等	

续表

序号	名称	性质	分级	标识
6	易燃液体	极易挥发成气体,遇明火即燃烧。可燃液体以闪点作为评定液体火灾危险性的主要根据,闪点越低,危险性越大。闪点在45℃以下的称为易燃液体,45℃以上的称为可燃液体	① 一级易燃液体:闪点在28℃以下(含),如乙醚、石油醚、汽油、甲醇、乙醇、苯、甲苯、乙酸乙酯、丙酮、二硫化碳、硝基苯等。 ② 二级易燃液体:闪点在29~45℃(含45℃),如煤油等	
7	易燃固体	着火点低,如受热、遇火星、受撞击、摩擦或氧化剂作用等能引起急剧的燃烧或爆炸,同时释放大量毒害气体	赤磷,硫黄,萘,硝化纤维素等	
8	毒害品	具有强烈的毒害性,少量进入人体或接触皮肤即能造成中毒甚至死亡。毒害品分为剧毒品和有毒品	① 剧毒品:凡生物实验半数致死量(LD50)在50 mg/kg以下者(如氰化物、三氧化二砷(砒霜)、二氧化汞、硫酸二甲酯等)。 ② 有毒品:如氟化钠、一氧化铅、四氯化碳、三氯甲烷等	
9	腐蚀物品	具有强腐蚀性,与其他物质如木材、铁等接触使其因受腐蚀作用引起破坏,与人体接触引起化学烧伤。有的腐蚀物品有双重性和多重性	① 酸性腐蚀品:硫酸、盐酸、硝酸、氢碘酸、高氯酸、五氧化二磷、五氯化磷等。 ② 碱性腐蚀品:氢氧化钠、甲基锂、氢化锂铝、硼氢化钠等。 ③ 其他腐蚀品:乙酸铀酰锌、氰化钾等	
10	放射性物品	具有放射性,人体受到过量照射或吸入放射性粉尘能引起放射病	镭、铀、钴-60、硝酸钍、二氧化铀、乙酸铀酰锌、镭片等	

各行业因性质不同而面对的危险物品的类别各有差异。在航空运输行业,危险物品为可能明显地危害人身健康、安全或对财产造成损害的物品或物质,其中有国际航空协会(IATA)发布的《危险物品规则》、民航局发布的《中国民用航空危险品运输管理规定》等。在工程建设中,施工现场常用危险物品有:氧气、乙炔、液化气、稀料、油漆、柴油、汽油等。

（2）管理工作职责。

① 采购、储存、使用危险物品的单位或个人,是危险物品管理过程中的责任单位和责任人,必须认真遵守相关法律法规规定。

② 各施工单位应建立和完善危险物品管理制度,落实危险物品安全管理责任制,落实"五双"制度[1]。

③ 各施工单位安全管理部门负责危险物品采购、贮存和使用等全过程中的归口监督管理。

④ 各施工单位设定专人对本单位危险物品的经营、储存和使用实施分类管理,加强安全提示,明确安全管理要求,完善防火防爆措施,并严格组织落实。

⑤ 危险物品的采购、运输与装卸管理,储存与维护管理,发放与使用管理,回收与销毁处理管理,应符合相关法律法规标准规定。

⑥ 采购、储存、使用、销毁危险物品时,必须提前向相关部门提出申请,并组织验收。

(3)危险物品过程管控要求。在工程建设中,使用危险物品过程中的流程及管理内容如图 7.30 所示,主要包括:危险物品使用计划、采购、运输、装卸、储存、维护、发放以及回收、销毁处理等。在使用危险物品过程中,相关单位及安全管理部门应加强全过程管控,同时做好应急响应准备。

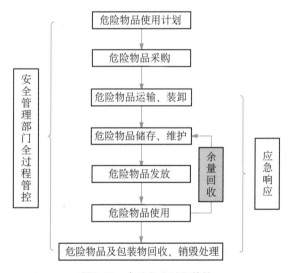

图 7.30　危险物品过程管控

① 危险物品使用计划管理。

● 各施工单位使用部门根据需要,提出危险物品的采购计划。

● 在采购计划中,应标明所需危险物品的规格、质量要求。简要说明其主要职业健康危害、环境危害、可能引起的事故、应急措施以及注意事项。

● 采购计划经参建单位有关领导和部门批准后,按照相关程序进行采购。

② 危险物品采购管理。

● 使用部门提出购置计划申请,相关部门开具采购证明并进行采购。

---

[1] "五双",即双人保管、双把锁(匙)、双本账、双人发货、双人领用。

● 使用部门办理相关手续,通过合法渠道从有相应资质的单位购买国家规定的、可用于施工的危险物品。

● 采购易燃易爆物品时,应索取厂家有关生产许可证、产品燃点、闪点、爆炸极限等数据说明书,对独立包装的易燃易爆物品应贴附危险品标签。

● 采购有毒或腐蚀性物品时,应要求厂家提供可靠的包装并做好标识。

③ 危险物品运输、装卸。

● 危险物品应由销售单位委托有运输资质单位组织危险物品的运输。

● 运输一般的危险物品时,应按照有关规定组织运输,确保车辆外包装良好,防止货物运输过程中发生破损等引起火灾、腐蚀车辆、污染环境、安全事故、损害健康,运输轻质油、氧气、乙炔、氢气的车辆应有铁链触地,避免静电聚集。

● 装卸、运输危险性较大的危险物品时,应轻拿轻放,防止撞击、拖拉和倾倒,不得违反配装限制、不得混合装运;对遇热、遇潮易引起燃烧、爆炸或产生有毒气体的危险物品,在装运时应做好物品的密封工作,防止潮气侵入;对温度有严格要求的危险物品,应选择夜间或早晚温度较低的时间运输。

● 装运危险物品时,严禁客、货混装。

● 运输危险物品时,中途不得随意停车。

④ 危险物品的储存、维护。

● 储存危险物品时,必须储存在专用仓库、专用场地或专用储存室(柜)内,符合有关安全、防火规定,并有专人管理;储存量应在符合当地主管部门与公安部门规定的条件下,根据工程的实际需要确定。

● 危险物品仓库应设置相应的监测、通风、防晒、调温、防火、灭火、防爆、泄压、防毒、中和、防潮、防雷、防静电、防腐、防渗漏或隔离等安全设施和设备,仓库采用防爆照明灯具。氧气、乙炔库采用耐火材料,屋面采用轻型屋顶。

● 危险物品保管员不得穿用丝绸、合成纤维等易产生静电的服装,非保管人员不得进库。

● 危险物品应当分类、限量存放。化学性质、防护措施与灭火方法相互间有抵触且批量较大(按规定的分类标准)的危险物品,不得在同一仓库或存储室(柜)内存放。酒精、油漆及其稀释剂等挥发性易燃材料应密封存放,酸类及有害人体健康的物品应设专门区域存放并做好标识。燃点在45℃以下的桶装易燃液体不得露天存放,必须少量存放,在炎热季节应严防暴晒并采取降温措施。

● 有包装的危险物品要根据外包装箱体的堆码极限数量确定堆码层数,控制其高度。

● 仓库内严禁吸烟和使用明火,对进入危险品仓库内的机动车辆必须采取防火措施。

● 使用四氯化碳脱脂进行零部件脱脂处理时,应在通风良好的环境下进行,并戴橡皮手套、多层口罩或防毒面具。

● 存放、搬运、发放腐蚀性较强的酸、碱或强酸弱碱盐、弱酸强碱盐时,应使用防护手套。当不小心溅到皮肤上时,应立即使用中和药品和大量清水冲洗,严重时迅速送医疗部门处理。

- 对于有温度保管要求的危险物品(如涂料、树脂等),冬季应放入保温库保管。
- 对易燃易爆化学危险品仓库的保管人员实行"一日三查"制度[1]。
- 必须定期对仓库进行检查,并认真做好检查记录,发现隐患及时组织整改。
- 发生失盗、短缺及其他意外情况,应立即上报。

⑤ 危险物品发放。

- 严格危险物品发放制度和出入库手续,由专人发放,定期落实汇总其消耗和库存情况。
- 仓库收、发危险物品时,都应做好记录,并由全部在场人员签字。
- 领用危险物品时,应由项目经理审签、批准后,由使用部门同时派两人到仓库领取,领取时要准确计量。如因特殊原因不能马上使用或使用后有剩余时,应立即将未使用或剩余部分送还仓库。
- 领用、发放危险物品时,应采取必要的安全措施。

⑥ 危险物品使用。

- 使用危险物品时,必须遵守各项安全生产制度和操作规程,严格执行消防管理制度。
- 对危险物品的使用要由相关负责部门编制使用说明书,并在使用前对使用人员进行交底。
- 使用过程中,必须至少有两名掌握相关知识的专业人员同时在场,全过程参与。
- 危险品使用中生成的废气、废水、废渣等废弃物品,不得随意丢弃或直接排放,应交由管理人员进行回收处理。

⑦ 危险物品及包装物回收、销毁处理。

- 合同或协议约定可退货的危险物品,工程科组织联系剩余危险物品的清退工作,不能退货的由工程科组织联系需用单位销售或调出。
- 油漆桶、涂料桶、酸、碱包装瓶(袋)等包装物根据合同或协议回收返还给销售单位或按当地规定处置或送规定回收部门回收。
- 销毁、处理有燃烧、爆炸、中毒和其他危险的废弃危险物品时,应当采取安全措施,并征得有关部门的同意。

⑧ 应急响应。

发生紧急情况,事发当事人应第一时间报告安全管理部门,并按相关管理规定启动应急救援预案,进行应急响应处置。

⑨ 安全部门管控。

- 各施工单位是危险物品管理过程中的责任单位和责任人,其安全管理部门应对危险物品进行全过程管控。
- 应对危险物品的情况做到数量清楚、情况明了,并建立全过程记录档案备查。

---

[1] "一日三查"制,即上班后、当班中、下班前的检查,查垛码是否牢固,查包装是否渗漏,查电源是否安全,查库内温度是否正常。

- 对储存地点要设置人员昼夜重点守卫,谨防丢失、被盗或火灾事故的发生。

- 按照掌握的情况,应不定期地对危险物品的购置、使用储存、销毁等情况进行安全保卫检查。

- 对查出的问题按定人、定时间、定措施的原则责令整改,消除隐患。必要时在采取临时安全措施的同时,责令停工整顿。

- 对从事危险物品的工作人员,组织进行专业培训,并按有关部门的规定取得相应的资格证。

- 现场内运输危险物品时,应配置相应类型的消防器材,并派人员随车押运。

- 应对危险物品使用的整个过程进行监督,按照使用要求,及时提出存在的问题和隐患,并督促、落实整改,确保安全。

- 销毁危险物品时,必须征得安全管理部门同意,并向当地公安消防监督机构报告,按要求进行销毁。

5)安全技术交底

安全技术交底,是指施工负责人在生产作业前对直接生产作业人员进行的该作业的安全操作规程和注意事项的培训,并通过书面文件方式予以确认。

大兴机场工程建设施工范围大、项目多、施工技术复杂、施工单位和作业人员众多,需要使施工人员对相关项目的特点、技术质量要求、施工方法与措施、安全要求等方面有详细了解,以促进科学组织施工,安全文明施工。

(1)安全技术交底及其作用。根据《工程建设安全生产管理条例》,住房和城乡建设部《危险性较大的分部分项工程安全管理规定》《建筑施工安全检查标准》(JGJ 59)等规定,施工方案实施前,应由现场施工负责人向相关管理人员、施工作业人员进行书面安全技术交底。

开展安全技术交底的主要作用有[1]:①细化、优化施工方案,从施工技术方案选择上保证施工安全,让施工管理、技术人员从施工方案编制、审核上将安全放到第一的位置;②让一线作业人员了解和掌握该作业项目的安全技术操作规程和注意事项,减少因违章操作而导致安全事故的可能;③确保项目施工中的重要环节不进行安全技术交底不能开工。

安全技术交底的原则[2]:①以施工图纸、施工技术方案、施工组织设计、相关规范和技术标准、施工技术操作规程、安全法规及相关标准为依据;②突出指导性、针对性、可行性及可操作性,提出具体的足够细化的操作及控制要求;③与相应的施工技术方案保持一致,满足质量验收规范与技术标准;④使用标准化的技术用语和专业术语,使用国际制计量单位,并使用统一的计量单位,确保语言通俗易懂,必要时辅助插图或模型等措施;⑤确保与分部分项工程的全部有关人员都接受交底,形成相应记录;⑥妥善保存技术交底记录,作为竣工技术文件的一部分。

[1] 安全技术交底,百度百科(baidu.com),https://baike.baidu.com/item/安全技术交底/5257697.
[2] 艾三维技术,https://zhuanlan.zhihu.com/p/350145695.

（2）安全技术交底的形式。在工程建设中,进行安全技术交底主要有书面交底、会议交底、样板/模型交底和挂牌交底等形式:①书面交底,即通过书面形式向相关人员进行安全技术交底,并在交底书上签字,逐级落实,责任到人,是最常用的交底方式;②会议交底,即召开会议传达安全技术交底内容,并通过讨论、协商对安全技术内容进行补充完善;③样板/模型交底,即制作满足各项要求的样板进行安全技术交底,常用于要求较高的项目;④挂牌交底,在标牌上写明交底相关要求,挂在施工场所,适用于内容及人员固定的分项工程。

（3）三级安全技术交底制度。三级安全技术交底,即项目技术交底、分部分项工程技术交底和班组技术交底三个阶段。

① 第一级安全技术交底,即项目技术交底,由项目总工程师就工程总体情况向各部门负责人、分项工程负责人及全体管理人员进行全面技术交底,交底内容主要包括:

- 工程概况、工期要求;
- 施工现场调查情况;
- 施工组织设计、施工顺序、关键路线、主要节点进度、阶段性控制目标;
- 施工方案及施工方法,技术标准及质量安全要求;
- 重要工程及采用新技术、新材料、新工艺等分部分项工程;
- 工序交叉配合要求、各部门间的配合要求;
- 主要材料、设备、劳动力安排及资金需求;
- 项目质量计划、成本目标;设计变更内容。

② 第二级安全技术交底,即分部分项工程技术交底,由项目总工程师或技术部门负责人在分部工程施工前,以分项工程为单元向分项工程技术负责人和技术人员进行交底,内容包括:

- 施工详图和构件加工图,材料试验参数及配合比;
- 现场测量控制网、监控量测方法和要求;
- 重大施工方案措施、关键工序、特殊工序施工方案及具体要求;
- 施工进度要求和相关施工工序配合要求,重大危险源应急救援措施,不利季节施工应采取的技术措施;
- 正常情况下的半成品及成品保护措施;
- 工程所采用的技术标准、规范、规程,施工质量标准和实现创优目标的具体措施,质量检查项目及其要求;
- 主要材料规格性能、试验要求;
- 施工机械设备及劳动力的配备;
- 安全文明施工及环境保护要求。

③ 第三级技术交底,即班组技术交底,由分项工程技术负责人或现场工程师/技术负责人向现场技术员、工长或操作人员进行技术交底,内容包括:

- 施工图纸细部讲解,采用的施工工艺、操作方法及注意事项;
- 分项工程质量标准、交接程序及验收方式,成品保护注意事项;

- 易出现质量通病的工序及相应技术措施、预防办法；
- 工期要求及保证措施；
- 设计变更情况；
- 降低成本措施；
- 现场安全文明施工要求；
- 现场应急救援措施、紧急逃生措施等。

7.5.3 设备设施安全管理

大兴机场建设规模大、施工复杂，需要采用大量的大型化、机械化施工设备设施，其中包含大量的特种设备。施工设备设施的安全直接影响着工程的工程质量和进度。为此，指挥部依据法律法规对工程建设中的设备设施安全管理进行了制度构建，以加强施工过程中的设备设施安全管理，提高工程效率和安全度，保障工程安全、质量和进度。

1）机场工程建设设备设施安全管理的特点

（1）机场工程建设是一个复杂的过程，在不同项目、不同施工阶段需要采用不同的施工机械。在大兴机场飞行区施工中，需要采用强夯机、冲击碾压机、振动碾压机进行地基处理，需要采用现场水泥混凝土搅拌系统、摊铺机等进行道面施工；在航站区施工中，需要采用升降机、起重机、塔吊等特种设备；在综合管廊、深基坑等施工中，需要采用挖掘机、复合地基处理施工设备、支护设备等。

（2）现场施工项目多，类型各有不同，需要采用不同的施工工艺。如航站楼施工中的深基坑开挖与支护、大型混凝土结构施工、大型钢网架结构施工、高铁穿越航站楼的结构施工 [图 7.31(a)]等[1]，南方航空公司建设的亚洲最大的机务维修机库[图 7.31(b)][2]、亚洲最大的航空配餐中心等。

(a) 高铁穿越航站楼的结构施工现场　　(b) 南方航空公司基地施工现场

图 7.31　大兴机场施工现场

［1］　大兴机场施工现场：高铁站在航站楼内部穿过[N].腾讯网（qq.com），https://news.qq.com/a/20160704/030075.htm.
［2］　大兴国际机场南航基地机务项目质量管理经验[N].北京工程质量管理，2019年第4期.

（3）现场作业机械设备多、作业强度大，安全管理难度大。如大兴机场航站楼施工过程中，需要在 10 万 m^2 的基坑中完成 1 万多个桩基础施工，每天有 500 多台大型施工设备作业[1]。

（4）现场作业人员流动性大，同一工程在不同的施工阶段，设备、人员不断地进场、退场。大兴机场建设现场高峰时刻的作业人员多达 7 万余人，人员和机械设备在同一环境下作业，安全隐患多，尤其对机械设备的作业安全要求非常高。

（5）施工多为露天环境，作业环境差。现场施工设备多为露天作业，受不同的天气条件影响大，对设备操作人员心理状态、机械设备作业性能和安全管理影响大。

（6）设备管理关系复杂

施工现场施工设备既有施工单位自备自营，亦有租赁设备，管理关系复杂，安全管理难度大。

2）设备设施安全管理的基本任务

在工程建设中，施工设备设施安全管理的基本任务是，合理装备、安全使用、服务施工，为保证工程质量，满足施工进度要求，提高施工效率，取得良好经济效益创造条件。

合理装备，即根据工程实际需要和环境条件合理选择施工设备，包括三个方面的工作内容：一是设备的合理选型，确保设备具有良好的使用性能和环境适应性；二是设备的技术管理，确保设备的技术状况最佳化，确保设备在定修周期内无故障运行；三是设备具有良好的节能环保性，高效能低能耗。

安全使用，即应按设备技术性能和有关规定正确使用，按时进行正确的保养，积极观测和监视设备的安全隐患，确保设备高效、安全运行。

服务施工，即确保设备能为施工发挥最佳效能，提高设备的"三率"[2]，确保设备安全，满足施工生产的需要，实现设备运行经济效益最大化。

3）设备设施安全基础管理

在施工过程中，设备设施安全基础管理内容包括：设备管理机构和人员、设备管理制度、设备事故应急救援、设备档案记录、设备检验报告、设备保养记录、作业人员上岗证管理、作业人员培训等。

（1）设备设施安全管理机构。各施工单位应设立施工设备安全管理机构，落实岗位职责，内容包括：贯彻和执行国家、行业和有关设备设施安全管理的法律法规、技术标准，监督设备设施安全管理制度和操作规程的落实，组织设备设施的定期检验工作，监督检查设备设施的日常维护保养、定期自检，组织设备设施作业人员的安全教育、培训，组织设备设施事故应急救援预案的制定和演练，组织设备设施档案资料的整理和归档。

（2）设备安全管理人员。各施工单位应设置专职或兼职的设备安全管理人员，落实岗位职责，内容包括：制定和监督实施设备设施安全管理制度和操作规程；检查设备设施

---

[1]　大兴机场建设过程：高峰时相当于每天盖一座 18 层楼[N].华夏经纬网,2019-09-26 09:04:18.
[2]　三率，即机械设备的利用率、完好率、机械效率。

的日常运行、维护保养情况;组织设备设施安全检查,消除设备设施的安全隐患;制定设备设施的定期检验计划,并组织落实;组织设备设施操作人员的安全教育、培训;制定设备设施事故应急救援预案,并组织应急救援演练;管理设备设施的使用登记及档案资料等。

(3)设备设施安全管理制度。设备设施安全管理制度,即指导、检查有关设备设施安全管理工作的各种规定,是设备设施安全管理、使用、修理等各项工作实施的依据与检查的标准。主要内容包括:设备设施岗位职责,购置、注册登记和安装管理,设备设施使用制度、安全操作规程和维护保养制度,设备设施的定期检验制度、事故报告制度,设备设施安全隐患检查、安全事故应急预案和定期整改制度,设备设施技术档案管理制度等。

(4)设备设施事故应急救援管理。各施工单位应建立设备设施安全事故应急救援管理机制,其内容包括:建立应急救援组织机制,明确工作职责;开展危险源分析,建立重大危险源监控方法与程序,完善危险源辨识工作;加强重大事故的监控,防止重大、特大事故发生;建立应急响应分级、响应程序和应急处置机制;建立应急物资与装备保障机制。

(5)设备设施档案记录。设备设施档案记录是设备设施从购入、安装、使用,直至报废的全过程的技术资料,是设备设施安全管理的技术信息和考核依据,是完善设备设施安全管理的基础工作。应确保设备设施档案资料的完整性、真实性和可靠性,并指定专人负责设备设施安全技术档案的建立及日常管理工作。

设备设施的安全技术档案管理的主要内容包括:设备设施的设计文件、制造单位、产品质量合格证明、使用维护说明书、监检报告等文件以及安装技术文件和资料等,设备设施及其安全附件的定期检验和定期自行检查的记录,设备设施的日常使用状况记录,设备设施及其安全附件、安全保护装置、测量调控装置及有关附属仪器仪表的日常维护保养记录,设备设施运行故障和事故记录,设备设施使用登记证等。

(6)设备设施检验报告。施工单位应根据国家、行业和地方政府的规定,做好设备设施的定期检验工作,并对民航专业工程施工过程中使用的特种设备验收情况及民航行业内从未使用过的新设备进行审查,并将审查结果报送民航工程质量监督站。检验报告应及时归纳存档,并更换检验合格标签。

(7)设备设施保养记录。施工单位应建立设备设施维护保养档案记录,将每次维修时间、维修内容、更换配件等情况用文字记录备案,促进设备设施维修工作的制度化、规范化、系统化管理,并为专业技术培训提供教案。

(8)作业人员上岗证管理。设备设施操作人员应参加安全监督管理部门组织的考核,取得相应上岗证,持有效期内的作业人员证书上岗作业。其中,特种设备作业人员应将作业人员证件随身携带,并按照操作规程进行作业。

(9)作业人员培训。做好设备设施作业人员的培训是实现安全管理的根本途径。统计资料表明,工程建设中80%以上的事故是人为原因造成的。因此,设备设施管理应坚持以人为本,通过教育、培训、考核等过程,强化作业人员的技能和提高技术水平,增强作业人员的安全意识,从根本上保证工程建设的安全和质量。

4）设备设施安全现场管理

设备设施安全现场管理的主要内容包括：设备设施建设、设备设施报验、设备设施运行安全管理、设备设施检验、设备设施维修、设备设施拆除等。

（1）设备设施建设。施工单位应根据机场工程建设总平面规划和各项目红线内的建设内容进行施工总平面布置，施工设备设施和消防设施配置、安全与职业病防护设施应满足规范要求。

（2）设备设施报验。施工单位应根据工期要求组织设备进场和安装，并按规定进行报验，其主要工作内容和要求包括：组织专职设备设施管理人员及其他相关人员进行自检，自检合格后，相关人员签字确认；对租赁的机械设备，应责成租赁方在设备进场前进行保养、检修，并自检合格，签订安全协议，明确安全管理职责，确保设备性能良好；需要具有安装资质的单位安装的设备设施，在安装后应对检查项目进行签字确认；需要强制检验检测和报验的特种设备，施工单位应向具有相应检验检测资质的单位申请检验，领取相应合格证或准用证，报行业、地方政府工程建设安全监督站使用登记；凡不符合要求、自检不合格的施工设备设施一律不得进入施工现场。

（3）设备设施运行安全管理。施工单位应根据设备安全管理制度、施工需要和规范运行设备设施，并满足相关要求：施工前，设备工程师、安全总监应对操作人员进行设备设施安全技术交底、安全规程教育，作业人员应熟悉各自操作设备的性能、操作规程，并进行安全检查（图7.32）；特种设备作业人员应经过相关部门培训并领取相应上岗证后方能上岗作业；设备使用应贯彻"管用结合、人机固定"的原则，严禁"重用轻管"或"只用不管"；大、中型设备实行"定机、定岗、定人"制度，小型设备实行机组负责制；建立设备设施使用记录，记录内容包括机械设备运转记录、交接班记录、机械设备检查记录、设备维修保养记录等；设备设施必须有专人负责日常维护、保养，每天使用前必须做好例行保养工作，日检、周检、月检均应填写机械设备检查记录；不符合要求的设备应及时更换，废弃物应及时作报废处理，不得滞留施工现场；如因维修更换安全保险装置等部件，必须重新经自检合格、监理单位验收合格后才能投入使用；设备退场时应填写退场申请，上报监理审核通过后方能退场，并登录机械设备台账。

(a) 上岗证查验　　　　　(b) 吊车安全检查　　　　　(c) 塔吊安全检查

图7.32　设备设施作业安全检查
（来源：北京城建集团大兴机场航站楼工程总承包部）

（4）设备设施检验。施工单位应对设备设施及其附属的安全保护装置进行定期检验,主要内容和要求包括:相关部门应根据安全管理制度制订年度检验计划,并由安全管理责任人负责落实;应提前一定时间进行检验,确保设备设施在检验到期之前完成检验;设备设施检验前,应按规定做好检验前的各项准备工作,如清洁、清洗、检修以及为安全检验而必须采取的安全措施等;设备检验后,应及时办理领取检验报告及相关手续;对检验不合格的特种设备,应停止使用并按照检验不合格报告的要求进行整改,整改完成后再报检验机构进行检验,经检验合格后才能投入使用;未经定期检验或者检验不合格的设备设施,不得继续使用;特种设备因故停用半年以上,应当向原登记的特种设备安全监督管理部门备案;启用已停用的特种设备,应当到原登记的特种设备安全监督管理部门重新办理登记手续;检验报告应及时存档。

(5) 设备设施检修。设备设施的维护保养,是保证设备设施安全运行、降低能源消耗、延长设备设施使用寿命的有效手段。设备设施维护保养的内容和要求主要包括:应根据设备设施使用要求、使用年限、磨损程度以及故障情况,编制设备的年度、月、日维护保养计划,按期完成计划项目;根据设备运行周期和使用情况,进行有针对性的维修和保养,及时更换破损、变形部件,保证设备的安全等级和质量标准;建立设备设施维护保养档案记录;当设备发生故障时,维修人员应迅速赶赴设备作业现场,根据故障现象和原因实施有效的维修,同时应对设备故障点相关部位进行附带检查,防止遗漏其他事故隐患,待设备运行正常后方能撤离现场;如果设备设施故障达到了应急预案的预警要求,应迅速启动应急预案,确保紧急情况得到有效处理,防止故障扩大。

(6) 设备设施拆除。施工单位应根据设备设施拆除管理制度,制定拆除作业方案,并在现场设置明显的标志;拆除涉及作业许可的,应严格履行作业许可审批手续;拆除作业前,应对相关作业人员进行培训和安全技术交底;应按方案和许可内容组织拆除作业。

7.5.4 作业安全管理

作业安全管理内容主要包括:作业环境安全管理、作业条件安全管理、人员行为安全管理、岗位安全达标管理、相关方管理和安全生产例会管理等。

1) 作业环境安全管理

(1) 作业环境安全管理。作业环境,是构成施工场所的要素总和,包括施工工艺、设备设施、材料、工具、操作空间、操作程序、作业组织、气象条件等。其中,作业环境中的各种危险和有害因素不仅危害作业人员的身体健康,且由于对作业人员的生理和心理产生不利影响而降低劳动生产率,增加安全风险。

作业环境安全管理的核心是,保持作业环境的整洁有序、无毒无害,为作业人员提供一个良好的作业环境,确保作业人员的身体健康,实现安全生产。

作业环境安全管理的任务是,发现、分析和消除作业环境中的各种有害因素,清理整顿作业环境的布设,保持作业环境整洁有序,防止安全事故和职业病害的发生。

(2) 作业环境安全管理要素。在工程建设中,作业环境安全管理要素主要包括:

① 设备、工具、物料的布局与放置。施工单位应事先分析和控制施工过程及工艺、物料、设备设施、器材、通道、作业环境等存在的安全风险,实行定置管理[1],保持作业环境整洁。

② 物流的流向与通道。施工现场应配备相应的安全、职业病防护用品(具)及消防设施与器材,按照有关规定设置应急照明、安全通道,并确保安全通道畅通。

③ 作业人员的操作空间。施工单位应对临近高压输电线路作业、危险场所动火作业、有限空间作业、临时用电作业、封道作业等危险性较大的作业活动,实施作业许可管理,严格履行作业许可审批手续。作业许可应包含安全风险分析、安全及职业病危害防护措施、应急处置等内容。作业许可实行闭环管理。在同一作业区域内进行多单位、交叉作业活动时,不同作业队伍相互之间应签订管理协议,明确各自的安全生产、职业卫生管理职责和采取的有效措施,并指定专人进行检查与协调。

④ 事故疏散通道、出口及泄险区。

⑤ 施工单位应采取可靠的安全技术措施,对设备能量和危险有害物质进行屏蔽或隔离,设置危险物资泄险区,并提供事故发生时的人员疏散通道和出口。

⑥ 安全标识。施工单位应根据作业场所的实际情况,按照《安全标志及其使用导则》(GB 2894)及安全管理制度要求,在有较大危险因素的作业场所和设备设施上,设置明显的安全警示标志,进行危险提示、警示,告知危险的种类、后果及应急措施等。

⑦ 职业卫生状况。施工单位应告知作业人员现场可能的有毒、有害物质来源或分布,设置报警装置,制定应急预案,配备相应的安全、职业病防护用品(具)及消防设施与器材,按有关规定设置应急照明、安全通道,并确保安全通道畅通。危险物品采购、储存和使用的危险作业,应符合国家、行业、地方和企业的相关规定。

(3)作业环境安全管理的基本要求。作业环境安全管理的基本要求是,以人为本,确定人与物在生产空间、场地的相互位置关系,通过对作业环境安全要素的识别、评价,以及对作业环境的日常检查和管理,解决不良问题、防治有害因素,使作业环境整洁有序、无毒无害[2],保障工程建设安全、高效。

(4)作业环境安全管理的基本内容。作业环境安全管理工作的基本内容,主要包括:开展现场调查、检测,了解现状,分析作业过程,识别危险及有害因素;评价危害程度,确定整治对象;确定治理方案并实施,改善不良作业环境,评价治理效果并完善,有效控制危险有害因素;开展日常检查,维护整洁有序、无毒无害状态;持续改进,完善提高。

作业环境布设的原则:按危害程度分区,有害与无害分开;按功能分类;按顺序排列;频繁使用优先,重要的突出;符合人机工程学原理。

---

[1] 定置管理,亦称定置科学或定置工程学,是对生产现场中的人、物、场所三者之间的关系进行科学地分析研究,使之达到最佳结合状态的一门科学管理方法。定置管理由日本青木能率(工业工程)研究所的艾明生产创导者青木龟男先生始创。

[2] 无毒无害,是指消除或控制有害因素,防止职业病发生。

2）作业条件安全管理

作业条件安全管理，是指按照"人、机、料、法、环"的本质安全要求，落实相关安全措施，包括人员基本条件、作业环境、设备设施条件、施工方案、劳动保护用品、安全防护措施、作业许可证及相关作业的特殊要求等。

作业人员基本条件包括：具有严格执行安全规章制度的正确态度；经医师鉴定无妨碍工作的病症；具备必要的相关知识和业务技能，并按工作性质，熟悉本规程的相关部分，并经培训考试合格；具备必要的安全健康知识，学会紧急救护法；特种作业人员持证上岗。

作业现场的安全设施等应符合有关规范、标准的要求，作业人员的劳动防护用品应合格齐备。

现场使用的安全工器具应合格并符合有关要求。

各类作业人员被告知其作业现场和工作岗位存在的危险因素、防范措施及事故应急处理措施。

应对作业人员的上岗资格、条件等进行作业前的安全检查，做到特种作业人员持证上岗，并安排专人进行现场安全管理，确保作业人员遵守岗位操作规程和落实安全及职业病危害防护措施。

3）作业行为安全管理

施工单位是施工作业行为管理的责任主体，负责所建项目作业行为的具体实施与管理。

施工单位应依法合理进行施工作业组织和管理，加强对作业人员作业行为的安全管理，对设备设施、工艺技术以及作业人员作业行为等进行安全风险辨识，采取相应的措施，控制作业行为安全风险。

施工单位应监督、指导施工作业人员遵守安全生产和职业卫生规章制度、操作规程，杜绝违章指挥、违规作业和违反劳动纪律的"三违"行为。

施工单位应为作业人员配备与岗位安全风险相适应的、符合《个体防护装备选用规范》（GB/T 11651）规定的个体防护装备与用品，并监督、指导作业人员按照有关规定正确佩戴、使用、维护、保养和检查个体防护装备与用品。

4）岗位安全达标管理

施工单位应建立班组安全活动管理制度，开展岗位达标活动，明确岗位达标的内容和要求。

施工作业人员应熟练掌握本岗位安全职责、安全生产和职业卫生操作规程、安全风险及管控措施、防护用品使用、自救互救及应急处置措施。

各班组应按照有关规定开展安全生产和职业卫生教育培训、安全操作技能训练、岗位作业危险预知、作业现场隐患排查、事故分析等工作，并做好记录。

5）相关方安全管理

施工单位应建立承包商、供应商等安全管理制度，将承包商、供应商等相关方的安全和职业卫生纳入内部管理，对承包商、供应商等相关方的资格进行预审、选择。对相关方的作业人员培训、作业过程、提供的产品与服务、绩效评估、续用或退出等进行管理。

施工单位应建立合格承包商、供应商等相关方的名录和档案,定期识别服务行为安全风险,并采取有效的控制措施。

施工单位应与承包商、供应商等签订合作协议,明确规定双方的安全生产及职业病防护的责任和义务。

施工单位应通过供应链关系促进承包商、供应商等相关方达到安全管理要求。

6)安全生产例会

为了及时了解、掌握工程建设各阶段的安全生产情况,分析各时期的安全生产形势,有针对性地开展安全生产工作,统一协调和落实安全生产的各项工作,加强安全生产管理,积极主动地做好预防措施,指挥部制定并实施了《安全生产形势分析实施细则》和《安全生产例会管理办法》。

安全生产形势分析、安全生产例会在大兴机场建设的安全管理中起着重要的作用。第一可以通过安全例会回顾总结过去的安全工作绩效,查找安全管理工作的经验教训,及时纠正安全管理工作中的偏差;第二是在安全例会中通过研究各种安全规章制度、作业标准等文件的适宜性,分析典型安全事故和隐患,评价安全教育培训效果,评估工程建设安全形势和安全管理的薄弱环节;第三是通过会议设置的专题,沟通协调解决安全管理的困难,形成解决策略;第四是通过安全生产例会,布置安全管理工作事项,确保安全管理工作受控,沿着既定目标方向推进相关工作。

(1)指挥部安全生产例会(安全形势分析会)。指挥部安全质量部负责指挥部的安全生产工作例会(安全形势分析会议)的组织及相关工作,负责安全生产例会及专题会议的会场安排、设备准备,负责撰写会议纪要,管理保存所有会议纪要原件,并负责监督各部门按要求召开相关安全专题会议。指挥部安全生产例会(安全形势分析会议)每季度至少召开一次,其主要内容包括:

① 贯彻上级安全工作会议精神和安全生产工作部署,认真督促抓好落实工作;

② 研究解决机场建设过程中安全生产领域的难点和问题,提出指挥部、各参建单位阶段性的安全生产指导思想、安全目标;

③ 研究、讨论如何贯彻落实安全生产方针、政策;

④ 分析安全生产情况,查找倾向性、关键性问题;

⑤ 听取其他各参加单位的安全目标管理计划及执行情况汇报;

⑥ 研究、协调、解决安全生产隐患,提出建议;

⑦ 研究制定各部门在隐患处理过程中的分工和协作,制定隐患整改负责人及隐患整改的要求和期限;

⑧ 对发生的安全生产事故,按照"四不放过"原则作出处理和决定;

⑨ 研究下一步安全工作重点,部署下一阶段安全生产工作;

⑩ 征求各部门建议,持续改进工作程序和工作方法,使安全工作不断适应现场,达到管理创新的目的。

（2）其他各参建单位的安全形势分析会。指挥部要求其他各参建单位的安全管理机构必须每季度召开安全形势分析会议，及时总结安全工作，通报安全生产情况；组织学习相关规定，进行安全教育；对安全生产中出现的问题及时讨论解决，提出下一步安全生产要求，不断提高安全生产管理水平；通报上阶段检查情况，分析施工现场存在的问题；对上阶段施工现场安全检查中存在的问题和安全隐患制订整改方案；研究相关问题和安全隐患的应对措施和方法。

（3）其他各参建单位的安全生产例会。各项目参建单位每周召开一次工程例会，其主要内容包括但不限于：

① 总结一周安全生产情况；

② 检查上周安全问题整改情况及未整改完成的原因；

③ 分析一周安全生产动态和形势，及时调整工作重心；

④ 对现场存在的安全问题和隐患提出技术整改措施；

⑤ 特殊部位的施工采用新工艺、新技术、新设备时，对方案中的安全技术措施进行讨论，根据现场实际制定具有针对性的安全技术措施；

⑥ 组织对安全法律法规的学习，传达国家、地方政府和指挥部有关安全生产方面的文件和指令；

⑦ 其他有关安全生产方面的事项。

7.5.5　职业卫生管理

为加强机场建设中的职业卫生管理工作，强化各参建单位职业病防治的主体责任，预防、控制职业危害，保障施工作业人员的健康和相关权益，指挥部制定并实施了《参建单位作业场所职业卫生管理办法》和《参建单位作业场所职业卫生管理实施细则》。

1）职业卫生与职业危害

职业卫生，是指以职业人群和作业环境为对象，通过识别、评价、预测和控制不良职业环境中有害因素对职业人群健康的影响，早期检测、诊断、治疗和康复处理职业性有害因素所致的健康损害或潜在健康危险，创造安全、卫生和高效的作业环境，从而达到保护和促进职业人群的健康、提高职业生命质量的目的。

职业危害，是指在施工作业过程及其环境中产生或存在的，对作业人员的健康、安全和作业能力可能造成不良影响的一切要素或条件的总称。职业危害是作业人员在施工过程所发生的对人身的威胁和伤害，是因人们所从事的职业或作业环境中所特有的危险性、潜在危险因素、有害因素及人的不安全行为所造成的危害，包括两方面的含义：①职业意外事故，即在施工作业过程中所发生的一种不可预期的偶发事故；②职业病，即在施工作业中接触有害物质引起的疾病。职业病与职业危害因素有直接联系，并且具有因果关系和某些规律性。

2015年，原国家卫生健康委员会、原安全监管总局、人力资源和社会保障部和全国总工会联合颁布了《职业病危害因素分类目录》，将主要的职业危害因素分为六类：

（1）粉尘，如生产性粉尘（如矽尘、煤尘等）；

（2）化学因素，包括施工过程中的化学物质（如铅、苯等）；

（3）物理因素，包括异常气象条件（如高温，低温等）、异常气压、噪声、振动、非电离辐射（如紫外线，红外线等）；

（4）放射性因素，如电离辐射（如 α、β、γ、X 射线等）；

（5）生物因素，如炭疽杆菌、布氏杆菌、森林脑炎病毒等传染性病原体；

（6）其他因素，包括劳动组织和劳动制度不合理、劳动强度过大、精神或心理过度紧张、劳动时个别器官或系统过度紧张、长时间不良体位、劳动工具不合理等。

2）职业卫生管理职责

大兴机场工程建设职业病防治工作坚持"预防为主、防治结合、分类管理，综合治理"的方针。

指挥部各工程部监督施工单位和监理单位开展职业病防治工作。

监理单位监督施工单位开展工作场所职业病防治工作。

施工单位是施工作业场所职业病防治的责任主体，并对本单位产生的职业危害承担责任，施工单位负责人对本单位的职业病防治工作全面负责。

3）施工单位现场职业卫生管理

施工单位现场职业卫生管理内容主要包括：组织机构与制度、职业危害申报、现场告示与警示、防护设施管理、危害告知、施工作业场所管理、职业卫生资料管理、职业卫生档案管理、应急管理和其他要求等。

（1）组织机构与制度。

① 应成立职业健康（卫生）管理工作领导小组，项目负责人任组长，并指定职业卫生的日常管理机构，设置专职职业卫生管理人员。

② 应按照《职业病防治法》《工作场所职业卫生监督管理规定》等相关法律、规范的规定，制定职业病危害防治计划和实施方案，建立、健全职业卫生管理制度和操作规程：

- 职业病危害防治责任制度；
- 职业病危害警示与告知制度；
- 职业病危害项目申报制度；
- 职业病防治宣传教育培训制度；
- 职业病防护设施维护检修制度；
- 职业病防护用品管理制度；
- 职业病危害监测及评价管理制度；
- 建设项目职业卫生"三同时"管理制度；
- 劳动者职业健康监护及其档案管理制度；
- 职业病危害事故处置与报告制度；
- 职业病危害应急救援与管理制度；
- 岗位职业卫生操作规程；

● 法律法规、规章规定的其他职业病防治制度。

（2）职业危害申报。应按照《职业病危害项目申报办法》的规定，及时、如实向所在地安全生产监督管理部门申报职业病危害项目，并接受安全生产监督管理部门的监督检查，提交《作业场所职业危害申报表》和下列有关资料：

① 生产经营单位的基本情况；

② 产生职业危害因素的生产技术、工艺和材料的情况；

③ 作业场所职业危害因素的种类、浓度和强度的情况；

④ 作业场所接触职业危害因素的人数及分布情况；

⑤ 职业危害防护设施及个人防护用品的配备情况；

⑥ 对接触职业危害因素从业人员的管理情况；

⑦ 法律法规和规章规定的其他资料。

（3）现场告示与警示。

① 在醒目位置设置公告栏，公布有关职业病防治的规章制度、操作规程、职业病危害事故应急救援措施和工作场所职业病危害因素检测结果。

② 存在或者产生职业病危害的工作场所、作业岗位、设备、设施，应在醒目位置设置图形、警示线、警示语句等警示标识和中文警示说明。警示说明应当载明产生职业病危害的种类、后果、预防和应急处置措施等内容。

③ 存在或产生高毒物品的作业岗位，应在醒目位置设置高毒物品告知卡，告知卡应当载明高毒物品的名称、理化特性、健康危害、防护措施及应急处理等告知内容与警示标识。

（4）防护设施管理。

① 应为劳动者提供符合国家职业卫生标准的职业危害防护用品，监督、指导劳动者按照使用规则正确佩戴、使用，不得以发放钱物替代职业病防护用品。

② 在可能发生急性职业危害的有毒、有害工作场所，应设置报警装置，配置现场急救用品、冲洗设备、应急撤离通道和必要的泄险区，并在醒目位置设置清晰的标识。

③ 在可能突然泄漏或者溢出大量有害物质的密闭或半密闭工作场所，还应安装通风装置以及与事故排风系统相连锁的泄漏报警装置。

④ 存在职业病危害的场所，应当由专人负责日常监测工作场所职业病危害因素，确保监测系统处于正常工作状态。

⑤ 应对职业病防护设备、应急救援设施进行经常性的维护、检修和保养，定期检测其性能和效果，确保其处于正常状态，不得擅自拆除或者停止使用。

⑥ 应建立防护设施、应急救援设施和日常监测台账，保存维护保养记录以备查。

（5）危害告知。

① 与劳动者订立劳动合同时，应当将工作过程中可能产生的职业病危害及其后果、职业病防护措施和待遇等如实告知劳动者，并在劳动合同中写明，不得隐瞒或者欺骗。

② 劳动者在履行劳动合同期间因工作岗位或者工作内容变更，从事与所订立劳动合

同中未告知的存在职业病危害的作业时,施工单位应当向劳动者履行如实告知的义务,并协商变更原劳动合同相关条款。

③ 对从事接触职业病危害因素作业的劳动者,施工单位应当组织上岗前、在岗期间、离岗时的职业健康检查,并将检查结果书面如实告知劳动者。

(6) 施工作业场所管理。施工作业场所应符合法律法规、规章和国家职业卫生标准的相关规定,并满足下列基本要求:

① 生产布局合理,有害作业与无害作业分开;

② 工作场所与生活场所分开,工作场所不得住人;

③ 有与职业病防治工作相适应的有效防护设施;

④ 职业病危害因素的强度或者浓度符合国家职业卫生标准;

⑤ 有配套的更衣间、洗浴间、孕妇休息间等卫生设施;

⑥ 设备、工具、用具等设施符合保护劳动者生理、心理健康的要求;

⑦ 法律法规、规章和国家职业卫生标准的其他规定。

(7) 职业卫生资料管理。

① 职业病防治责任制文件。

② 职业卫生管理规章制度、操作规程。

③ 工作场所职业病危害因素种类清单、岗位分布以及作业人员接触情况等资料。

④ 职业病防护设施、应急救援设施基本信息,以及其配置、使用、维护、检修与更换等记录。

⑤ 工作场所职业病危害因素检测、评价报告与记录。

⑥ 职业病防护用品配备、发放、维护与更换等记录。

⑦ 主要负责人、职业卫生管理人员和职业病危害严重工作岗位的劳动者等相关人员职业卫生培训资料。

⑧ 职业病危害事故报告与应急处置记录。

⑨ 劳动者职业健康检查结果汇总资料,存在职业禁忌证、职业健康损害或者职业病的劳动者处理和安置情况记录。

⑩ 职业卫生安全许可证申领、职业病危害项目申报等有关回执或者批复文件,其他有关职业卫生管理的资料或者文件。

(8) 职业卫生档案管理。应参照《国家安全监管总局办公厅关于印发职业卫生档案管理规范的通知》建立健全职业卫生档案,包括以下主要内容:

① 建设项目职业卫生"三同时"档案;

② 职业卫生管理档案;

③ 职业卫生宣传培训档案;

④ 职业病危害因素监测与检测评价档案;

⑤ 用人单位职业健康监护管理档案;

⑥ 劳动者个人职业健康监护档案;

⑦ 法律、行政法规、规章要求的其他资料文件。

（9）应急管理。

① 当发生职业病危害事故时，应及时向所在地安全生产监督管理部门和有关部门报告，并采取有效措施，减少或者消除职业病危害因素，防止事故扩大。对遭受或者可能遭受急性职业病危害的劳动者，施工单位应当及时组织救治、进行健康检查和医学观察，并承担所需费用。

② 在发现职业病病人或者疑似职业病病人时，应当按照国家规定及时向所在地安全生产监督管理部门和有关部门报告。

（10）其他要求。

① 劳动者有权拒绝从事存在职业病危害的作业，施工单位不得因此解除与劳动者所订立的劳动合同。

② 不得使用国家明令禁止使用的可能产生职业病危害的设备或者材料。

③ 不得将产生职业病危害的作业转移给不具备职业病防护条件的单位和个人。

④ 作业人员健康出现损害，需要进行职业病诊断、鉴定的，施工单位应当如实提供职业病诊断、鉴定所需的劳动者职业史和职业病危害接触史、工作场所职业病危害因素检测结果和放射工作人员个人剂量监测结果等资料。

7.5.6　文明施工

为维护机场工程建设施工现场的良好工作环境、卫生环境和施工秩序，保证职业卫生和健康，促进施工现场综合管理水平的提高，指挥部制定并实施了《参建单位文明施工管理办法》，并在安全生产资金管理、工程发包与合同履约安全管理等方面作出了相应规定。

文明施工，是指保持施工场地整洁、卫生，施工组织科学，施工程序合理的一种施工活动。实现文明施工，不仅要着重做好现场的场容管理工作，而且还要相应做好现场材料、设备、安全、技术、保卫、消防和生活卫生等各方面的管理工作。文明施工水平是工程建设项目管理水平的综合体现。

1）文明施工基本要求

（1）完整的施工组织设计或施工方案。

（2）健全的施工指挥系统和岗位责任制。

（3）主要工序衔接交叉合理，交接责任明确。

（4）严格的成品保护措施和制度。

（5）临时设施布设合理，以人为本。

（6）材料堆放有序、安全。

（7）施工场地平整，道路畅通，排水设施得当，水电线路整齐。

（8）施工机具设备状况良好，使用合理，施工作业符合消防和安全要求。

2）文明施工管理职责

指挥部文明施工领导小组设在安全质量部，监督施工单位、监理单位落实文明施工。

施工单位成立文明施工领导小组,项目负责人任组长,领导小组办公室设在安全管理部门。施工单位是落实文明施工的责任主体,监理单位监督施工单位开展文明施工活动。

3) 文明施工管理内容

文明施工管理内容主要包括:场容场貌管理、办公室生活区管理、卫生管理、临时道路及车辆管理、材料管理、施工现场管理、环境保护、保健急救、文明施工检查等。

(1) 场容场貌管理内容。

① 施工现场严格按照各施工阶段的施工平面布置图规划和管理,施工区域和生活区域划分明确,办公区、生活区集中布置;

② 供电、给水、排水等系统的设置严格遵循总平面图布置;

③ 材料堆场、机械地布设均按平面图要求布置,施工现场的场容管理,实施划区域分块包干,责任区域挂牌告示;

④ 确保场内及周围无污水外溢,围栏外无渣土、无材料、无垃圾堆放;

⑤ 施工现场"五有"设施[1]齐全、设置合理,施工现场大门悬挂醒目的八牌两图[2](图 7.33)、企业标志;

⑥ 施工现场应设置质量和安全标语及安全警示牌,整齐规范;

⑦ 现场施工人员衣着得体,举止文明,现场人员一律佩戴身份卡,管理人员为红色,工人为黄色;

⑧ 严格执行门卫管理制度,非施工人员禁止入内。

⑨ 施工现场成立义务消防队、急救小组、治安保卫组,并制定各种措施和配备应急器材;

⑩ 危险地段悬挂警示牌和警示灯。

图 7.33　现场八牌两图与宣传图板
(来源:北京城建集团大兴机场航站楼工程总承包部)

---

[1] "五有"设施包括:有宣传标语、黑板报及保卫、防火安全标志牌,有进出口标志牌,有施工标志牌,有工程进度计划表,有场容分片包干图。

[2] 五牌一图:工程概况牌、管理人员名单及监督电话牌、消防保卫牌、安全生产牌、文明施工牌和施工现场总平面图。

（2）办公室、生活区管理内容。

① 制定办公室、员工宿舍、食堂、洗澡及文化娱乐管理制度；

② 现场办公室整洁、明亮、图表悬挂整齐美观、清晰、一目了然；

③ 员工宿舍通风、整齐、清洁，日常生活用品力求统一放置整齐，严禁私接电源插座或使用大容量电器；

④ 专人负责办公室、更衣室、厕所等清洁卫生；

⑤ 定期除"四害"，保证排水、排污畅通，有条件时应有绿化布置。

员工食堂达到国家卫生要求标准，按规定办理报批手续，并满足下列要求：

① 食堂内和四周应整齐清洁，没有积水；

② 盛器应有生熟标记，配纱罩，有条件的食堂应设密封间；

③ 每年5月至10月，中、夜两餐食品都要留样（不少于100 g），保持48 h并做好记录；

④ 餐具、茶具应严格消毒，防止交叉污染，茶水的供应符合卫生要求；

⑤ 炊事员每年进行体检，持有健康证和卫生上岗证，并必须做到"四勤""三白"，保持良好的个人卫生习惯；

⑥ 生活垃圾应装于容器、放置定点，有专人管理，定时清理。

（3）卫生管理内容。

① 施工现场严格执行卫生管理制度，生活卫生纳入工地总体规划，落实卫生专（兼）职管理人员和保洁人员责任制；

② 施工现场专人清扫，保持整洁卫生，保持道路平整、畅通，水沟通畅，生活垃圾每天用编织袋袋装外运，生活区域定期喷洒药水，灭菌除害；

③ 门卫、办公室、工具间室内外保持整洁有序；

④ 场内垃圾集中堆放并及时清理，无垃圾污染；

⑤ 严格食堂卫生管理工作，保障员工身体健康；

⑥ 施工现场须设有茶水亭和茶水桶，做到有盖加配杯子，有消毒设备；

⑦ 施工现场设置男女水冲式厕所，专人保洁，保持清洁无害；

⑧ 工地设有男女更衣室，采取防窃措施，保持室内清洁；

⑨ 施工现场落实消灭蚊蝇孳生承包措施；

⑩ 生活垃圾必须随时处理或集中加以遮挡，妥善处理，保持场容整洁。

（4）临时道路及车辆管理内容。

① 开工前做好临时便道，临时施工便道路面高于自然地面，道路外侧设置排水沟；

② 应及时进行道路硬化，防止道路扬尘；

③ 做好排水措施，确保场地及道路不积水；

④ 在主要施工道路口设置交通指示牌，确保现场施工道路畅通；

⑤ 进出车辆门前派专人负责指挥；

⑥ 施工车辆进出需要清理车轮泥沙，上有帆布封堵，保证做到现场泥土不带场外。

（5）材料管理内容。

① 各种设备、材料尽量远离操作区域，严格堆放高度，防止倒塌下落伤人。

② 现场材料员认真做好材料进场的验收工作（包括数量、质量、质保书），并且做好记录（包括车号、车次、运输单位等）。

③ 进场材料严格按场布图指定位置进行堆放，做到分类、分规格堆放整齐、规范（图7.34）。

图7.34 材料码放标识、标牌齐全
（来源：北京城建集团大兴机场航站楼工程总承包部）

④ 大堆材料管理包括，砂石材料进行分类、集成堆放成方，底脚边用边清；砌体料归类成垛，堆放整齐；碎砖料随用随清，无底脚散料；灰池砌筑符合标准，布局合理、安全、整洁，灰不外溢，渣不乱倒。

⑤ 周转设备配件管理包括，大模板成对放稳，角度正确；钢模板及零配件、脚手扣件分类分规格，集中存放；竹木杂料，分类堆放、规则成方，不散不乱，不作他用。

⑥ 水泥库袋装、散装不混放，分清标号，堆放整齐，目能成数，专人管理，限额发放，分类插标挂牌，记载齐全而正确，牌物账相符。

⑦ 构配件及特殊材料统一堆放包括，混凝土构件分类、分型、分规格堆放整齐，楞木垫头上下对齐稳定，堆放不超高（多孔板不得超过12块）；钢材、成型钢筋，分类集中堆放，整齐成线；钢木门窗框扇、木制品分别按规格堆放整齐，木制品防雨、防潮、防火，埋件铁件分类集中，分格不乱，堆放整齐；特殊材料（包括安装、装饰、保温及甲供、自购）均要按保管要求，加强管理，分门别类，堆放整齐。

（6）施工现场管理内容。

① 施工现场有条件时实行全封闭施工，围挡材料要求坚固、稳定、整洁、美观，涉及市容景观路段的工地的围栏高度不低于2.5 m，其他工地的围栏高度不低于1.8 m；

② 坚持合理的施工顺序，力求均衡作业；

③ 施工现场的混凝土、砂浆实行集中搅拌；

④ 制定施工架体拆卸方案，拆卸前要清理垃圾杂物，禁止高空掷物；

⑤ 对施工现场排水系统等重点部位、工完场清等重点施工环节加强管理。

（7）环境保护。

① 防止周围环境污染。

- 搭设封闭式临时专用垃圾道或采用容器吊运，严禁随意凌空抛撒，垃圾及时清运，适量洒水，减少扬尘。

- 施工垃圾及时清运，严禁随意抛撒。

- 水泥等粉细散装材料，采取室内（或封闭）存放，严密遮盖；卸运时采取有效措施，减少扬尘。

- 在现场设置搅拌设备时，安设挡尘装置。

- 施工现场采取洒水降尘措施，利用沉淀池的水喷洒现场（图7.35）。

图7.35 现场施工围挡与雾化喷淋系统
（来源：北京城建集团大兴机场航站楼工程总承包部）

- 施工现场严禁使用有污染的炉灶。

- 施工现场禁止焚烧有毒物、有害物，及时清运废机油、油毡及建筑垃圾等。

② 防止水污染。

- 现场混凝土、砂浆拌制作业点设置沉淀池，使清洗机械和运输车的水经沉淀后，方可排放或回收用于洒水降尘。

- 控制施工产生的污水流向，防止漫流，并在合适的位置设置沉淀池，经沉淀后排入污水管网，严禁流出施工区域，污染环境。

- 现场存放油料的库房要进行防渗漏处理，储存和使用过程中采取措施，防止跑、冒、滴、漏，污染水体。

- 施工现场食堂的用餐人数超过100人时，设置简易有效的隔油池，定期掏油，防止污染。

③ 控制施工噪声污染。

- 施工现场根据现场实际制定有针对性的施工降噪制度和措施。

- 进行强噪声、大振动作业时，严格控制作业时间。

- 必须昼夜连续作业的，需采取降噪减振措施，做好周围群众工作，并报有关环保单位备案后施工。

- 施工时、休息时不得大声喧哗,聚众起哄。
- 严禁故意制造噪声。

④ 操作时轻拿轻放,拆除钢模尽量用撬杠,少用榔头,拿放钢筋,钢管做到低拿低放,把施工噪声降到最低限度。

(8) 保健急救。

① 在施工现场设置医务室,并配备有保健药箱和急救器材,或每周不少于两次现场巡回医疗。

② 积极做好职工卫生防病的宣传教育,利用板报等形式向职工介绍防病、治病知识。

③ 医务人员对现场卫生环境进行监督,定期检查食堂、卫生间等卫生状况。

(9) 社区和谐。

① 制订预防噪声措施和不扰民措施。

② 定期访问周边居民,表示慰问和歉意,并征求住户的意见,改进施工活动。

③ 临近居民区或占用人行通道进行施工时,施工单位通过书写歉意性标语,征得住户和行人的谅解。

④ 施工单位在施工中建立独立的供电系统,减少对居民和周围企业、事业单位正常用电的干扰。

⑤ 夜间禁止高声喧哗。

(10) 文明施工检查。

① 施工单位负责人牵头组织本单位各职能部门(治安、劳资、材料、动力等)每月对项目进行一次大检查。

② 文明施工管理组每 10 天对施工现场文明施工执行情况进行一次全面检查。

③ 文明施工管理组不定期进行抽查,对屡次整改不合格的,进行相应的惩罚。

7.5.7 危险警示

施工单位应按照有关规定和工作场所的安全风险特点,在有重大危险源、较大危险因素和严重职业病危害因素的工作场所,设置明显的、符合有关规定要求的安全警示标志和职业病危害标识。其中,警示标志的安全色和安全标志应分别符合《安全色》(GB 2893)和《安全标志及其使用导则》(GB 2894)的规定,道路交通标志和标线应符合《道路交通标志和标线》(GB 5768)的规定,管道安全标识应符合《工业管道的基本识别色、识别符号和安全标识》(GB 7231)的规定,消防安全标志应符合《消防安全标志 第 1 部分:标志》(GB 13495.1)的规定,工作场所职业病危害警示标识应符合《工作场所职业病危害警示标识》(GBZ 158)的规定。

安全警示标志和职业病危害警示标识应标明安全风险内容、危险程度、安全距离、防控办法、应急措施等内容,在有重大隐患的工作场所和设备设施上设置安全警示标志,标明治理责任、期限及应急措施;在有安全风险的工作岗位设置安全告知卡,告知作业人员本企业、本岗位主要危险的有害因素、后果、事故预防及应急措施、报告电话等内容。

施工单位应定期对警示标志进行检查维护，确保其完好有效。

施工单位应在设备设施施工、吊装、检维修等作业现场设置警戒区域和警示标志，在检维修现场的坑、井、渠、沟、陡坡等场所设置围栏和警示标志，进行危险提示、警示，告知危险的种类、后果及应急措施等。

7.5.8　治安管控

大兴机场工程建设参建单位多、施工人员多、施工设备多，建设高峰时段全场施工人员达到 7 万余人，施工范围达到 28 km²，在如此条件和环境下如何确保机场建设一方平安，确保工程建设的治安秩序和平安工程建设，这是大兴机场建设中的一个重要而复杂的工作。为此，大兴机场相关部门紧密围绕保障机场建设治安秩序，在平安工程建设目标和治安管理任务的引领下，开展了打造治安管理平台、建设治安管理制度、推进积分考核机制、实施专项安全保卫等工作。

1）治安管控任务

在大兴机场工程建设中，治安管理的主要任务是，以大兴机场工程建设为核心，以平安工程建设为目标，积极维护场内社会治安秩序，保障工程建设和公共安全，预防、发现和控制各种危害工程安全的违法犯罪活动，处置场内治安事件、查处治安案件、治安事故，保障各参建单位的合法权益。

2）治安管控平台

以大兴机场建设安全保卫委员会（以下简称"安保委"）为平台，定期召开例会，传达指示精神，通报安全形势，部署重点工作，对场内所有参建单位进行安全管理。

3）治安管理规定

安保委联合首都机场公安局制定下发了《北京大兴国际机场安全管理规定》，内容涵盖内保工作、单位备案、施工人员管理、施工车辆管理、危险物品管理、大型活动管理、保安服务管理、群体事件处置等安全保卫工作，明确了各工程业主单位安全保卫工作的标准和要求。

4）积分考核机制

为加强机场建设的安全保卫管理工作，确保安全保卫工作的顺利开展，安保委于 2017 年 3 月 28 日下发了《北京新机场建设安全保卫积分考核管理办法》和《北京新机场建设安全保卫积分考核细则》，对机场红线区域内的各单位和部门实行积分考核制。

积分考核管理办法分为总则、积分考核工作领导小组、积分考核目标及内容、积分考核办法、考核纪律、附则六章，以及积分考核细则、积分考核检查记录单、积分考核扣分通知书、积分考核责令整改通知书、积分考核扣分复核结果通知书 5 个附件。其中《北京新机场建设安全保卫积分考核细则》从组织建设、治安管理、消防管理、交通安全等方面细化了考核标准和考核分值。积分考核机制的实施，为大兴机场各单位开展安全保卫工作明晰了方向，是大兴机场建设安全保卫管理的有效抓手，是组织实施评先评优、表彰奖励活动的重要依据。

5）专项安全保卫工作

大兴机场专项安全保卫工作内容主要集中在重大活动安保及要人警卫、消防安全监管、防汛安全、流动人口管理、治安秩序管控和交通安全管理六个方面。

（1）重大活动安保及要人警卫。圆满完成了各级各类重大活动的安全保障工作，总计74次，实现了安全保障零差错，受到各级领导的好评。

（2）消防安全监管。实行网格化管理，确保责任到人，监管全面到位；组织开展消防安全责任制，加大消防安全监督检查力度，共开展消防检查4 298家次，填发《消防监督检查记录单》4 029份，发现并整改问题隐患592处；落实场内的灭火应急救援相关工作，提升消防应急处置能力；在航站楼核心区设立消防监督巡逻和应急处置驻勤岗，实现安全监管与施工作业无缝对接；推进微型消防站和志愿消防队伍建设，开展消防安全教育培训、宣传和演练工作共计38次。加大对违规动火作业、违法吸烟等突出消防违法行为的打击处理力度，共办理一般程序消防行政案件32起，行政拘留12人次，对17家施工单位和78名个人予以行政罚款。

（3）防汛安全。安保委每年3月中下旬启动防汛工作，细化工作方案和应急预案，发布《北京新机场防汛手册》，组织参建单位开展自检互查，开展全面联合检查2次，组织临时用电安全、排水设施、防雷电装置与堆土场防汛专项检查整治，开展全面联合检查，实现平安度汛。

（4）流动人口管理。安保委依托信息化管理系统，集中对违法犯罪高危群体比对筛查。共采集场内流动人口信息66 834条，抓获在逃人员2人，发现违法犯罪前科人员950人，切实做到了施工人员管理"底数清、情况明"。

（5）治安秩序管控。安保委积极与属地相关部门协调对接，组织开展治安环境秩序清理整治专项行动96次；做好矛盾纠纷"大排查大化解"专项工作，处理劳务纠纷、薪资纠纷引发的各类矛盾纠纷77次；严格督促现场各单位落实北京市"低慢小"特别管控措施；加强出入口证件管理，全力维护机场建设治安秩序稳定。

（6）交通安全管理。安保委坚持问题导向，精准发力，在高峰时段提前组织警力在堵点维持秩序、疏导交通。对场内道路交通形势进行分析研判，在主要路口安装临时红绿灯8台，通过施划交通标识标线、安装交通隔离护栏等措施，最大限度预防交通事故；组织开展危险品运输车、渣土车、"僵尸车"等专项清理整治行动48次，综合采取约谈、通报、书面检查、积分考核多重手段强化管理，维护场内良好的交通秩序。

7.6 平安工程建设的创新支撑

指挥部坚持贯彻新发展理念，将科技创新作为推进平安工程建设的重要手段。成立专门的科技委员会，出台科研项目管理规定，同时鼓励其他各参建单位积极应用科学技术推进平安工程建设。

在大兴机场平安工程建设中,指挥部与其他各参建单位结合工程建设实际需要开展了新技术应用,依靠科技创新和提高工程安全水平,发挥科技创新在安全管理中的重要作用。其中包括指挥部主导开发的工程建设信息化监控系统、飞行区工程数字化施工监控系统,其他参建单位在工程中采用了塔机监控系统、远程视频监控系统、执法记录监控系统、扬尘与噪声自动监控系统、BIM 技术、劳务通手环等。

7.6.1 工程建设信息化监控系统

指挥部根据工程实际设立工程建设信息化监控中心,提供 15 个监控席位,通过系统及监控视频,实时掌握场内工程建设情况,对现场安全生产、安全保卫、交通安全、消防、环境保护等进行动态管理。

7.6.2 飞行区工程数字化施工监控系统

大兴机场飞行区工程是机场的主体工程,占地面积大,主要承担飞机起降、滑行、停靠等功能,飞行区工程质量是机场安全高效运行的保障。机场飞行区面积近 1 800 万 m^2,一次性建设 4 条跑道,铺筑道面近 1 000 万 m^2。如此大规模的施工作业面积,集聚场道施工总包单位 14 家,实现飞行区施工监控和科学管理,是确保工程建设质量安全的关键。根据飞行区工程建设管理需要,指挥部于 2013 年牵头组织开展了"机场飞行区工程数字化施工和质量监控关键技术研究"项目。

项目针对飞行区地基处理中大面积采用强夯法施工特点,应用空间定位技术,研发专用的传感技术,建立了强夯施工数字化监控技术系统,解决了夯点定位、落锤高度、夯沉量、夯击次数等信息的自动精准获取和质量判定技术难题;建立了冲击碾压施工数字化监控技术系统,实现了冲击碾压关键参数的全过程、高精度实时监控,保证了压实质量,提升了施工效率和安全性;构建了数字化施工与质量监控的流程和模式,集成强夯、冲击碾压、振动碾压、管网信息、混凝土运输车辆与视频监控等技术,建成了飞行区数字化施工与质量监控平台,创新了工程质量管理模式,实现了质量可追溯、安全状况可实时监控。

7.6.3 塔吊监控系统

在机场航站楼及综合换乘中心施工区域,由于工程体量巨大,3 家主体总承包单位有多达 50 余台塔吊群同时作业,标段相连,塔吊相互影响、相互制约,对现场塔吊等起重设备的安全管理更是重中之重。塔吊防碰撞系统,通过采用 17 位高精度绝对值编码器,与塔吊回转平台紧密结合,计算塔吊的回转角度。通过实时采集塔吊高度、幅度信息,实时监控塔吊的吊重、回转、群塔大臂运转位置,能够快速、准确地判断塔吊群内多台塔吊的状态。群塔中的某台设备断电或通信中断时,或当周围塔吊的塔臂进入和该设备交涉的区域后会进行声光报警来提示司机进入危险区域,提醒请司机小心驾驶。当出现违章作业时,系统自动发出警报,并将数据汇总到软件中,以实时掌握信号工、塔台司机的作业情况,对已违章操作人员进行教育处罚。塔吊防碰撞系统在很大程度上降低了工程群塔施工作业的安全隐患。塔吊防碰撞系统的监测平台如图 7.36 所示。

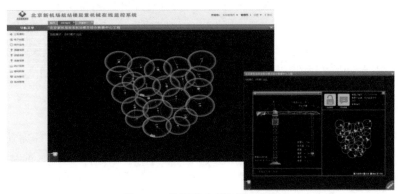

图 7.36　塔吊群防碰撞监控系统
（来源：北京城建集团大兴机场航站楼工程总承包部）

7.6.4　远程视频监控系统

采用视频监控与互联网相结合的方式，针对不同部门、不同用户、管理者关心的区域，分别设置不同权限，通过系统平台可以实现远端操控，实现对施工现场过程的实时监控（图 7.37），项目决策层和管理人员能随时掌握施工现场的进度、安全、人员、物料情况，保障施工现场人员和财产安全。

图 7.37　远程视频监控系统

7.6.5　执法记录系统

采用移动式摄像仪，或为现场安全保卫人员配备执法记录仪，对重点部位施工情况进行现场安全行为影像记录，为整改和处罚提供依据。

1）扬尘、噪声自动监控系统

采用噪声监测器、扬尘监测器、监控摄像机、语音对讲机等，构成噪声、扬尘监测系统

（图7.38）。通过设置参数条件，在实测数据达到阈值后，可以报警或启动相应区域的细水雾喷淋系统，有效地控制场内噪声和粉尘浓度，改善施工现场环境，对促进安全生产、维护环境卫生等具有重要作用。

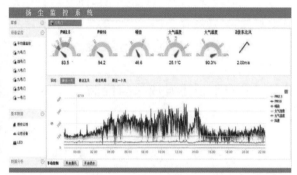

图7.38　噪声、扬尘监控系统

2) BIM 在安全管理中的应用（图7.39）

在大兴机场航站楼、市政交通等工程的设计、施工中，积极推广 BIM 技术应用，将 BIM 技术与建造技术、信息化技术和项目管理相融合，科学高效地解决项目施工难题，显著提升了工程建设安全管理水平。一是基于 BIM 技术建立虚拟建造流程，面向对象所见即所得，更符合人类直觉的使用习惯；二是透过 BIM 模型对虚拟建造过程的分析，合理地调整施工进度，更精准地控制现场的施工；三是工程设备管线安装工作量巨大，初始设计中各专业管线碰撞和管线与结构碰撞非常严重，利用 BIM 模型进行全区域管线综合排布，利用移动设备及 3D 交底卡等手段对工人进行交底，施工完成后利用模型进行现场验收，做到模型与现场 100% 的一致性。

图7.39　运用 BIM 模拟作业及提前辨识危险源
（来源：北京城建集团大兴机场航站楼工程总承包部）

3) 劳务通手环

针对工程高峰时期多家专业分包及劳务分包单位同时进场施工的状况,研发了建筑工地劳务通安全管理软件;创新使用"诸英台"劳务通手环,可以作为工人日常考勤、入场教育及班前教育、日常消费的工具,使实名制落地。此外,可利用"诸英台"App 进行现场安全巡检,对现场存在违章作业的人员利用"诸英台"劳务通手环形成作业不良记录,以进行安全检查处罚,成功将劳务实名制管理与安全管理相结合。

7.7 平安工程建设成果与经验

大兴机场平安工程建设的核心是,提升建设过程中安全管理能力和水平,控制安全风险,减少安全事故,为机场建设和运营提供安全、便捷的设施和环境。在工程建设过程中,指挥部和其他参建单位始终坚持以安全为先,狠抓安全管理,加大安全投入,着力打造平安工程,建设平安机场,取得了显著的成效。

7.7.1 明确平安工程的内涵和要求

突出安全第一,强调质量为本,强化工程安全制度、施工现场管理、安全预案和措施,实现安全生产、文明施工、绿色施工和一方平安。

7.7.2 打造安全管理体系

推进大兴机场安全管理体系建设,健全各项安全管理制度,建立专项安全监管体系,制定安全防范预案,做到规章制度完备,安全主体责任清晰,时刻保持安全警惕,营造浓厚的安全文化氛围。

7.7.3 建设绿色安全文明项目

在指挥部的领导和组织下,各参建单位在施工安全保障体系及组织机构、安全规章制度、安全培训教育、施工机械设备安全管理、施工安全防护、应急预案等多方面,始终坚持系统化、规范化、标准化的管理,构建安全文明施工管理长效机制,严格执行"自检、专检、互检"的检查制度,确保工程质量全过程受控。严格落实北京市关于创建绿色安全工地的相关要求,在施工现场的安全防护、料具管理、消防安全、扬尘治理等多方面,全面加强安全生产和绿色施工管理。

指挥部及其他各参建单位先后获得多项绿色安全文明奖项,其中获得了被誉为国际项目管理领域"奥斯卡奖"的"IPMA 全球卓越项目管理大奖"的超大型基础设施类项目金奖,标志着大兴机场建设投运管理水平达到国际领先水平。先后 13 次获得北京市、河北省等授予的绿色安全样板工地、安全文明工地和安全生产标准化建设工地等称号,获得中国建筑业协会、中国工程建设标准化协会、中国安全生产协会等授予的全国工程建设项目施工安全生产标准化工地、中国工程建设安全质量标准化先进单位、第一届中国安全生产协会安全科技进步奖二等奖等。指挥部、其他各参建单位先后获得北京市安全生产委员会办公室、北京市人力资源和社会保障局授予的北京市安全生产先进单位、施工扬尘治理先进业主单位等称号,各参建单位多人获得安全管理模范个人奖励等。

7.7.4 坚持四个"杜绝"

大兴机场工程建设始终坚持平安工程建设目标,把安全建设的底线刻在心中,以安全管理体系为牵引,以风险分级管控和隐患排查治理双重预防机制为抓手,实现了四个"杜绝"。

一是杜绝因违章作业导致一般以上生产安全事故。坚决执行开工报告制度,加强资质审查、安全培训与考核,要求施工人员掌握并严格遵守安全作业规程,要求各总包单位设专职安全员,每天进行安全检查,组织开展安全督查等。

二是杜绝因人为责任引发一般以上火灾事故及环境污染事故。坚持日常的危害源辨识、隐患排查、风险识别与评估、隐患整改与复查等,从源头上预防火灾发生。

三是杜绝因管理责任发生一般以上工程质量事故。结合工程特点,制定各部门、各级的质量管理职责,明确各工序的责任人,做到横向到边、纵向到底、层层分解目标、层层落实责任,实行事事有人管、件件有目标、人人有责任的全员、全过程、全方位质量管理。

四是杜绝发生影响工程进度或造成较大舆论影响的群体性事件。建立健全群众利益诉求机制和查究督办机制,完善动态预警和监控机制,坚持矛盾纠纷排查调处制度,协调解决好群众反映的实际问题,把群体性事件消除在萌芽状态。

第8章

廉洁工程建设

大兴机场是习近平总书记特别关怀、亲自推动的首都重大标志性工程,从建设伊始,习近平总书记就多次对大兴机场廉洁工程建设作出了重要指示。廉洁工程建设是"四个工程"建设的核心理念、压舱石和基础保证,是大兴机场建设者政治自觉和行动自觉的高度展现,是一种自我激励和鞭策。集团公司党委高度重视大兴机场的廉洁工程建设,坚持贯彻习近平总书记重要指示精神,落实党中央和上级党组决策部署,坚持将廉洁工程建设与工程建设同部署、同推进、同落实。大兴机场指挥部党委将廉洁工程建设作为促进机场建设持续健康发展的基础性工程和重要保障,把廉洁理念始终贯穿于工程建设的全过程,把廉洁要求固化于制度机制中,常抓廉洁风险的过程管控。针对建设规模大、投资大、相关方多、参与人员多的特点,大兴机场指挥部党委积极落实党中央、民航局党组、集团公司党委的决策部署,强化思想政治保障和廉洁工程系统建设,创新廉洁工程管理模式,建立健全廉洁管理制度,积极开展廉洁风险辨识,紧抓重大廉洁风险的过程管控,夯实打造廉洁工程的生态和根基。

8.1 工程建设廉洁风险概述

8.1.1 工程建设廉洁风险及特征

工程建设廉洁风险,是指工程建设项目相关人员[1]在履行权力中发生腐败的可能性。廉洁风险点是指履行权力过程中可能产生腐败行为的环节或岗位。

工程项目腐败,是指通过利用建设规则中的漏洞来操纵和控制项目的行为,包含两方面的含义:一是与"权力"相关的腐败行为,即工程项目各参与方滥用项目建设周期中各阶段的权力谋取私利的不当行为,如项目业主单位相关人员利用权力操纵招标,随意指定中标人;二是与"权利"相关的腐败行为,即工程项目各参与方造成公共权利损害的各种违法

---

[1] 工程建设项目相关人员,包括业主单位管理人员、工程承包商、勘察设计人员等。

违规行为,如承包商行贿后为弥补损失,在建设过程中偷工减料。

工程建设项目具有资金密集、参与方复杂、管理环节多、覆盖面广的特点,极易产生暗箱操作、贪污腐化和权钱交易等行为,使其成为腐败发生的重灾区。无论在发达国家还是发展中国家,工程建设领域是腐败高发区。

工程建设廉洁风险的主要特征包括:

(1)廉洁风险的主体是工程建设项目的各参与方;

(2)廉洁风险的客体是工程建设周期中涉及的审批、监督等各个环节,以及损害公共利益的违法违规行为;

(3)廉洁风险是可以被发现的,但被发现的廉洁风险不是明确的腐败行为,而是腐败行为发生的条件且可能不是唯一条件,这是廉洁管控的基础;

(4)廉洁风险是可描述的,廉洁风险点的表现形式是工作中的不足,是可以预测和评估的;

(5)廉洁风险是可防范的,可以通过采取措施降低廉洁风险。

8.1.2　工程建设廉洁风险构成要素

基于风险管理理论,工程建设廉洁风险由廉洁风险因素、廉洁风险环节、廉洁风险事故及损失四个要素构成(图 8.1)。

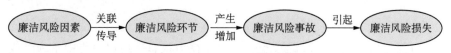

图 8.1　廉洁风险构成因素及关系

廉洁风险因素又称廉洁风险源,是指引起或增加风险事故发生的机会或扩大损失幅度的原因和条件,是造成损失的内在或直接原因,包括实质风险因素、道德风险因素和心理风险因素三种类型。实质风险因素又称物理风险因素,是有形的并能直接影响事物物理功能的有形因素;道德风险因素是与人的品德修养有关的无形的因素,即是由于个人的不诚实、不正直或不轨企图促使风险事故发生,以致引起社会财富损毁或人身伤亡的原因或条件;心理风险因素又称风纪风险因素,是与人的心理状态有关的无形因素,是由于人的主观上的疏忽或过失,以致增加风险事故发生的机会或扩大损失程度的因素。三种风险因素中,道德风险因素和心理风险因素属于与人的行为有关的风险因素,故二者归入无形风险因素或人为风险因素。

廉洁风险环节,是廉洁风险因素的破坏性力量关联、传导和积累的过程,包括权力的获取、权力的分配、权力的执行和权力的监控。在工程建设中,廉洁风险环节与招标采购、工程施工管理、招商招租等廉洁风险点密切相关,这些风险点一旦主客观条件具备,就可能会由潜在的廉洁风险变为现实的腐败行为。

廉洁风险事故,即廉洁风险因素通过风险环节的关联、传导和积累而产生的某种意外性破坏事件,是造成损失的直接或外在因素。

廉洁风险损失是指非故意的、非预期的和非计划的经济价值的减少,廉洁风险只有通过廉洁风险事故的发生才能导致损失。

廉洁风险是由廉洁风险因素、廉洁风险环节、廉洁风险事故及损失构成的统一体,并构成了廉洁风险形成机制。廉洁风险因素通过廉洁风险环节的关联、传导、积累和转化造成廉洁风险事故,是引起或增加廉洁风险事故发生的机会或扩大损失幅度的条件,是廉洁风险事故发生的潜在原因;廉洁风险事故是造成损失的偶发事件,是造成损失直接的或外在的原因,是损失的媒介。

8.1.3　工程建设廉洁风险产生的原因

工程建设廉洁风险产生的原因,亦即腐败产生的动机和条件。大量案例研究结果表明,工程建设廉洁风险产生的原因可分为内生原因和外生原因。

1）内生原因

工程建设廉洁风险产生的内生原因,主要是从行为人个人动机分析廉洁风险产生的原因,包括个人需求、心理需要和道德素养。个人需求多是由行为人自身或家庭经济原因引起,包括虚荣心和需求满足感。心理需要是行为人产生廉洁风险的"内因",包括心理不平衡、怕吃亏以及自恃对单位贡献大而应得的心理。道德素质包含了价值观取向、自律意识和责任意识等。

2）外生原因

工程建设廉洁风险产生的外生原因,主要是由行为人所处的外部环境引发的腐败动机的原因,包括权力状态、交往环境、利益诱因。权力状态是指权力集中于一个或少数几个人手中,一方面滋生个人权力独大的意识,另一方面过于集中的权力为腐败提供了便利。交往环境包括与同僚的交往和与关联单位的交往。与同僚的交往,主要是在工作单位内的下属、同事或领导中形成的权力寻租,而对腐败行为人本身产生潜移默化的影响;与关联单位的交往,是指寻求利益的个人或集团的利诱、"围猎",使行为人放松警惕。利益诱因是指工程建设投资额巨大、环节多的特点,使行为人无法自持。

8.1.4　大兴机场建设面临的廉洁考验与风险

大兴机场建设项目多、建设主体多、资金规模大、建设周期长,廉洁工程建设面临"三大考验"和"五类风险"[1]。

1）三大考验

（1）机场工程建设的跨地域、跨行业、跨组织所带来的权力监管难的考验。大兴机场地跨京冀两地,建设条件复杂,存在两地建设程序、工程内部多主体、多专业之间协调等难题,投运工作还与军方、联检单位、地方政府等行业外的组织机构在空域规划、净空保护、口岸通行、应急保障、市政设施、综合交通工程验收、属地服务等方面存在军民融合、政企

---

[1]　《大兴机场"廉洁工程"建设成果汇编（第一册）》,2020.9。

协同、跨地域运营等方面的诸多重大问题亟须协调解决。此等跨地域、跨行业、跨组织的协作规模,在民航史上甚至在我国重大工程建设项目历史上都是空前的,要求各项工作依法合规,在确保工程进度和质量的同时,着重防范好各类重大风险,将廉洁工程建设贯穿工程建设始终,要经得起审计和历史的检验。

(2) 机场工程参建单位广、参与人员多所带来的监督责任重的考验。大兴机场工程建设的项目多、参加单位多,其中民航行业就有机场、航空公司、航油、空管等多家业主单位,参建施工单位多达80余家,廉洁工程建设的监督任务艰巨。需要在民航局的坚强领导下,推动各方监督力量齐抓共管,注重各类监督有机贯通、相互协调;推进纪律监督、巡察监督与审计、财务、法律等职能监督贯通协调,形成配置科学、权责协同、运行高效的监督网;推动监督关口前移,严控廉洁风险,层层压实监督责任;推动各参建单位齐头并进加强廉洁工程建设,将日常监督延伸到所有参建单位、所有参建人员。

(3) 机场工程投资大、项目多所带来的廉洁风险大的考验。工程建设领域历来是腐败易发多发的"高危领域",特别是大兴机场工程建设项目具有工期紧、周期长、项目多、资金使用量大、经济活动频繁等特点,客观上存在着滋生腐败的土壤和条件,所有参与大兴机场的建设者面临着"被围猎"的风险。需要不断健全制度管控体系,实施全过程跟踪监督,有效防范廉洁风险;坚持把对权力的制约和监督融入工程建设全过程,通过完善内部管控体系来管业务、管权力,通过管好业务、管住权力来有效控制廉洁风险;建设和运营全过程必须严格执行国家、行业、地方政府和集团公司的法律法规、程序和制度,严格设计变更管理,严禁超规模、超概算,加强项目全过程的造价咨询、预算管理和跟踪审计等。

2) 五类风险

(1) 重大决策风险。重大决策贯穿大兴机场工程建设和运营筹备的全过程,事关大兴机场"四个工程"建设目标的实现。如何从决策源头降低廉洁风险,有效制约权力,强化对权力运行的制约和监督,杜绝不讲程序、盲目决策的情况;如何落实民主集中制,防止"一言堂";如何在重大事项上严格审核把关,防范重大决策风险;如何规范决策程序,严格决策程序,提高决策水平;如何提高决策透明度,提高决策科学性。这些都是大兴机场重大决策中面临的风险。

(2) 招标采购风险。工程建设中招标采购向来是腐败易发多发的领域。大兴机场工程招标项目292项,累计中标金额约456.9亿元,具有项目多、频次高、金额大、周期长、社会关注度高等特点,这给招标采购的廉洁风险防控带来了极大的挑战。

(3) 工程施工管理风险。工程建设领域的腐败问题具有鲜明的隐蔽性和滞后性的特点,在工程施工过程的管理方面尤是如此。大兴机场工程建设的参建单位多、工期时间紧、管理难度大、廉洁风险高。施工管理中的廉洁风险主要体现在:对勘察、设计、监理、总包单位的管控,对材料设备管理和工程变更、工程验收、工程计量等关键环节的管控,现场标准化规范化管理等。

(4) 招商招租管理风险。大兴机场商业资源招商项目多、品类多,招商时间集中,社会关注度高。招商的商业零售店面 201 家,面积 17 269.4 m²,餐饮店面 90 家,面积 17 874 m²,广告媒体资源 186 个,面积 4 186 m²,具有典型的资源富集特点。招商招租过程中可能出现商业贿赂、设租寻租、利益输送等廉洁风险。

(5)财务管理风险。财务管理是大型工程建设项目管理的重要环节。大兴机场总投资共 800 多亿元,资金额度大、来源渠道多、管理难度大、廉洁风险高。财务管理的廉洁风险主要体现在:没有形成有效的财务内部监督制约机制,统筹融资过程的权力寻租、利益输送,银团倾向性提款,越权审批资金支付、提前支付、超额支付等。

8.2 打造廉洁工程的工作部署

2018 年 7 月,民航局组织北京市大兴区、河北省廊坊市纪委监委以及 60 多家参建单位召开廉洁工程建设座谈会,交流研讨经验和做法,时任民航局领导对深化打造廉洁工程进行了再动员再部署,强调要坚持在阳光下操作,从制度上、从运作环节上、从建设管理上、从落实全面从严治党要求上多方面发力,打造"阳光工程";要持续把廉洁工程作为重要任务,作为基础性、经常性工作来抓,与工程建设一样有部署安排、有监督检查,做到全程抓、抓全程,久久为功,抓出成效。

集团公司通过充分调研、反复研究和总结提炼,制定了《关于进一步深化打造大兴机场"廉洁工程"的实施意见》和《首都机场集团公司总部深化推进大兴机场"廉洁工程"建设工作方案》,明确了举全集团之力打造廉洁工程的目标、原则、总体思路和工作要求。

8.2.1 总体目标

全力落实打造大兴机场"廉洁工程"的主体责任和监督责任,着力构建制度健全、措施完善、监督到位、问责有力的"廉洁工程"体系,抓早抓小、防微杜渐,确保不出现"上级组织认定的重大违纪事件、审计机关认定的重大审计问题和监察机关查处的职务犯罪案件",实现"干干净净做工程、认认真真树丰碑"的建设目标。

8.2.2 工作原则

(1)坚持全领域覆盖、全过程跟踪。延伸监督触角,覆盖大兴机场建设及运营筹备的所有领域,强化跟踪检查,通过动态全过程持续跟踪确保各项工作依法依规依纪完成。

(2)坚持全链条介入、全要素渗透。嵌入大兴机场工程建设全过程管理及运营筹备招租招商各环节,坚持问题导向,向存在廉洁风险的人、财、物各要素深入渗透,提高发现问题的能力和水平。

(3)坚持全员化参与、全方位监督。紧紧围绕"责任分解、责任落实、责任追究"三个环节,让主体责任、监督责任、领导责任、岗位责任真正落地落细落实,构建全方位监督体系,树立"人人有责、人人尽责、失责追责"的导向。

8.2.3 "1-2-3-4"总体思路

打造大兴机场"廉洁工程"的"1-2-3-4"总体思路,即"严守一条底线,聚焦两个阶段,把握三重维度,抓好四项重点"。

"一条底线"是指确保不发生"工程建起来,干部倒下去"的底线;"两个阶段"是指紧紧聚焦大兴机场工程建设和运营筹备两个工作阶段;"三重维度"是指"廉洁工程"各项举措要实现横向全覆盖、纵向全贯穿、深度全渗透;"四项重点"是指从责任、管理、纪律、问责四个方面重点推进各项具体举措,举集团全力打造大兴机场"廉洁工程"。

1) 严守一条底线

习近平总书记关于"加强管理,把大兴机场建成廉政工程""确保工程建设的廉洁,不能建一个工程就倒一批干部"的重要指示,是大兴机场工程建设和运营筹备的政治底线。要干好每一项工程,用好每一分钱,管好每一名干部,确保大兴机场工程建设和运营筹备各环节依法合规,防止违纪行为和腐败问题发生。

2) 聚焦两个阶段

坚持建设运营一体化,聚焦大兴机场工程建设和运营筹备两个阶段,贯穿机场的前期准备、建设管理、竣工验收、运行筹备全过程。在集团公司大兴机场工作委员会的领导下,依托指挥部和大兴机场运营筹备办公室,充分发挥各相关成员单位的协同作用,统筹推进各阶段任务,将打造"廉洁工程"与大兴机场建设和运营筹备各项工作同部署、同落实、同检查、同考核,切实形成工作合力。

3) 把握三重维度

坚持系统思维,着力从横向、纵向和深度三个维度推进"廉洁工程"各项举措。

推进横向全覆盖,充分延伸监督触角,覆盖参与大兴机场工程建设、运营筹备的全部成员单位及工程总包单位,覆盖集团公司参与建设运营的全部岗位和人员,覆盖大兴机场工程建设和运营筹备的全部项目和资金。

推进纵向全贯穿,贯穿工程建设项目立项、勘察、设计、施工、监理、验收等全部程序环节,贯穿大兴机场运行模式研究、设备物资采购、资源分配、招商招租等全部业务链条。

推进深度全渗透,向存在腐败风险的领域和环节深入渗透,通过专项检查、政治巡察、制度审计、跟踪审计、信访举报处理等多种渠道,发现问题,及时纠正,严肃处理,强化问责,有效防止滥用权力、设租寻租、利益输送、懒政怠工等行为的发生。

4) 抓好四项重点

(1) 明晰责任。一是落实"两个责任",集团公司和各相关成员单位党委要牢固树立"四个意识",切实提高政治站位,履行大兴机场"廉洁工程"的主体责任,各相关成员单位纪委履行监督责任。二是明确领导责任,各单位主要领导对本单位"廉洁工程"各项工作负总责,是打造"廉洁工程"的第一责任人。纪委书记要聚焦主业主责,督促主体责任落实到位。班子成员要以身作则、率先垂范,切实履行好"一岗双责",加强对分管领域和部门的监督管理。三是层层落实责任,各相关成员单位要建立一套"廉洁工程"工作方案和制

度,将压力层层向下传导,将责任逐级分解到岗位和个人,实现"人人有责任、事事有程序、处处有监督"。

(2)从严管理。一是抓好决策机制建设,大兴机场工作委员会要完善议事规则,各级党委要充分发挥政治核心和领导核心作用,坚持将党委会研究作为决策重大问题的前置程序,严格执行"三重一大"决策机制,严格执行项目立项、资金审批、竣工决算评审等分级授权管理,落实重大决策合规性审查制度,严格依法依规决策和科学决策。二是抓好制度执行,严格执行国家和行业标准规范,坚持按批复建设,严控工程概算,杜绝超规模、超投资。聚焦项目审批、招商招标、合同管理、资金支付等重点领域和关键环节,加强制度执行情况的监督检查,加大制度执行审计力度,确保刚性执行。三是抓好干部管理,各级党委要高度重视大兴机场人员选派工作,严把人员入口关,真正把"政治素质过硬、业务能力突出、勇于干事创业"的人才选派到大兴机场。要加强大兴机场参建人员的教育、管理和监督,做好经常性提醒和警示教育。根据大兴机场工程建设和运营筹备工作机构实际情况,建立临时党支部,严肃开展组织生活,落实好"三会一课"制度,切实发挥基层党支部战斗堡垒作用。四是抓好风险管控,用制度手段严防风险,在投融资管理、资金管理、土地管理、工程建设、采购招标、运行安全等重大风险领域进行风险识别,制订有针对性的管控方案。制度化管理,做好审批文件、工程资料的纸质和电子归档,对招标采购、招商招租等实施过程纪实,实现可追溯、可还原、可倒查。注重运用科技手段,将合同管理、工期进度、工程财务等业务纳入系统集成管理,有效防范建设程序倒置、工程进度款超付等风险。

(3)严明纪律。一是明确纪律规矩、守住底线,各相关成员单位要严明组织纪律和工作纪律,结合实际制订大兴机场人员行为准则和工作规范,出台相关禁止性规定,切实规范各级人员履职行为。要进一步严明党的纪律和规矩,坚持按制度程序办事,始终不越轨、不逾矩,坚决避免利用职务之便谋取不正当利益等行为。二是开展纪律教育、警钟长鸣,加强招标投标法规、财经法规、合同法等法律法规学习,增强法律底线意识。组织开展经常性的党规党纪教育,重点进行工程建设领域典型案件警示教育,督促各级党员干部严守法律底线,自觉接受监督,依纪依规办事,切实增强纪律意识。三是加大执纪力度、形成震慑,各级纪委和纪检监察部门要聚焦监督执纪问责,对反映大兴机场的问题线索,按照干部管理权限进行分级分类处置,深挖细查、盯住不放,做到件件有处置、事事有结果。充分运用监督执纪"四种形态",对苗头性、倾向性问题早发现、早提醒、早制止,抓早抓小、动辄则咎;对违纪违规问题,要发现一起、查处一起、通报一起,形成有力震慑。

(4)强化问责。一是压实主体责任,各级党委要切实落实主体责任,把"廉洁工程"作为分内事抓紧抓好。对于出现群发多发性违纪问题的单位和部门,集团公司将坚持"一案双查",严肃追究主体责任和领导责任,以问责倒逼责任落实。二是强化监督责任,各级纪委要聚焦监督执纪问责,强化责任担当,提高主动发现问题的能力和水平,把抓早抓小落到实处。对于该发现的问题没有发现,发现问题不报告不处置、不整改不问责,造成严重后果的,都要严肃问责。三是履行好"一岗双责",班子成员既要做好大兴机场建设和运营筹备工作,又要抓好分管领域和部门的党风廉政建设和反腐败工作,对于履行"一岗双责"

不力造成严重后果的,坚持有责必问、失责必究。四是强化结果应用。定期对典型案例进行通报,结合实际情况开展警示教育,达到"问责一个、警醒一片"的效果。坚持把问责结果与党员干部的评先评优、职务晋升等挂钩,加大问责结果运用力度。

8.2.4 工作要求

1)加强组织领导,明确责任分工

(1)集团公司党委履行打造大兴机场"廉洁工程"的主体责任,集团公司纪委履行打造大兴机场"廉洁工程"的监督责任。落实重要事项报告要求,及时向民航局党组、驻部纪检组请示、报告工作情况。

(2)大兴机场工作委员会代表集团公司负责推进大兴机场"廉洁工程"工作。大兴机场工作委员会办公室与纪检办公室(审计监察部)牵头,做好"廉洁工程"组织协调工作,组织制订相关配套制度,跟进督促各项任务有效落实。

(3)指挥部(大兴机场运筹办)、各相关直属单位和专业化公司分别履行本单位打造大兴机场"廉洁工程"的主体责任,负责制订"廉洁工程"工作方案,协同推进各项工作。

(4)集团公司各职能部门履行职责范围内"廉洁工程"的主体责任,负责制订相应措施,严格履行资金拨付、项目审批、设备物资采购、投融资项目运作、法律风险审核、选人用人、全过程跟踪审计、监督执纪等具体职责。

2)加强跟踪检查,推进过程管理

(1)各相关成员单位要把打造"廉洁工程"作为重要任务来抓,按照"1-2-3-4"总体思路,细化对接工作方案,制订年度重点任务,实施动态管理,确保"廉洁工程"各项工作统筹推进。

(2)建立"重大事项专报—季度讲评—年度总结"工作机制,重大事项要以专报形式报送大兴机场工作委员会办公室和纪检办公室(审计监察部);每季度对阶段性工作情况进行讲评分析,根据需要组织专题工作汇报;年底对"廉洁工程"工作进行总结,部署下一年度重点任务。

(3)集团公司及各相关成员单位的领导干部要加强大兴机场的调查研究,定期深入现场了解情况,做好"廉洁工程"检查督导工作。集团公司要结合年度考评,对各相关成员单位"廉洁工程"责任落实、具体措施执行情况开展管理评议,督促各项任务落到实处。

(4)对集团公司及各相关成员单位打造"廉洁工程"工作进行全面梳理,做好经验总结,固化成果成效,汇编大兴机场"廉洁工程"资料手册,在集团公司其他重大工程建设项目中推广运用。

3)加强协作联动,拓宽监督渠道

(1)建立集团公司纪委与北京市、河北省纪委(监察委)的沟通机制,加强指挥部(大兴机场运筹办)与大兴区、廊坊市纪委(监察委)的工作对接,采取问题线索沟通会商、开展协同办案等方式,实现有效联动。

(2)指挥部(大兴机场运筹办)、各相关直属单位和专业化公司要加强协调共建,通过开展警示教育、业务交流、联合监督检查等活动,分享有益经验,强化有效协同,推进"廉洁工程"取得实效。

(3)指挥部(大兴机场运筹办)、各相关直属单位和专业化公司要加强与航空公司、航油、空管等驻场单位及合约商、各总承包单位纪检监察部门的协调互动,发现问题及时处置,形成监督合力。

8.3 廉洁工程建设"1-3-4-6"模式

为贯彻落实中央、民航局和集团公司的要求,指挥部着力打造"廉洁工程",努力把"清正廉洁"要求贯穿到机场建设过程始终,制定并实施了廉洁工程建设"1-3-4-6"模式。其中,"1"是"一条主线","3"是"三个确保","4"是"四个必须","6"是"六大举措"。

8.3.1 一条主线

大兴机场廉洁工程建设的一条主线是,"干干净净做工程,认认真真树丰碑",这是"四个工程"建设的核心理念、压舱石和基础保证,是大兴机场建设者政治自觉和行动自觉的高度展现,是一种自我激励和鞭策。

"干干净净",主要包含三个方面的含义,即:一是没有尘土、杂质等,二是干净利落不拖泥带水,三是清洁、整齐。

"认认真真",意即做一件事非常认真、仔仔细细、一丝不苟,表达一种主动按规矩办事情、主动按智力办事情的态度。

1)干干净净做工程

习近平总书记高度重视大兴机场建设,亲自推动并多次作出重要指示,特别对廉政建设提出了明确要求,指出"一定要建设廉政工程""绝不能工程建起来,干部倒下去"、要建成"精品工程、样板工程、平安工程、廉洁工程"。对一个在建机场项目,总书记多次作出重要指示,这充分说明了大兴机场建设的重要性和廉洁建设的深远意义,作为机场建设者必须深刻领会,牢记在心,以高度的政治自觉和行动自觉"干干净净做工程"。

打造大兴机场"廉洁工程",是新时代重大工程建设的必然要求。纵观古今中外,不少重大工程建设项目,因廉洁问题引发的违纪违法案件不胜枚举。这些教训警示我们,建设重大工程,必须把廉洁建设紧紧抓住不放。廉洁工程,归根到底就在于阳光,只要把大兴机场建设项目全过程放在阳光下进行运作,杜绝私下操作,廉洁工程的目标就能实现。

打造大兴机场"廉洁工程",是建成"精品工程、样板工程、平安工程"的基础保证。把"廉洁工程"的基础夯实,才能消除打造"精品工程、样板工程、平安工程"的潜在风险。廉洁是必须坚守的法纪底线,也是让我们能够身心自由的道德底线、良知底线。对党员干部来讲,最基本的就是不搞权钱交易、不以权谋私;对企业人员来讲,就是"法外之利不可取"。否则,必然重蹈"工程建起来,干部倒下去"的覆辙。必须充分认清使命和挑战,增强打造大兴机场"廉洁工程"的责任感和紧迫感。

　　大兴机场"廉洁工程"建设是一项全方位、全覆盖、全过程的硬任务,是机场建设的全局性、基础性、经常性工作,切实抓紧抓好,务求实效。必须保持清醒头脑和坚强定力,构建不敢腐、不能腐、不想腐的有效机制,守住廉政安全底线,干干净净,努力打造经得起实践检验、经得起人民检验、经得起历史检验,也对得起职业道德、良心的"廉洁工程"。

　　2) 认认真真树丰碑

　　大兴机场是"首都重大标志性工程",是"国家发展一个新的动力源",在我们国家发展战略中具有重要的地位和作用。大兴机场必须时刻保持清醒头脑,明确努力方向,把握工作重点,深化推进"廉洁工程"建设,为打造"四个工程",出色完成党中央、国务院和全国人民对民航人的世纪大考,提供坚强有力的政治、思想、组织和纪律保证。

　　大兴机场不仅是我们国家的重大工程,也是民航服务国家战略、贯彻新发展理念、满足人民群众对航空出行新需求的重大民生工程,还是展示国家形象的新国门工程。大兴机场建设的成效,既体现着民航高质量发展,也展示着中国智慧、中国速度、中国精神,这是中国民航发展史上的一座丰碑。

　　大兴机场建设肩负着重大的政治使命。作为大兴机场建设者,要有为其增光添彩的义务,决不能有"廉洁"方面的瑕疵,这是政治要求,更是政治责任。必须坚持在阳光下操作,使"廉洁工程"能够始终贯穿于机场建设全过程中,真正使大兴机场成为一个建在地面上的现代化国际枢纽、立在人间的经得起历史检验的一座丰碑。

8.3.2　三个确保

　　1) 大兴机场廉洁工程建设目标

　　指挥部根据中央、民航局和集团公司对廉洁工程建设的要求,结合机场建设的特点,提出了廉洁工程建设目标:

　　(1) 确保不出现上级组织认定的重大违纪事件;

　　(2) 确保不出现审计机关认定的重大审计问题;

　　(3) 确保不出现监察机关查处的职务犯罪案件。

　　"三项确保"主要从对事和对人两个角度提出廉洁工程建设目标,既要保证事的安全,又要保证人的安全;事的安全和人的安全,既相辅相成,又互为依托;其中,事的安全又分为两个层次,既要遵守党纪又要遵守国法,不出现违纪问题首先体现了要执行党的纪律要求,不出现审计问题是执行国家法律法规的要求,把党纪摆在前面,体现了党纪严于国法。

　　2) 廉洁工程建设目标释义

　　(1) 重大违纪事件。指违反《中国共产党纪律处分条例》之规定,情节较重或者情节严重的行为。在工程建设中,违纪事件一般表现为以下几种形式。

　　① 未立项、先施工。工程建设中的未立项、先施工包含两种具体情况:一是有关部门允许未经审核、核准或备案的工程建设项目进行建设;二是要求业主单位对未经审批、核准或者备案的工程建设项目进行建设。

　　对政府投资或划拨方式提供土地使用权的项目,项目选址意见书、环评批文、土地预审意见、节能审查意见等均是项目立项核准的前置条件,不符合有关规定的工程建设项目,即构成违纪。

② 违规上马。项目不符合政府投资有关规划、产业政策、市场准入标准等要求。

③ 方案违规。项目的规划或设计方案不符合国家、行业相关法律法规的规定,以及相关技术标准。包括项目对生态环境、经济和社会影响,项目对经济安全、社会安全、生态安全的危害,未合理开发并有效利用资源,对重大公共利益产生不利影响。

④ 程序违规。项目不符合规定的建设程序要求。对各类政府投资或划拨方式提供土地使用权的民航建设项目,业主单位应编制项目预可行性研究报告(项目建议书)、可行性研究报告、初步设计、施工图设计并报审。

⑤ 决策违规。主要表现为不执行"三重一大"集体决策制度,个人或少数人说了算,或遇到重大问题不及时向上级领导请示汇报。

⑥ 招标违规。主要表现为:采用批条子、打招呼等方式插手干预招投标工作;利用职权或职务影响,向中标人指定或推荐工程分包单位或设备、材料供货商、服务商等;利用职权或职务影响,推荐或授意亲属或利益关系人参与工程招标采购活动;在工程招投标和采购工作中,泄露已获取招标采购文件的单位名单、报价、标底、评标委员会成员名单、评审过程情况以及尚未公布的评审结果等法律法规要求的保密事项。

⑦ 以权谋私。主要表现为:向设计、施工、监理或其他相关单位报销应由部门、个人支付的费用,或者以借用之名占用相关单位的财物;与设计、施工、监理或其他相关单位的工作人员共同参与打扑克、麻将等变相赌博或娱乐、旅游等活动;索取、接受设计、施工、监理或其他相关单位人员赠予的礼金、礼品、购物卡等财物;向设计、施工、监理或其他相关单位暗示或提出帮助装修房屋、安排配偶子女的工作以及国内外旅游等不合理要求。

(2) 常见的审计问题。在工程建设中,常见的审计问题一般表现为以下几种形式。

① 管理体制问题。管理层级、部门各自为政,互不配合,权责不清,施工、监理、造价、管理、审计等环节相互脱节,内在有机联系紊乱;未严格执行基本建设程序,导致工程建设项目未经充分的可行性研究,甚至资金未落实,具有极大的随意性和盲目性,造成项目投资的严重损失浪费。

② 招投标问题。对应实行公开招标的工程不进行公开招标;招标项目不完整,将项目化整为零,自行确定施工单位;改变投标入围条件和技术参数,为特定对象量身定制招标文件,排斥潜在投标人。明招标、暗指定;部分标底编制不实;违规发包;违规分包;违规挂靠。

③ 合同管理问题。合同对工程的范围、内容、标准规定不明确;合同条款违反国家有关政策规定;合同对结算条款规定不细致;合同规定的付款比例与有关规定不符,未预留质保金;合同对违约责任规定不足,缺乏对违约方的制约等。

④ 概算执行问题。擅自提高建设标准,扩大建设范围,将不属于概算范围内的工程纳入项目建设,项目出现重大设计变更不报批等。

⑤ 设计管理问题。项目设计深度不够,重要数据提示不清,造成设计漏项、结算时无

据可依;在只有部分设计图纸的情况下组织招标,造成招标后造价失控;设计论证不充分、随意变更,导致工程浪费;设计图纸的编制单位不具备出图资格,出具虚假的设计变更等。

⑥ 材料和设备管理问题。甲供材料和设备不按照工程设计要求进行采购和发放,弄虚作假。

⑦ 工程管理问题。不严格执行工程施工质量监督管理条例,擅自更改原设计方案,不严格按变更设计程序办理有关文字和签章手续;工程监理不规范,履行职责不到位,包括对工程质量、进度、投资控制不力,把关不严,签证不规范,记载事项不明确,签证内容不真实;业主单位与监理单位现场代表不认真履行职责、在签证时失职,包括签证内容与现场不符,签证内容不全,签证不及时,或没有形成签证,手续不完整,重复签证,工程签证不实;不严格按程序进行施工,隐蔽工程控制不严格;不严格执行合同约定的条款,影响工程质量、进度和造价控制;未经设计部门或业主单位同意,擅自取消部分工程内容,不按图施工,偷工减料,监督不力;竣工图绘制失实,相关单位审查不严。

⑧ 结算管理问题。采用多计、重计工程量,高套定额和取费、以次充好、提高材料价格,高估工程决算造价;现场签证等资料不能客观反映工程实施过程的真实情况;在工程决算中加大水分和多报。

(3) 职务犯罪案件。指国家工作人员或者其他工作人员利用职务上的便利,进行非法活动或者对工作严重不负责任,不履行或者不正确履行职责,破坏国家对职务的管理职能,依照刑法应当受到处罚的案件总称。主要包括我国刑法第八章认定的贪污贿赂犯罪和第九章认定的渎职犯罪。

在工程建设中,职务犯罪一般表现为以下几种形式。

① 贿赂犯罪。主要发生于从事采购、工程项目管理、招投标活动管理、建设用地审批、资金审批等重点岗位工作。该群体职高权重,负有设备采购、资金审批以及项目管理等工程建设中的重要责任。

② 窝案串案。指司法机关在审理一起或者几起案件时,发现了其他违法犯罪情况,并且数量较多的行为。在工程建设领域,行贿人往往对决策者、主管者、具体办事人员分别行贿,多个部门人员受贿或一个部门多人受贿,导致产生共同参与性、群体性腐败、塌方式腐败的现象,查处一案即牵出一个腐败窝案。

③ 工程物资采购和项目管理环节犯罪。工程招投标、物资采购、建设用地审批、资金投放、工程项目监督管理等均是滋生贿赂犯罪的"温床",其中物资采购环节和工程项目实施管理两个环节发案率最高。

④ 其他隐蔽性犯罪。除了传统的通过现金、支票、转账、伪造账簿等形式作案外,还出现有如通过房产交易、国内考察(旅游)、过春节拜年、入干股等多种新型犯罪手段,或直接以"奖金""手续费""回扣"等名义通过现金方式支付,或利用受贿者子女出国留学升学、乔迁新居等机会以礼金形式贿赂,或以亲属名义收受"干股"等手段贿赂,且数额较大。

8.3.3 四个必须

1）必须加强全员廉洁从业教育，形成崇尚廉洁的良好文化氛围

廉洁从业，是指工程业主单位及其人员在开展工程建设的活动中，严格遵守法律法规、工程建设行业自律规则，遵守社会公德、职业道德和行为规范，忠实勤勉，诚实守信，不直接或者间接向他人输送不正当利益或者谋取不正当利益。

廉洁从业风险主要包括：岗位职责风险、外部环境风险、制度机制风险、思想道德风险等。其中，岗位职责风险是指由于岗位职责的特殊性及存在思想道德、外部环境和制度机制等方面实际风险，可能造成在岗人员不正确履行职责或不作为，构成失职渎职，"以权谋私"等严重后果的廉洁风险；外部环境风险，是指利益相关方为了达到经济结果有利于自身利益的目的，可能对相关人员进行利益诱惑或施加其他非正常影响，导致相关人员行为失范，构成失职渎职或"以权谋私"等严重的廉洁风险。

加强全员廉洁从业是大兴机场廉洁工程建设的关键所在，必须从指挥部每一位员工做起，从每一位参建人员做起，这是大兴机场建设者应尽的责任，是贯彻落实廉洁工程建设要求的根本体现，具体要求是：

（1）建立健全廉洁从业规章制度，强化制度的刚性约束，强化检查监督机制，保证各项制度执行落实到位；

（2）树立科学的世界观、人生观、价值观和正确的权力观、地位观、利益观，加强廉洁从业思想教育，增强全员的廉洁从业思想意识，增强法纪观念，提升廉洁从业的自觉性和责任感；

（3）严格执行廉洁建设责任制，领导干部不仅要始终保持清醒的头脑，不断增强廉洁从业意识，守得住"底线"，率先垂范，以身作则，而且要带好队伍，切实加强对下属的教育管理，履行"一岗双责"的管理职责。

2）必须持续强化制度刚性约束，通过不断强化制度建设和制度执行有效实现廉洁目标

在工程建设中，权力越大，风险也就越大，越要受到严格监督。没有制衡的权力是危险的，必须扎紧制度的笼子，对权力进行刚性约束。完善廉洁制度建设，严格执行每一项要求、每一条规定，以制度的刚性约束，规范权力运行，以廉洁制度规范行为，靠制度管权、管事、管人，为从严管理干部和关键岗位工作人员提供纪律保障，为大兴机场建设保驾护航。

3）必须保证程序的公开透明，严格程序操作规程，让权力在阳光下运行

阳光工程，是指从项目选项立项到工程验收交付的全过程做到公开透明，杜绝暗箱操作，依法依规建设优质工程、廉洁工程。

公开透明，让权力在阳光下运行，就是以监督和制约权力为核心，以公开为常态、不公开为例外，健全公开平台，完善公开机制，做到重大事项决策科学化、过程规范化、结果透明化，形成以公开促公正，以透明促廉洁的工作机制，让权力在阳光下运行。

建设大兴机场廉洁工程，就是要坚持在阳光下操作，从制度上、从运作环节上、从建设

管理上、从落实廉洁工程要求上多方面发力,确保决策规范、工程实施规范、资金运行规范、从业行为规范,打造"阳光工程"。

4)必须落实监督检查到位,通过持续内外部监督检查防微杜渐,抓早抓小

强化监督检查机制,确保上级重大决策部署落实到位。把贯彻落实中央、民航局和集团公司有关大兴机场的重大决策部署作为重要任务,放在突出位置来抓,在政治上、思想上、行动上自觉同上级保持高度一致。加强全员学习和提高政治思想素养,防微杜渐,防止各类腐败现象滋长。健全定期检查和专项督查制度及纪律保障机制,切实加强对重要岗位和关键环节的监督,严格工作程序和业务流程,及时发现问题,解决问题,有效防范和化解风险。

8.3.4 六大举措

大兴机场廉洁工程建设六大举措,包括落实领导责任、深入宣传教育、强化制度约束、狠抓廉洁防控、健全内外监督和严肃惩治措施六个方面,如图 8.2 所示。

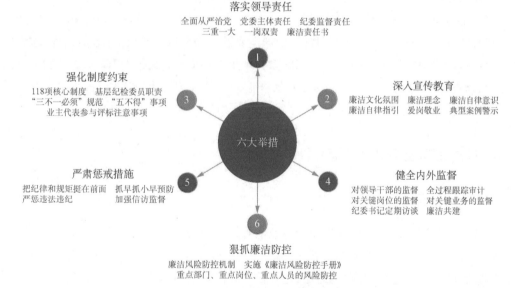

图 8.2 大兴机场廉洁工程建设六大举措

(1)落实领导责任,以党风廉政建设责任制为抓手,严格落实党委主体责任和纪委监督责任;落实"三重一大"制度,贯彻民主集中制,加强监督,增强党组织的凝聚力和战斗力;落实"一岗双责",做到廉洁工程建设与机场工程建设同研究、同规划、同布置、同检查、同考核、同问责,真正做到"两手抓、两手硬",使廉洁建设工作始终保持应有的力度。

(2)深入宣传教育,通过持续开展理想信念教育、党性党风党纪教育、职业道德和廉洁从业教育,形成良好的廉洁文化氛围。宣贯集团公司"廉洁自律九条"和指挥部廉洁自律若干规定,对存在苗头性、倾向性问题的,运用批评教育、诫勉谈话等手段,早提醒、早解决,防止小问题升级为大问题;充分利用集团内外部严重违反党纪国法的典型案例,开展

警示教育活动。

（3）强化制度约束，在形成严密制度体系的基础之上，不断强化制度执行，形成制度的刚性约束。以工程建设为主线，以工程部门、财务部、招标采购部、计划合同部等为重点部门，制定管理规定，形成严密的制度体系，强化各项制度的刚性约束。

（4）狠抓廉洁防控，以廉洁风险防控机制为依托，把廉洁风险防控措施与具体岗位结合起来，让廉洁风险防控工作常态化。立足机场工程建设实际，以廉洁风险防控工作为抓手，夯实拒腐防变的堤坝。推进惩治和预防腐败体系建设，实施《廉洁风险防控手册》，提高廉洁风险防控能力。对重点部门、重点岗位、重点人员加强廉洁风险防控机制建设，严格按照规定和程序操作。

（5）健全内外监督，通过纪检与审计相结合来加强内外监督，规范各级管理人员和全体员工的从业行为。加强对领导人员和关键岗位人员的监督，加强对重点领域和关键环节的监督，在机场项目中实行全过程跟踪审计，规范各级管理人员和全体员工的从业行为，为打造"廉洁工程"提供坚强保障。引入了外部监督机制，开展法制讲座，强化典型案例等警示教育形式。

（6）严肃惩治措施，始终保持对违规违纪行为的高压态势，不放纵、不拖延，主动作为，及时处理，防止小问题变成大问题。把惩治腐败作为推进大兴机场"廉洁工程"建设的重要手段，始终保持高压态势。坚持把纪律和规矩挺在前面，加强对反映党员问题线索的管理和调查，抓早抓小，早发现、早处理；加强信访监督和纪律审查工作，对违纪违规人员进行严肃处理。

8.4 廉洁工程建设管理体系

8.4.1 廉洁工程建设管理

廉洁工程建设管理，即将现代管理与廉洁管理的相关理论应用到工程建设中，防止和控制廉洁风险，预防工程腐败现象的发生。在工程建设中，廉洁管理的内在作用机制是，提前切断廉洁风险转化为腐败的通道，达到控制并消除廉洁风险，预防腐败的目的。

廉洁管理的最终效果取决于对人的管理。工程建设廉洁管理过程就是对人的廉洁风险的防控行为，重点是在工程建设过程中突出防控，防控的是廉洁风险，管理的是防控工作和过程。廉洁风险是腐败发生的可能性和后果的组合，是腐败行为发生的条件，是廉洁的隐患。廉洁管理是预防腐败系统工程中的重要手段和方法。

工程建设项目拥有独特的生命期和项目组织实施方式，在项目生命周期不断涉及不同主体在不同时间段的参与。同项目管理的其他目标一样，工程项目廉洁管理的目标也需要所有各方的齐心努力才能真正实现。大兴机场廉洁工程建设管理是一个复杂的系统工程，涉及人、事、物等复杂要素和环节，如何根据项目实际和环境条件构建廉洁工程建设管理体系，从源头上减小或控制廉洁风险，对工程建设过程实施有效的廉洁管控，对大兴机场廉洁工程建设具有重大意义。

8.4.2 廉洁工程建设管理体系架构

1）内涵与目的

廉洁工程建设管理体系,即基于全方位、系统化的廉洁风险防控策略,以廉洁管理目标为基础,充分借鉴国内外工程建设廉洁管理经验和方法,有针对性地建立廉洁管理制度,明确廉洁管理的主体责任,规范廉洁管理主体、客体、制度体系与监督体系等相互作用机制,持续提升项目各参建方的廉洁管理能力,为廉洁工程建设目标的实现创造条件。

在工程建设中,廉洁管理各相关方是指参与项目建设并承担特定法律责任的单位和个人。从交易发生的相对性考虑,可将参与方分为拥有实权的参与方和与其发生权利关系的参与方。拥有实权的参与方包括主管部门的公职人员、业主单位有关负责人等,发生权利关系的参与方是指在处理与工程项目相关的过程中与拥有实权的单位及人员发生紧密关系的人,如施工、供货商等单位的从业人员。

廉洁管理的制度体系,是包括国家、行业、集团公司所有为了预防和惩治腐败,进行反腐倡廉建设而建立的制度规定。

廉洁管理监督体系主要包括三方面的内容:一是审计监督,即审计监察部门;二是社会监督,包括国际社会监督和国内监督,其中,国内监督包括个人监督和组织监督,个人监督即信访、举报等,组织监督即以第三方为核心力量的监督;三是媒体监督,需要发挥媒体的时效性、广泛传播性的特点,并防止不实报道、不良居心人利用煽动网络暴力的现象发生。

构建大兴机场廉洁工程管理体系,目的是从系统上规范项目各参建方的管理和运作流程,增强廉洁风险管控能力,增强相关人员的廉洁管理意识;建立项目各参建方的相互信任;建立有效的廉洁壁垒;将廉洁管理融入工程建设的日常管理中,确保从道德上约束各相关方,促进项目的质量、进度和成本管理水平;有效管控廉洁风险点,提高廉洁管理效率,减少腐败现象的发生。

2）构建思路

构建大兴机场廉洁工程管理体系,首先应符合我国国情,充分体现国家、行业和集团公司打造廉洁工程的决心和意志,重视廉洁风险点和环节的防控,强化廉洁培训和教育,有效发挥社会监督作用。构建大兴机场廉洁工程管理体系的主要思路是:

（1）充分体现打造廉洁工程的决心和意志。大兴机场是首都的重大标志性工程,是国家发展一个新的动力源,"干干净净做工程,认认真真树丰碑"集中体现了大兴机场打造廉洁工程的决心和意志,这是实现廉洁管理的重要前提和目标。工程建设中的廉洁管理是一项复杂、艰巨的工作,大兴机场廉洁工程管理体系的构建将充分表达指挥部对廉洁工程建设的高度关切,并确保对廉洁管理的投入。

（2）重视关联方的行为管理。大兴机场工程建设规模大,涉及许多关联单位,包括供应商、分包商、咨询单位、代理商、联合体或联营体合伙人等。廉洁工程建设必然是全领域、全方位和全覆盖,针对各参建单位和所有的关联方,要求各参建方对其关联单位的行为负责,组织与关联方签订廉洁协议或者对其进行培训教育等。

（3）强化廉洁培训和教育。大兴机场工程建设项目繁多,涉及专业种类多,廉洁风险因素高度集聚,决定了廉洁管理的专业性、复杂性。因此,必须保证各参建单位根据自身情况对参建人员进行廉洁培训教育,学习并自觉遵守国家的法律法规及相关的规章制度,依法按章规范行事,强化法律意识。

（4）建立有效的财务管控和审计。大兴机场工程建设规模大、资金投入多、时间跨度长、参建单位多,为了规避风险与减少浪费,加强对工程建设项目的全过程财务管控是非常有必要的。建立以廉洁风险为导向的项目内控制度,加强内部控制和财务的监督管理,系统性地提升工程建设项目财务管理水平,有效防范廉洁风险。

（5）有效发挥社会监督力量的作用。阳光是最好的防腐剂,公开透明让权力在阳光下运行。在大兴机场工程建设中,各项政策制度按规定公开,积极发挥社会监督作用,让人民来监督权力,让权力在阳光下运行;建立"决策留痕、结果查究"机制,做到全流程都有章可循、有据可查;紧盯关键人、关键点、关键事,建立针对工程建设的信访举报、投诉机制,深挖问题线索。

3）体系架构

大兴机场廉洁工程建设管理工作是由指挥部和其他各参建方执行,各单位间、部门间通过一定的职能和工作流程相互联系,构成廉洁管理体系架构,以保证廉洁管理目标的实现。根据系统论和机场工程建设管理特点,构建了如图 8.3 所示的大兴机场廉洁工程建设管理体系架构。廉洁管理体系是项目组织系统实现廉洁管理功能的子系统,其构成要素包括项目廉洁管理的各项工作机制、管理措施和目标要素。其中,各项工作机制保证廉洁管理体系的运转,包括组织机制、责任机制、保障机制、动力机制和监督机制;目标要素即科学决策;管理措施即公开透明。

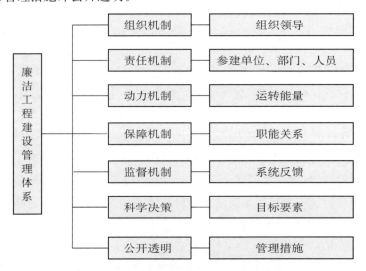

图 8.3 大兴机场廉洁工程建设管理体系架构

大兴机场工程建设廉洁管理体系是一个严密的结构和支持机制,是一种典型的开放系统。廉洁管理依托于工程建设组织机制和外在环境,服务于廉洁管理目标的措施系统。外在环境包括政府、行业、社会公众以及与项目组织有合同关系的关联方。廉洁管理体系的运转需要不断从外界环境获取能量,同时也要通过反馈机制做出及时调整。

在廉洁管理体系中,各构成要素各有侧重,相辅相成。组织机制重点在于组织领导,统筹廉洁管理各项工作,以最优的形态推动廉洁管理目标的实现。责任机制重点在于合理分配组织间以及组织内部的廉洁管理责任,明确责任主体,推动廉洁管理的有效实施。动力机制则侧重于通过营造一个适宜的外部环境,使廉洁管理要求内化为各相关方的自主意愿,包括廉政合同、社会监督等。监督机制在廉洁管理过程中极为重要,包括各种内外部的监督和审计过程,涉及独立评估人、各审计部门、社会监督等。保障机制则是其他机制顺利执行的重要基础,包括单位和个人的廉洁管理能力建设、廉洁文化建设等。科学决策是廉洁管理各项机制发挥整体效能的关键、前置要素,是廉洁管理体系的目标要素。公开透明是实现廉洁管理目标的有效措施。

8.4.3 廉洁工程建设管理体系要素及内容

1) 组织机制

工程建设廉洁管理体系中的组织机制,是指以业主单位为主体、其他参建单位共同参与的廉洁管理组织、领导的功能体系。作为廉洁管理体系运行机制的一个关键要素,其主要功能是根据一定的原则,采用适当的形式,从组织上划分和确定各单位、部门和人员的职责、任务,协调人们的行为。一方面把各参建方的力量结合起来,形成集中的强大力量;另一方面,通过规范化的组织程序,把相关因素纳入工程建设廉洁管理目标所要求的工作轨道上。

2) 责任机制

工程建设廉洁管理体系中的责任,是指项目各参建方对廉洁管理所应承担的责任,责任承担与履行的主体是工程建设的业主单位、其他各参建方及所有工作人员。廉洁管理的一项核心内容,就是通过完善项目廉洁管理的责任体系,实现对廉洁风险的有效防控;同时,通过加大对腐败行为的责任追究力度而提高腐败成本。因此,廉洁管理体系中责任机制指向的是各参建方及人员,其作用是建立健全并落实廉洁管理的主体责任并建立有效的责任追究机制。

3) 动力机制

工程建设廉洁管理体系是一种典型的开放系统,动力机制的作用就在于从系统外部为系统提供运转能量。在工程建设中,项目运转即业主单位不断地与外部其他关联方进行业务往来的过程。项目所有参与者自觉的反腐败动力机制是整个体系的成败关键。腐败的动机来自通过腐败行为获取不正当的利益。要防控廉洁风险并制止腐败,就必须从动机上加以阻断,构造一个敦促各个参建单位进行内部廉洁管理并保证对外廉洁的外部环境。在工程建设中,构建廉洁的动力机制主要通过廉洁合同管理、廉洁壁垒和社会力量实现。廉洁壁垒是将廉洁要求作为参建工程项目的准入条件,将存在腐败的企业和个人排除在竞争之外,而参与项目的当事方为保有其参建资格则必须重视并承诺其行为的廉洁。社会力量是廉洁动力机制的开放来源,需要充分的信息公开和有效的投诉举报渠道,是一种可持续的机制,体现的是现代政治的本质特征。

4)保障机制

工程建设廉洁管理体系中的保障,是指为业主单位开展廉洁管理工作提供支持,保证部门、工作人员在履行廉洁管理责任时所需的各项条件,包括思想教育、履职待遇、廉洁文化等。其中培育廉洁文化是关系到廉洁管理体系构建和运行的最根本保障。没有廉洁文化,就不能树立正确的道德观和价值观,廉洁管理责任就无法得到有效落实。

5)监督机制

在工程建设廉洁管理体系中,监督机制起着反馈作用,即通过对业主单位、部门、程序以及其他参建单位的监督,反馈工程建设项目的运转是否存在问题和障碍,是保证廉洁管理体系构建和执行的重要环节,主要包括跟踪审计、纪检监察、考核问责等环节。

6)科学决策

科学决策亦称理性决策,是指在科学的决策理论指导下,以科学的思维方式、科学的分析手段与方法,按照科学的决策程序进行的符合客观实际的决策活动[1]。科学决策的主要特点是:有科学的决策体制和运行机制、遵循科学的决策程序、重视专家在决策中的参谋咨询作用、运用现代科学技术和科学方法等。在工程建设廉洁管理体系中,科学决策是目标要素,即要求将廉洁风险管控纳入决策程序中,遵循符合程序的议事规则和"三重一大"决策机制,实现专业化决策和集体决策,实现对项目投资和资金的有效控制,力求从源头上规范权力运行,构筑不敢腐、不能腐、不想腐的有效决策机制。

7)公开透明

在工程建设廉洁管理体系中,公开透明就是建立健全权力运行机制,界定权力边界和运行程序,从制度上改变权力过分集中而又得不到制约的状况;坚持集体决策、办事公开、程序透明,加强权力公开载体建设,主动接受社会监督,杜绝暗箱操作。公开透明是工程建设廉洁管理必须遵循的基本原则之一,是维护社会公平正义的基础,是实现廉洁管理目标的有效措施。只有坚持公开透明原则,将工程建设置于社会和广大群众的监督之下,才能杜绝暗箱操作,有效地预防腐败问题的发生。工程建设中的公开透明一般包含两个层面的含义:一是将各项政策制度按规定公开,将招标采购信息、程序和结果透明,发挥社会监督作用;二是做到"决策留痕、结果查究",实现全流程有章可循、有据可查。

8.4.4 大兴机场廉洁管理制度体系

1)廉洁管理制度体系

廉洁管理制度是指导廉洁管理的导向灯,是工程管理制度建设的有机组成部分和重

[1] 萧浩辉.决策科学辞典:人民出版社,1995.

要内容。在现代工程建设中离不开廉洁管理制度建设,而廉洁工程建设也离不开廉洁管理制度的支撑。廉洁管理制度规定的闭环性是制度得以有效实施的保证,廉洁管理制度的规定是执行的标准。

大兴机场工程建设项目具有工期紧、周期长、项目多、资金使用量大、经济活动频繁等特点,客观上存在着滋生腐败的土壤和条件,所有参与大兴机场的建设者面临着"被围猎"的风险等特点。为此,集团公司和指挥部坚持不断建立健全制度管控体系,坚持把对权力的制约和监督融入工程建设全过程,通过建立健全制度管控体系和完善内部管控体系,实施全过程跟踪监督,注重关口前移防患未然,有效防范廉洁风险。

指挥部积极对接集团基本建设制度要求,根据工程实际情况,以廉洁管理体系及各构成要素为导向,以规范程序和防范风险为重点,制定和实施了系列的廉洁管理规范性文件(图8.4),包括各种工作方案、廉洁管理制度和廉洁合同协议等,建立、修订规章制度126

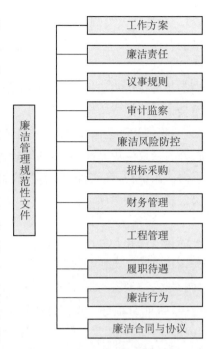

图 8.4 大兴机场廉洁管理规范性文件

项,从廉洁工程建设实施方案、廉洁责任、议事规则、审计监察、招标采购、财务管理等方面细化了管理措施。

(1)工作方案。指挥部对接《首都机场集团公司关于进一步深化打造北京新机场"廉洁工程"的实施意见》《首都机场集团公司总部深化推进北京新机场"廉洁工程"建设工作方案》,制定并实施了《党风建设和反腐倡廉建设责任制实施办法》《北京新机场建设指挥部深化推进北京新机场"廉洁工程"建设工作方案》,明确廉洁工程建设目标和工作内容。根据工程建设板块、职能保障板块、运行筹备板块分别制定了廉洁工程建设管理措施,建立了包含打造"廉洁工程"领导小组、强化主体责任和纪委监督责任、落实检查督导等内容的工作机制,建立了考核与问责制。

(2)廉洁责任。指挥部发布了《关于落实党风廉政建设主体责任和监督责任的实施细则》,强化指挥部党委的廉洁工程建设主体责任、纪委的廉洁工程建设监督责任。落实党委廉洁工程建设的主体责任,即党委的领导责任和直接责任,党委既是领导主体,又是落实主体、工作主体,既要指挥、谋划部署,又要身体力行、直接参与。落实纪委的监督责任,即纪委要根据上级纪委的决策部署,结合大兴机场工程建设实际,向党委提出廉洁工程建设建议;在党委统一领导下,发挥廉洁工程建设的组织协调作用,整体推进廉洁工程建设的各项工作;协助党委将廉洁工程建设工作任务分解到各部门,加强检查考核,促进各项任务落实。

(3)议事规则。指挥部制定并实施了《党委会议事规则》《指挥长办公会议事规则》和《贯彻落实"三重一大"决策制度实施细则》。

《党委会议事规则》旨在强化指挥部党委的领导作用,把方向、管大局、保落实,保证决策的科学化、民主化和规范化,提高决策水平和工作效率。强调坚持民主集中制、坚持集体领导和个人分工负责相结合、坚持谋大事、议大事原则和求真务实、精简高效、坚持发挥党委领导作用与指挥部领导班子依法依章履行职责相统一的原则。明确了须经指挥部党委会讨论决定或审定的事项、重大建设经营管理事项、议事程序和要求等。

《指挥长办公会议事规则》清晰了指挥长办公会与党委会议事规则界面,细化了指挥长办公会议事规则和内容,明确指挥长办公会是指挥部领导班子对重要事项进行决策的重要决策机构,在实行总指挥负责制的前提下,坚持依法合规、权责统一的原则,科学高效决策各类重大事项。

《贯彻落实"三重一大"决策制度实施细则》明确了指挥部重大决策、重要人事任免、重大项目安排和大额度资金运作事项的具体内容、决策规则和监督问责机制等,是指挥部完善领导班子决策机制、规范决策行为、提高决策水平、防范决策风险的重要制度,是建设"四个工程"的有力保障。

(4)审计监察。指挥部制定了《纪检监察工作制度》《全过程跟踪审计实施办法》和《内部审计管理规定》等审计监察制度,为规范纪检监察工作行为,促进和保障审计监察工作的制度化、科学化,保证审计质量和效率,规范工程管理、控制和节约工程造价、提高项目投资效益,提供了强有力的制度保障。

(5)廉洁风险防控。2012年,指挥部编制实施《廉洁风险防控手册》(以下简称"《手册》"),并于2017年进行了修订完善。《手册》聚焦重大决策、廉洁自律、财务及内审、招标采购及工程管理等,结合岗位职责梳理出廉洁风险点296个,制定了有针对性的具体防控措施418项,推动责任落实到部门、到岗位、到个人。

(6)招标采购。指挥部根据国家、民航局、北京市等有关招投标管理规定和工程建设实际,制定并实施了《招标采购管理规定》《非招标采购管理办法》等招标采购管理制度,涵盖了工程勘察、设计、施工、监理以及与工程建设有关的重要设备、材料采购、其他服务等范围和内容,为保障工程建设项目的顺利开展与正常生产运行建立了统一的工作程序和行为要求。

(7)履职待遇。指挥部根据有关规定和实际,制定并实施了《领导班子成员及中层管理人员履职待遇、业务支出管理办法》,合理确定并严格规范了指挥部领导班子成员及中层管理人员履职待遇、业务支出,为依法依纪、廉洁节俭、规范透明地控制和全面压减业务支出提供了制度保障。

(8)廉洁行为。为深入贯彻落实廉洁工程建设的有关要求,指挥部根据工程建设项目特点制定并实施了《廉洁自律若干规定》《业主代表参与评标行为规范》《新机场指挥部与潜在供应商开展业务交流注意事项(五不得)》《新机场指挥部员工在新机场参建单位食堂就餐行为规范(三不一必须)》《"说情打招呼备案制"实施办法》和《运营筹备工作人员廉洁行为准则》,为大兴机场参建人员树立了廉洁道德标准和行为规范。

(9)财务管理。指挥部对接集团公司基本建设项目财务管理、基本建设项目资金集中管理、民航专项资金管理等规定,加强对中央、国家各部委、民航局关于基本建设方面新政策新要求的宣贯学习和归纳整理,注重对各类审计、检查情况的反馈吸收,不断结合建设管理实践,持续完善和修订财务管理制度,形成了基本建设财务制度和财经政策四册汇编、59项管理规定,涵盖了工程建设财务管理的各个环节,建立了一整套工程建设财务管理体系。

(10)工程管理。为加强现场标准化规范化管理,严防施工管理中可能存在的相互勾结、暗箱操作、弄虚作假等廉洁风险,指挥部根据有关规定和工程项目特点,制定并实施了《工程变更管理实施细则》《变更、索赔及费用审批管理规定》和《工程计量、支付及结算管理规定》等,涉及勘察、设计、监理、总承包等单位主体,涵盖材料设备管理、工程变更、工程验收、工程计量等关键环节。

(11)廉洁合同协议。为有效推进廉洁工程建设,保证工程建设高效优质,保证建设资金的安全和有效使用,保证投资效益,指挥部在依法合规确定工程项目建设中标单位时,同步签订《廉政合同》,以促使各参建单位严格遵守国家的法律法规、廉政规定,维护国家和集体利益。为推动大兴机场的廉洁文化建设,加强对各参建单位和人员的廉洁教育,指挥部与北京市大兴区人民检察院等签订了《共同开展"廉洁工程"建设工作协议》,与相关工程总承包单位签订《廉洁文化共建协议书》。

此外,大兴机场各参建专业公司结合实际健全了自身的管控制度体系,比如,博维公司针对行李、客桥、电梯、弱电信息等设备运筹业务的廉洁风险制定133项防控措施;地产集团聚焦大兴机场非主基地航项目、生活保障基地项目建立了《廉洁风险防控管理办法》《工程设计变更、洽商及索赔管理办法》《费用开支管理办法》等44项制度,细化了重要领域防控风险的举措,强化了权责管控的要求。

2) 廉洁管理制度与廉洁管理体系关键要素间的关系

廉洁管理制度是构建廉洁管理体系的重要保证。廉洁管理制度的功能在于规范和约束行为,由于行为主体存在人性弱点、行为潜质差异以及行为环境的不断变化,廉洁制度规范和约束的功能指向能够消解人性弱点、增强行为潜质和克服客观环境的不利因素。科学的廉洁制度能为廉洁管理体系构建和良好运行提供规范,降低廉洁风险,推进勤政,促进发展,解决"不敢腐、不能腐、不想腐"的问题,形成用制度规范从政从企从业、按制度办事、靠制度管人的机制,加强廉洁管理的制度化。

廉洁管理制度是构建廉洁管理体系的内在要求。廉洁管理制度是廉洁管理体系中的重要组成部分,廉洁管理体系中的制度与制度间、制度与体系中其他构建要素间的相互作用和实际运行则构成了机制。好的机制能事半功倍,坏的机制却使坏者更坏并造成恶性循环。在一个闭合的、关联的、科学的廉洁管理体系中,制度与其他构建要素既各有分工、互不冲突又相互联系、协调配合,共同发挥作用,缺少任何一部分都会造成结构、功能的缺失和整体功能的失效。

大兴机场廉洁管理规范性文件与廉洁管理体系间的关系如表8.1所示。以廉洁管理制度为核心的规范性文件是对廉洁管理体系的支撑,体现了廉洁管理体系的内在要求,是体系各关键要素内涵和要求的具体化、规范化和系统化,从系统上规范了项目的管理和运作流程,增强了廉洁风险管控能力。各廉洁管理规范性文件从不同层面、不同角度和不同程度支撑着各体系要素。

表 8.1 大兴机场廉洁管理体系与规范性文件

序号	体系要素	要素表征	规范性文件	其他
1	组织机制	廉洁工程建设领导小组	《关于推进全面从严治党的实施方案》《深化推进北京新机场"廉洁工程"建设工作方案》	
2	责任机制	党委主体责任、纪委监督责任、领导廉洁责任、部门廉洁责任	《关于推进全面从严治党的实施方案》《深化推进北京新机场"廉洁工程"建设工作方案》《关于落实党风廉政建设主体责任和监督责任的实施细则》《廉洁风险防控管理手册》	
3	科学决策	党委议事规则、指挥长议事规则、"三重一大"决策机制	《党委会议事规则》《指挥长办公会议事规则》《贯彻落实"三重一大"决策制度实施细则》	
4	动力机制	廉政合同、廉洁壁垒、社会监督	《廉政合同》	《北京新机场"工程廉洁"建设承诺及监督电话》
5	保障机制	思想教育、廉洁文化、履职待遇、廉洁风险点防控、廉洁行为	《廉洁自律若干规定》《领导班子成员及中层管理人员履职待遇、业务支出管理办法》《廉洁风险防控管理手册》《业主代表参与评标行为规范》《新机场指挥部与潜在供应商开展业务交流注意事项(五不得)》《新机场指挥部员工在新机场参建单位食堂就餐行为规范(三不一必须)》《"说情打招呼备案制"实施办法》《运营筹备工作人员廉洁行为准则》	《廉洁文化共建协议书》《北京市大兴区人民检察院北京新机场建设指挥部共同开展"廉洁工程"建设工作协议》
6	监督机制	审计监察,财务管理,工程变更、索赔、计量、支付与结算管理,考核问责	《纪检监察工作制度》《全过程跟踪审计实施办法》《内部审计管理规定》《资金支付管理规定》等59项财务管理制度《变更、索赔及费用审批管理规定》《工程计量、支付及结算管理规定》	
7	公开透明	招标采购,信息公开	《招标采购管理规定》《非招标采购管理办法》《工程变更管理实施细则》	

8.5 重大廉洁风险过程管控

参与大兴机场工程建设的单位多,其中民航行业就有机场、航空公司、航油、空管等多家业主单位,参建施工单位多达 80 余家,高峰时 7 万余人同时作业,廉洁工程建设任务艰巨。在民航局、集团公司的领导下,以指挥部为主的各业主单位积极防范五类风险,聚焦重点领域,精准有力监督,完善管控机制,加强对重大廉洁风险的过程管控。

8.5.1 重大决策的廉洁风险管控

重大决策贯穿大兴机场工程建设和运营筹备的全过程,事关大兴机场"四个工程"建设目标的实现。集团公司、指挥部坚持严格落实民主集中制,健全决策机制,规范决策程序,提高科学、民主、依法决策水平,形成决策科学、执行坚决、监督有力的权力运行机制,严防重大决策方面可能存在的廉洁风险。

1) 健全决策机制,有效制约权力

(1) 严格落实民主集中制。集团公司、指挥部严格执行"三重一大"集体决策制度,班子成员均需要明确表态,不能态度暧昧,坚持会议主持人(党委书记、总经理、总指挥)末位表态制度,强化对权力运行的制约和监督,坚决防止"一言堂"。

(2) 创建大兴机场工作委员会。涉及大兴机场相关的研究事项多,为提高决策效率,集团公司于 2015 年 1 月成立大兴机场工作委员会,明确在集团公司党委会授权下,将其作为大兴机场建设和运营筹备相关重大事项研究决策的专门机构,累计召开会议 47 次,审议议题 388 项,对"四个工程"内涵及指标、项目投资、社会化招商、资本运营、廉洁工程建设等重大事项严格审核把关,防范重大决策风险。

(3) 创建"统筹决策—组织协调—板块执行—全员支持"的运营筹备架构体系。为提高运营筹备阶段决策质量和工作效率,集团公司以大兴机场工作委员会作为统筹决策平台,各职能部门、指挥部负责组织协调,各业务板块负责业务执行,各部门各单位全力支持,推动集团全员参与、各层级同步行动,举集团公司全力打造"四个工程"。

2) 完善议事规则,明确职责界面

集团公司分别于 2014 年、2015 年、2017 年多次修订党委会、总经理办公会议事规则,制定了大兴机场工作委员会议事规则,明确了集团公司党委会、总经理办公会、大兴机场工作委员会对大兴机场重大事项的议事范围、决策程序、职责界面。经集团公司党委会授权,大兴机场工作委员会可以对总投资估算 8 000 万元(含)以上固定资产投资项目、预算外 5 000 万元(含)以上大额资金使用等重大事宜进行研究决策。

指挥部根据党委会、指挥长办公会议事规则、贯彻落实"三重一大"决策制度实施细则等确定的自主决策范围和职责,对指挥部年度预算安排和决算报告、投资计划、重要改革方案、重大建设项目安排及相关决策、重大合同的签署以及工程建设中出现的需要解决的各类重大问题等事宜经指挥长办公会研究决策;对工程概算外项目决策以及需要会议决策的非公开招标、采购项目等方面的重要事项,工程概算内5亿元以上的工程项目决策及单笔支出超过5亿元的资金调动和使用等事项提交指挥部党委会审议。

集团公司各专业公司涉及大兴机场相关重大事项,由集团公司各职能部门根据职能分工主动对接、认真研究并提出意见和建议,报集团公司党委会、总经理办公会或大兴机场工作委员会审议决策。

3)规范决策程序,提高决策水平

(1)严格决策程序。集团公司坚持"不调查研究不决策、不广泛论证不决策、不充分讨论不决策"的原则,把专家论证、风险评估、合法性审查、集体讨论决定确定为重大决策的必要程序,坚决杜绝不讲程序、盲目决策的情况。对个别有不同意见的决策事项,会议主持人可中止审议,要求相关部门充分研究、补充完善后再次上会决策。指挥部注重审查前置程序是否履行到位,研究决定重大工程变更决策事项前,要先确认是否经过了施工到监理的正常报送渠道、是否经过了造价审核、是否召开了变更专题会议,否则不予上会审议。

(2)提高决策透明度。集团公司坚持上会事项前期深入调研、充分听取各方意见。集团公司大兴机场工作委员会扩大参会人员范围,职能部门、指挥部及相关专业公司负责人均参加会议审议有关事项。指挥部邀请第三方跟踪审计组人员参加工作调度会议,确保公开透明。

(3)提高决策科学性。集团公司坚持综合考虑周期、效益、运维等因素,对部分项目进行充分论证、慎重研究、集体决策后,予以取消或优化调整,避免因决策失误造成重大损失,防止决策过程中的廉洁风险。指挥部通过全面深入调研和论证,经集体研究决定,取消了原设计方案中的冷热电三联供、跑道自融雪等项目;经对在建机场的调研和实物样板比对,综合考虑造价、周期、加工难度等因素,最终确定航站楼屋面装饰板为氟碳喷涂的蜂窝铝板,放弃了连续阳极氧化的技术路线。

(4)坚持特殊重大事项提级审批。对部分重大特殊项目,指挥部充分论证研究形成初步意见和解决问题方案后,报集团公司大兴机场工作委员会审议。对需要上报民航局或相关上级部门审批的事项报经集团公司内部决策后严格履行报批程序。

8.5.2 招标采购的廉洁风险管控

工程建设中的招标采购是腐败易发多发的环节。大兴机场工程具有项目多、频次高、金额大、周期长、社会关注度高等特点,招标采购领域的廉洁风险的挑战性大。集团公司结合实际反复梳理招标采购的廉洁风险,明确招标采购工作"八条红线"[1],建立了分类

---

[1] "八条红线":招标条件不具备的风险;招标形式不合法的风险;排斥或限制潜在投标人的风险;招标文件编制、修改、发出的风险;项目踏勘和开评标过程中的风险;擅自终止招标的风险;相关人员泄露保密信息的风险;订立合同阶段的风险。

管理和审批备案机制[1],坚持将从严要求贯穿大兴机场招标采购事前、事中、事后全过程,注重事前风险把关,加强事中过程管理,严格事后跟踪管控,严防招标采购的廉洁风险。

1)注重事前风险把关

(1)招标采购计划编制。集团公司统筹制定年度招标计划,指挥部每月定期上报招标计划执行情况;加强采购计划动态管理,重大项目统筹安排,合理划分标段,在兼顾市场竞争力的同时避免项目肢解发包、化整为零等风险。

(2)招标代理机构管理。通过招标方式择优确定多家采购代理机构,根据业务特长进行采购项目委托,要求组建由工程管理、经济、法律等人员组成的项目部,充分发挥专业优势。在工程竣工验收、开航投运冲刺等招标工作关键环节,要求招标代理驻现场办公,杜绝私下接触、串通投标人等情况。加强对代理机构的管理,建立内部竞争机制,定期考评,优胜劣汰;建立监督提醒机制,对逾期未返还投标保证金、招标控制价编制等问题,第一时间约谈提醒招标代理机构,要求立行立改,并同步完善相关规定。

(3)人员教育及信息保密管理。建立"说情打招呼"登记备案制,减少人为干涉和暗箱操作。在重大项目招标前,纪检监督部门对内部和总承包单位负责招标的同志进行提醒谈话和廉洁教育,提出纪律要求。规范招标资料管理,加强人员保密意识,严格控制知情人员范围,杜绝向投标人透露评标专家、过程评审、中标候选人等情况。

2)加强事中过程管理

(1)招标文件编制。对专业机构编制的招标文件,由联合审核小组对概预算、商务资质、评审标准、总额限价等进行综合把关,增加全过程跟踪审计复核环节,防止标书设置倾向性条款、限制排斥潜在投标人等情况。对重要项目技术标编制,采取部门专题会审查、分级签批、最终集体决策方式确定,严控技术环节风险;对价格敏感度高、市场风险性大的材料设备清单和控制价,采取"背靠背"的方式进行编制和审核,并通过多方调研比对,严格控制建设项目投资。

(2)评标专家遴选,建立外派评标代表机制,对招标文件与工程量清单交叉审核。为防止有倾向性地抽取评标专家,需在招投标主管部门监管下,采取事前多倍、现场随机等方式抽取专家,并要求签署廉洁从业书。

(3)评标过程管理。要求对评标过程进行全程录音录像。凡是重大招标事项,按规定进入公共资源交易中心进行公开开标和全封闭式评标,防止评审专家出现言论诱导等情况。对于非招标项目,主动申请招标见证服务。

(4)现场踏勘和招标答疑。在招标文件中列明现场踏勘和答疑的时间、地点统一安

---

[1] 分类管理和审批备案机制:根据集团公司各成员招标项目规模、风险程度等将招标项目划分A、B类进行管理,达到A类项目标准的,实行审批制,各单位应严格按照"先内部决策、后外部审批"原则将招标相关文件(招标公告、资格预审文件、招标文件、评标报告等)报集团公司审批,做好招标过程中招标过程违法违规相关风险的控制;未达到A类项目标准的,由各单位自行管理,实行招标结果备案制。

排,书面通知,杜绝与投标人私下接触、谋取私利等情况。

3)严格事后跟踪管控

(1)严把定标环节。严格依法依规确定中标人,及时公示,确保定标程序公开透明。

(2)严格合同管理。将采购合同列入招标文件,增加合同复审环节,以确保签署合同与招标文件一致,并通过审计对合同履约执行情况加强监督检查。对新类型业务合同执行中存在的争议和法律纠纷,实行法律风险会商。通过"工程项目管理信息系统"将合同管理与财务管理、工程管理进行整合,对合同签订、履行、变更、验收等各个阶段进行层层审核,有效规避合同倒签、会签手续不完备、越权审批资金支付、未按合同付款等廉洁风险。同步签订《廉政合同》,防止"吃拿卡要"或"礼尚往来"。

(3)开展"一标一自查"。修订集团公司招投标管理规定,明确要求招标人随项目招标进度同步开展违规招投标问题自查,形成问题清单,建立整改台账,督导各参建单位依法依规开展招标采购工作。

(4)及时处理质疑、投诉和问题线索。督促招标采购管理部门对招标采购项目加强监督管理,对相关质疑、投诉事件迅速调查,及时处理。对发现的相关问题线索,督促相关单位及时处置,快查快办,如对发现的总承包单位招标项目存在投标单位、中标单位涉嫌相互串通的问题,指挥部主要领导及时约谈总承包单位党政主要负责人,并将相关问题线索移交总承包单位依规依纪依法处理。

8.5.3 工程施工管理的廉洁风险管控

大兴机场工程建设的参建主体多、工期时间紧、管理难度大、廉洁风险高。集团公司坚持构建亲清合作关系,让合作单位切实感受到大兴机场工程建设不需要"润滑"、不需要"公关",真正把心思完全用在踏踏实实做工程上,充分发挥勘察、设计、监理、总承包等单位主体作用,紧盯材料设备管理、工程变更、工程验收、工程计量等关键环节,加强现场标准化规范化管理,严防施工管理中可能存在的廉洁风险。

1)发挥勘察、设计、监理、总包单位的主体作用

(1)加强对勘察、设计单位的管理。严格控制勘察范围和勘察方案的变更,严格执行勘察技术方案,防止弄虚作假;依据批复文件和建设运营一体化要求,严格审核设计文件的符合性、合规性及全面性,减少设计环节出现问题的可能性。重要材料设备选用前组织各方充分调研市场,明确质量标准,避免暗箱操作;严格审批设计变更,对变更的经济合理性、与需求的匹配性严格审核,避免投资虚增和任意扩大范围。

(2)加强对监理单位的管理。对监理单位坚持既要信任,又要进行严格管理。组织对监理大纲、细则严格审查,通过现场督查、跟踪审计全过程跟进等方式,督促监理单位认真履职、依规监督,防止其与施工单位相互勾结、弄虚作假。强化监理过程监督,推行工地标准化试验室建设,深入现场复核监理在材料检验复试、分部分项工程验收、工程量计量等方面的情况,确保与实际相符,防止有意掩盖问题带来的廉洁风险。采取"数白帽

子"[1]的方式,对监理人员加强现场监督管理。抓住管控关键,重点对总监理工程师加强监督,上任前全部约谈提醒,发现履职不到位可能带来监督风险的及时约谈或更换。

(3)加强对工程总承包单位的管理。科学编制并严格执行合同,将风险防控要求内置于合同条款,严格依据合同开展工程管理工作,抓工程量确认、进度款支付等关键环节,确保经过内部及法定程序审批,防范违规操作带来的廉洁风险。严格现场管理,重点对工程计量的依据、范围、数量等进行审查,防止虚报冒领。建立多方组成的质量管控机构,随机突击检查,及时公布检查结果,并对整改结果进行复查,严防以次充好带来的廉洁风险。严格开展监督把关,对施工总包单位上报的支付申请一律复核,对手续不全、资料不齐的一律退回,严防过程管控宽松带来的廉洁风险。通过开展材料进场、暂估价分包、合同管理、隐蔽工程验收等专项审计,对发现的问题及时进行风险提示,限期整改并开展"回头看"核实整改效果,严控质量问题带来的廉洁风险。

2)紧盯材料设备管理和工程变更、工程验收、工程计量等关键环节

(1)紧盯材料设备管理。通过广泛调研比较,严选重要材料档次,确定品牌范围,更换品牌必须严格按照程序提交指挥部变更会议确定,避免被任何个人或单位左右;明晰建设单位与总承包单位之间的事权界限,不越权推荐产品品牌及供货商,防止借材料设备选用设租寻租。民航专业工程质量监督总站、北京市住建委实行驻点监督。对材料入场到使用过程中严格监督检查,加强过程取样监控,严格实行监理见证,由资质合格的检测单位出具检验报告,对未达到合同标准的材料、设备,一经发现立刻清退,防止以次充好,消除可能滋生腐败的环境和条件。配套工程部对材料进场经检测不合格共40余批次,均做退场处置。航站区工程部制定并实施《材料封样实施管理办法》《样板间(段)管理办法》,在航站区精装修中推行"材料封样、样板先行"的做法,有效防止暗箱操作、假冒伪劣等情况。

(2)紧盯工程变更管理。坚持集体决策,实行"凡变更必上会",避免因擅自变更产生廉洁风险。坚持"定事""定钱"分开,形成权力制衡。严格变更程序,通过图纸会审、专题研讨、设计例会、变更会多层把关,对工程变更(特别是施工方提出的变更)的必要性、合理性、经济性进行严格审核,避免虚假变更、价格虚高等廉洁风险。

(3)紧盯工程验收管理。业主单位、设计、勘察、监理、第三方检测机构、承包商及主管部门等多方参与,对项目完成情况、工程质量、项目功能等进行综合检查、评价。采取日常审计与专项审计相结合的方式,重点对隐蔽工程验收、分部分项工程验收、主要工序验收跟踪监督,并有针对性地开展了隐蔽工程专项审计,防控验收中弄虚作假的廉洁风险。与北京市住建委[2]和民航专业工程质量监督总站建立日常联动沟通机制,通过外部监督约束力和内部监督自驱力,形成了全方位质量监督体系,避免出现验收造假、无法达到设

---

[1] "数白帽子":面对工程作业现场人员和单位多的情况,施工方、监理方等不同单位佩戴不同颜色的安全帽,其中监理方佩戴白色安全帽,通过看现场"白帽子"(监理人员)工作情况来检查其履行职责情况。

[2] 北京市住建委成立机场处专门指导协调和监督大兴机场建设。

计要求、以次充好等问题。

（4）紧盯工程计量管理。通过监理单位、第三方咨询机构、业主单位等多方主体层层把关，对容易出现虚报工程量、事后难以核实的隐蔽工程进行重点抽查，避免弄虚作假。建立"大兴机场工程综合查询"系统，将工程量清单录入系统作为计量依据，提高工程计量的规范性、准确性，避免虚假计量。

3）加强现场规范化管理

（1）加强人员资格资质管理。对参建单位项目负责人、技术负责人与安全质量管理等重要岗位的资格、人员变动与履职等情况加强管理，对存在重大质量安全隐患、文明施工与进度问题的，建立分级约谈机制。

（2）创新使用科技手段和信息管理系统。飞行区工程部研发了数字化施工管理监控系统，建成施工、监理和建设管理方案管理权限的共享管理平台，不仅提高施工效率保证施工质量，还起到杜绝偷工减料的重要作用。

（3）结合实际探索协同联动创新机制。配套工程部针对市政工程标段多、施工单位多、规模大、技术复杂等特点，联合各参建单位创新成立了"协同创新工作室"，群策群力、联合攻关，总结形成优秀工法并加以推广，取得专利 15 项，获奖 13 项，成为全国首个通过住建部绿色施工科技示范工程的市政项目，在提高工程质量的同时，有效防范了差异化施工背后的偷工减料、以次充好等廉洁风险。

8.5.4　招商招租的廉洁风险管控

大兴机场商业资源招商项目多、品类多，招商时间集中，社会关注度高，具有典型的资源富集特点。集团公司坚持完善制度机制，注重前期策划，严格组织实施，突出后期管理，严防招商招租过程中可能出现的商业贿赂、设租寻租、利益输送等廉洁风险。

1）完善制度机制，夯实管控基础

（1）统一规范招商管理。大兴机场与各专业公司依据集团公司的相关制度规定，细化广告、餐饮、商业零售等领域的招商管理办法，并分类实施。广告、餐饮、商业零售以公开方式引入的资源占比分别为 100%、82% 和 63%，广告媒体资源招商成交金额 18 亿元（3 年经营期），商业零售品牌有 40 个为首次进入内地市场，吸纳国内外知名餐饮品牌 61 个，商圈优质品牌达 95% 以上。

（2）设立专门招商管理机构。集团公司成立大兴机场社会化招商办公室，出台《关于加强北京新机场社会化招商项目管理的若干规定》，推进吸引社会资本参与大兴机场项目投资建设，先后在大兴机场停车楼、综合服务楼等 10 个项目上引入社会投资近 40 亿元。大兴机场与各专业公司分别成立联合招商评审小组，具体组织实施招商工作，研究解决招商过程中的重大事项，共同防范廉洁风险。

（3）建立提级决策机制。针对影响全局的、重大的招商项目，集团公司对相关招商方案、招商结果等事项进行提级决策。集团公司大兴机场工作委员会针对吸引社会资本等重大事项研究决策就达 10 余次；对大兴机场免税业务的经营模式、招标方案招标文件、招标结果、合同签署等重要事宜,由集团层面进行审议决策,并按程序上报民航局,既保证了免税业务获得较高经营收益,又有效防范了招标过程的重大风险。

2) 注重前期策划,强化招商事前廉洁风险防范

(1)严把资源规划。按照统一规划、分步实施原则,通过充分的市场调研,采用公开招商方式为主、标段设置均衡多样、定价兼顾收益和鼓励等方式,在确保大兴机场招商工作公开公正公平的同时,形成满足旅客需求、提升经济效益、产品结构合理、发展健康有序的商业环境。编制商业资源规划时充分听取各方意见,严格履行规划编制审核程序,防止倾向性设置条件、违规分配资源等廉洁风险。

(2)严把招商方案。大兴机场与各专业公司分别签订合约,共同制定招商方案,并加强招商日常管理和风险防控。各专业公司结合实际,制定相应的招商方案审核机制,避免招商方案编制过程中人为干扰因素的廉洁风险,如商贸公司采取招商方案四级审核机制,经业务部门、分管领导、总经理办公会、集团公司大兴机场工作委员会依次审核,层层把关。

3) 严格组织实施,强化招商过程的廉洁风险管控

(1)压实主体责任。督促实施招商的部门落实主体责任,制定内部自主监督工作方案,系统梳理风险重点领域和关键节点,细化监督流程,明确责任追究及问责处理机制。

(2)严格资质审核。餐饮公司通过透明信息公示系统,严格复核经营商信用记录;商贸公司对食品类店面准入标准严格审核,对因某些客观原因无法按要求提供资料证明品牌运营经验的商户,坚持按照不符合准入条件从严把握。

(3)严格招商现场评审。由大兴机场、专业化公司及聘请的咨询公司、行业资深人士共同对应标企业进行全方位招商评审,既包括对品牌影响力、市场占有率、知名度的综合考量,也提出诸如"同城同质同价"等刚性约定,评审全程多角度录像,实现评审现场全程360度无死角监督。餐饮公司聘请招商服务单位对现场评委评审、纪律情况、评分异常等进行复核监督,防止发表倾向性或歧视性言论等可能干扰招商评审的不当行为。

(4)严格招商行为规范。各专业公司结合实际,制定招商工作人员行为规范,加强日常教育管理和监督。广告公司出台严禁以岗谋私的实施细则、过问干预登记备案工作实施细则等规定,规避利用职权打听情况、说情干预、谋取私利等行为;制定大兴机场媒体招商保密工作细则,实行分级限价格体系知情权限,签订保密协议。商贸公司制定招商管理实施细则、公开招商评审委员会管理办法、招商代理机构管理办法等制度,加强对招商评委和代理机构的管理和监督。餐饮公司统一组织安排现场踏勘和招商答疑,杜绝招商人员私下与投标人接触,避免"被围猎"的廉洁风险。

4) 突出后期管理,强化招商事后跟踪监管

(1)开展专项审计。聚焦招商方案执行、评委打分、合同签订与执行等关键环节进行专项审计,加强招商后期工作的监督管理。餐饮公司按照项目抽检率不低于80%的比例,通过内外审计相结合的方式对12批次招商开展专项审计;商贸公司委托第三方事务所对相关招商项目全面开展专项审计,对发现的60项问题进行整改和规范,加强风险防

控,提升管理水平。

(2)开展企商廉洁共建。建立"双合同"机制,与中标合约商签订业务合同的同时,签订廉洁守信承诺书;加强廉洁文化建设,将廉洁教育范围扩展至合约商。餐饮公司要求合约商每年至少接受2次党风廉政建设教育;广告公司邀请合约商召开"亲清企商"警示教育会,推动双方落实廉洁工程建设责任。

8.5.5 财务管理的廉洁风险管控

财务管理是大型工程建设项目管理的重要环节。大兴机场总投资规模大、资金来源渠道多、管理难度大、廉洁风险高。集团公司严格执行基本建设财务管理的法律法规,持续完善工程建设财务管理体系和内控机制,科学规范筹资和融资管理,强化资金预算和资金使用管理,加强项目建设全生命周期管理和"业务财务一体化"建设,严防工程建设和运筹中财务管理的廉洁风险。

1)完善工程建设财务管理体系和内控机制

集团公司从指挥部成立初期,专门制定了大兴机场建设项目前期费用管理办法、财务管理办法,以指导指挥部规范财务管理;结合大兴机场建设工程进展情况,先后修订、完善基本建设项目财务管理、基本建设项目资金集中管理、民航专项资金管理等多项财务制度规定。

指挥部结合建设管理实践,加强财务内部控制,定期或不定期开展内部轮岗交流,确保不相容岗位相互分离,形成有效的内部监督制约机制,如出纳不得同时保管支票和所有印鉴、网银密钥,由两人以上分管完成资金支付等。

2)科学规范筹资和融资管理

大兴机场建设总投资中,国家资本金413亿元,企业自筹资金387亿元。集团公司在积极争取国家资本金及时到位的同时,通过资本金贷款、银团贷款、绿色债券等方式募集资金,加强对合作银行选择、贷款提款等重点环节的管控,既尽可能地降低融资成本,又严防筹融资过程的权力寻租、利益输送等廉洁风险。

(1)选择融资合作银行。贷款银团成员、债券发行主承销商均通过公开竞争性谈判的方式,在资金实力雄厚、资金保障能力强的国有大型股份制商业银行和政策性银行中选定,在贷款利率、贷款期限、结息周期、利率调整频率等方面均取得各行最优惠条件的同时,还有效地避免了选择合作银行时可能存在的商业贿赂风险。

(2)严格按照项目资金需求以及银团合同约定提款。项目建设前期充分利用资本金,最大限度延缓银团的提款时间,大幅节约建设期利息支出;严格按照合同约定的各银行份额比例进行银团提款,规避了倾向性提款带来的廉洁风险。

(3)择机适时发行国内民航业内第一笔绿色债券。结合贴息政策及国内债券市场的情况,抓住有利的发行窗口,发行了国内民航业内第一笔绿色中期票据,既降低了建设资金成本,又增加了融资过程的透明度,在国内资金市场树立了大兴机场绿色机场的良好形象。

3) 强化资金预算和资金使用管理

(1) 科学编制、动态执行预算,确保国家财政资金预算执行率 100%。指挥部每年按照不同资金来源编制年度资金预算,并根据工程实际进度分解到月度执行,建立严格按预算请款拨款的管理机制。滚动式推进预算执行,优先使用财政资金,注重提升项目管理水平,对日常资金申请严格审核,使提交资金需求的项目均符合国库集中支付要求。国家财政资金的预算执行率每年都是 100%,充分发挥了财政资金拉动作用,得到了国家发改委、财政部、审计署的高度认可。

严格账户管理,严把资金支付关。按照不同项目单独建立资金账套,一个项目对应一个专户,严格资金支付审核,防止越权审批资金支付、提前支付、超额支付等问题带来的廉洁风险。

(2) 建立专款专用、防范挪用机制,探索资金三方监管。针对机场飞行区工程点多面广、施工单位较多、合同金额相对较小等特点,采取指挥部、施工方、监管银行自愿签订资金监管三方协议的方式,将工程款拨给施工方在监管银行开设账户,施工方如需对外划款,需提交工程劳务相关采购合同、发票、劳务工工资清单等材料,经指挥部、监管银行审核同意后方能支付,确保款项用途真实、专款专用,有效防止了施工方卷款外逃、资金被挪用以及农民工工资拖欠、材料款拖欠等风险。

4) 加强项目建设全生命周期管理和"业务财务一体化"建设

(1) 利用科技手段加强财务管理,建设大兴机场工程项目管理信息系统。大兴机场通过研发建立了工程项目管理信息系统,该系统涵盖概算控制、合同管理、计量支付、成本控制、财务管理、工程变更、工程结算、竣工决算、资产交付等工程建设项目全过程,将财务管理融入工程建设全生命周期管理的各个重要环节,实现了对工程管理关键环节的动态控制,增强了防范风险的能力。此做法得到了审计署的高度认可。目前,该系统已在青岛、成都、大连等机场项目中得到推广应用。

(2) 推进业务管理和财务管理一体化,将财务管控融入工程项目管理全过程。在招标阶段,加强对招标文件中商务条款和合同条款的审核,财务人员参与投标资格审查和商务答疑;在合同签订阶段,通过合同会签对中标条款重点要素是否明确进行严格审核;合同签订后,跟踪合同执行管理;针对设计变更,及时了解项目的现场实施与调整情况,保证实施过程中始终处于财务可控状态。

8.6 廉洁工程建设成果与经验

为了全面实现大兴机场廉洁工程建设目标,集团公司、指挥部持之以恒在狠抓落实上下功夫,一体推进不敢腐、不能腐、不想腐,构建了风清气正劲足的建设环境。在破解廉洁风险防控难点上求突破,以钉钉子精神做细做实做好各项工作。

1) 强化政治保障,坚定打造廉洁工程职责使命

大兴机场作为党的十八大以后开工的重大工程建设项目,在党中央深入推进全面从

严治党的大背景下,打造廉洁工程具备了政治性、全局性的系统生态和宏观环境。集团公司坚持把廉洁工程建设作为全面从严治党的重要内容,以"两个责任、三化落实"[1]为抓手,持续健全和完善全面从严治党工作闭环工作体系,以全面从严治党新成效为廉洁工程建设提供坚强保障。

(1)年初有部署。结合集团公司全面从严治党工作会,对廉洁工程建设进行全面部署,明确重点工作任务;把廉洁工程建设的具体要求列入全面从严治党主体责任、监督责任清单,作为政治监督的重点内容进行清单式部署。

(2)年中有督导。结合全面从严治党定期分析会、纪委书记季度会商会对各成员单位推进廉洁工程建设情况进行阶段性分析总结,提出问题、总结经验、交流做法;将廉洁工程建设纳入巡察和制度执行审计、日常调研督导、监督检查的重点内容,形成常态化具体化督促推进廉洁工程建设的机制。

(3)年底有考核。把各成员单位推进廉洁工程建设情况纳入全面从严治党考核,强化考核结果应用,与各成员单位、经营管理人员个人绩效挂钩,并作为干部选拔任用的重要依据,进一步强化督促落实力度。

2)强化思想保障,营造廉洁工程建设良好氛围

集团公司坚持以习近平总书记关于廉洁工程建设重要指示精神为指引,以"干工程要对得起自己的良心"为导向,通过宣传教育、谈话提醒、人文关怀等方式,推动各参建单位教育引导全体参建者提高政治站位,强化政治担当,打造"良心工程"。

(1)抓早抓小、防微杜渐。始终坚持关口前移,重点对指挥部参建人员全面摸清"树木""森林"情况,对发现的倾向性苗头性问题及时进行有针对性的教育提醒。集团公司党委书记、总经理分别与指挥部班子成员进行重点谈话提醒,集团公司纪委书记对指挥部班子成员进行逐一廉政谈话,各级党委、纪委建立"四必谈"[2]机制进行分级谈话提醒。在集团公司范围内,对委派、调任到大兴机场建设和投运工作的人员开展任前谈话370余人次,对招投标管理、选人用人等重点岗位人员进行日常谈话提醒560余人次。

(2)加强"廉洁文化"建设,将廉洁教育延伸至所有参建单位和员工。指挥部与其他各参建单位开展"廉洁文化共建"活动,纪委书记为所有参建单位主要项目经理讲授廉洁主题党课;定期组织施工、监理等单位员工,以及农民工观看总书记视察大兴机场的视频,反复学习领会习近平总书记指示精神;以"廉政建设"专栏、《学习参考》期刊、廉政微信群等为平台,定期发布廉洁建设重要文件和警示教育案例。商贸公司与商户签署《廉洁共建承诺书》,广告公司召开广告商廉洁建设专题会,餐饮公司开展商圈党员联学共建,将廉洁教育延伸至合约商员工,提高抵御诱惑的自觉性,形成了全员打造廉洁工程的浓厚氛围。

---

[1] "两个责任、三化落实":"两个责任"即主体责任和监督责任,"三化落实"即清单化明责、规范化履责、绩效化考责。

[2] "四必谈":即对新提拔的管理人员任前必须谈,对发现的倾向性苗头性问题必须谈,对负责重大项目招标、重要设备采购、重要招商招租的人员必须谈,对关键岗位管理人员在法定节假日等重要时间节点前必须谈。

3）强化组织保障，夯实廉洁工程建设组织基础

集团公司认真贯彻落实新时代党的组织工作路线，不断加强基层党组织和干部队伍建设，为推进廉洁工程建设奠定坚实组织基础。

（1）持续加强领导班子建设。集团公司始终坚持国有企业好干部标准，结合大兴机场工程建设和运筹的实际，严把政治关、廉洁关，选拔聘任9名政治过硬、业务精湛的同志充实进大兴机场领导班子。

（2）严把干部队伍选拔任用关。全集团1016人踊跃报名投身大兴机场建设及运营筹备工作，集团公司建立800余人的人才筹备库，从严把关选调多名同志到大兴机场参加建设和运营筹备工作（108人调入大兴机场工作，50人到大兴机场挂职）；全面从严排查大兴机场入职人员的背景资料、违纪违法等情况，对存在瑕疵的人员坚决不接收。建立完善党员领导干部"廉政档案"，落实"四凡四必"要求，严格党风廉政意见回复。大兴机场选拔任用干部158名，未发现"带病提拔"的情况。

（3）充分发挥党支部战斗堡垒和党员先锋模范作用。集团公司各参建单位采取"党委主推、支部主抓、党员主动"的"分层联动"方式，建立"四联系"工作机制，领导联系部门、部门领导联系工程标段、标段联系参建单位、党员联系具体项目，层层示范、层层带动；推动设计、建设和运筹等单位成立近800个基层党支部，组织多家单位"同上集体党课、同办主题党日活动"。飞行区工程部克服参建单位多、人员分散等实际困难，让施工现场300多名工人党员能够正常参加党内政治生活；通过把"支部建在项目上""支部建在工棚中"的方式，充分发挥党支部在廉洁工程建设中战斗堡垒作用，打造形成了"三亮两结合"[1]"三清"（清醒、清廉、清新）党支部等基层党建品牌；教育引导广大党员在廉洁工程建设中发挥示范带头作用，自觉抵制各类廉洁风险。2018年5月，中央组织部调研组在大兴机场调研时，对指挥部抓党建引领、保障大型建设项目的经验做法给予充分肯定。大兴机场建设期间，1家单位被授予全国五一劳动奖状和全国文明单位，1人被授予全国五一劳动奖章，3人被评为全国民航优秀共产党员，2人入选民航科技创新拔尖人才，76个先进集体和161个先进个人受到民航局全行业通报表彰。

4）强化纪律保障，坚持正风肃纪反腐零容忍

集团公司始终清醒地认识到大兴机场廉洁工程建设的严峻性、复杂性，坚持把一体推进不敢腐、不能腐、不想腐机制作为全面从严治党和反腐败工作的重要方略，作为推进廉洁工程建设的重要方法论，有效地防范了廉洁风险。

（1）强化不敢腐的震慑。紧盯重点人、重点岗、重点事，对涉及大兴机场的问题线索实行集中管理、优先处置、定期研判，确保事事有回音，件件有着落。对上级督办以及涉及重大、敏感问题的线索，一方面依规依纪依法给予严肃处理，另一方面请相关领域的专家从工程建设质量方面进行专业把关，确保不出现"豆腐渣"工程。注重用好"四种形态"提

---

[1] "三亮两结合"：即广泛开展亮身份、亮承诺、亮业绩，结合监理、结合总包，通过"三亮两结合"，亮明党员身份、践行党员承诺，与参建单位建立常态化的沟通机制。

供的政策策略,实现政治效果、纪法效果、社会效果有机统一。坚持把握"三个区分开来",对反映不实的及时予以澄清,帮助被反映人放下包袱,轻装上阵,激励担当作为。大兴机场建设和投运期间,集团公司各单位因落实"廉洁工程"要求不力等问题,受到党纪轻处分、诚勉谈话和组织处理等共 25 人次,未发现重大违纪违法问题,实现了廉洁工程建设目标。

(2)扎紧不能腐的笼子。坚持宏观与微观相结合,在完善管控制度体系的同时,注重结合实际制定通俗易懂的禁止性规定和行为规范,严格日常管理和监督。指挥部结合实际制定了"三不一必须"[1]和"五不得"[2]行为规范,明晰员工与供应商、参建单位交往的行为规范和注意事项,并落实到日常施工现场管理的吃住行等细节中;广告公司出台了大兴机场工作人员"十不准",明确从业人员各类禁止行为;地服公司下发了《利益冲突申报制度》,要求参与大兴机场建设的员工及其亲属在业务范围内可能发生利益冲突的行为必须予以申报。

(3)增强不想腐的自觉。指挥部坚持逢会必讲廉洁要求,做到婆婆嘴、常提醒,发现隐患就当头棒喝、警钟长鸣。结合"两学一做""不忘初心、牢记使命"主题教育,在持续加强理想信念、党章党规党纪等方面教育的同时,坚持用身边人身边事加强警示教育,每逢元旦、春节、劳动节、端午节、国庆节、中秋节等重要时间节点都要通报集团公司自查案件,推动广大参建者因觉悟而"不想",把"要我廉洁"转变为"我要廉洁",将打造廉洁工程的政治要求自觉融入了血脉。

---

[1]　"三不一必须",即不进包间,不许喝酒,不能聚众,必须依规结算。

[2]　"五不得",即不得单独跟潜在供应商交流业务,不得在工作场所之外与潜在供应商交流业务,不得由潜在供应商支付考察交流费用,不得泄露指挥部机密或交流敏感事项,不得在外部公开场合对潜在供应商的企业、产品和服务做出倾向性评价。

第9章
建设"四个工程"助推打造"四型机场"

2019 年 9 月 25 日,习近平总书记出席大兴机场投运仪式时提出:把大兴国际机场打造成为国际一流的平安机场、绿色机场、智慧机场、人文机场。大兴机场弘扬工匠精神,致力于打造"四型机场"标杆,发挥示范引领作用。

9.1 概述

为贯彻落实习近平总书记关于"四型机场"建设的指示要求,加强顶层设计,民航局制定并发布了《中国民航四型机场建设行动纲要(2020—2035)》(以下简称《纲要》)、《四型机场建设导则》等指导全国民航推进"四型机场"建设的指导性文件和具体实施指南,为"四型机场"建设提供了指导思路、实施路径和基本方法。"四型机场"建设是新时代民航机场高质量发展的必然要求,是民航强国建设的重要组成部分,是推进行业治理体系和治理能力现代化的重要抓手,对未来机场建设发展具有重大意义。

9.1.1 "四型机场"的定义内涵

"四型机场"是以"平安、绿色、智慧、人文"为核心,依靠科技进步、改革创新和协同共享,通过全过程、全要素、全方位优化,实现安全运行保障有力、生产管理精细智能、旅客出行便捷高效、环境生态绿色和谐,充分体现新时代高质量发展要求的机场。

平安机场是安全生产基础牢固,安全保障体系完备,安全运行平稳可控的机场。安全是民航业的生命线,平安是基本要求。应树立和践行民航"大安全"理念,统筹兼顾不同区域、不同业务、不同场景及全生命周期中不同时间节点的安全工作,坚守空防、治安、运行和消防安全。从事前主动防御和事中、事后快速响应,着力推进航空安全防范、业务平稳运行、应急管理、快速恢复安全能力建设,实现机场整体公共环境的安全稳定、业务运行的平稳有序及应急处置的及时有效。应以智慧安防为支撑,突出科技支撑,强化信息预警,提升机场安全防范能力;坚持目标导向、问题导向、效果导向,守住飞行区安全运行,提升机场平稳运行能力;以体系建设为抓手,提升机场的应急管理能力,包括开展应急组织指挥体系、应急保障资源体系、应急救援队伍体系建设;以可持续发展为目标,加强值机、行李、离港等旅客进出港流程上的关键设施设备、重要信息系统的备份设计等,提升机场的快速恢复能力。

绿色机场是在全生命周期内实现资源集约节约、低碳运行、环境友好的机场。机场应秉持资源节约、绿色低碳、环境友好、运行高效的可持续发展理念,推进科学规划设计、绿色施工管理、低碳运行实践。其中,资源节约聚焦土地集约、节能、节水、节材,减少资源消耗,坚持和实施开发与节约并重,提高资源利用效率;绿色低碳聚焦绿色建设和管理,强调能源结构和配置优化,提升绿色建设与运行管理水平;环境友好聚焦环境优化和绿色生态化,创造和谐发展的机场环境适航和环境和谐;运行高效聚焦旅客便捷舒适、航空器高效运行、货运物流快捷精准,强调向旅客和用户提供高效的航空运输服务。

智慧机场是生产要素全面物联,数据共享、协同高效、智能运行的机场。智慧机场是"四型机场"发展的重要技术支撑和基础保障。智慧机场建设,业务是本源,机场应聚焦生产运行、安全安保、旅客服务、智能商业、综合交通、能源管理、航空物流等业务节点,创新业务模式。智慧机场建设要最终实现"六化":网联化、可视化、协同化、智能化、个性化和精细化。

人文机场是秉持以人为本,富有文化底蕴,体现时代精神和当代民航精神,弘扬社会主义核心价值观的机场。人文机场是提升机场软实力的新概念和方式。机场建设与运行应回归到重视人、尊重人、关心人、爱护人的本质上。机场应始终坚持以人为本,践行真情服务理念,从文化彰显和人文关怀两个层面,聚焦理念、形象、空间和服务的系统构建,突出人文体验,弘扬中国精神,彰显特色文化,体现人本关怀,实现机场与社会不同群体的和谐发展。人文机场以紧扣"人文关怀"和"文化彰显"两条主线,围绕"功能规划、空间环境、服务行为、服务设施、服务产品、主题理念、文化表达"等建设要点展开。

"平安、绿色、智慧、人文"是"四型机场"建设的四个基本特征,各要素相辅相成、不可分割。平安是基本要求,绿色是基本特征,智慧是基本品质,人文是基本功能。要以智慧为引领,通过智慧化手段加快推动平安、绿色、人文目标的实现,由巩固硬实力逐步转向提升软实力。"平安、绿色、人文"更多体现的是"四型机场"建设的结果和状态,都需要利用智慧化的措施、手段来实现。

9.1.2　"四型机场"建设目标

"四型机场"建设是我国民航强国建设的重要组成部分。根据《纲要》精神,"四型机场"建设要围绕新时代民航强国的战略部署,体现新时代民航强国建设的阶段性特征,配合新时代民航强国的战略进程,找准主攻方向和重点任务,确定的建设目标是[1]:

2020年,"四型机场"建设的顶层设计阶段。要按照新时代民航强国建设目标,明确

[1]　中国民航四型机场建设行动纲要(2020—2035年),http://www.gov.cn/zhengce/zhengceku/2020-03/25/content_5495472.htm,2020.1.3.

"四型机场"建设的目标、任务和路径,为全行业描绘"四型机场"建设蓝图。

2021—2030 年,"四型机场"建设的全面推进阶段。"平安、绿色、智慧、人文"发展理念全面融入现行规章标准体系。保障能力、管理水平、运行效率、绿色发展能力等大幅提升,支线机场、通用机场发展不足等短板得到弥补,机场体系更加均衡协调。示范项目的带动引领作用充分发挥,多个世界领先的标杆机场建成。

2031—2035 年,"四型机场"建设的深化提升阶段。机场规章标准体系健全完善,有充分的国际话语权。建成规模适度、保障有力、结构合理、定位明晰的现代化国家机场体系,形成干支结合、运输通用融合、有人无人融合、军民融合、一市多场等发展模式的"百花齐放",保障安全高效、绿色环保、智慧便捷、和谐美好的"四型机场"全面建成。

9.2 "四个工程"与"四型机场"间的相互关系

"四个工程"与"四型机场"相互间具有高度的内在联系,前者是后者的支撑条件,后者是前者建设成果的展示和光大,二者在机场建设运营一体化的链接中形成一个有机整体(图 9.1)承上启下,综合体现机场的高品质和建设成果。

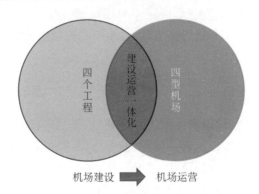

图 9.1 "四个工程"与"四型机场"间的相互关系

9.2.1 "四个工程"和"四型机场"的共同目标是实现机场高品质发展

"四个工程"与"四型机场"建设的共同目标是对机场从规划、设计、施工到运营进行全方位优化,提升机场治理体系和治理能力现代化水平,打造一个规划建设科学有序、安全根基扎实牢固、资源保障可靠有力、业务运行协同经济、航旅服务优质便捷、交通衔接顺畅高效、信息系统集成共享、环境友好绿色低碳,符合新时代民航高质量发展要求,满足人民群众美好出行需求的现代化机场。推进"四个工程"和"四型机场"建设是一项综合工程、长期任务,是贯穿机场规划、建设、运营、发展全生命周期的一场持久战,必须树立和推行品质工程理念,全力推行现代工程管理,推进建设理念人本化、建设管理专业化、建设运营一体化、综合管控协同化、工程施工标准化、日常管理精细化、管理过程智慧化,全面推进民用机场高质量发展。

9.2.2 "四个工程"建设是打造"四型机场"的基础和支撑条件

机场属于公共基础设施,机场建设是为机场运营服务的,以满足机场高水平运营和旅客需求为目标。"四个工程"是机场建设的基本要求,集中体现了机场建设市场主体的综合能力、民航基建领域治理体系和治理能力的现代化水平。满足"四型机场"高水平运营要求的"四个工程"建设,将为"四型机场"运营和持续发展提供高标准、高质量、现代化、信息化、绿色低碳、人性化的物质基础和条件支撑。"九层之台起于累土,千里之行始于足下"[1],具有前瞻性的机场总体规划将为机场的可持续发展提供弹性、空间和良好的运行环境,技术高标准、经济合理、智慧、人性化、绿色低碳的机场设施建设将为机场高水平运营提供保障和支撑。

9.2.3 "四型机场"是"四个工程"建设成果的延续和光大

"四个工程"聚焦于机场的高质量建设,"四型机场"聚焦于机场的高水平运营,二者统一于机场为社会公众提供高质量服务的能力和水平。"四型机场"是"四个工程"建设成果的延续和光大,是机场建设和运营的重要目标,是机场高质量发展的显著标志和检验"标尺"。"四型机场"的建设理念和实践,贯穿于机场规划、建设、运营的全过程和各领域,是推进和实现机场提质增效、安全运行保障有力、生产管理精细智能、旅客出行便捷高效、环境生态绿色和谐的总抓手。

9.2.4 建设运营一体化是链接"四个工程"与"四型机场"的重要途径

机场建设运营一体化是建设和运营的高度融合、无缝对接,是链接"四个工程"与"四型机场"的重要途径。机场建设运营一体化,就是要基于项目全生命周期进行机场建设、运营的统筹策划,聚焦机场的规划设计、工程质量、安全生产、绿色低碳、科技创新、多元共治、廉洁防控,以新的信息技术、智能技术和绿色技术为支撑,实现安全风险应对能力强、绿色低碳可持续发展、智慧高效运营和真情服务的"四型机场"建设目标。

9.3 大兴机场"3-3-1-3-4"工作方案

指挥部在集团公司指导下,全面贯彻落实集团公司"四型机场"建设指导纲要、实施方案,制定了《北京大兴国际机场"四型机场"建设工作方案》,主体内容为"3-3-1-3-4"工作思路和重点任务,即"四型机场"分别按照三个阶段展开,包括投运初期(2019 年至 2020年)、运营中期(2021 年至 2025 年)、未来远期(2026 年至 2035 年),每阶段均按照具体目标、重点任务、衡量指标或成果三个层次,梳理形成了大兴机场"四型机场"建设总计 134项重点任务。

---

[1] 见《老子》第六十四章。意思是:九层的高台,是一筐土一筐土筑起来的;千里的行程,是一步又一步迈出来的。

9.3.1 平安机场建设

以《首都机场集团公司平安机场建设指导纲要》和总体安全工作思路为指导，牢固树立"安全隐患零容忍"的核心思想，大力推行"科技兴安"，采用"人防＋物防＋技防＋源防"一体化管理理念，有效构筑平安机场安全防线。

9.3.2 绿色机场建设

全面贯彻落实《首都机场集团公司绿色机场建设指导纲要》和基本建设"4-3-2-1"管理模式和指导思想，在机场全生命周期中实现资源节约、环境友好、运行高效、绿色发展，将大兴国际机场成为达到全球标杆地位的绿色国际枢纽机场，成为全国绿色机场建设的先行者和典范。

9.3.3 智慧机场建设

全面贯彻落实《首都机场集团公司智慧机场建设指导纲要》要求和"1-2-4"科技创新工作思路，将大兴国际机场打造成为全球超大型机场智慧机场标杆。

9.3.4 人文机场建设

全面贯彻落实《首都机场集团公司人文机场建设指导纲要》要求，坚持以人为本、文化引领，以提升航班正常、改善服务品质、打造文化机场、增强员工幸福为目标，为航空公司、旅客、货主提供全流程、多元化、个性化和高品质的服务产品和服务体验，将大兴国际机场打造成为践行真情服务、弘扬人文精神、打造城市名片、彰显文化自信的新国门。

9.4 推动"四个工程"与"四型机场"建设的深度融合

为深入贯彻落实习近平总书记视察大兴机场的重要指示精神，牢牢把握大兴机场"世界级航空枢纽、国家发展新的动力源"的战略定位，以高质量的"四个工程"建设，高水平服务大兴机场的"四型机场"建设，大兴机场、北京大兴国际机场建设指挥部"共同倡议发起大兴机场建设运营一体化协同委员会（简称"协同委"）"，推动"四个工程""四型机场"建设进入深度融合协同发展新模式。

9.4.1 工作原则

（1）同心同行、战略伙伴。在大兴机场建设运营的不同发展阶段，大兴机场、指挥部、各驻场单位承担着不同的职责，始终肩负着共同的初心与使命。回顾过往，建设运营一体化见证了大兴机场、指挥部，各驻场单位牢记嘱托、勇担重任的历史传承与文化纽带；展望未来，大兴机场、指挥部，各驻场单位有共同的目标、理念去深化和完善机场建设运营一体化的工作机制。

（2）聚焦重点、突出主题。建设运营一体化工作机制重点聚焦在对习近平总书记视察大兴机场重要指示精神的贯彻落实，重点实现"四个工程"建设对大兴机场"四型机场"建设的支撑。

（3）不断深化、协同融合。努力贯彻新发展理念，在发展战略、核心竞争力、技术创新、党建文化等方面不断进行深度融合，强化"大兴一心、一心大兴"的发展局面。

9.4.2　打造一个平台

由大兴机场、指挥部共同倡议、发起成立协同委。协同委委员单位包括与大兴机场建设、运营协同相关的驻场单位。协同委主要负责研究审议，包含但不限于以下事项：

（1）建设运营一体化工作模式的巩固和发展；

（2）本期已投运项目质保与维保的衔接和协调；

（3）在施工工程项目建设、投运准备和运营管理衔接中问题的协调；

（4）后续工程的立项、可研等前期工作和规划编制调整的协调；

（5）机场各期发展中涉及规划设计、功能流程及使用模式研究和确认的协调；

（6）协同委内部机构设置、工作规则和人员管理等。

9.4.3　推动四种融合

1）发展战略融合

大兴机场、指挥部将深化战略层面的融合，充分汇聚协同委各委员单位的建议，切实将大兴机场后续工程建设及建设模式，与大兴机场发展战略、"十四五"规划紧密融合。

2）核心竞争力融合

充分发挥指挥部在"四个工程"建设中积累的多学科、跨领域的管理优势，以及在招标代理、造价咨询、工程设计、工程监理、总承包管理中的技术优势，与协同委各委员单位共同助力大兴机场打造核心竞争力。

3）技术创新融合

协同委将认真贯彻集团公司"4-1-4"[1]技术创新工作思路，以大兴机场、指挥部为表率，带动协同委各委员单位积极开展技术创新融合，不断探索将"新基建"要求、5G技术应用等融入大兴机场的"四型机场"建设中。

4）党建文化融合

以党建联建工作平台为载体，联合开展"2.23""9.25"周年纪念活动，党委中心组（扩大）学习、基层党建联学联建等，不断增强"不忘初心、牢记使命"的政治意识，通过联合举

---

[1]　"4-1-4"技术创新工作思路，即：聚焦四型机场，以技术创新推动四型机场标杆建设；打通一个链条，以"用"为主带动"产、学、研"，打通深度融合的创新链条；推进四大创新，创新技术体系、创新产品产业、创新生态建设、创新制度机制。"

办培训班、挂职交流、成立专项小组等方式,积极探索和推进建设运营人才培养的融合。通过联合开展丰富多样的文体活动,不断增进员工交流,共同弘扬大兴机场精神。

9.4.4　设立四个抓手

1）建设项目库

主要包括:需协同委审议的"四型机场"建设项目,以及其他需协同委研究的建设、改造项目。根据有关规定或协同委认为需上报民航局、集团公司审批、备案的,在履行相关手续后进入建设项目库。根据实际制定项目综合管控计划,有效推动项目协同发展。

2）课题标准库

主要包括:获得国家、地方、民航局和其他政府部门、集团公司立项批准的"四型机场""四个工程"相关的基础设施建设类课题;研究落实国家、民航局、集团公司关于大兴机场基础设施建设相关的重大政策导向和重要决策部署的课题;受委托编制的行业标准,以及引领机场业发展的企业标准;协同委认为有必要开展的其他课题。

3）复合人才库

主要包括:以建设项目和研究课题为抓手,以建立既懂建设,又懂运营管理的复合人才库为目的,通过面向协同委委员单位举办专题培训、短期借调、挂职交流,抽调骨干成立专项小组等方式加强复合人才培养。

4）问题督办库

主要包括:大兴机场、指挥部以及相关委员单位提出需协同委推动解决的基础设施建设类问题,经协同委审议后纳入督办问题库,进行动态跟踪管理。

9.4.5　深化五项机制

1）平安机场的管控机制

充分发挥指挥部在"平安工程"建设的先进经验,努力探索机场在建项目安全管理的新模式。共同开展在建项目安全隐患排查和整治;做好机场安全设施和安全系统运行的技术支持;共同开展安全运营新技术研究。

2）绿色机场的共建机制

始终保持大兴机场在绿色机场中的领先优势,努力将大兴机场打造成为全球绿色机场的标杆和样板。共同做好绿色机场建设成果的总结,参与行业标准制定,形成知识产权;协同编制完成大兴机场可持续发展手册;共同开展绿色机场运营技术研究,提供绿色运营服务技术支持;共建绿色生态环保的科研教育基地。

3）智慧机场的赋能机制

充分发挥大兴机场的示范引领作用。打造智慧机场高地。坚持以"用"为主,推动"产、学、研"深度融合的创新链条;深入开展课题研究,形成机场建设运营的创新成果和自主知识产权;共同开展"新基建"的研究与应用,共建以数字孪生机场、机场工程技术中心、"四型机场"重点实验室和博士后工作站为核心的创新技术体系和产业平台。

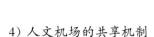

4）人文机场的共享机制

坚持"以人民为中心"的发展理念,动员和号召协同委各委员单位,不断通过优化机场环境和提升公共设施配置标准,提高旅客和员工的满意度。为大兴机场建设国际一流的"四型机场"作出更大贡献。

5）"四个工程"建设的提升机制

不断总结、固化"四个工程"建设的宝贵经验,在大兴机场卫星厅及配套设施等重大工程建设任务中,牢固树立"以客户为中心"的理念,紧密对接大兴机场"十四五"规划和"四型机场"建设需求,通过建设、运营团队的无缝衔接和专业协作,不断提高工程质量、安全、进度、资金、廉洁管理水平,着力展示既有民族精神又有现代化水平的大国工匠风范,持续打造世界一流水平的"四个工程"。

第 10 章
"四个工程"建设成果与引领示范

大兴机场是举世瞩目的世纪工程,是习近平总书记特别关怀、亲自推动的首都重大标志性工程。从提出建设动议到确定选址,再到党中央、国务院决定建设,前后历经 21 年,体现了党中央、国务院对大兴机场的高度重视。从 2014 年 12 月开工建设到 2019 年 9 月正式建成投运仅用时 4 年 9 个月,创造了世界工程建设史上的一大奇迹。

2019 年 9 月 25 日,习近平总书记亲自出席投运仪式,宣布大兴机场正式投入运营。习近平总书记,赞扬大兴机场体现了中国人民的雄心壮志和世界眼光、战略眼光,体现了民族精神和现代化水平的大国工匠风范。大兴机场建设充分展现了中国工程建筑的雄厚实力,充分体现了中国精神和中国力量,充分体现了中国共产党领导和我国社会主义制度能够集中力量办大事的政治优势。

10.1 践行新发展理念的典范性工程

"创新、协调、绿色、开放、共享"新发展理念是习近平新时代中国特色社会主义经济思想的重要内容。作为首都的重大标志性工程,大兴机场是国家发展一个新的动力源,更是践行新发展理念的新国门。

10.1.1 创新引领

理念创新。创新机场引导标识设计理念,丰富优化行业标准;航站楼功能楼层采用立体叠落方式,全球首创三层出发、两层到达;五指廊放射构型、国内旅客进出港混流等创新设计,使航站楼流程效率出类拔萃;"国内领先,国际一流"的无障碍环境,向全国公共基础建设作出示范,为修订机场无障碍设施行业标准提供支撑。

管理创新。国内首创机场建设与运营一体化模式,集中工程建设、设施设备、人力资源、科技力量等关键要素,克服了传统建设与运营脱节的问题,统筹推进;实施科学的总进度综合管控,把控节点、抓住关键、及时预警、压茬推进;打造超越组织边界的管理平台,各单位同心协力,确保工程按期投运。

技术创新。在工程建设中开发应用了 103 项新专利、新技术,65 项新工艺、新工法;首创"空地一体化"全过程仿真技术;首创地井式飞机空调系统、全球规模最大的耦合式地源热泵系统,全新研发中空铝网玻璃;建成全球规模最大的空管自动化系统,国内首次全场运用同频互锁技术的仪表着陆系统,首次应用进离港排序系统、国产气象探测系统;南航采用网架结合斜桁架,建成亚洲跨度最大的机库;航油工程首次采用 8 项国际领先技术,获得 1 项专利和 5 项软件著作权。

10.1.2 协调有序

规划协调。大兴机场与京冀两地深入对接功能区规划和产业布局;在机场红线范围内为京冀两地提供发展空间,助力打造对外交往平台、文化交流中心;在航站楼内为地方提供特色文化及产品展示空间;南航成立雄安航,满足地方发展诉求。

机制协调。大兴机场通过签订京冀两地跨地域建设与运营管理协议,打破行政区划壁垒,加强区域合作,形成区域发展协同制度;完善土地资源补偿和管理办法,形成受益者付费、保护者得到补偿的良性机制;建立机场噪声影响治理制度,由民航、地方实施综合治理,加强环境保护。

军民协调。四级协调机制——国家领导小组对联合参谋部、民航局对空军司令部、华北空管局对中部战区、大兴机场对南苑机场;民航、军方、北京签订"三方协议",实现"同步建设、同步投运"的建设模式;国内首创军民航"一址两场、天合地分"的多跑道枢纽机场运行模式,完成了中国民航历史上范围最广、影响最大的空域调整。

10.1.3 绿色低碳

环境友好。致力减少"水、气、声"等污染排放,推进地方在开航前完成机场周边噪声敏感点的居民搬迁安置和治理工作;建设环境管理系统,全面监控机场环境现状,预测环境风险趋势,为管控措施的制定提供科学有力的依据。

资源集约。采取以公共交通为导向的发展模式,设置综合交通换乘中心,构建便捷的区域交通系统,紧邻交通站点进行高密度建设,高效利用土地资源;构建复合生态水系统,全场雨水收集率 100%,将再生水和回收雨水用于绿化等,实现水资源的循环利用。

节能减排。积极采用太阳能光伏发电、太阳能热水、浅层地源热泵等,全场可再生能源利用率超过 16%;大力推行绿色建筑,减少建筑能耗,国家三星级绿色建筑比例超过 70%;大力推广新能源车辆,场内车辆综合电动化率达 75%。

10.1.4 厚植开放

建设市场开放。通过组织开展航站楼建筑方案国际招标,多家国际知名设计单位参与,投标方案集中体现世界民航设计行业的高超智慧和精湛水准;开展多轮航站楼方案优化工作,聘请英、法等 10 余家知名咨询单位开展多项研究,取得了举世公认的成效;通过公开招投标,国内 103 家施工总承包单位参与工程建设。

航空市场开放。面向全球航空运输企业,多渠道、多平台开展市场营销,与近50家外航建立一对一机制,与4家国际机场缔结友好机场关系;机场、航空公司、铁路等单位联合协作推出空铁联运产品,为旅客提供"一站式购票"出行体验;北京草桥站城市航站楼与大兴机场同步投运,将机场功能延伸到中心城区。

投融资市场开放。积极吸引社会资本参与项目投资运营,先后在机场停车楼、综合服务楼等10个项目上引入社会投资近40亿元,为国内机场行业发展提供了有益借鉴。

经营权市场开放。积极构建管理型机场,与地服、航食、货运等服务商签订经营权转让协议;保持一致的进出境免税店政策,采取招标方式,确定免税品经营服务商,形成良好的机场经营生态。

10.1.5　共建共享

全过程共建。在规划设计阶段,大兴机场充分征求驻场单位、航空公司、联检单位的意见,以运行功能需求为导向开展方案设计;在建设阶段,实施工程勘察、设计、建设、监理、施工"五位一体"的施工建设管理体系,高效推进项目进度;在运营筹备阶段,集团公司、驻场单位、航空公司、联检单位组建投运总指挥部,协同推进投运前的各项准备工作。

全主体共治。通过成立跨越组织边界的安全管理委员会、旅客服务促进委员会、新闻宣传工作委员会、运行协调管理委员会和综合交通枢纽协调委员会五大委员会,相关单位结成命运共同体,有效促进机场整体高效运行。

全要素共享。打破资源要素归属权限制,共享机务常用设备,避免人力、物力重复投入,有效释放机坪运作空间;建设共享车辆充电桩,对全场新能源车辆进行一对一全流程管理;共享机坪通勤巴士,解决员工上下班最后1 km不畅的痛点,缓解机坪运行风险和交通压力。

10.2　辉煌成就

10.2.1　"四个工程"建设的标志性工程

大兴机场是首都的重大标志性工程,打造"四个工程"是大兴机场建设者孜孜追求的目标。

1)精品工程建设

设计精心。在建设过程中建立了全过程、全维度、全专业的设计管理机制,解决了跨设计界面的1 300余项重难点问题;优化"一市两场"航线航路结构和31个进离场程序,同步调整全国38个民航运输机场的飞行程序,完成了中国民航史上规模最大的一次空域调整,实现了空域资源的优化配置;在国内首次提出多种轨道交通在航站楼正下方穿越并设站的方案,实现了轨道交通车站与航站楼的一体化设计。

建设精细。充分发挥民航专业工程质量监督总站、监理机构、第三方检测机构的作

用,创新质量管理方式;在国内飞行区施工过程中首次采用数字化监控技术,实现高精度的全过程实时监控;加强项目管理、现场管理,实现"标准化、规范化、程序化"作业,工程项目一次验收合格率达到100%。

品质精良。获得60余项国家级、省部级奖项。其中,航站楼、停车楼、信息中心及指挥中心等7个项目分别获得中国钢结构金奖、中国钢结构金奖年度工程杰出大奖、北京市建筑结构长城杯金质奖。此外,东航、南航、空管、航油项目分别获得中国钢结构金奖、北京市结构长城杯金质奖等奖项。

2)样板工程建设

功能布局合理。航站楼采用中心放射性布局、二元式布局,进一步缩短旅客步行距离,中心到最远端登机口距离600 m,步行不到8 min,效率优于世界其他同等规模机场;航站楼核心区设置集中中转区,中转流程更加便捷,机场最短中转衔接时间位于世界前列。

土地开发集约。坚持节约集约利用土地,在27 km²的土地范围内布局4条跑道,土地集约利用国内领先;核心工作区打破传统大院式布局,采用开放式街区,实现了"窄街区、密路网";建成30万 m²的地下人防工程和综合服务楼,实现了地下轨道、车站的上盖综合开发。

项目管理科学。获得"IPMA全球卓越项目管理大奖"超大型基础设施类项目金奖、"国际卓越项目管理(中国)大奖"金奖;东航基地项目被英国皇家特许测量师学会(RICS)授予2018年度BIM最佳应用金奖。

综合交通便捷。建成以机场为核心的综合交通体系——"轨道上的京津冀",实现了1 h通达京津冀主要城市,2 h内通达华北地区主要城市,3 h内覆盖中国北部地区;航站楼综合交通枢纽一体化建设,国内首次实现空铁联运最短衔接时间60 min;铁路、城市轨道统一由机场代建,完善了机场与不同交通方式的业主单位、地方政府部门协调调度机制,打造一体化建设运行协作典范。

无障碍设施完善。与中国残联密切合作,从停车、通道、服务、登机、标识等8个系统,针对行动不便、听障、视障等3类人群开展专项设计,在航站楼内、外,包括车道边、值机区、候机区等区域为旅客提供全流程无障碍服务,实现全面无障碍通行体验,建设"国内领先,世界一流"的无障碍环境,全面满足2022年冬残奥会要求,为全国公共基础设施无障碍环境的建设提供样板。

3)平安工程建设

工程安全标准提升。在工程建设中引入项目全生命周期的安全、环保、健康(HSE)管理咨询服务单位,建立了全流程的HSE管理体系和"7S管理"制度,搭建全员参与式HSE管理组织架构,实现了安全零事故、质量零缺陷、工期零延误、环保零超标、消防零火情、公共卫生零事件的总体目标。

工程安全体系丰富。制定具有机场建设工程特点的安全管理体系,主要包括安全生产风险管控、事故隐患排查治理管理、安全生产绩效考核管理、安全生产教育培训管理、工程发包与合同履约管理、参建单位汛期施工安全管理、施工现场安全资料管理、安全生产例会等 20 余项制度。

工程安全措施完善。完善建设工程消防安全责任制度，设立消防监督巡逻和应急处置驻勤岗，保障建设高峰期间全场上千家施工单位、7 万余人同时作业；对违法犯罪高危群体集中开展比对筛查，实现场内流动人口的信息全面采集，做到"底数清、情况明"；开展矛盾纠纷"大排查、大化解"和治安环境整治行动；保障农民工合法权益，实现"零上访"。

4）廉洁工程建设

廉洁教育有质量。创新使用微党课、云课堂等多种宣教载体开展廉洁教育；及时通报违纪违法案例，组织集中观看警示教育视频；外邀专家开展职务犯罪预防专题讲座、组织党员干部前往全面从严治党警示教育基地开展现场教育；与大兴区人民检察院建立以服务大兴机场工程项目为核心的共建机制，与参建单位建立"廉洁文化共建"机制，搭建廉洁交流平台，畅通共建沟通渠道，实现了思想先导、意识先行。

风险管理有手段。在工程建设中健全廉洁防控体系，织密"廉洁工程"保护网；建成工程项目管理信息系统，首次利用信息系统实现对合同、财务、工程概算、设备物资、文档和竣工决算等全过程进行统一管理，全流程合同风险防控；前置合同文本合法合规审核，推广使用 27 个标准合同文本，实现了"制度＋科技"的有效防控。

制度建设有体系。积极夯实廉洁主体责任，完善规范行使权力的制度体系，强化"不能腐"的约束；制定行之有效的廉洁工程建设实施方案；围绕工程管理、资金使用、内部管理等制定、修订规章制度 126 项；出台了"三不一必须"和"五不得"行为规范和注意事项，形成长效管理机制。

精准监督有成效。通过运用监督执纪"四种形态"，始终保持"不敢腐"的高压态势；聚焦重点领域、关键环节，建立审计工作提示单管控机制；实施建设项目全过程跟踪审计，做到事前预防、事中预警、事后监督。通过审计署开展的"百人百天"专项审计，未发现政治问题和重大审计问题；全过程未发现上级纪检组织认定的重大违纪问题和监察机关查处的职务犯罪案件。

10.2.2 "四型机场"建设的引领性工程

"四型机场"是引领大兴机场建设运营的根本路径。大兴机场坚持把"四型机场"理念与要求全面融入机场建设，依靠科技进步、改革创新和协同共享，通过全过程、全要素、全方位优化，实现安全运行保障有力、生产管理精细智能、旅客出行便捷高效、环境生态绿色和谐。

1）平安机场建设

大兴机场秉承"安全隐患零容忍"理念，以最强担当、最高标准、最严要求、最实措施打造平安机场。

顶层设计不断完善。推进安全规划"白皮书"与"十四五"平安机场专项规划编制，稳步推进平安机场建设；构建安全管理全景图，形成多维、动态的业务管理全景图及手册；编制完成《安全管理体系手册》,建立预防预警预控体系;扎实开展以"三个敬畏"[1]为内核的作风建设,提炼发布《大兴机场安全承诺九条》;制定《大兴机场相关方安全管理实施细则》,实施分类分级管理;建立"违章问题直达高管"工作机制,促进安全问题及时解决。

管理基础持续夯实。编制机场"三基"[2]建设方案,对核心流程、保障要求进行安全交底;将机场安全"四个底线"[3]指标体系细化分解,对安全底线指标进行动态监测;鼓励班组人员发挥创造性,推动科技创新和课题研究;创新开展全过程和差异化风险评估,建立风险隐患评估小组,制定风险管控清单,识别882项危险源,开展安全隐患清零"提速"专项行动,做好隐患动态管理。

保障能力有效提升。开发安全运行管理平台,实现安全工作的统一管理;全国率先启用毫米波门安检模式;推广人脸识别技术;行李100%实现X线机和CT机双机安全检查;建立多圈层安保防线,推动机场地区安全防范工作逐步向外围拓展,实现多层级联动防控;将货运、机库等区域纳入机场控制区统一管理,确保空防红线统一值守;强化资质管理,对所有入场单位、人员、设施实施准入管理,建立企业入场黑名单工作机制;对入场工作的人员进行全员安全培训考核,对入场设备进行安全评估,从源头减少风险隐患。

2)绿色机场建设

大兴机场坚持从设计建设到运营管理的全生命周期绿色低碳理念,坚持绿色建设和绿色运行,打造绿色机场。

绿色设计创新。首创国内飞机地面专用空调系统(PCA)和飞行区全跑道LED助航灯光光源;飞行区规划建设除冰废水回收、处理及再生系统,实现京津冀机场除冰废水集中处理;航站楼按照国家最新标准、最高要求设计,综合采用各类创新型节能举措,成为国内单体体量最大的绿色建筑三星级项目和全国首个节能AAA级建筑;东航工程设置屋顶绿化,楼栋屋顶绿化比例达到30%～60%;航油等工程获得绿色建筑三星级认证。

绿色建设落实。严格施工扬尘治理机制,制定施工扬尘治理工作方案,组织环境监理单位进驻现场并巡视,定期报送扬尘治理信息专报,落实各项治理措施;全国首次引入集雾炮降尘、水枪消防等功能为一体的新型技术或设备;场内多个标段先后获得"住建部绿色施工科技示范工程""全国建筑业绿色施工示范工程""国家AAA级安全文明标准化工地"等称号;全国第一个在开航一年内完成竣工环保验收的大型枢纽机场,成为环保验收改革后全国第一个进行整体竣工环保自主验收的工程项目。

绿色运行发展。建设的地源热泵、太阳能光伏、太阳能热水三大可再生能源利用工程,利用率达到16%,为全国机场最高;发布《大兴机场打赢蓝天保卫战专项管控计划》;全面整合数据资源,建设多系统协同平台,实现信息化、智慧化管理;通过"渗、滞、蓄、净、用、排"等多个流程,将全场水资源回收利用,污水处理率和再生水利用率达100%;建成

[1] 敬畏生命、敬畏规章、敬畏职责。
[2] 抓基层、打基础、苦练基本功。
[3] 运行安全、空防安全、消防安全、公共治安。

机场噪声监测系统,实现 30 个站点的噪声监测数据回传。

绿色成果显著。主导、参与编制《绿色机场规划导则》《绿色航站楼标准》《民用机场绿色施工指南》等首批行业绿色标准。其中,《绿色航站楼标准》成为首部向"一带一路"国家推荐的民航工程绿色建设标准。在第四十届国际民航组织大会上,大兴机场绿色建设经验作为示范案例与全球分享。

3) 智慧机场建设

大兴机场全面应用云计算、大数据、移动互联网、人工智能等新技术,构建稳定、灵活、可扩展的数字平台,实现多方协同、信息共享、智能运行、智慧决策,打造智慧机场。

平台信息化。打造机场数据底座,建成覆盖全场的信息基础设施,实现实时准确的运行监控;搭建智能化云平台,作为机场信息系统数据共享的基础运行平台;建设数据中心网,实现航站楼、停车楼、机坪区域无线网络全覆盖;打造智能数据中心,汇集管理近百个内外部系统业务数据,实现驻场单位数据融合,提升信息数据价值。

手段智能化。整合机场数据信息,综合处理各类交通与航班信息,统一发布、协同调度,实现交通管理无缝衔接;全面整合货运物流服务,建成覆盖全业务链的货运信息管理平台和无纸化电子货运生产管理系统,支撑国内国际一级货站进出港及中转的生产运作管理;以地图服务为基础,实现商业资源数字化、可视化,精准掌握商业资源的多维价值分布,驱动非航业务发展。

运行智慧化。实现离港控制系统、行李安全检查系统、安防视频管理系统、生产运行管理系统与安检信息管理系统平台集成;实现高精度综合定位平台、综合使用 GPS/北斗、蓝牙、Wi-Fi 等多种定位技术实时展示并监察车辆、航空器的位置信息,实现一张图定位;构建统一信息数据标准,建成开放共享的信息数据平台,应用大数据和复杂事件处理技术预测运行态势,打造高效运行协同指挥平台,实现一体化协同。

感知无纸化。全流程信息化跟踪,自助值机设备覆盖率达到 86%,自助托运设备覆盖率达到 76%,"一证通关 + 面像登机"实现全流程无纸化,获得 IATA"便捷旅行"项目最高认证——白金标识及"2019 年度场外值机最佳支持机场"奖项;全面推行 RFID 行李牌,实现行李全流程 26 个节点 100% 跟踪管理,采用电子墨水显示技术的电子永久行李牌,持续推进无纸化进程;建成以 App、小程序、公众号为基础的线上服务平台,提供航班动态、交通信息、停车预约等在线服务,满足旅客行前及行中、场内及场外的各项需求。

4) 人文机场建设

大兴机场以真情服务为基础,以人为本设计为主线,以文化浸润为依托,坚守"爱人如己、爱己达人"的服务文化和让旅客"乘兴而来、尽兴而归"的服务追求,推动服务范围从"家门"拓展到"舱门",树立"中国服务"品牌形象。

获得感提升。推进科技赋能,确保核心运输服务高效便捷;保持航班正常优势,保障大兴机场高品质运行;依托多样化交通方式集成优势,逐步实现地面交通、航空功能与城市功能的有效结合;发挥中转 MCT 优势和政策优势,全面提升中转品质;应用最新科技成果,加速布局智慧出行;让出行变得更简单,让旅客感受到最大出行便利、最佳出行体验。

幸福感增强。全面升级商业空间、商圈品质、客户体验、协作共赢,提供令人留下美好回忆的商业服务愉悦新体验;布局大量优质品牌,实现 100% 同城同质同价、明厨亮灶,打造舌尖之旅;开辟主题商业区,开发文创产品,构筑购物天堂;运用智能技术突破商业边界,建设"指尖商圈"构筑"消费 + 体验"场景,推进"会员 +"模式,创新"体验营销"。

体验感显著。持续挖掘机场场景的人文表现力,充分展现行业文化、地域特色,致敬中华优秀传统文化,展示当代中国风貌;引入中国传统文化精髓和世界一流艺术,深化空间文化表达;汇集传统文化、民间艺术、现代艺术等多种文化元素,拓展多元文化互动;依托机场文化艺术资源禀赋,开发定制化的文化服务产品,培育特色文化产品。

满足感增加。以传统文化精髓、中国服务内涵、特色人文理念为精神源头,让人文关怀贯穿始终,将机场建设成为有活力有温度的温馨港湾;落地旅客关爱计划,优化特殊旅客服务措施,丰富人文关怀服务产品;通过需求趋势、服务设计、质量改进、服务生态不断循环升级,逐步形成一个正向引领、动态完善的闭环管理体系。

10.2.3　新时代重大项目的示范性工程

2019 年 9 月 25 日,习近平总书记出席大兴机场投运仪式时强调,大兴国际机场能够在不到 5 年的时间里就完成预定的建设任务,顺利投入运营,充分展现了中国工程建筑的雄厚实力,充分体现了中国精神和中国力量,充分体现了中国共产党领导和我国社会主义制度能够集中力量办大事的政治优势。

1)体现中国速度

大兴机场建设成果证明了我国民航具备独立自主规划、设计、建设、转场、运营一个世界领先的大型国际枢纽机场的能力,既有速度,又有质量。

前期工作快。3 个月完成环评、稳评公众参与,协调北京、河北,调研超 1 000 km² 范围内的 590 个村庄(河北省廊坊市 316 个、北京市大兴区 174 个)、学校、企事业单位,高效实施两次公参工作。大兴机场环评报告作为国家生态建设领域成果,入选了中华人民共和国成立 70 周年大型成就展;1 年完成征地拆迁,协调北京、河北顺利完成全场拆迁工作,拆迁范围达到 2 700 hm²,涉及 34 个村、23 423 人,树立了国际征地拆迁的标杆;协调国家发展改革委、北京市、河北省等方面,精密倒排各项工作时间节点,压荐推进,可研审批流转、飞行区工程初步设计评审、先行用地批复等并联开展,最终创造可研批复后 34 天即开工建设的工程建设纪录。

工程建设快。用 1 371 天完成了航站楼综合体建设,创造了全新的世界纪录;559 天完成 196 km 输油管道建设,航油场外管道跨越京、津、冀 3 个省市、9 个行政区,仅用 1.5 年就完成同等规模 4～5 年才能完工的工程。

投运转场快。用 34 天完成飞行校验,校验内容包括 4 条跑道、7 套仪表着陆系统、7 套灯光、1 套全向信标及测距仪和 23 个飞行程序;127 天完成三个阶段的试飞,8 家航空公司、10 种机型、13 架飞机参加试飞,东航、南航和首都航三家航空公司的四种机型借此取得了 ⅢB 类运行资质;60 天完成 7 次大规模综合演练,共模拟航班 513 架次、旅客 2.8

万余人次、行李 2 万余件,演练科目 722 项,发现并解决各类问题 1 133 项;实现工程竣工后 87 天完成投运准备,为顺利开航奠定坚实基础。

2) 展现中国智造

大兴机场是我国民航自主创新集大成者,既有创造,又有智造,实现了建造工业化、设备国产化和安装智能化等转变。

建造向工业化转变。应用智慧化建造技术,推行模块化设计、预制化加工等。其中,航站楼实现了智能化、工业化生产和现场装配,空间节约一半,安装质量更高,安全也更有保障;施工现场声、光、粉尘等污染大量减少,实现施工现场"零污染";每一个设备和构件都有"二维码",扫描二维码就可获取构件的尺寸大小、生产时间、采用工艺等具体信息,实现了信息化质量管控、建筑维保;采用先进的测量机器人、三维扫描仪等实现设备精准定位;设置总长度 1 100 m 的两座钢栈桥作为水平运输通道,自主研发了无线遥控大吨位运输车,有效解决了超大平面结构施工材料运输难题;建立温度场监控、位移场监控等自动监测系统,为国内最大单块混凝土楼板结构施工提供依据;研发二次结构隔墙的层间隔震体系、机电管线抗震补偿器等专利技术,实现"隔离"地震,打造了目前世界上最大的单体隔震建筑。

设备向国产化转变。首次在国内大型国际枢纽机场建设中,采用国产化的行李自动处理及信息管理系统,为我国行李系统做大做强、走出国门奠定了坚实的基础;首次国产化飞机地面空调系统,将空调系统由传统吊装方式改为地井方式,降低风机能耗和传输损失;国内首创航站楼顶棚双层铝网玻璃,不仅满足采光要求,还考虑了调节光线、安全、艺术装饰等功能,将 60% 的自然直射光线转换为漫反射光线,有效节约能源;机场设备国产化率达到 98% 以上,诸多民族品牌依托大兴机场新名片,代表"中国制造"走出国门。

安装向智能化转变。大兴机场通过科技攻关和管理创新,创建大型机场智慧建造技术和管理体系。其中,航站楼屋顶吊装拼接施工采用"计算机控制液压同步提升技术",多台提升机在计算机控制下同步将屋顶一次性提升到位,精度控制在 ±1 mm 以内;通过互动方式实现在 VR 环境下的方案快速模拟、施工流程模拟,实现实时信息辅助决策;全面应用 BIM 技术,在方案模拟阶段,建立屋盖钢结构预起拱的施工模型,63 450 根架杆和 12 300 个球节点依据预起拱模型进行加工安装;在材料生产阶段,通过 BIM 模型、工业级光学三维扫描仪、摄影测量系统等集成智能虚拟安装系统,确保了出厂前构件精度满足施工安装要求。

3) 彰显中国力量

大兴机场的建成与投运,是人民力量、国家力量和行业力量的充分展现,向世人昭示"中国人民一定能,中国一定行"。

人民的向心力。2014 年 12 月 26 日,在大兴机场奠基仪式中,当地老百姓纷纷自发来到现场,参与奠基、拍照留念,亲历这一历史性时刻;征地拆迁阶段,拆迁群众充分支持,签约率达 100%。大兴机场投运后,迅速成为"网红"打卡地。2019 年国庆期间,大兴机场共迎来 51.84 万人次的"打卡旅客",其中,10 月 3 日游客数量达到 10.7 万人次,是出行旅客数量的 23 倍。

国家的综合实力。强大的综合国力,是超大型工程建设的坚强后盾。政治上,中国共产党领导和我国社会主义制度决定了全民族、全社会、全体中国人民在根本利益上的高度一致,集中力量办大事是建设大兴机场的重要法宝。经济上,我国经济实力位居世界第二位,强大的经济实力为大兴机场建设投资提供了支撑,资本金比例提高到 60%,确保了机场建设顺利快速推进,提高了可持续经营能力。文化上,我国文化事业、文化产业快速发展,文化市场日益繁荣,成为大兴机场公共艺术设计的源动力。科技上,我国创新投入规模和增速位居世界第二位,专利申请量位居世界第一位,强大的科技创新基础和机制,有力推进大兴机场创新驱动发展。人力上,高等院校毕业生总量 2020 年达到 874 万人的历史新高,人才红利成为支撑大兴机场现代化建设的强劲动力。

行业的战斗力。民航局举全局之力、全行业之力,推动大兴机场建设及运营各项工作。民航局领导数十次亲赴大兴机场现场调研,统筹部署,协调推进重难点问题,加强内外协调,推动各司局、机场、航空公司、空管、供油等单位,全力保障大兴机场建设运营。集团公司将大兴机场建设运营作为一项重要任务,列入重要议事日程,先后召开 47 次大兴机场工作委员会会议,解决了 388 项重点、难点问题。

10.3 宝贵经验

大兴机场作为现代化国家机场体系的重要组成部分,其建设运营取得的历史性成就,根本在于党中央的坚强领导和关心关怀,离不开中央各部委、地方政府、军方的大力支持和密切配合,离不开民航局党组的指挥协调和精心组织,离不开民航行政管理部门和各参建单位的精诚团结和分工协作,更离不开数万建设者们"精诚团结、精益求精、敢于攻坚、敢为人先"的拼搏奋斗,有很多经验值得总结推广。

10.3.1 始终把习近平总书记重要指示批示精神作为根本遵循和行动指南

1)把打造"四个工程"作为基本要求

打造"四个工程"是大兴机场建设的基本要求和总体目标。大兴机场全面把握"四个工程"的深刻内涵,明确 4 大类 39 项关键性指标,把高标准、严要求细化实化在大兴机场工程建设中。

精品工程突出品质。本着对国家、人民、历史高度负责的态度,始终坚持以"国际一流、国内领先"的高标准和工匠精神来推进精细化管理,精心组织,精益求精,全过程抓好工程质量,打造经得起历史、人民和实践检验的,集外在品位与内在品质于一体的新时代精品力作。

样板工程突出领先。着眼于高效运行,聚焦机场样板的 7 个方面,围绕 18 项核心指标,建设集新产品、新技术、新工艺于一体的世纪工程,打造了高效便捷、融合发展的基础设施样板。

平安工程突出根基。施工坚持"安全隐患零容忍",健全工程安全制度,强化施工现场管理,深化安全预案和措施,统筹各参建单位层层落实安全责任,确保万无一失,实现"施工安全零事故"的目标。

廉洁工程突出防控。以"严守一条底线,聚焦两个阶段,把握三重维度,抓好四项重点"工作思路为指引,通过专题督导等方式,督促落实主体责任;开展全驻场跟踪审计工作,对招投标、工程物资与设备、隐蔽工程等关键控制点进行重点审计,有效防范化解风险。紧密结合审计署专项审计调查和主题教育要求,切实用好审计成果,同步抓好整改落实工作,营造"干干净净做工程,认认真真树丰碑"的廉洁文化氛围,确保不发生"项目建起来,干部倒下去"的事件。

2)把建设"四型机场"作为根本路径

"四型机场"是引领大兴机场建设运营的根本路径。大兴机场坚持把"四型机场"理念与要求全面融入机场建设,依靠科技进步、改革创新和协同共享,通过全过程、全要素、全方位优化,实现大兴机场安全运行保障有力、生产管理精细智能、旅客出行便捷高效、环境生态绿色和谐。

平安是基本要求。坚持平安理念,加强薄弱环节风险防范,加大安全设备应用,提升应急处置能力,全面夯实空防安全、运行安全、消防安全和公共治安基础,大力推行"科技兴安",采用"人防+物防+技防+源防"的系统方法,有效构建平安机场安全防线。

绿色是基本特征。坚持绿色理念,集约节约使用资源,广泛采用绿色技术,实践创立绿色标准,确保机场低碳高效运行,实现机场与周边环境和谐友好,以及机场的可持续发展。

智慧是基本品质。坚持智慧理念,通过强化信息基础设施建设实现数字化,通过推进数据共享与协同实现网络化,通过推进数据融合应用实现智能化。

人文是基本功能。坚持人本理念,倡导真情服务,通过一流设施、一流管理、一流服务,提升旅客出行体验,树立"中国服务"品牌。担当传播中华优秀传统文化使命,打造特色鲜明的文化载体。营造浓厚文化氛围,彰显机场文化基因,打造首都的新时代城市名片和文化国门。

3)把发挥"新动力源"作用作为核心目标

从引领经济发展新常态大逻辑、推进供给侧结构性改革大主线和推动京津冀协同发展大战略角度出发,深刻认识大兴机场新动力源的力之来源、力之作用和力之强度,管理运营好大兴机场、协调好北京双枢纽、更好构建京津冀世界级机场群。

管理好大兴机场,为北京国际化大都市建设提供新引擎。大兴机场已成为带动周边地区高端生产要素投入的活跃因素,促使北京不断完善和优化功能布局、空间布局和产业布局,驶入建设国际化大都市的快车道。大兴机场不断强化北京大型国际航空枢纽地位,持续疏解非首都功能并服务首都"四个中心"[1]建设。

---

[1] 全国政治中心、文化中心、国际交往中心、科技创新中心。

协调好北京双枢纽,为完善机场网、航线网和综合交通网提供新支撑。大兴机场按照大型国际枢纽机场理念设计,对优化国内国际航线网起到了极大的促进作用。增加了大量国际航班时刻,大幅提升首都两场国际航班比例,有助于提高我国枢纽机场的国际竞争力。打造了集高铁、城铁、地铁等多种交通于一体的综合交通换乘中心,成为加快中国综合交通基础设施建设的示范性工程。

打造世界级机场群,为打造世界级城市群提供新动能。大兴机场与首都机场共同构建了以"双枢纽"为核心的京津冀世界级机场群,通过综合交通体系更好地连接京津冀三地,支撑机场群和城市群的发展。大兴机场全面满足雄安新区航空运输保障需要,成为雄安交通出行的枢纽和对外开放窗口,助力雄安新区发展。

10.3.2 始终把高质量发展作为目标导向

大兴机场是我国新时代民航进入高质量发展阶段的标志性工程。大兴机场按照"理念新、目标明、动力足、路径清、效益好"的要求,以高的标准、优的结构、强的动能,实现了质量变革、效率变革、动力变革,走出了一条高质量发展的新路。

1)以高标准擘画发展蓝图

标准决定质量,只有高标准才有高质量。大兴机场建设及运营指标突出引领性,既考虑宏观环境,又考虑产业发展目标和战略定位,瞄准世界一流的定位来设置指标。

高标准定位。战略层面,大兴机场作为国家的新国门,从建设到运营的各项标准均按国门标准考虑;作为首都的新航空枢纽,各项标准均按大型国际枢纽机场考虑;作为京津冀的中心机场,各项标准均按充分发挥新动力源作用考虑。建设层面,作为民航高质量发展的"牛鼻子"工程,大兴机场建设之初就确立了"引领世界机场建设,打造全球空港标杆"的定位。技术层面,大兴机场按照"尽可能多的近机位、尽可能短的旅客步行距离、高效的跑滑系统、高度的信息化集成、便捷的综合交通体系、充足的设备和人力储备"等好机场的六个标准进行规划。

高标准准入。高标准全球征集规划方案,航站楼建筑方案招标经过严格的资格审查程序后在国内外21家设计单位竞争中产生。高标准选择合作伙伴,通过公开招标选定一批品牌硬、实力强、口碑好的工程单位,确保工程建设质量。其中,航站楼获得中国钢结构金奖,航站楼及综合换乘中心、停车楼及综合服务楼、飞行区场道等50多个项目获得国家和省市级奖项。严格制定航站楼商家入驻标准,提高服务品质。高标准配备设施设备,优先选择体现最新技术成果的行李系统、智能光伏、5G网络覆盖、智能旅客安检系统、基础设施监控管理协调系统、智能停车系统等产品,后台超标准实施100%行李CT检查,标志标识系统创造了新的行业标准。

高标准执行。在大兴机场建设及运营筹备过程中,各层级、各单位各司其职,高效执行。细化任务分工,将大兴机场建设领导小组,民航大兴机场建设及运营筹备领导小组,民航局与地方政府的"一对一"历次会议议定的重要事项进行任务分解,逐一确定责任主体。定期对标对表,逐月梳理回顾,逐一落实销项。持续纠偏,对于未按期完成的任务分工,分析原因影响,找出应对举措。逐一检验,对已完成的任务分工,检验完成效果,确保扎实推进。

2) 以优的结构奠定发展基础

在大兴机场建设中,不单纯追求高速度,而是聚焦行业改革发展中的关键结构性问题,坚持问题导向,抓住优化资源配置这个重点,提高整体供给体系质量,以适应、满足和引导新时代的航空新需求。

资源结构优。空域资源采用"一址两场,天合地分"运行模式,实现军民航机场同址运行、空域资源共享。民航局统筹宝贵的航班时刻资源,将大兴机场国际航班比例提升至30%,使其在国际航线上初具规模,逐步扩张。充分利用地面资源充沛的优势,一次建成"五纵两横"综合交通体系,确保覆盖广阔、旅客抵离顺畅。

投资结构优。按照统筹规划、分段实施、滚动发展的原则,投资规模控制在批复范围内,通过增加资本金比例、加快国拨资金到位速度、优化和延后商业贷款等方式,共节省投资 30 亿元。吸引社会资本,将机场旅客过夜用房、货运代理仓库、航空配餐设施进行社会化运作。

市场结构优。国内市场以京津冀腹地市场为支撑,扩大和提升航空大众化市场空间,实现京津冀区域"一次换乘、一小时通达、一站式服务",成为"京津冀中心机场"。在国际市场方面,重点加强对欧洲、北美、非洲、中西亚、南美等地区的连通度,开通波兰、文莱、马尔代夫、泰国、尼泊尔、越南、马来西亚等 7 条航线,助力"一带一路"建设。在中转市场方面,以东北亚地理中心优势为依托,提升东北亚、东南亚、南亚的覆盖度。

业务机构优。充分发挥市场优势,客货发展并举,建设世界一流货运服务保障设施,吸引顺丰航空入驻执飞货运航班,助力货运业务发展。航空、非航相辅相成,统筹考虑商业资源布局与航班运行保障、机位资源分配,促进航空、非航深度融合,构建航空、非航收入结构更加合理的新发展格局。统筹考虑运输航空、通用航空发展需求,运输、通航协同发展,规划建设公务机专用机坪,充分利用时刻表间隙安排公务机起降时刻,实现运输、通航两翼齐飞。

3) 以强的动能积蓄发展力量

高质量发展是从规模速度型向质量效率型转变,发展动力从要素投入驱动向创新驱动的转变。大兴机场以强大的动能积蓄了磅礴的发展力量。

改革驱动。改革用地模式,创新土地管理模式,做好驻场单位用地的统筹协调、合理配置,实现了资源统筹、集约利用。创新土地利用模式,在交通建设划拨用地上部建设人防工程,并开发综合服务楼等配套设施,使轨道交通建设用地得到复合利用。改革建设审批,初步设计根据拆迁的情况分四批批复,保障全部项目分批分次按期顺利开工。改革验收方式,行业验收初验总验分步实施、总验终审同步进行、局内局外统一调配、主体配套统筹兼顾,地方验收时资料验收与实体验收同步开展,所有验收资料通过联合验收系统平台统一推送,串联改并联,成功解决了超大项目短时间内集中高质量、依法合规完成验收的难题。

区域带动。产业对接,统筹考虑机场和临空经济区规划布局,发挥"航空经济"对产业集聚、大城市疏散功能、区域转型发展的推动作用,充分开发利用土地资源,共同打造 150 km² 共建共管、经济社会稳定、产业高端、交通便捷、生态优美的现代化绿色临空经济区,实现机场内外的产业对接。交通对接,推动区域综合交通体系、市政设施体系规划不断完善,为地方货运物流产业布局和持续发展,为北京城南、河北省廊坊市区域打造功能齐备的发展空间创造了良好的基础条件。资源对接,提供场内旅客流程最便捷的土地资源作为地方政府的规划建设用地,与地方政府形成你中有我、我中有你的命运共同体。

人才推动。坚持以事择人、人岗适宜的原则,从民航行业内优选一批多年从事机场建设和常年从事机场运营的人员,通过"相互融合、相辅相成"的组织方式,组建大兴机场建设指挥部和大兴机场管理中心,聚集了一批中国民航优秀建设和运营人才,锻炼培养了一批中层领导干部,储备了一批中国民航机场建设运营高质量发展的未来人才。

10.3.3　始终把科学管理作为方法手段

大兴机场定位高、规模大、项目全、单位多、时间紧,难度在中国民航建设史上前所未有,科学管理是运筹制胜的重要方法和手段。

1) 高效的组织协调机制

在中央、民航局的领导和支持下,围绕大兴机场建设建立了纵向领导有力、横向协调顺畅、整体覆盖全面的领导组织协调体系,推动相关工作稳妥有序高效开展。

国家强力统筹。由国家发展改革委会同自然资源部、生态环境部、水利部、民航局、北京市和河北省人民政府,以及军方成立了大兴机场建设领导小组,组织召开 10 次领导小组会议和多次专题会议,重点协调解决综合交通、跨地域建设、运营管理、场外供油工程建设、航空公司入驻、用地手续办理、提高机场建设资本金比例等跨部门、跨行业、跨地域的重点难点问题。

地方大力支持。北京市和河北省分别成立大兴机场建设领导小组及其办公室,负责本区域内大兴机场外围配套设施的建设,在土地环保、综合交通、水电气热等方面共计投入超过 3 000 亿元资金用于机场保障体系建设。创新跨地域建设和运营管理模式,实现了京冀两地对大兴机场的共建共管。建立民航局、北京市、河北省和机场建设指挥部的"3 + 1"工作机制,定期召开工作协调会。民航局分别与北京市、河北省建立"一对一"工作沟通协调机制,进一步加大协调力度,提高沟通效率,为推动征地拆迁、项目报建、加快工程验收、场外能源设施保障、进出场道路运输保障等急迫问题的顺利解决,打下了坚实基础。

行业全力推动。民航局成立了民航大兴机场建设及运营筹备领导小组,研究讨论有关建设重点事项,列出问题清单并对纳入清单的事项进行督办。创新成立大兴机场投运总指挥部和投运协调督导组,统筹安排各方资源,督促、指导、协调作用,全力推动机场投运。成立大兴机场民航专业工程行业验收和机场使用许可审查委员会及其执行委员会,全面覆盖局内协调,指挥、督导、验收、审查各环节的组织保障工作,为建好"四个工程",顺利开展投运工作提供了组织保障。

执行奋力落实。集团公司成立大兴机场工作委员会,建立"统筹决策—组织协调—板块执行—全员支持"的运营筹备架构体系,集中优势资源,发挥专业优势;成立民航大兴机场建设及运营筹备领导小组集团对接工作组,推动落实各项专题工作;按照民航局统一部署,集团公司建立投运总指挥部,联合航空公司、空管、油料、海关、边检等 15 家驻场单位,打破驻场单位之间沟通壁垒,跨组织边界协同推进,开展现场巡查,协调进度纠偏,召开投总联席会 10 次,集中会商决策环境整治提升行动计划、综合演练实施方案等投运议题 52 项,协调解决交叉施工、双环路供电、投运首航等一系列急重事项。

军地合力配合。民航局在选址、规划、建设、运行管理中主动对接军队需求,建立军民航融合发展协调工作机制,推动签订民航、军方、北京"三方协议",解决南苑机场的搬迁问题,实现了军民航"一址两场"同步建设。建立了军民航联席会议制度、工作月报制度、关键问题库制度,为及时通报各自工程进展,协调推进,确保大兴机场按期建成投运创造了条件。

2)科学的进度综合管控

针对建设项目多、利益相关方多、工程进度紧的状态,大兴机场引入总进度综合管控系统,以机场工程项目总进度为管理对象,构建跨组织综合协调平台,通过编制总进度综合管控计划、进度跟踪控制等工作,确保工程项目总进度目标的实现。

科学制定管控计划。梳理出关键节点 374 个、关键线路 16 条,明确了"路线图、时间表、任务书、责任单"。

实现跨组织管控。成立管控专班,定期开展联合巡查,对后续工作全程跟踪。对覆盖 24 个投资主体,包括主体工程、民航配套工程、外围市政配套工程在内的 45 个工程项目集群,逐个项目盯。

实现全阶段管控。围绕前期手续办理、工程建设、验收移交和运营筹备四个阶段,一个环节一个环节抓。

实现信息化管控。开发信息化管控平台,极大提高了数据采集、信息分析和成果发布的能力和效率。

实现重大问题及时预警。形成管控月报和月中预警报告 21 份,提醒及预警重要风险事项 159 项次。管控工作实现了不同工作计划之间的无缝衔接、压茬推进,使各界面的任务有机结合、高效协同,节省总体工期约 51 天,确保机场按期顺利建成投运。

3)严格的质量安全控制

针对建设参与单位多、重要性强、技术含量高等特点,大兴机场在严把工程安全质量关上下足功夫,确保工程质量安全。

加强验证确保方案科学。建立全要素、全场景、全流程的仿真模型,开展 9 轮优化调整,对飞机的空地运行进行不同方案和情境的定量分析、比选和评估,识别制约机场容量的瓶颈,指导跑道构型方案的改进,形成最优跑滑构型;对航站楼屋面风揭问题进行风洞试验,对航站楼 C 形柱等关键结构开展比例模型安全性测试,确保关键工程安全可靠。

加强监管确保工作规范。民航质监总站以联合检查和专项检查为重要手段,建立监督领导小组、重点监督小组、常驻监督小组三个监督层级,制定飞行区、航站楼、空管和供油工程等施工安全监督管理办法,抽调全行业监督力量,选派专家长期驻场,累计参与监督检查 2 450 人次、出具检查意见书 118 份,完成竣工(预)验收监督 161 次,配合行业初验 9 次,出具项目质量监督报告 8 份,圆满实现"监督工程无质量安全事故,监督人员无违法违纪问题"目标。

加强管理确保工程安全。建立由指挥部牵头、各参建单位参加的安全管理组织架构,按照"谁建设,谁管理;谁施工,谁负责"原则,成立大兴机场建设安全生产委员会。层层签订安全责任书,确保安全责任落实到岗位、到个人。加强日常管理,组织参建单位开展安全生产专题培训,召开安全生产工作会议,听取施工、监理单位安全生产工作汇报,传达部署安全生产重点注意事项。在施工现场建成投用安全主题公园,开展现场体验式安全教育培训,组织开展现场巡视和视频监控结合的方式开展安全巡查,督促相关单位及时整改。制定《安全保卫积分管理考核办法》,涵盖组织建设、消防管理、治安管理、交通管理 4 大类、49 个考核项目,每月进行考核,兑现奖惩。

加强控制确保工程质量。严把原材料质量关,引入第三方检测单位,对工程质量做到事前控制。严把工序规范关,督促施工单位强化管理,坚持"标准化、规范化、程序化"作业;严把质量验收关,督促施工单位及时履行工序报验手续,按要求开展取样检测。对关键部位和关键工序,重点发挥监理单位、第三方检测单位、民航质监总站的监督作用,做到检查检测资料规范齐全、质量检查记录和隐蔽工程检查记录规范留痕,多措并举,精益求精,确保验收合格。创新质量管理形式,推行混凝土驻站监理、首段及首料工程质量控制和样板引路等措施,飞行区工程采用数字化施工技术,实现施工质量、进度的高效控制,全面创优。

4)严密的建设运营衔接

民航局党组全面谋划部署,举全行业之力全力支持推动大兴机场建设及运营筹备各项工作,明确建设及投运工作任务,夯实责任,在决策协调执行机构设置、问题解决机制、建设运营一体化、总进度综合管控、校飞、试飞、督导综合演练、竣工验收、行业验收和许可审查、投运等方面进行了一系列顶层设计和统筹安排,为大兴机场按期建成并顺利投运奠定了坚实基础。

民航华北地区管理局充分发挥督促、指导、协调作用,成立大兴机场建设及运营筹备工作组、协调督导组、行业验收及许可审查执行委员会,完善工作机制,对各项重点任务进展情况进行跟踪,及时推动解决存在的梗阻问题,基于机场整体运行保障链条,统筹协调各主体的投运工作进程,按照计划节点抓好对标,按照时限要求抓好落实,通过制定资源配置方案、审核投运方案、推进飞行程序批复、开展机场容量评估、提前介入竣工验收、按期完成初验初审等工作,全力推动大兴机场建设投运进程。

民航大兴监管局全面进驻大兴机场工作现场,积极协助民航华北管理局各专项工作组工作,推进工程验收,紧盯进度滞后项目的现场施工,完成管理局交办的各项任务,确保

"6·30"竣工和"9·30"投运目标顺利实现;坚持安全第一,准确把握大兴机场投运初期安全风险,早介入、早发现、早提醒、早整改。

投运总指挥部充分发挥建设及运营筹备主体责任和一线协调作用,协同航空公司、空管、油料、海关、边检等15家驻场单位跨组织边界,建立工作机制,打破驻场单位之间沟通壁垒;以总进度综合管控计划为牵引,组建管控专班、强化现场督导、梳理滞后项目、及时分析预警;通过投运总指挥部联席会议、专题联席会议,快速推动工程建设、运营筹备及投运准备等各项工作。

指挥部和管理中心坚持建设运营一体化理念,加强组织协同、业务协同、节奏协同,工程建设团队与机场运行管理团队有机融合,形成科学有效的对接机制,确保工程建设、运营筹备和投运的顺利进行;打造安全、运行、服务、宣传等机场综合运行管理平台,统筹空管、航空公司、供油、联检等驻场单位,高效协同决策。各驻场单位积极落实大兴机场建设及投运的主体责任和配合作用,各相关单位切实履行主体责任,牢固树立"一盘棋"思想,加强与其他建设主体的协调配合,积极研究破解难题的方法对策,加快施工建设和投运筹备的步伐,加快相关问题的协调推进,全力推动工程建设及运营筹备工作。

10.3.4 始终把弘扬践行当代民航精神作为强大动力

当代民航精神是社会主义核心价值观和以爱国主义为核心的民族精神、以改革创新为核心的时代精神在民航领域的具体体现。广大建设者、运营者自觉把当代民航精神融入大兴机场建设运营的全过程、各方面,为高质量建设、高水平运营大兴机场提供了强大的精神力量。

1)彰显忠诚担当的政治品格

树立强烈的政治意识。旗帜鲜明讲政治,把建设好、运营好大兴机场作为重要任务、作为检验初心使命的重要实践标准,强化责任担当,举民航全行业之力,克服决策难、协调难、建设难、转场难等一系列困难,实现了一个又一个"不可能",创造了一个又一个新奇迹,高质量高效率完成各项任务。

担起崇高的政治责任。大兴机场是新时代国家建设投运的第一个大型国际枢纽机场,是首都的重大标志性工程,是推动京津冀协同发展的骨干工程。广大建设者、运营者深刻认识民航工作鲜明的政治属性,牢记行业发展的初心使命,以"引领世界一流机场建设,打造全球空港标杆"为目标,从基础设施薄弱,道路、电力、供水等保障能力匮乏的一片农田上平地起高楼,打造"四个工程",成为国家发展一个新的动力源,体现了新时代民航人的新担当新作为。

锤炼过硬的政治能力。结合实际情况,加快建设进度,把2019年年底建设投运的原计划,调整为"6·30"竣工和"9·30"投运两个总工期目标,广大建设者、运营者以坚定不移的决心、胜券在握的信心、持之以恒的耐心、勇于担当的责任心,全力推进工程建设,按时按质完成目标任务,为庆祝中华人民共和国成立70周年增光添彩。

2）彰显严谨科学的专业精神

大兴机场建设难度，在中国民航发展史上绝无仅有，在世界机场建设史上也极为罕见。广大建设者以严谨的专业素养、科学的专业态度，扎实推进各项工作，确保工程有条不紊、高质量推进。

以严的标准，力争尽善尽美。严格执行各项法律法规，遵循和坚守技术标准规范，建设、设计、施工、监理单位各负其责，用科学的技术、科学的管理、科学的方法，抓工程重点、看问题实质，以实实在在的行动、切实可行的措施，扎实推进工程进度，建设标杆工程。

以实的态度，做到专心专注。实事求是，树立底线思维和问题导向，按照"千方百计把问题找出来，找出问题就是成绩，解决问题就是提升"的要求，狠抓问题发现，以钉钉子精神抓好问题整改，对大兴机场的建设和验收进行严格监管，确保工程经得起历史检验。

以细的举措，追求精益求精。从细节处着眼，于细微处着手，把质量安全无小事的思想贯穿到工程建设的整个过程，对各类问题绝不放过，创造了质量合格率100%，安全生产零事故的新纪录。

3）彰显团结协作的工作作风

大兴机场地跨京冀两地，组织协调难度非常大，建设施工涉及十余个建设主体、百余个分子工程、上千家参建单位、数万名建设者，既是我国工程建设领域的一次大会战，也是一项复杂的系统工程。大兴机场各参建、运营单位在中央、民航局的领导下，加强科学统筹、协同配合和整体联动，确保了工程的顺利建设和投运。

加强科学统筹。通过建立国家、省市、军地、民航、职能部门等多个层面的组织协调体制，确保纵向领导有力、横向协调顺畅、整体覆盖全面，有效解决跨部门、跨行业、跨地域的重点难点问题。各相关单位讲政治、顾大局，树立工程建设一盘棋的思想，分工不分心，确保了工程项目有序向前推进。

加强协同配合。民航局分别与北京市、河北省建立"一对一"工作沟通机制，妥善解决征地拆迁等一系列问题；建立军民航融合发展协调工作机制，推动签订民航、军方、北京"三方协议"，建立联席会议、工作月报等制度，加快工程进度。在投运开航阶段，民航系统各单位在时间极其紧迫、任务极其复杂的情况下，密切协作，高效高质完成校飞、试飞、总验等一系列工作，开展7次大规模综合模拟演练，共模拟航班513架次、旅客2.8万余人次、行李2万余件，演练科目722项，发现并解决各类问题1133项。

加强整体联动。首都机场统筹全集团参与大兴机场建设运营各部门各单位，共同搭建AOC平台，扁平化、席位化、常态化运作，打造安全防控、运维管理、舆情联动、运行协调、客户服务五星职能，有力保障了大兴机场投运初期的平稳顺畅运行。

4）彰显敬业奉献的职业操守

大兴机场各参建、运营单位广大干部职工以建设工地为家，冲锋在前、敢打硬仗，谱写了奋斗新时代的华美乐章。

不讲困难。大兴机场建设工程从一片农田起步，广大建设者、运营筹备人员放弃原先熟悉的工作、舒适的生活，远离亲人、远离都市，扎根京冀大地，一干就是5年，埋头苦干、默默奉献。

不讲条件。集团公司 1 016 人踊跃报名投身建设及运营筹备工作,108 人调入大兴机场工作,50 名同志到大兴机场挂职。广大建设者在关键冲刺阶段,放弃节假日,压缩休息时间,奋战在工地,吃住在单位,无怨无悔。

不讲报酬。集团公司、指挥部、管理中心实行 6 天工作制,多个参建单位实行"777"工作制。大兴机场建设投运过程中涌现出一批先进典型:1 个单位被授予全国五一劳动奖状,1 人被授予全国五一劳动奖章,1 个班组被授予全国工人先锋号;1 人被授予全国"最美职工";3 人被授予全国交通技术能手;4 个单位被授予全国民航五一劳动奖状,15 人被授予全国民航五一劳动奖章,10 个班组被授予全国民航工人先锋号。76 个先进集体和161 个先进个人受到民航局全行业通报表彰。姚亚波作为唯一代表,在 2018 年全国五一劳动节表彰大会上发言。

10.3.5　始终把党的领导和党的建设作为根本保证

大兴机场坚持和加强党对机场建设运营工作的全面领导,提高政治站位、提升政治能力、净化政治生态,推动全面从严治党向纵深发展,确保大兴机场建设运营各项工作始终沿着正确的方向前进。

1) 强化政治建设的统领作用

大兴机场坚持把党的政治建设摆在首位,切实把习近平总书记关于民航工作特别是大兴机场建设运营的重要指示批示作为根本遵循和行动指南,以政治上的加强引领带动大兴机场建设运营按时按质推进。

把准政治方向。在民航局的领导下,集团公司、指挥部深刻学习领会习近平总书记重要指示批示的重大意义、丰富内涵、精神实质和实践要求,增强建设好运营好大兴机场的政治自觉、思想自觉和行动自觉。其他各参建运营单位加强组织领导,周密安排部署,逐级压实责任,确保落实到位。

强化政治担当。推进学习教育制度化常态化,扎实开展"不忘初心、牢记使命"主题教育,将检视问题、整改落实贯穿于联调联试、综合演练、环境整治、行业验收和许可审查全过程,以竣工投运成效检验主题教育成果,引导广大党员朝着"世界级航空枢纽"和"国家发展新动力源"目标不懈奋斗。

严守政治纪律。认真贯彻落实民航局党组关于维护党的集中统一领导、加强党的政治建设的工作措施,做到重大事项及时请示报告。各单位把推动贯彻落实习近平总书记重要指示批示精神作为首要督办任务,深入推进政治巡察、审计问题整改,落实"回头看"机制,加强监督检查。深入细致开展思想政治工作,动员激励广大干部职工以高度的责任感、使命感、紧迫感推进大兴机场建设运营。

2) 建设坚强有力的组织体系

树立抓基层的鲜明导向,打造上下贯通、执行有力的严密组织体系,坚持工程项目推进到哪里、运营筹备开展到哪里,党的组织就覆盖到哪里,党的工作就延伸到哪里。

完善党建工作体系。构建以"两责三化"[1]为主要内容的党建工作体系,总结形成了"党委主体责任清单""纪委监督责任清单""党支部主体责任清单",根据工作需要,动态调整、持续完善。通过"菜单式"拉条、"矩阵式"分类和"闭环式"管理,使党建责任由"抽象"变"具体",由"原则"变"量化",成为一套基层单位看得懂、记得住、用得上的党建工作"施工图",推动全面从严治党主体责任和监督责任有效落实,构建形成了主体明晰、有机协同、层层传导、问责有力的全面从严治党主体责任落实机制。

确保有形有效覆盖。针对各参建单位、驻场单位所属行业不同,部分单位没有建立基层党组织,一些党员无法参加组织生活的现实,打破行政隶属关系,采取结对帮扶、重点项目联合攻关等多种形式,找准与参建单位、驻场单位之间的最大公约数,携手解决施工、演练、投运中的重点难点问题,实现了基层党建工作从"独角戏"向"大合唱"的转变。结合项目实际,建立领导联系部门、部门联系工程标段、标段联系参建单位、党员联系具体项目的"四联系"[2]工作机制。依托"四个委员会",筹划建立大兴机场党建联建工作平台,构建开放、共享、互促的党建工作新格局。

打造坚强战斗堡垒。突出政治功能和组织力,加强党支部标准化规范化建设。根据机构、人员变化以及实际工作需要,动态优化基层党总支(支部)、党小组与团支部、班组相融合模式,及时补充专兼职党务工作者,有效发挥党组织的战斗堡垒作用和党员的先锋模范作用。先后形成以"三亮两结合"[3]"支部建在项目上"为代表的基层党建示范点,以"协同创新工作室"为代表的基层党建创新项目,以飞行区管理部、航站楼管理部为代表的"一消一控两创"[4]试点支部。

推动党建和业务深度融合。紧扣竣工投运总目标,设立党员责任区、党员示范岗,组建党员突击队、开展承诺践诺、推动党建创新课题研究,从业务工作薄弱环节背后查找党建短板,从补齐党建短板入手推动业务工作提升,有效激发了基层活力和动力,有力确保了大兴机场如期竣工、按时启用、胜利开航和平稳运行。中组部领导同志考察大兴机场时对基层党建工作给予了高度评价,称赞其为超大型工程建设提供了示范,并对社会各界组织数万名党员干部到大兴机场开展主题党日活动给予充分肯定,称赞大兴机场是党员干部党性锻炼的新"动力源"。

3)锻造干事创业的干部队伍

落实党管干部、党管人才原则,树立重实绩重实干的选人用人导向,努力营造从事有激情、谋事有思路、干事讲规矩、成事有效果的浓厚氛围,为大兴机场建设运营提供坚实的人力资源保障。

坚持五湖四海,组建专业团队。大兴机场结合项目实际需要,组建工程建设和运营筹

---

[1] 两责:即党委主体责任、纪委监督责任;三化:即清单化明责、规范化履责、绩效化考责。
[2] 即领导联系部门、部门领导联系工程标段、标段联系参建单位、党员联系具体项目。
[3] 即亮身份、亮承诺、亮业绩,结合监理、结合总包,与参建单位建立常态化的沟通机制。
[4] 即消除隐患、控制风险和创新、创效。

备专职团队。采取社会招聘、内部招聘竞聘、挂职交流、陪伴运行等多种形式,补充各类人员,成功建立建设和运营管理两个团队人员交互介入和动态有序流动的机制,大胆尝试两个团队管理人员交叉挂职,培养复合型人才,提升建设运营总体管理效能。动态调整组织机构设置,在建设运营的不同阶段对业务需求进行科学评估,采用实事求是的一体化动态组织机构,助力攻坚。

坚持分层分类,加强教育培训。大兴机场根据不同专业、不同岗位的知识技能需求,有针对性地实施新员工、一线操作岗位员工、机坪管制人员培训,开展各层级管理人员能力提升和国际化、精细化管理培训,持续提高员工职业素养和业务能力,在工程建设运营各阶段发挥重要作用,也为民航行业培育和储备了一批"建设运营一体化"优秀复合型人才。

坚持榜样引领,激励担当作为。大兴机场将真抓实干、动真碰硬作为体现忠诚干净担当的评判标尺,大力选树典型,营造比学赶帮超的浓厚氛围,引导干部职工大力弘扬践行当代民航精神与大国工匠精神,积极投身航站楼封顶封围、校飞试飞、综合演练、首航保障等急难险重任务,经受住了时间紧任务重、协调主体多、各项任务交织的严峻考验,做到日常工作看得出来,关键时刻站得出来。

4)织密廉洁风险的防控网络

大兴机场严格落实"两个责任",加强党风廉政建设,一体推进不敢腐、不能腐、不想腐的廉洁风险防控机制和氛围,强化压力传导、廉洁教育、风险管控和监督执纪。

强化压力传导。民航局党组召开大兴机场"廉洁工程"建设座谈会,分析形势、部署任务,要求各级党组织扎紧制度笼子,综合运用巡察监督、专项检查、跟踪审计等方式,深入发现和解决问题,严肃查处违纪违规问题。中央纪委国家监委驻交通运输部纪检监察组多次深入现场检查指导工作,督促各单位严格落实"廉洁工程"各项要求。各参建、运营单位严格落实党政同责、一岗双责,逐级分解和明确责任,推动责任落实。

强化廉洁教育。开展经常性纪律教育,强化党章党规党纪意识,通过多种形式,通报违纪违法案例,深化警示教育。建立参建单位"廉洁文化共建"机制,搭建廉洁交流平台,畅通共建沟通渠道。

强化风险管控。扎紧制度笼子,完善规范权力运行的制度体系,推动各级党组织和党员干部强化制度意识,带头维护制度权威,强化"不能腐"的约束。加强信息化建设,对工程建设合同、财务、工程概算、设备物资、文档和竣工决算等的全过程统一进行管控,通过"制度+科技"手段防范廉洁风险,提高监督效果。

强化监督执纪。各级纪检组织聚焦主责主业,深化运用监督执纪"四种形态",挺纪在前,抓早抓小,防止小毛病演化成大问题。聚焦重要部门、关键岗位,强化重点监督,严防设租寻租、以权谋私,做到监督常在、震慑常在、形成常态。

10.4 有益启示

大兴机场建设及运营取得的辉煌成就,彰显了新时代中国特色社会主义思想的实践伟力,为中国民航未来机场建设运营树立了崭新的发展模式和实践典范。伴随着我国乘势而上开启全面建设社会主义现代化国家新征程,我国民航正进入从民航大国向民航强国跨越的关键时期。大型机场建设是推进民航强国建设的重要基础,是民航高质量发展的重要载体。

大兴机场建设运营的成功实践启示我们,未来机场建设运营要坚持面向人民、面向现代化、面向世界、面向未来,不断开辟新时代中国民航发展的新境界。

10.4.1 机场建设运营要面向人民

坚持以人民为中心的发展思想,是习近平新时代中国特色社会主义思想的重要组成部分。机场是服务人民的重要公共基础设施,与人民的切身利益息息相关。机场建设运营必须以人民群众的美好航空出行需要为导向,不断凝聚人民群众的智慧力量,积极回馈人民群众的发展期待。

1)满足人民群众的美好需求

随着我国经济快速发展,人均国内生产总值达到 1 万美元,城镇化率超过 60%,中等收入群体超过 4 亿人,意味消费升级进入新阶段,人民对美好生活的要求不断提高,对更加安全、更加高效和更加舒适的交通出行体验追求也不断提高。满足人民群众的美好航空出行需求,始终是推动民航发展的根本动力,也是建设机场的根本目的。大兴机场建设运营的全过程,始终关切人民航空出行的基本需求和切身体验,不断夯实安全基石、提高运行效率和提升服务品质,生动践行了"人民航空为人民"的行业宗旨和发展初心。根据民航强国"一加快、两实现"[1]的战略谋划,到 2025 年,我国运输机场数量将达到 270 个,到 2035 年将超过 400 个,覆盖全国所有地级行政单元和 99% 以上的人口,这意味未来 15 年我国机场将处于集中建设期。机场建设运营必须坚持以确保安全为基础,以运行高效为导向,以优质服务为目标,更好地满足人民群众的美好航空出行需求。

以确保安全为基础。人民群众美好航空出行的基本要求是安全出行。积极回应人民对安全的新期盼,既是机场建设运营的第一要求,又是确保行业行稳致远的发展底线。机场不仅是各运行主体交互的重要平台,也是航空安全链条管理中的控制性节点,对航空安全运行品质起着决定性作用。机场的规划、建设、运营和管理的全过程,必须全面贯彻落实"安全隐患零容忍"的根本要求,要有超前意识,加大机场安全投入,积极有效防控、应对各种可能的安全风险;要健全机场安全规章制度,完善高效的机场安全管理体系;要强化机场安全"三基"力量,倡导积极的机场安全文化,不断提升机场可持续发展的安全能力,不断增强人民群众航空出行的安全感。

以运行高效为导向。从渴望"日行千里、夜行八百"的宝驹,到向往现代化航空出行,不断提升时间效率一直是人类孜孜以求的发展目标。随着社会经济的发展,社会时间价

---

[1] "一加快"就是要在 2020 年完成全面建成小康社会之时,加快实现从航空运输大国向航空运输强国跨越的目标。"两实现"就是要在 2035 年实现多领域的民航强国,要在 21 世纪中叶实现全方位的民航强国。

值显著提升,人们的时间观念将发生质的飞跃,人民对交通出行的时间效率将提出更高要求。为此,民航必须加快推进以时间效率为核心的发展模式变革,发挥机场高效运行的核心竞争力。机场建设运营要坚持效率为先,以追求最优的功能布局、最优的跑滑系统、最优的流程设计为目标,推进机场高效运行,提高航班正常性,不断增强人民群众航空出行的获得感。

以优质服务为目标。随着人民生活水平不断提高,消费结构升级,大众出行日趋多元化。优质服务是民航发展的价值追求,不仅需要有力度、广度,还需要有精度、温度。机场要不断提升服务的力度,加快推进基础设施建设,补齐运行容量资源短板,不断增强服务航空市场需求的能力。机场要不断拓展服务的广度,为人民提供更加公平和充分的航空服务。机场要不断提升服务的舒适度,以精准识别、精细服务为着力点推进服务创新,促进航空服务的个性化、定制化发展,满足日趋多样化的航空市场需求。机场要不断提升服务的满意度,面向每一位航空旅客,尊重个体差异,关注弱势群体,持续优化提升服务,不断增强人民群众航空出行的幸福感。

2) 凝聚人民群众的智慧力量

人民是真正的英雄。只有依靠人民,才能创造历史伟业。大兴机场建设运营的过程,就是不断凝聚人民发展共识,汇聚人民发展智慧,集聚人民建设力量的实践过程。面向未来,我国机场建设运营还将面临诸多问题、风险和挑战,需要更好地践行群众路线,切实调动人民的主动性、发挥人民的积极性、激发人民的创造性,建设人民满意的机场。

调动人民的主动性。机场建设运营存在征地拆迁、环境噪声、污染排放等问题,这都关乎人民群众切身利益,必须科学认识和客观评估机场建设运营的环境和社会影响。要提高社会公众的参与度,在机场建设运营的重点环节领域充分听取和征求人民的意见。机场建设要配合地方人民政府,切实做好搬迁安置工作,安排好人民群众的生产、生活和就业,切实维护老百姓利益,做好矛盾的疏解和化解,获得人民群众的拥护和认同。积极实施机场全生命周期管理,建立负效应防控、治理和补偿机制,确保机场噪声治理不留后遗症。同时,做好节地、节能和环保,推进机场绿色发展。大力发展临空经济,以机场建设运营带动区域经济发展,推进机场融入社区,创造机场多元价值,让人民切实享受到发展红利。

发挥人民的积极性。机场建设运营存在协调工作难、主辅专业多、技术标准严、工程难度大等特点,需要形成一盘棋、一条心的集中建设发展模式,需要培养一支具有政治担当和专业实干精神的建设力量。要强化目标引领,加强机场建设重要性、必要性和可行性的宣传教育,以发展共识凝聚各方资源和力量。要健全机场建设运营管理机制,不断激发干部职工的积极性和工作活力。要善于发现和培养先进典型,充分发挥先锋模范的带头示范作用。要加强协调,积极营造良好的发展氛围,激发社会各界力量积极主动参与机场建设运营,为民航发展汇聚不竭力量。

激发人民的创造性。充分尊重和发挥人民群众的首创精神和无限创造力,是我国民航建设发展积累的宝贵经验。当前我国机场发展正处于新旧动能转换、结构优化调整的历史交汇期,在超大规模机场规划建设、区域机场群运行管理、机场综合交通协同等领域面临诸多困难和挑战,破解这些问题的诀窍归根到底是不断激发人民群众的创新精神。为此,要牢牢把握未来我国传统和新型基础设施融合发展的战略机遇期,以重大机场建设项目为牵引,加强高水平机场建设运营人才队伍建设,完善创新体制机制,增强机场建设运营领域重大技术、成套装备、关键工艺的自主创新能力。

3) 回馈人民群众的发展期待

以机场为支撑,拓展航空网络,促进区域发展,让民航发展红利更多更公平地惠及全体人民,是民航的发展初心。大兴机场将有力支撑北京"四个中心"建设,促进京津冀区域协同发展,国家发展的动力源作用日益显现。

给人民提供更多出行选择。依托科技进步和现代化的交通运输体系,不断提升"去远求近"的运输时空效率,丰富了交通方式,为人民创造了更加多元的交通出行选择。运输机场作为国家综合立体交通网的核心节点,汇集多种交通方式,是建设现代综合交通运输体系的战略支点。机场与各种交通方式之间的融合发展,为人民出行提供了更多可能性和多样性,实现了运输范围的不断扩展、运输效率的持续提升。面向 2035 年,在国家建设"全国 123 出行交通圈"[1]和"全球 123 快货物流圈"[2]的战略部署中,机场要主动作为,强化机场与综合交通方式的有效衔接,全面推进规划、设计、建设、运营、服务和管理一体化,为人民群众提供多样、高效的现代交通出行服务。

给人民提供更高生活质量。机场作为重要的公共基础设施,具有不可替代的基础性、战略性和先导性作用。随着以中心城市和城市群为重点的新型城镇化进程加快,机场正由单一的交通基础设施功能向与城市融合发展的综合性服务功能转变,机场建设正由"城市机场"向"机场城市"转变。机场在支撑城市参与全球高水平竞争与合作、优化城市空间功能、提升人民高品质生活等方面发挥不可替代的关键作用。要加强机场城市功能建设,不断提升机场对城市服务功能的承载力,增强机场对周边土地的开发带动功能,推进机场社区化发展,积极构建港、城、人和谐发展,打造宜居宜业宜行的新形态,为人民群众带来更有品质的生活。

给人民提供更好发展机会。机场作为航空运输网络乃至综合交通运输体系的关键节点,具有高端资源集聚和产业辐射功能,对区域经济高质量发展具有较强的促进作用。我国正在建设的 16 个临空经济示范区的发展实践表明,机场与区域经济协同发展,不仅为地方经济带来了活力和动力,还通过产业发展有效优化人口结构,为人民群众提供了更多更好的发展机会。面向未来,机场建设发展要进一步提升产业辐射功能,加快完善产业基础设施功能配套,营造良好的营商制度环境,打造面向世界交流合作平台,更加充分地发挥机场对区域经济发展的驱动功能,积极构建以机场带动物流,以物流带动产业,以产业带动城市和区域发展的良性发展关系,最终为人民创造更好的就业机会、创业机会和成功机会。

---

[1] 即都市区 1 h 通勤、城市群 2 h 通达、全国主要城市 3 h 覆盖。

[2] 即国内 1 天送达、周边国家 2 天送达、全球主要城市 3 天送达。

10.4.2　机场建设运营要面向现代化

大兴机场作为贯彻习近平新时代中国特色社会主义思想的成功实践,作为中华民族伟大复兴的一座里程碑,是国家经济实力、科技实力和文化实力的综合体现,是先进观念、先进技术、先进管理的集大成者。一个现代化的机场,是活力与秩序的有机生命体。面向未来,我国机场建设运营要全面推进观念、技术、管理的现代化,向先进观念要干劲和力量,向技术创新要效率和质量,向科学管理要效益和活力。

1)推进观念的现代化

观念决定行动。只有现代化的观念,才能引领和带动机场现代化的实践深化。实现观念的现代化,就是要用科学的理论武装头脑,用科学的理念引领发展,要做到观念与时俱进,为现代化机场体系建设提供强大的精神动力。

用科学理论武装头脑。实现观念的现代化,就是要深入学习领会习近平总书记关于民航战略地位的重要论述,始终从战略产业的高度去认识民航、发展民航,始终从新的动力源的角度去谋划机场布局和建设,把机场作为一个国家、一座城市的综合竞争力的体现。要深入学习领会习近平总书记关于航空安全的重要论述,始终保持"航空安全永远在路上"的心态,确保机场建设运行万无一失、绝对安全。要深入学习领会习近平总书记关于民航服务的重要论述,践行真情服务理念,提高航班正常性,开展服务质量专项行动,始终把提高服务质量作为更好满足广大人民群众航空需求的出发点和落脚点。要深入学习领会习近平总书记关于学习英雄机组的重要论述,正确处理伟大与平凡的关系,践行当代民航精神,强化"三个敬畏"意识,锤炼担当民航强国大任的过硬队伍。

用科学理念引领发展。推动民航高质量发展,就是要坚持和贯彻新发展理念。要做到理念新,始终把创新作为第一动力、协调作为内生特点、绿色作为普遍形态、开放作为必由之路、共享作为根本目的,将新发展理念贯穿民航工作各领域全过程。要做到目标明,以民航强国"一加快、两实现"的战略目标为统领,以落实"十四五"规划为契机,统筹阶段目标和专业领域目标、单位具体目标,加快民航强国建设步伐。要做到动力足,以改革增动力,以开放增活力,以人才增潜力,以技术增实力,既要大力改造提升传统动能,又要努力培育壮大新动能,还要激发强大精神动力。要做到路径清,坚持稳中求进总基调,坚持以供给侧结构性改革为主线,全面落实"1-2-3-3-4"新时期民航总体工作思路,正确处理好安全与发展、安全与服务、安全与效率、安全与效益的关系,做到"精准调、精准控"。要做到效益好,不断汇聚民航强国八个基本特征,实现整体跨越,实现经济效益、社会效益和环境效益的高度统一。

推进观念与时俱进。当前,国内外环境的深刻变化既给民航业带来了新挑战,也带来了新机遇。要辩证认识和把握国内外大势,满足以国内大循环为主体、国内国际双循环相互促进的新发展格局的需要,增强机遇意识和风险意识,坚持守正创新、开拓创新,持续引入新科学、新技术、新理念,改造我们的知识结构,不断打破固有的思维定式,纠正背离时代的陈旧观念。要以全面实现人的现代化为目标,加快建设创新型、学习型的机场管理组织,完善教育培训体系,提升干部职工素养,优化人才队伍结构。要更加注重理论研究,准确识变、科学应变、主动求变,推动理念、思路、政策、规章、标准、体制、机制创新,努力实现更高质量、更有效率、更加公平、更可持续、更为安全的发展。

2) 推进技术的现代化

敢为人先、追求卓越,是大兴机场设计者、建设者、运营者的强大动力。在大兴机场设计、建设、运营中,汇聚了大量的新技术,取得了令世人瞩目的效果。当前,推动民航高质量发展的关键是实现创新驱动的内涵型增长,要深刻认识新一轮科技革命和产业变革的颠覆性影响,要大力提升自主创新能力,尽快突破制约民航发展的关键核心技术,加快先进设计技术、先进建造技术和先进装备技术在机场领域的研发应用。

全面应用先进设计技术。先进的设计技术,是打造现代化机场的基本保障。当前,我国机场存在设计与建设不衔接、设计与用户需求相脱节的问题,不少大型机场的规划设计存在先天不足。大兴机场设计开创了建筑信息模型(BIM)技术在机场领域的应用,创造了"空地一体化"的全过程运行仿真技术,实现了设计与建设、设计与运营的有效对接。要进一步完善数字化设计、仿真技术在大型机场的应用,要以用户需求为导向,坚持效率优先、功能优先。要进一步推动数字化设计技术的创新,推动 BIM 与地理信息系统、云计算、物联网、虚拟现实、3D 打印、数字孪生等技术的融合,实现机场设计、建设、运营、管理一体化衔接。要积极探索全息投影等新技术的应用,增强设计即时感知,推动机场规划设计由平面绘图向全景呈现、由静态展示向动态仿真转变。

全面应用先进建造技术。先进建造技术是打造现代化机场的有力支撑。当前,我国机场建设方式大多仍以现场浇筑为主,装配式建筑比例和规模化程度较低,与绿色机场发展要求以及先进建造方式相比还有一定差距。未来,我国机场建设要按照标准化设计、工厂化生产、装配化施工、一体化装修、信息化管理和智能化养护要求,大力发展建筑工业化,加快智能建造在机场建设领域的应用,以现代科学技术的新成果,提高劳动生产率,加快建设速度,降低工程成本,提高工程质量。要加快数字化建造等技术的应用,推进设计施工一体化,着力提升建造的智慧化水平。要全面融入绿色生态和可持续发展理念,为打造绿色机场夯实基础。

全面应用先进装备技术。先进装备技术是打造现代化机场的物质基础。当前,新兴技术与机场的跨界融合正在加速推进。要围绕"四型机场"建设,充分利用先进装备技术,实现安全运行保障有力、生产管理精细智能、旅客出行便捷高效、环境生态绿色和谐的发展目标。要针对机场建设运营的关键领域,发挥我国制造大国优势,善于整合行业内外优势资源,加快应用孵化,实现成套装备技术的集成创新。要聚焦我国机场领域的核心部件和"卡脖子"难题,加大科研投入,开展技术攻关,努力打造具有自主知识产权的拳头产品,在世界机场中走在前列。要推动形成以用国产技术和装备为荣的氛围,着力提升自主可控水平。

3) 推进管理的现代化

大兴机场的成功建成投用,其中一条宝贵经验就是始终把科学管理作为方法手段,引入超越组织边界管理等理念,构建了机场工程建设与运营筹备总进度综合管控体系,搭建了共建共管共享的"运管委""安委会""旅促会""新宣委"等平台。为应对我国机场投资高、规模大、单位多等挑战，要广泛运用先进的管理理论、管理方法、管理工具，对机场建设运营全过程实行最有效的控制和调节，以求实现管理组织系统化、管理方法定量化、管理手段工具化，推动我国机场建设运营从规模速度型向质量效率型转变、从要素投入驱动向创新驱动转变。

善于应用先进管理理论。现代化机场建设运营需要先进的管理理论作为指导，明确发展方向、实施路径和支撑体系。要善用战略管理理论，深入分析宏观经济环境和行业环境，提出机场的总体发展战略和目标，在机场建设运营中贯彻落实。要善用系统管理理论，以提高机场建设运营效率为目标，以现代的科学管理代替传统经验管理，实现规范化、标准化的管理。要善用组织管理理论，打造一支业务一流、能力过硬的队伍，构建权责明确、分工有序、协同配合、运行高效的机场组织生态。

善于应用先进管理方法。推进机场建设运营现代化，就是按照民航强国的目标要求，结合机场实情，构建高质量发展的指标体系、政策体系、标准体系、统计体系、绩效评价体系、考核体系，形成一整套工作方法体系，引导机场建设运营向高质量发展转变。通过建立多元化的高质量发展指标体系，全面落实新发展理念，提升机场建设运营的"含金量、含新量、含绿量"。通过建立系统化的高质量发展政策体系，形成政策协同的强大合力。建立国际化的高质量发展标准体系，加快树立中国机场建设品牌、运营品牌和管理品牌，实现国际推广。建立科学化的高质量发展统计体系，实现动态监测和准确预判。建立合理化的高质量发展绩效评价体系、全局化的高质量发展考核体系，通过绩效评价和考核，形成激励与约束机制。

善于应用先进管理工具。现代化的管理需要先进的管理工具作为支撑。要按照现代工程管理要求，推进总进度综合管控系统、全生命周期资产管理系统等先进工具在机场工程领域的应用，推广全过程咨询管理，最终实现项目管理专业化、工程施工标准化、管理手段信息化、日常管理精细化。深度推进机场协同决策系统（A-CDM）、全流程单一身份（One ID）通关系统、智慧能源和环境管理系统、智慧商业管理系统等工具在机场运营管理领域的应用，推动机场向数字化转型、向数字化融合的演进。

10.4.3　机场建设运营要面向世界

经济全球化仍是历史潮流，国际经济联通和交往仍是世界经济发展的客观要求。对外开放是我国的基本国策，开放的大门只会越来越大。2019年我国民航通航65个国家的167个城市，与"一带一路"沿线54个国家实现直航。面向未来，我国民航通航国家和城市将越来越多，国际航空物流更加通畅，民航国际化水平越来越高。我国机场要立足自主创新，以开放包容的姿态，坚持互学互鉴的态度，秉持互利共赢的原则，加快形成全方位、多层次、多元化的开放合作新格局。

1）坚持开放包容
开放包容是高质量推进机场建设运营的应有格局。只有不断以开放促改革、促创新，

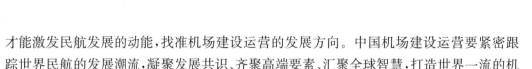

才能激发民航发展的动能,找准机场建设运营的发展方向。中国机场建设运营要紧密跟踪世界民航的发展潮流,凝聚发展共识、齐聚高端要素、汇聚全球智慧,打造世界一流的机场体系。

凝聚发展共识。随着我国全面提高对外开放水平,机场国际功能发展也面临新要求,需要在机场建设运营过程中,不断加强国际交流,紧密携手,凝聚发展共识。机场要成为国际民航的交流平台,必须以提升用户体验为重点,积极汲取国际性行业组织、全球一流机场的意见和建议,不断提升机场保障能力、中转服务能力、地面交通衔接效率,着力强化国际航空枢纽功能。要积极借助国际民航组织、国际机场协会等国际多边合作组织框架,推动全球机场加强合作,在处置全球重大公共安全事件上形成合力,共同应对国际风险与挑战。

齐聚高端要素。创新、技术、时刻、航权、人才、数据等要素是支撑机场服务功能提升、形成枢纽经济的基础条件。要加快构建更加完善的民航要素市场化配置机制,努力实现要素配置高效公平、要素流动自主有序,全面激发市场活力。要提升机场枢纽功能,实现人流、物流、商流、信息流、资金流高效畅通。要不断增强机场保障能力,牢牢把握扩大国内航空需求这个战略基点,激发国内消费市场潜力,做强国内超大规模市场优势。要增强机场国际服务功能,稳步布局国际航空运输市场,以国内市场为主体带动国际市场,构建国内国际双循环相互促进的民航新发展格局,为推进更高水平对外开放提供支撑。

汇聚全球智慧。统筹解决机场安全、容量、服务与效率协同发展问题,是全球机场建设运营面临的共同挑战。到 2035 年,中国将形成近十个年旅客吞吐量超过 1 亿人次的机场系统,超大需求规模、超复杂运行环境、超难度空地协同等挑战前所未有。为保持机场持续安全高效运行,中国民航要在加大自主创新能力的基础上,树立全球视野、保持开放思维,深化机场建设运营领域的国际合作,激发行业国内外创新动力,汇聚全球民航顶级智库智慧,建设牢固可靠的安全体系、生态环保的绿色体系、科技支撑的保障体系、人民满意的服务体系。

2)坚持互学互鉴

大兴机场博采众家之长,吸收了全球机场建设运营先进经验,并通过技术创新、管理创新和标准创新,为世界民航贡献了大兴智慧和方案。中国机场建设运营要坚持互学互鉴,学习借鉴一流机场先进经验,强化自主创新能力,以树立新标杆为追求,不断开拓进取。

善于学习先进。中国民航正向多领域民航强国迈进,机场建设运营将面临诸多挑战和困难。针对中国民航建设运营的深层次问题,要坚持世界眼光、国际标准,深入借鉴和学习民航发达国家的先进经验,由过去单点学习向系统性学习转变,学深弄透,为中国机场建设运营开辟又好又快的发展新路。要采取扬弃的态度,坚决避免照搬照抄,破除"世界最大的机场怎么干我就怎么干"的思维定式;要充分考虑各国民航发展阶段、地域特点、文化背景的不同,把握机场建设发展理念和路径的差异性,在借鉴的基础上,同中国机场的实际相结合,总结凝练形成与中国民航发展阶段和时代特征相适应的经验和模式,更好指导中国机场发展。

强化自主创新。预计"十五五"期间,中国将成为世界第一航空运输大国,机场建设运营相关领域逐步进入无人区,世界上已没有成熟经验可供借鉴和参考。要瞄准未来发展方向,敢啃硬骨头、涉险滩、闯难关,加大关键共性技术、装备和标准研发攻关,实现前瞻性基础研究、引领性原创成果重大突破。要积极融入世界民航科技创新网络,在更高层次上开展国际民航科技创新合作,在机场建设运行标准制定、新技术与新设备研发应用等领域提出创新方案,提高中国民航在科技创新领域的影响力。

实现国际推广。面向未来,进一步总结提炼中国机场建设运营管理的先进做法,形成有益于世界民航发展的可复制、可借鉴、可推广的标准和经验。要注重标准体系的总结提炼和国际推广,充分借助参加国际民航组织、国际机场协会相关会议,把握相关规则、标准制修订的有利时机,推动标准国际化。要以标准"走出去"带动产品、服务、装备和技术"走出去",向世界展示中国智慧、贡献中国方案,与世界民航共享发展成果,实现联动发展。

3)坚持互利共赢

机场是支撑中国民航提升国际化发展水平的重要平台。深化国际互惠合作,携手应对民航外部环境的挑战,共同谋划行业发展,形成产业链共生、供应链共享、价值链共赢的发展格局,是深化国际民航互利合作的时代命题。

推进产业链共生。民航产业具有科技含量高、开放程度广、辐射链条长、产业环节多等特性,机场是民航产业链条的关键环节,对民航上下游产业共生共荣具有重要拉动作用。要在不断吸纳国际先进机场建设理念与工艺的基础上,全面增强规划、设计、融资、工程等各个产业链环节的创新,尽快形成具有国际一流竞争力的机场建设产业链。要积极推进机场运营管理开放创新,积极吸引国际优质专业服务商,不断集聚和完善信息、航司、油料、维修、物流、商旅等服务业态,打造机场运营产业生态圈。要强化民航上下游产业的联动,以机场建设运营为核心积极推动民航应用领域与上下游产业深度融合,带动发展民航装备制造、国际商旅、会展贸易、科技金融等基础性、关联性产业,形成民航创新链、产业链、资金链等相互交织、互为支撑的全产业链体系,推动中国机场成为面向世界的产业发展平台和枢纽经济标杆。

促进供应链共享。供应链事关国家经济命脉,只有各环节主体秉持共享理念,在管理、资源、市场、信息、技术等各方面协同合作,才能构建安全、可靠、高效的供应链体系。机场是供应链系统中的关键节点,为稳定全球供应链发挥基础性作用。机场建设运营要积极适应更高水平的对外开放要求,以世界级机场群和国际航空枢纽建设为核心,构建全球连通的国际航线网络,不断提升网络通达性和韧性。要完善机场货运功能,增强航空货运网络的层次性和系统性,构建自主可控的国际航空物流战略通道,确保全球供应链布局安全稳定。要推动机场与货运各主体构建更加紧密的合作关系,加强信息技术的集成应用,围绕机场畅通航空货运服务链,构建全球供应链管理中心,积极探索第四方、第五方物流新模式的运用,为全球供应链提供更加高效便捷的航空物流服务。

实现价值链共赢。在百年未有之大变局下,民航行业发展面临严峻的外部环境,迫切需要民航主动作为,加强政策沟通,增强国际互信,共建国际民航共同体价值观,携手构建新型全球民航治理体系。把机场建设作为重要手段,加强设施互联互通,推动中国机场建设能力"走出去",带动提升"一带一路"国家重要战略区域的民航服务水平。用好航权时刻资源,推进航线互通,实现客货畅通。加强发展资金融通,推动世界机场合作和互援互助。加强民心相通,深化行业交流合作,培养一批具有世界眼光和国际思维的机场专业服务人才,打造和谐共赢的民航国际合作典范。

10.4.4　机场建设运营要面向未来

大兴机场作为新时代民航强国建设的标志性工程,在机场建设运营方面突出前瞻性、创新性和开创性,努力成为未来国家现代机场体系建设的标杆典范。面向未来,机场建设运营要深刻认识机场建设运营的基本规律,积极适应发展趋势,科学把握未来方向,实现更高起点上的现代化机场建设运营。

1) 深刻认识机场建设运营的基本规律

认识和把握基本规律是机场建设运营的基础。为了适应机场建设发展面临的新形势、新要求,需要深刻认识机场和经济社会发展的正相关性,尊重机场基础设施建设的周期性,正确处理机场内外的协调关系,推动机场高质量发展。

把握正相关性规律。城市的各种经济社会活动和服务功能离不开机场的支撑,城市的发展又会不断拓展航空需求、促进机场发展。随着社会主义现代化强国建设的全面推进,未来较长一段时期,我国航空市场需求仍将处于较快增长阶段,预计到 2050 年全国机场旅客吞吐量达到 44 亿人次。民航需要以机场建设运营为核心,加快提升供给能力,在容量规模、功能结构、服务效率等方面不断满足和适应经济社会发展对民航提出的更高服务需求。要更好地发挥航空运输比较优势,提高航空服务水平;要以关键运行资源为重点,不断提升机场容量水平,实现更加充分的航空服务供给;要加强机场地面综合交通建设,打造更加便捷的一体化交通出行服务;要以临空经济为抓手,推进机场与区域融合发展,更好地发挥机场对产业升级和区域发展的驱动作用。

把握周期性规律。机场是国家战略性基础设施,其建设前置程序多、协调难度大、工程建设时间长,具有明显的周期性规律。为此,要深刻认识机场的战略属性,深化机场发展定位和需求规模论证研究,为机场建设奠定坚实的前期研究基础。要积极把握机场建设的节律性,以机场总体规划为蓝图,积极做好项目储备,适度超前合理把握建设时机,实现机场规模、容量、效率、服务的有效统筹与协同发展。要积极构建机场全生命周期理念,推进存量资产的高效使用、功能升级和服务提升,逐步适应未来我国机场由集中建设到建设与运维并重,再到以运营维护为主的发展新要求。

把握协调性规律。协调性是机场建设运营的本质要求,要以建设运营一体化为核心理念,不断提高机场发展的协调度、衔接度、融合度和便捷度。提升机场建设的协同度,以命运共同体建设为核心,推进机场与行业、地方等各利益主体达成战略共识,构筑共建、共享和共赢的协同发展新格局。提升机场建设的衔接度,实施项目总管控计划,实现各主体、各专业、各环节的工作计划无缝衔接。提升机场运营的融合度,以机场运行服务链条为主线,以空域、跑道、机位、联检、综合交通等关键资源为核心,提高各相关方的运行服务融合。提升机场服务的便捷度,以"人便其行、货畅其流"为导向,发挥平台作用,有机整合航空公司、空中管制、联检单位、综合交通、旅游服务等相关主体,不断优化服务流程,创新服务模式和标准,不断提升用户体验。

2)科学把握机场建设运营的发展趋势

当前,我国机场建设运营处于扩容增量和提质增效并重的关键时期。未来机场建设运营要积极适应内外部环境的新变化和新趋势,加快推进建设运营一体化、综合交通一体化、港城发展一体化和军民融合一体化。

建设运营一体化。实现建设与运营的无缝衔接,是高水平现代工程建设的基本特征,是推进机场高质量发展的必然要求。机场建设要集结建设与运营职能并重的专业团队,以设施功能和运营需求为导向确定建设项目和建设重点,最大限度实现建设和运营目标的协调统一。打通机场建设与运营的边界,加强运营团队和资源准备,使运营筹备工作在工程建设阶段提前介入,实现建设与运营无缝衔接。以机场建设运营一体化为核心,统筹机场规划、设计、建设、运营、环保、商业和财务等方案,使前期建设与后期运营、前期投融资与后期经营、主业运行与辅业保障、航空业务与非航经营相互协调。

综合交通一体化。内外高效联通的综合交通体系是提高机场运行效率、扩大机场辐射范围、提升航空服务水平的战略支撑。根据机场功能定位和业务规模分类施策,以衔接轨道交通、高(快)速路为重点,科学规划机场综合交通集疏运系统,推进机场与地面交通设施的互联互通,重点提升无缝衔接水平,为旅客提供零距离换乘的出行服务体验。以综合交通信息一体化为支撑,改革创新发展模式,健全运营管理机制;优化交通资源配置,构建联程联运服务体系,实现服务畅通,打造联运品牌。

港城发展一体化。我国民航业已经进入与国家经济社会发展方向和要求高度契合的新阶段,空港和城市发展一体化是适应区域经济发展新要求的必然趋势。空间合理布局、产业深度融合、运营管理协同是港城发展一体化的基本内涵。机场要与城市做好空间规划衔接,在保障机场运行安全和发展空间的基础上,带动周边土地开发,打造促进区域发展的增长极。合理规划临空产业布局,实现产业发展与机场定位相适应,推进机场服务能级与产业体系双跃升。推动机场与临空经济区形成协作紧密、分工合理、一体繁荣的运营管理体制机制,构建以港兴城、以城兴港、港城融合的良好局面。

军民融合一体化。军民融合发展是新时代党中央着眼国家发展和安全全局作出的重大战略部署,是经济建设和国防建设协调发展的有效途径。未来,我国民航要在"统、融、新、深"原则指导下,坚持主动融合、全面融合,加快形成全要素、多领域、高效益的军民航深度融合发展格局。要加快工作对接,构建"军为民用、民为军备"一体化保障体系,在规划建设、运行保障、应急救援等方面取得军民航融合新成效。要加快管理对接,推动国家空域管理体制改革,推进空域资源共享,拓展军民融合发展新空间。要加快标准衔接,强化军民航新技术融合共用,加强军民航人才互动交流,积极开拓军民融合发展新领域。

3）积极引领机场建设运营的未来方向

新一轮科技革命为机场实现安全运行高效率、绿色发展新模式、信息处理高智能、旅客出行新体验提供了战略机遇。机场要积极把握未来发展方向,加大新一代信息技术的产业应用,构建资源物联化、生产智能化、运营可视化、管理精细化、服务个性化的机场发展新模式,引领机场全面实现自助化、差异化、智慧化和网络化。

实现机场流程自助化。以打造畅通高效的客货运输全服务链条流程为着力点,实现旅客出行即服务、机场运行无人化和航空货运电子化。旅客从计划出行开始,即可通过终端选择航班、办理值机及行李电子标签、选择上门行李交寄、预约专车酒店;进入航站楼内,机场通过人脸无感识别旅客"个人标签",实现全流程刷脸安检、购物、登机。依托自动驾驶车辆、智能机器人、航空器自动引导等先进技术和装备,机场在行李处理、地面保障、咨询服务等众多领域将实现保障无人化。通过配备大容量、高效率的全自动装卸和分拣设备,航空货运实现运单电子化、全程可追踪、智能化高效通关、门到门即时运输。

实现机场服务差异化。关注个体差异,满足多元化需求、实现精准化识别、提供个性化服务是机场发展的主导方向。机场从多层次的旅客需求出发,既考虑到商务出行与休闲旅游旅客、不同年龄与不同地域旅客、老幼病残孕等特殊人群的需求差异,又考虑到旅客消费需求的变化,精准匹配相应服务设施和商业娱乐服务。通过大数据、云计算、物联网等新一代信息技术,精准捕捉和识别个体需求差异,判断旅客出行时间裕度,结合"个人标签"云存储的喜好信息,推送个性化商业、娱乐、人文等服务,使旅客航空出行体验舒适、轻松、愉悦。

实现机场运行智慧化。"全面感知、泛在互联、人机协同、全球共享"是智慧民航的基本形态。随着新一代信息技术在民航领域的广泛应用和深度融合,机场将实现全流程、全要素、全主体的数字化、智能化和智慧化。推动机场数字化,全面实现数字展示、数字决策、数字管理、数字运行。推动机场智能化,全面实现服务智能化、管理智能化、设备智能化,最终达成全要素优化配置、全链条实时监视、全流程自助服务,提升旅客智慧服务体验。推动机场智慧化,机场将具备综合判断能力,通过感知联想、逻辑判断、计算分析等作出正确决策,提高运行和管理效率,为旅客提供全方位服务,促进机场高质量发展。

实现机场发展网络化。网络化是民航的基本产业特征和基本发展要求。要实现机场高质量发展,必须充分发挥网络的规模效应和集群效应,推进机场网络化、三网协同化、机场与城市融合化发展。未来,通过建设一个又一个现代化机场,将形成规模能力充分、容量资源匹配、结构功能合理、网络化发展的现代化国家综合机场体系。机场网、航线网、运行监控网将实现三网融合,资源配置更加优化、运行保障更加协同、服务管理更加高效。机场与城市、机场群与城市群协同发展更加深入,实现功能匹配、密切联动、和谐共生、相得益彰。

参 考 文 献

［1］DB11/T 1478-2017,生产经营单位安全生产风险评估规范［S］.北京:北京市质量技术监督局,2017.

［2］安邦,王军锋,孟瑞明.大兴机场陆侧市政配套工程风险点分析及解决方案［G］//中国民用航空局机场司,北京新机场建设指挥部,首都机场集团公司北京大兴国际机场编.北京大兴国际机场"四型机场"建设优秀论文集.北京:中国民航出版社,2020:33-43.

［3］安全管理网.构建完善的安全管理制度体系［EB/OL］.(2016-6-5). https://www.safehoo.com/Civil/Case/201606/443810.shtml.

［4］薄学峰,高英楠.基于滑模摊铺理论的机场道面混凝土施工工艺研究［J］.绿色环保建材,2018,10:125-126.

［5］曹允春.习总书记:"新机场是国家发展一个新的动力源"内涵解读［EB/OL］.[2017-2-25]. http://www.caacnews.com.cn/zk/zj/cyc/201702/t20170225_1209764_wap.html.

［6］陈琪,杨文科.高抗裂性水泥在北京大兴机场建设中的应用［J］.新型建筑材料,2021,4:106-110.

［7］崔克清.安全工程大辞典［M］.北京:化学工业出版社,1995.

［8］丁艳虹.一键启停自控系统助力北京新机场锅炉房智能控制［G］//中国民用航空局机场司,北京新机场建设指挥部,首都机场集团公司北京大兴国际机场编.北京大兴国际机场"四型机场"建设优秀论文集.北京:中国民航出版社,2020:184-191.

［9］董勇.建筑安全生产管理体系研究［D］.中国:重庆大学,2003:1-55.

［10］杜晓鸣,刘一.北京新机场规划设计中的模拟仿真技术研究及应用［J］.民航管理,2018(6)50-53.

［11］段力文.海绵城市建设技术在机场中的应用研究——以首都机场为例［D］.北京:中国林业科学研究院,2020:1-56.

［12］段先军,程欣荣,苏振华,等.超大平面混凝土工程裂缝控制综合施工技术［G］//中国民用航空局机场司,北京新机场建设指挥部,首都机场集团公司北京大兴国际机场编.北京大兴国际机场"四型机场"建设优秀论文集.北京:中国民航出版社,2020:467-478.

［13］范丽.关于技术事故的哲学思考［J］.理论界,2007,7:179-180.

［14］傅强,李春林,任君,等.北京大兴国际机场能源供应系统案例分析［G］//中国民用航空局机场司,北京新机场建设指挥部,首都机场集团公司北京大兴国际机场编.北京大兴国际机场"四型机场"建设优秀论文集.北京:中国民航出版社,2020:122-130.

［15］傅相瑜.浅析升降式地井系统设备在民航机场的应用［G］//中国民用航空局机场司,

北京新机场建设指挥部,首都机场集团公司北京大兴国际机场编.北京大兴国际机场"四型机场"建设优秀论文集.北京:中国民航出版社,2020:551-554.

[16] 傅翔.建筑施工现场自然灾害的防控[J].数码世界,2017,11:315.

[17] 高海兴,齐新,谢安忆.大兴机场"无纸化出行"业务流程设计及技术路线研究[G]//中国民用航空局机场司,北京新机场建设指挥部,首都机场集团公司北京大兴国际机场编.北京大兴国际机场"四型机场"建设优秀论文集.北京:中国民航出版社,2020:305-313.

[18] 高英楠,薄学峰.机场场道信息化施工技术[J].智能建筑与智慧城市,2018,10:125-126.

[19] 高志斌.北京新机场飞行区工程数字化施工和质量监控技术研究[J].民航学报,2020(2):12-16,29.

[20] 古力.让"安全第一"落地生根[J].防灾博览,2013,2:76-79.

[21] 郭永举.精细化管理在建设工程项目管理中的应用研究[D].长春:工程学院,2020:1-69.

[22] 国家安全生产监督管理总局.安全生产事故隐患排查治理体系建设实施指南[R].北京,2012.

[23] 郝庆升,陈楠,李锐,等.动力机制理论及其方法论构想[J].中国科技论文在线,2015,8:839-844.

[24] 侯志山.廉洁政治的内涵解读[J].廉政文化研究,2013,3:7-11.

[25] 胡艳峰.影响建筑工程安全管理的因素及措施分析[J].大科技,2019(43):36.

[26] 黄伟.从国外预防腐败法律制度看我国预防腐败法律体系的构建[D].上海:复旦大学,2008:1-56

[27] 姜晨.2015《政府工作报告》缩略词注释[EB/OL].[2015-3-11].https://www.gov.cn/xinwen/2015-03/11/content_2832629.html.

[28] 教育部高等学校安全工程学科教学指导委员会编.安全工程概论[M].北京:中国劳动社会保障出版社,2010.

[29] 金龙哲,汪澍.安全工程理论与方法[M].北京:化学工业出版社,2002.

[30] 李成言.廉政工程[M].北京:北京大学出版社,2006.

[31] 李建成.建筑信息模型与数字化建造[J].时代建筑,2012(5):64-67.

[32] 李琦.航空安全隐患零容忍的解析[J].民航学报,2019,1:32-35.

[33] 李伟民.金融大辞典[M].黑龙江:黑龙江人民出版社,2002.

[34] 李振楠.大兴机场综合交通规划的"绿色""人文"实践[G]//中国民用航空局机场司,北京新机场建设指挥部,首都机场集团公司北京大兴国际机场编.北京大兴国际机场"四型机场"建设优秀论文集.北京:中国民航出版社,2020:382-386.

[35] 历莉,姚嘉墨,李辉,等.智慧机场在大兴国际机场市政交通系统的实践应用[G]//中国民用航空局机场司,北京新机场建设指挥部,首都机场集团公司北京大兴国际机

场编.北京大兴国际机场"四型机场"建设优秀论文集.北京:中国民航出版社,2020,295-304.

[36] 林柏泉.安全学原理[M].北京:煤炭工业出版社,2002.

[37] 林源,吴超,姜涵.北京大兴机场陆侧交通规划设计方案仿真评估[C]//中国智能交通协会.第十四届中国智能交通年会论文集.北京航空航天大学交通科学与工程学院车路协同与安全控制北京市重点实验室,北京航空航天大学大数据科学与脑机智能高精尖创新中心.2019:10.

[38] 刘昌顶.以人为本的哲学视角研究[D].哈尔滨:哈尔滨工程大学,2010:1-60.

[39] 刘超,江军.廉政风险及其形成演化机理[J].广州大学学报(社会科学版),2014,12:5-10.

[40] 刘琼.北京大兴国际机场设计组织管理概述[J].建筑实践,2019,10:48-57.

[41] 刘琼,胡霄雯.北京大兴国际机场航站楼无障碍系统设计[G]//中国民用航空局机场司,北京新机场建设指挥部,首都机场集团公司北京大兴国际机场.北京大兴国际机场"四型机场"建设优秀论文集.北京:中国民航出版社,2020:401-407.

[42] 刘洁,卢汉桥.廉洁生态论[M].北京:社会科学文献出版社,2015.

[43] 刘鲁颂.如何认识和理解北京新机场是我们国家发展一个新的动力源[N].中国民航报,2017-3-24(1-2).

[44] 刘涛,曹铁,张平.北京大兴国际机场行李处理系统的创新设计理念[J].绿色建造与智能建筑,2019,9:26-27.高海兴,齐新,谢安忆.大兴机场"无纸化出行"业务流程设计及技术路线研究[G]//中国民用航空局机场司,北京新机场建设指挥部,首都机场集团公司北京大兴国际机场编.北京大兴国际机场"四型机场"建设优秀论文集.北京:中国民航出版社,2020:305-313.

[45] 刘雪松.落实"三大关切",实施"三大战略"[J].民航管理,2017,10:9-12.

[46] 刘雪松,宋胜利.牢记嘱托 不负厚望 以优异的成绩向总书记上交满意的答卷[N].中国民航报,2017-3-8(1-2).

[47] 刘雪松,宋胜利.牢记嘱托勇担使命 建设世界一流机场管理集团[N].中国民航报,2019-10-16(1-2).

[48] 陆惠民,苏振民.工程项目管理[M].南京:东南大学出版社,2015.

[49] 陆澜清.中国智慧机场建设现状与发展前景预测[J].空运商务,2018(5):32-33.

[50] 路海锋.北京大兴国际机场"四型机场"之基于绿色生态理念的雨水调蓄设施设计[G]//中国民用航空局机场司,北京新机场建设指挥部,首都机场集团公司北京大兴国际机场.北京大兴国际机场"四型机场"建设优秀论文集.北京:中国民航出版社,2020:107-112.

[51] 罗云,樊运晓,马晓春.风险分析与安全评价[M].2版.北京:化学工业出版社,2013.

[52] 孟瑞明,武彦杰,葛惟江,等.绿色可持续发展的民航机场示范工程——北京大兴国际机场"海绵机场"构建[G]//中国民用航空局机场司,北京新机场建设指挥部,首都

机场集团公司北京大兴国际机场.北京大兴国际机场"四型机场"建设优秀论文集.
北京：中国民航出版社,2020:97-106.

[53] 彭书成,吴志辉,周宏友,等.FC材料及其配套工艺在大兴机场跑道及除冰坪混凝土
施工中的应用研究[J].工程质量,2020,4:98-102.

[54] 任汾香.落实责任,打造"零容忍"安全文化[EB/OL].(2015-4-18).https://www.
safehoo.com/Civil/Case/201504/390808.shtml.

[55] 任建明."公开透明"的威力有多大[J].廉政瞭望,2012,6:50-51.

[56] 孙贵范.预防医学[M].北京:人民卫生出版社,2010.

[57] 孙璟璟.智慧机场视角下深圳机场旅客综合服务管理平台的分析与设计[D].青岛：
山东大学,2016:1-72.

[58] 孙绍荣,张艳楠.古今精品工程[M].北京:清华大学出版社,2014.

[59] 孙施曼,张雯,李博,等.大兴机场绿色机场主体研究与应用示范[G]//中国民用航空
局机场司,北京新机场建设指挥部,首都机场集团公司北京大兴国际机场编.北京大
兴国际机场"四型机场"建设优秀论文集.北京:中国民航出版社,2020:74-85.

[60] 孙涛.智慧机场建设现状与发展前景预测[J].区域治理,2019(35):156-158.

[61] 谈至明,赵鸿铎,张兰芳.机场规划与设计[M]北京:人民交通出版社,2010.

[62] 王雷雨,王立新.新时代廉洁政治生态建设:动力、机理与路径[J].社会科学,2021,
6:57-67.

[63] 王丽莎.我国廉政风险防控体系的构建[D].南京:南京航空航天大学,2013:1-40.

[64] 王锐.关于深化推进廉洁工程创建的探索与思考[J].大科技,2019,36:6-7.

[65] 王晓群.北京大兴国际机场航站区建筑设计[J].建筑学报,2019,9:32-37.

[66] 王亦知.北京大兴国际机场数字设计[M].北京:中国建筑工业出版社,2019.

[67] 王亦知.以旅客为中心——北京新机场航站楼设计综述[J].建筑技术,2018(9):
912-917.

[68] 王志清.供给侧结构性改革与中国民航发展——关于民航发展新常态与发展新理念
的思考[J].综合运输,2016,9:1-4.

[69] 吴媛媛.我国机场综合交通枢纽发展问题思考与建议[J].中国战略新兴产业,2018
(44):16.

[70] 席广朋,何秋杭,梅超,等.北京大兴国际机场雨水系统数值模拟与管理策略优化分
析[J].中国防汛抗旱,2021,10:1-4+14.

[71] 夏斌.关于"顶层设计"的思考[J].发展研究,2012,5:4-7.

[72] 夏博伦.基于人本理念的机场规划设计策略探究[J].城市建筑,2020(361):
108-109.

[73] 肖意诺.人性化在机场建筑设计中的应用探讨[J].建材与装饰,2018(14):119-120.

[74] 徐军库.智慧机场在北京新机场的建设与实践[J].民航管理,2017(10):17-23.

[75] 杨馥合,梁军胜,张铱莹.浅谈企业安全生产风险动态评估[J].安全,2017年第12

期:9-12

[76] 杨海涛,王佳,许静,等.物联网顶层设计方法论研究[J].数字通信世界,2018,11:7-8+133.

[77] 杨宇沫.基于BIM的装配式建筑智慧建造管理体系研究[D].西安:西安科技大学,2020:1-87.

[78] 姚亚波.践行工匠精神 全力把北京新机场建设成为精品工程 样板工程 平安工程 廉洁工程[N].中国民航报,2017-5-10(1-2).

[79] 姚亚波.强化引领作用 坚持深度融合 奋力开创大兴机场建设发展新局面[N].中国民航报,2019-7-4(6).

[80] 姚忠举,王强.构建安全高效绿色的大兴机场飞行区[G]//中国民用航空局机场司,北京新机场建设指挥部,首都机场集团公司北京大兴国际机场编.北京大兴国际机场"四型机场"建设优秀论文集.北京:中国民航出版社,2020:113-121.

[81] 郁建生,林柯,黄志华,等.智慧城市:顶层设计与实践[M].北京:人民邮电出版社有限公司,2017.

[82] 约翰·卡萨达,格雷格·林赛.航空大都市——我们未来的生活方式[M].曹允春,沈丹阳译.郑州:河南科学技术出版社,2013.

[83] 张宏钧,李青蓝.北京新机场工程项目管理系统的设计与应用[G]//中国民用航空局机场司,北京新机场建设指挥部,首都机场集团公司北京大兴国际机场编.北京大兴国际机场"四型机场"建设优秀论文集.北京:中国民航出版社,2020:646-654.

[84] 张剑阳.建筑工程施工现场安全管理影响因素及其应对措施研究[J].科技视界,2015,34:127+168.

[85] 张金龙,吕继红.大兴机场招标采购风险防范机制[J].企业管理,2021,4:87-89.

[86] 张涛,孟丽英,刘斌,等.北京新机场旅客航站楼及综合换乘中心(指廊)工程BIM应用[J].土木建筑工程信息技术,2019,1:9.

[87] 张小刚.坚固工程建设反腐高地[J].瞭望,2009,34:50-51.

[88] 张雪娟,樊晶光,王效宁,等.北京大兴国际机场工程建设安全管理体系研究[J].安全,2020,1:76-80.

[89] 赵明成.建筑数字化设计与建造研究[D].长沙:湖南大学,2013:1-76.

[90] 赵宁思.基于绿色生态城区理念的中央商务区规划研究——以邯郸中央商务区为例[D].天津:天津大学,2019:1-101.

[91] 周锦.钢模台车首次在北京大兴国际机场1号下穿通道混凝土结构中的应用[G]//中国民用航空局机场司,北京新机场建设指挥部,首都机场集团公司北京大兴国际机场编.北京大兴国际机场"四型机场"建设优秀论文集.北京:中国民航出版社,2020:523-527.

内 容 提 要

本书从工程建设管理的视角出发,记叙了北京大兴国际机场建设项目团队全力打造"四个工程",建设"四型机场"的全经过,对提升我国机场工程建设领域治理体系和治理能力的现代化,促进民用机场事业的高质量发展,具有深远的历史价值和重大的现实意义。

本书可供从事民航规划、管理、科研工作的企事业单位、高等院校、科研院所人员和从事机场建设设计、管理、科研工作的相关人员参考阅读。

图书在版编目(CIP)数据

北京大兴国际机场"四个工程"建设 / 刘春晨主编.
上海:同济大学出版社,2024. --(中国大型交通枢纽
建设与运营实践丛书). -- ISBN 978-7-5765-1325-7

Ⅰ. TU248.6

中国国家版本馆 CIP 数据核字第 20247TV862 号

北京大兴国际机场"四个工程"建设

刘春晨 主编

| 责任编辑 | 姚烨铭 | **责任校对** | 徐春莲 | **封面设计** | 陈益平 |

出版发行	同济大学出版社 www.tongjipress.com.cn
	(地址:上海市四平路 1239 号 邮编:200092 电话:021-65985622)
经 销	全国各地新华书店
排 版	南京文脉图文设计制作有限公司
印 刷	上海安枫印务有限公司
开 本	787mm×1092mm 1/16
印 张	22.25
字 数	487 000
版 次	2024 年 9 月第 1 版
印 次	2024 年 9 月第 1 次印刷
书 号	ISBN 978-7-5765-1325-7

定 价 158.00 元